桩承载力自平衡测试技术研究与应用

(第二版)

龚维明 戴国亮 著

中国建筑工业出版社

图书在版编目（CIP）数据

桩承载力自平衡测试技术研究与应用/龚维明等著.
2版．—北京：中国建筑工业出版社，2015.12
ISBN 978-7-112-18765-2

Ⅰ．①桩…　Ⅱ．①龚…　Ⅲ．①桩承载力-测试　Ⅳ.
①TU473.1

中国版本图书馆 CIP 数据核字（2015）第 279263 号

本书系统地介绍了桩承载力自平衡测试技术的基本原理、基本理论及其在典型房屋建筑工程、桥梁工程、特殊岩土中的具体应用，并在第一版的基础上增加了在地下连续墙基础、钢管混凝土组合桩、根式沉井基础、海上风电钢管桩、逆作法地铁车站等基础中的应用实例，丰富了近 10 多年来的工程实例并对积累的数据进行了分析和总结。全书包括基本理论、在典型桩基础中的应用、在新型基础中的应用、在典型桥梁工程中的应用、在特殊岩土中的应用、总结与展望 6 篇共 19 章。

本书适用于桩基检测机构、设计院和质量监督等部门技术人员，高等院校师生参考使用。

* * *

责任编辑：王　梅　杨　允
责任校对：张　颖　关　健

桩承载力自平衡测试技术研究与应用
（第二版）
龚维明　戴国亮　著

*

中国建筑工业出版社出版、发行（北京西郊百万庄）
各地新华书店、建筑书店经销
北 京 天 成 排 版 公 司 制 版
北京画中画印刷有限公司印刷

*

开本：787×1092 毫米　1/16　印张：24¼　字数：604 千字
2016 年 3 月第二版　　2016 年 3 月第二次印刷
定价：**60.00 元**
ISBN 978-7-112-18765-2
（28033）

第 二 版 前 言

　　基桩自平衡法是基桩静载试验的一种新型方法，具有省时、省力、安全、无污染、综合费用低和不受场地条件、加载吨位限制等优点。近 30 年以来，成功应用于灌注桩、管桩、沉井、地下连续墙等基础，在我国 30 个省、自治区、直辖市以及其他多个国家及地区的 3000 多个建筑、公路、铁路、码头、水利等重大工程中广泛应用，有效解决了传统静载方法面临的各种难题。本书从第一版问世后一直得到广大工程人员的支持与鼓励，经过近 10 多年的努力，东南大学在自平衡法检测理论、技术及设备等方面积累了更加丰富的工程经验，因此需要对内容进行更大程度的扩充。与旧版相比，本书除了丰富了原章节中的工程实例以外，还增加了自平衡法在地下连续墙基础、钢管混凝土组合桩、根式沉井基础、海上风电钢管桩、逆作法地铁车站等基础中的应用实例。经过最近 10 多年的实践，编者已积累了大量的与传统静载试验结果的对比数据，分析了不同土性、施工工艺、桩身几何尺寸等因素对自平衡法转换系数取值的影响。

　　新版住房和城乡建设部《建筑基桩自平衡静载试验技术规程》即将发布，鉴于其中转换系数取值与旧版相比存在一定差异，本书中所有工程根据当时实际情况均按旧版相关规程进行，待新版规程发行后其后续工程均应参照新版规程进行。

　　本书获得了江苏高校优势学科建设工程资助项目的资助，在编制该书过程中，作者得到了各位前辈及同行的鼓励和支持，也得到了李小娟、董天韵、栾阳、周伟杰、钮佳伟等硕士生的帮助，更得到了众多设计人员、施工单位、建设单位的鼎力相助。由于给予帮助的人实在太多，作者难以在此一一致谢，敬希鉴谅。

　　鉴于问题的复杂性，该法还有待于进一步研究，期待着读者的批评指正，相信在广大同行的共同努力下，自平衡测试技术必将日臻完善，在我国桩基工程中得到更为广泛地应用。

龚维明

撰于东南大学

2015 年 10 月 10 日

第 一 版 前 言

随着高层建筑及大跨桥梁的兴建，大直径、大吨位、超长桩应用得越来越多，确定其单桩承载力最可靠的办法是静载荷试验。传统的桩基静载荷试验方法有两种，一是堆载法，二是锚桩法。其存在的主要问题是：前者必须解决几百吨甚至上千吨的荷载来源、堆放及运输问题，后者必须设置多根锚桩及反力大梁，这样不仅所需费用昂贵，时间较长，而且易受吨位和场地条件限制，以致许多大吨位桩和特殊场地的桩承载力往往得不到可靠的数据，基桩的潜力不能合理发挥，这是桩基础领域面临的一大难题。

针对上述情况，国外发达国家提出在桩身中埋设荷载箱的测试方法，称之为 O-Cell 法，国内称为自平衡法。

作者在理论上对自平衡法的机理进行了深入探讨，并研制了加载设备及测试方法，于 1996 年开始在工程中推广应用，目前已完成 300 多个测试项目，包括我国多个重大工程项目，为优化设计提供了依据，节约了工程造价取得了良好的经济效益。目前我国已将该法纳入相关规程。

本书是作者近 10 年理论研究与工程应用的心得体会，在此十年间，作者经历了成功的喜悦，误解的委屈。

在编制该书过程中，作者得到了各位前辈及同行的鼓励和支持，也得到了许多博士生及硕士生的帮助，更得到了众多设计人员、施工单位、建设单位的鼎力相助。由于给予帮助的人实在太多，作者难以在此一一致谢，敬希鉴谅。

鉴于问题的复杂性，该法还有待于进一步研究和经验积累，期待着读者的批评指正，作者深信在广大同行的共同努力下，自平衡测试技术必将日臻完善，在我国桩基工程中得到广泛应用。

龚维明

撰于东南大学

2005 年 12 月 20 日

目　　录

第 5 篇　在特殊岩土中的应用

第 6 篇　总结与展望

第1篇
基本理论

第1章 基 本 原 理

1.1 国内外发展概况

1.1.1 桩承载力确定方法

随着高层建筑、桥梁工程、海洋工程建设项目的增多，桩基础的应用量越来越大。如何正确评价单桩的承载能力，选择合理的设计参数是关系到桩基础是否安全与经济的重要问题。

确定桩承载力的方法大体可分为两类[1,2]：（1）单桩承载力直接试验法；（2）通过其他手段，分别得到桩端阻力和桩侧阻力然后相加得到，如静力分析计算方法、原位测试中的标准贯入法、静力触探法和旁压试验法、十字板剪切实验、圆锥动力触探等。由于后者不是具体桩上取得的数据，可靠性较差，因此本章主要分析单桩承载力直接试验法。

1. 动力测桩法

动力测桩法一般是在桩顶作用一动荷载，如瞬态竖向作用力，使桩产生显著的加速度和土阻尼效应。在桩侧安装力、速度、加速度或位移传感器，以量测桩土系统的振动响应，用波动理论分析和研究应力波沿桩土系统的传递和反射，采用时域或频域波形分析和传递函数方法，从而判断桩身阻抗变化和确定单桩承载力。

动测法又分为低应变动测法、高应变动测法和动静试桩法（Briaud J. L. ，et al. ，2000）。低应变动测法主要有球击频率分析法、共振法、机械阻抗法、水电效应法和动力参数法等。高应变动测法主要有波动方程法、锤贯法、波形拟合法、动力打桩公式法、CASE法、TNO法等。

由于低应变法无法在一定程度上激化桩周土的阻力并加以实测，实测的仅是桩土系统的某些动力参数，然后经过经验来估算承载力，所提供的承载力绝非实测的承载力。高应变动测法是建立在一维杆件中应力波传递原理的基础上，试验方法相对于静载荷试验方法简单，费用低，宜于增加检测比例，提高检测结果的代表性，但其依据应力波传播原理，动态成分高，测试结果的可靠性较差。动静试桩法兼有静载荷试验和高应变测试的优点，试验原理简单、费用低、历时短、方便灵活。简单的牛顿运动定律使方法本身非常直观可信，费用仅为传统静荷载试验的 $1/4 \sim 1/2$ ，对于承载力高或要进行多次重复试验的工程，节约的费用会更加可观，需要的反力物仅为施加荷载的 $5\% \sim 10\%$ ，移动起来非常方便。因为是动荷载，试验时间相当短，大大节约工期。另外，用实测桩顶位移的光电激光器可以消除静荷载试验中通过基准梁实测桩顶位移带来的误差，但在我国尚未推广应用，还需要进一步研究其与传统静荷载试验的相关性并改进其分析过程。和静荷载试验相比，

100ms 的荷载持续时间显然不理想，虽然与高应变动测相比，已经延长了 8～10 倍，克服了应力波传播现象，大大减少了动态成分，但从本质上讲，仍是一种动测方法，动态现象的存在使得必须通过一些假定来调整实测数据，致使分析方法带有一定的限制条件。例如，当孔隙水压力较大时，现在的分析方法必须用实测孔隙水压力对结果进行修正。

2. 静力载荷试验方法

单桩竖向抗压静载试验，就是采用接近于竖向抗压桩实际工作条件的试验方法。荷载作用于桩顶，桩顶产生位移（沉降），可得到单根试桩 Q-s 曲线，还可获得每级荷载下桩顶沉降随时间的变化曲线，当桩身中埋设有量测元件时，还可以直接测得桩侧各土层的极限摩阻力和端承力。因此单桩承载力的最直接最可靠的检测方法是静载荷试验，往往可以在统计基础上直接应用于工程设计。同时，单桩静载荷试验还提供非常有效的单桩沉降与桩顶荷载的关系曲线，为桩基变形验算或预测提供了重要资料。

静载荷试验装置包括：加载系统、量测系统和反力系统等，其中常用的反力系统有：锚桩、锚杆、堆载或联合反力系统；以荷载增加方法划分，静载荷试验法主要有：慢速维持荷载法、快速维持荷载法、等贯入速率法、循环加载卸载试验法等。

一个工程中应取多少根桩进行静载试验，各个部门规范没有统一规定，《建筑基桩检测技术规范》JGJ 106—2014[3] 规定：同一条件下的试桩数量不宜少于总桩数的1%，并不少于 3 根；《港口工程桩基规范》JTS 167—4—2012[4] 规定：工程桩总数在 500 根以下时，试桩不少于 2 根，每增加 500 根宜增加一根试桩；《建筑桩基技术规范》JGJ 94—2008[5] 规定：桩基检测采用《建筑基桩检测技术规范》JGJ 106—2014 的规定；《公路桥涵施工技术规范》JTG TF50—2011[6] 规定：在相同地质情况下，按总桩数的 1% 计，并不得少于 2 根。实际测试时，可根据工程具体情况参考相关规范进行。

静载荷试桩法的缺点是成本高、工程量大和工期长等，但它作为一种标准方法，可提供设计完整可靠的承载力参数，由此可带来巨大的经济效益和避免工程潜在的不安全因素，而且还能积累经验促进其他试桩法的发展。静载荷试桩法费钱费时的主要原因是需要设置专门的反力系统[7]，测试一根灌注桩的承载力，大约需要 4 根锚桩提供反力，试验成本成倍增加；如采用堆载反力系统，则运输和安装费用也占很大的比例，同时还受试桩吨位和场地条件的限制（图 1-1）。尤其桥梁工程中的桩基设计，往往由于设计者缺少可靠、有效的单桩承载力数据，而只能采用《公路桥涵地基与基础设计规范》JTG D63—2007

(*a*)   (*b*)

图 1-1　传统静载法现场

(*a*)堆载法；(*b*)锚桩法

中所推荐的设计参数，推荐参数对于地区性问题往往取值偏于保守，使得桩基的安全系数过大，而造成桥梁桩基工程经济上的浪费。近年来，这一状况有所改善，江阴长江大桥北引桥、荆州长江公路大桥、钱塘江六桥及虎门大桥均采用了静载荷试验，获得了准确、有效的单桩承载力数据，减少了工程桩数，取得了显著的经济效益。但是，静载荷试验费用也是相当可观的，而且试验最大荷载一般不超过36000kN(钱塘江六桥，采用"4锚1"反力梁体系，2001)。且单桩承载力越高，试桩困难越大，以致许多大吨位桩的承载力往往得不到准确数据，基桩的潜力不能合理发挥，这是桩基础领域面临的一大困惑。如大型桥梁工程中桩多在坡地和水中，而且吨位较大，难以测试，以至得不到准确的承载力数据，所以设计较为保守，造成承载力的浪费。

因此，扶持、改进和提高静载荷试验是很有现实意义的，桩承载力自平衡测试法就是基于改进传统静载荷试验的反力系统发展起来的。

1.1.2　桩承载力自平衡测试方法

1. 自平衡测试方法的发展

用桩侧阻力作为桩端阻力的反力测试桩承载力的概念早在1969年就被日本的中山(Nakayama)和藤关(Fujiseki)所提出，称为桩端加载试桩法[8,9]。1980年代中期类似的技术也为Cernac和Osterberg等人所发展[10]，其中Osterberg将此技术用于工程实践，并推广到世界各地，所以一般称这种方法为Osterberg-Cell载荷试验或O-Cell载荷试验。该法是在桩端埋设荷载箱，沿垂直方向加载，即可求得桩极限承载力。目前该法已应用在钻孔灌注桩、钢桩、预制桩中，美国工程实例有：

(1) 麻省波士顿附近Saugus河铁路大桥桥墩基桩，采用钢管桩，长39m，直径460mm，壁厚12.7mm，水上打桩，试桩目的在于测定粉质黏土层所能提供的桩侧摩阻力，以便加以利用，实测单位侧阻力为29kN/m²(图1-2a)；

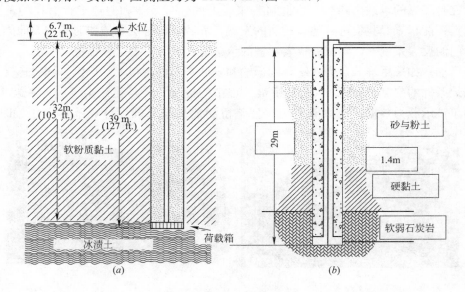

图 1-2　国外 O-Cell 试桩

(a)Saugus 河铁路大桥；(b)Orange 港公路大桥

（2）佛罗里达州 Orange 港公路大桥桥墩基桩，水深 24m，船上打桩，桩穿越砂与粉土层及硬黏土层，嵌入软弱而性质多变的石灰岩。进行 3 根钻孔桩试验，采用堆载法、锚桩法与 O-Cell 测桩对比，试验结果吻合（图 1-2b）；

（3）麻省波士顿鹿岛水处理厂扩建工程建筑物基桩，该工程总投资数十亿美元，为美国特大型工程之一，桩端持力层为冰渍土，性质特好，采用 Osterberg 法作了三根钻孔桩试验，单桩最大荷载至 30000kN（包括侧阻与端阻），远未达到破坏，潜力很大，将打入桩方案改为钻孔桩，节省大量资金。

近几年欧洲及日本、加拿大、新加坡等国和中国香港、台湾地区也广泛使用该法[11-14]，例如：

（1）香港九龙广东铁路公司某大楼嵌岩桩，嵌岩段直径 1m，深 3m。该试桩目的在于确定嵌岩段的总承载力。测得最大桩端、桩侧荷载均为 14700kN；

（2）新加坡某工程基桩，地层为 13.7m 海洋黏土，下卧含漂石硬黏土。进行了两根试桩，其中一根为钻孔扩底桩，其直身部分桩径为 1.2m，长 51.5m，扩底直径为 2.4m，试验测得桩端单位阻力为 2670kN/m²，另一根为直身钻孔桩，尺寸同前，试验测得桩端单位阻力为 3500kN/m²。以上国家和地区都已有相应的测试规程，目前该法已应用在钻孔灌注桩、钢桩和预制桩中。

目前国内外上万吨大吨位试桩如表 1-1 所示。

国内外上万吨试桩工程　　　　　　　　　　　　表 1-1

年　　份	地　　点	试验荷载（MN）
2001	Tucson, AZ	151
2002	San Francisco, CA	146
2002	San Francisco, CA	137
1997	Apalachicola River, FL	135
2004	西堠门大桥，舟山	130
2000	润扬长江大桥，镇江	120
2003	苏通长江大桥，南通	100

在国内，清华大学李广信教授在 1993 年首先将此方法介绍到国内，并在以后几年指导博士和硕士做了大量的理论研究和模型试验，但缺乏现场试验的研究[15-17]。史佩栋从 1996 年来相继介绍了该方法在国外的应用和发展情况[18,19]。但是该技术在国外属专利产品，没有相关技术资料报道。东南大学土木工程学院经过努力于 1996 年率先开始实用性应用[20-23]，于 1999 年制定江苏省地方标准《桩承载力自平衡测试技术规程》DB32/T 291—1999[24]，并获两项国家专利。2002 年建设部、科技部作为重点推广项目，2003 年纳入《建筑基桩检测技术规范》JGJ 106—2003，2004 年纳入《公路工程动测技术规程》JTG/TF 81—01—2004[25]。

自平衡测桩法适用于淤泥质土、黏性土、粉土、砂土、岩层以及黄土、冻土、岩溶特殊土中的钻孔灌注桩、人工挖孔桩、沉管灌注桩、管桩及地下连续墙基础，包括摩擦桩和端承桩。特别适用于传统静载试桩相当困难的大吨位试桩、水上试桩、坡地试桩、基坑底试桩、狭窄场地试桩等情况。

目前该法在北京、上海、天津、重庆、广东、广西、江苏、浙江、江西、安徽、福建、河南、河北、云南、贵州、四川、辽宁、吉林、黑龙江、湖南、湖北、山西、山东、青海、新疆等省市应用，并用于越南等国家工程。目前已完成特大吨位试桩：润扬大桥南汊桥南塔试桩，桩径 2.8m，桩长 59m，测得极限承载力为 120MN；舟山西堠门大桥，桩径 2.8m，桩长 40m，测得极限承载力为 130MN[26-30]。

2. 自平衡测试方法的原理

自平衡试桩法是在桩尖附近安设荷载箱，沿垂直方向加载，即可同时测得荷载箱上下、部桩身各自的承载力。

自平衡测桩法的主要装置是一种经特别设计可用于加载的荷载箱。它主要由活塞、顶盖、底盖及箱壁四部分组成。顶、底盖的外径略小于桩的外径，在顶、底盖上布置位移棒。将荷载箱与钢筋笼焊接成一体放入桩体后，即可浇捣混凝土成桩。

试验时，在地面上通过油泵加压，随着压力增加，荷载箱将同时向上、向下发生变位，促使桩侧阻力及桩端阻力的发挥，见图 1-4。由于加载装置简单，多根桩可同时进行测试。东南大学土木工程学院开发了测桩软件，可同时对多根桩测试数据进行处理。

采用并联于荷载箱的压力表或压力环测定油压，根据荷载箱率定曲线换算荷载。试桩位移一般布置 4 个百分表或电子位移计测量。采用专用装置分别测定荷载箱向上位移和向下位移。对于直径很大及有特殊要求的桩型，可对称增加各一组位移测试仪表。固定和支承百分表的夹具和基准梁在构造上应确保不受气温、振动及其他外界因素的影响以防止发生竖向变位。因此，根据读数绘出相应的"向上的力与位移图"及"向下的力与位移图"（图 1-3）及相应的 s-$\lg t$、s-$\lg Q$ 曲线，判断桩承载力、桩基沉降、桩弹性压缩和岩土塑性变形。

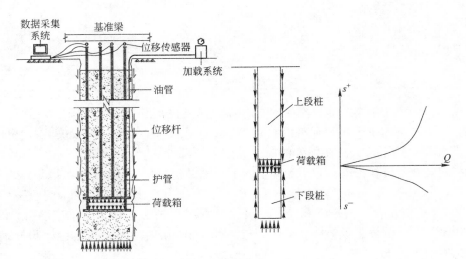

图 1-3　桩承载力自平衡试验示意图

基桩自平衡试验开始后，荷载箱产生的荷载沿着桩身轴向往上、往下传递。假设基桩受荷后，桩身结构完好（无破损，混凝土无离析、断裂现象），则在各级荷载作用下混凝土产生的应变量等于钢筋产生的应变量，通过量测预先埋置在桩体内的钢筋应变计，可以实测到各钢筋应变计在每级荷载作用下所得的应力-应变关系，可以推出相应桩截面的应力-应变关系，那么相应桩截面微分单元内的应变量亦可求的。由此便可求得在各级荷载作用下各桩截面的桩身轴力及轴力、摩阻力随荷载和深度变化的传递规律。

由于自平衡试桩法本身的特点，因此可以满足某些特殊的设计要求，有时需要测出桩身上段的极限侧阻力、下段的极限侧阻力以及极限端阻力，可以采用双荷载箱测试技术。该技术是采用二只荷载箱，一只放在桩下部，一只放在桩身某一部位，便可分别测出桩身上段的极限侧阻力、下段的极限侧阻力以及极限端阻力。图 1-4 为该方法荷载箱摆放位置示意图。采用双荷载箱也可以进行后压浆桩测试。下荷载箱可摆在桩端（或附近）。首先进行压浆前两个荷载箱测试，求得桩端承载力、桩身承载力，然后进行桩端高压注浆再进行两个荷载箱测试，这样就可求得压浆对端阻力、桩承载力的提高作用。双荷载箱布置给施工带来不便，但只要在上荷载箱预留孔位，使得下荷载箱位移棒能垂直通过，一般均容易成功。

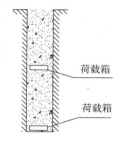

荷载箱

荷载箱

图 1-4　双荷载箱
摆放位置示意图

3. 自平衡测试方法的特点

该测试方法有以下几个特点：

（1）装置较简单，不占用场地，不需运入数百吨或数千吨物料，不需构筑笨重的反力架，可多根桩同时测试，试桩准备工作省时、省力、安全；

（2）该法利用桩的侧阻与端阻互为反力，因而可清楚地分出侧阻力与端阻力分布和各自的荷载-位移曲线；

（3）试验费用省，尽管荷载箱为一次性投入器件，但与传统方法相比可节省试验总费用的 30%～60%，具体比例视桩吨位与地质条件而定；

（4）由于试验方便，费用低，时间省，该法有利于增加试桩的数量，扩大检测面；

（5）试验后试桩仍可作为工程桩使用，必要时可利用预埋管对荷载箱进行压力灌浆；

（6）在下列情况下或当设置传统的堆载平台或锚桩反力架特别困难或特别花钱时，该法更显示其优势，例如：水上试桩，坡地试桩，基坑底试桩，狭窄场地试桩，斜桩，嵌岩桩，抗拔桩等，这些都是传统试桩法难以做到的。

1.2　测　试　准　则

1.2.1　测试时间

在桩身强度达到设计要求的 80% 前提下，成桩到开始试桩的时间可根据具体试桩工程，参照不同部门标准执行。如《建筑基桩检测技术规范》JGJ 106—2014 规定：对于砂土不少于 7d，对于粉土不少于 10d，对于黏性土不少于 15d，对于淤泥及淤泥质土不少于 25d。当采用后压浆施工工艺时，结合土层条件，压浆后休止时间不宜少于 20 天，当浆液中掺入早强剂时可在压浆完成后 15 天进行。

1.2.2　加载方式

一般采用慢速维持荷载法，即逐级加载，每级荷载作用下，上、下两段桩均达到相对稳定后方可加下一级荷载，直到试桩破坏，当一段桩已达破坏，而另一段桩未破坏时，应继续加至二段桩均破坏，然后分级卸载到零。当考虑实际工程桩的荷载特征，可采用多循环加、卸载法（每级荷载达到相对稳定后卸载到零）。当考虑缩短试验时间，对于工程桩做检验性试验，可采用快速维持荷载法，即一般每隔一小时加一级荷载。

1.2.3　加卸载与位移观察

加卸载分级、位移观察间隔时间及位移相对稳定标准可根据具体试桩工程，参考相应部门规范执行，如对于《公路桥涵施工技术规范》JTJ 041—2000，规定如下：

1. 荷载分级

加载应分级进行，采用逐级等量加载，每级荷载宜为最大加载值的 1/10，其中，第一级加载量可取分级荷载的 2 倍。

2. 位移观测

每级加载后在第 1h 内分别于 5、15、30、45、60min 各测读一次，以后每隔 30min 测读一次。电子位移传感器连接到电脑，直接由电脑控制测读，在电脑屏幕上显示 Q-s、s-$\lg t$、s-$\lg Q$ 曲线。

3. 稳定标准

每级加载下沉量，在下列时间内如不大于 0.1mm 时即可认为稳定：

（1）桩端下为巨粒土、砂类土、坚硬黏性土，最后 30min。

（2）桩端下为半坚硬黏性土和细粒土，最后 1h。

4. 终止加载条件

1）荷载箱上段位移出现下列情况之一时，即可终止加载：

（1）某级荷载作用下，荷载箱上段位移增量大于前一级荷载作用下位移增量的 5 倍，且位移总量超过 40mm；

（2）某级荷载作用下，荷载箱上段位移增量大于前一级荷载作用下位移增量的 2 倍，且经 24h 尚未达到规程第 4.3.3 条第 2 款相对稳定标准；

（3）已达到设计要求的最大加载量且荷载箱上段位移达到相对稳定标准；

（4）当荷载-位移曲线呈缓变型时，可加载至荷载箱向上位移总量 40～60mm（大直径桩或桩身弹性压缩较大时取高值）。

2）荷载箱下段位移出现下列情况之一时，即可终止加载：

（1）某级荷载作用下，荷载箱下段位移增量大于前一级荷载作用下位移增量的 5 倍，且位移总量超过 40mm；

（2）某级荷载作用下，荷载箱下段位移增量大于前一级荷载作用下位移增量的 2 倍，且经 24h 内尚未达到本规程第 4.3.3 条第 2 款相对稳定标准；

（3）已达到设计要求的最大加载量且荷载箱下段位移达到相对稳定标准；

（4）当荷载-位移曲线呈缓变型时，可加载至荷载箱向下位移总量 60～80mm（大直径桩或桩身弹性压缩较大时取高值）；当桩端阻力尚未充分发挥时，可加载至总位移量超过 80mm。

3）荷载已达荷载箱加载极限，或荷载箱两段桩位移已超过荷载箱行程，即可终止加载。

5. 卸载及测试

（1）卸载应分级进行，每级卸载一般可为 2 倍加载荷载分级。每级荷载卸载后，应观测二段桩的回弹量，观测办法与加载相同。直到回弹量稳定后，再卸下一级荷载。回弹量稳定标准与加载稳定标准相同。

（2）卸载到零后，至少在 1.5h 内每 15min 观测一次，开始 30min 内，每 15min 观测一次。

1.2.4 成果整理和承载力确定

1. 试验概况：整个测试工作整理成表格形式（见表 1-2、表 1-3），并应对成桩和试验过程出现的异常现象作补充说明。

单桩竖向静载试验概况表　　　　　　　　　　　　　　　　表 1-2

工程名称		地 址		试验单位	
试桩编号		桩 型		试验起止时间	
成桩工艺		桩断面尺寸(mm)		桩长	
混凝土强度等级	设计	灌注桩虚土厚度(m)		配筋	规格	配筋率（%）
	实际	灌注充盈系数（%）			长度	

综 合 柱 状 图　　　　　　　　　　　　　　　　　　表 1-3

层次	土层名称	描述	地质符号	相对标高	荷载箱位置	试桩平面布置示意图
1						
2						
3						
4						
5						

2. 单桩竖向静载试验记录

单桩竖向静载试验记录见表 1-4、表 1-5。根据需要：一般应绘制 Q-s_u、Q-s_d、s_u-lg$t$、s_d-lg$t$、s_u-lg$Q$、s_d-lg$Q$ 曲线。

单桩竖向静载试验记录表　　　　　　　　　　　　　　表 1-4

荷载（kN）	观测时间日/月时分	间隔时间（min）	向上位移（mm）				向下位移（mm）			
			表 1	表 2	平均	累计	表 1	表 2	平均	累计

试验：　　　　　　　　　　资料整理：　　　　　　　　　　校核：

单桩竖向抗压静载试验结果汇总表　　表 1-5

序号	荷载 (kN)	历时(min)		向上位移(mm)		向下位移(mm)	
		本　级	累　计	本　级	累　计	本　级	累　计

试验：　　　　　　　　　　资料整理：　　　　　　　　　　校核：

在实际工程测试时，上述表格及曲线均由计算机自动生成。

当进行桩身应力、应变测定时，应整理出有关数据的记录表和绘制桩身轴力分布、侧阻力分布，桩顶荷载-沉降、桩端阻力-沉降关系等曲线。

3. 极限承载力的确定

根据位移随荷载的变化特性确定极限承载力，不同部门规范确定方法有所不同。如对建筑基桩，可规定如下：陡变形 Q-s 曲线取曲线发生明显陡变的起始点；对于缓变形 Q-s 曲线，上段桩极限侧阻力取对应于向上位移 $s^+ = 40\text{mm}$ 的荷载；下段桩极限承载力值取 $s^- = 40\text{mm}$ 的荷载，当桩长大于 40m 时，宜考虑桩身弹性压缩量；对直径大于或等于 800mm 的桩，可取 $s = 0.05D$（D 为桩端直径）的对应荷载。

根据沉降随时间的变化特征确定极限承载力：取 s-$\lg t$ 曲线尾部出现明显弯曲的前一级荷载值。根据上述准则，可求得桩上、下段极限承载力实测值 Q_{uu}、Q_{ud}。该法测试时，荷载箱上部桩身自重方向与桩侧阻力方向一致，故在判定桩侧阻力时应当扣除。

该法测出的上段桩摩阻力方向是向下的，与常规摩阻力方向相反。传统加载时，侧阻力将使土层压密，而该法加载时，上段桩侧阻力将使土层减压松散，故该法测出的摩阻力小于常规摩阻力，国内外大量的对比试验已证明了该结论。

目前国外对该法如何由测试值得出抗压桩承载力的方法也不相同。有些国家将上、下两段实测值相叠加而得抗压极限承载力，这样偏于安全、保守。有些国家将上段桩摩阻力乘以大于1的系数再与下段桩叠加而得抗压极限承载力。

我国则将向上、向下摩阻力根据土性划分。参考我国已有规范，对于黏土层，向下摩阻力为（0.6～0.8）倍向上摩阻力；对于砂土层，向下摩阻力为（0.5～0.7）倍向上摩阻力。作者在同一场地做了多根静载与自平衡法的对比试验，表明黏土中其系数为 0.73～0.90。因此，桩抗压极限承载力 Q_u 取值为：

$$Q_u = \frac{Q_{uu} - W}{\gamma} + Q_{ud} \tag{1-1}$$

式中　W——荷载箱上部桩自重；

　　　　γ——系数，对于黏土、粉土，$\gamma = 0.8$；对于砂土，$\gamma = 0.7$；对于岩石，取 $\gamma = 1.0$；

Q_{uu}、Q_{ud}——荷载箱上、下段桩极限承载力。

上段桩抗拔极限承载力 Q_u 取值为：

$$Q_u = Q_{uu} \tag{1-2}$$

对于工程应用而言，这样的计算已具有足够的精度。

1.3　荷载箱埋设技术

自平衡试桩法在国内至今已做了几百例工程。荷载箱的埋设位置是一个重要的关键技术，对此根据工程实例及试桩经验，归纳出了荷载箱在桩中合理的埋设位置。如图 1-5 所示。

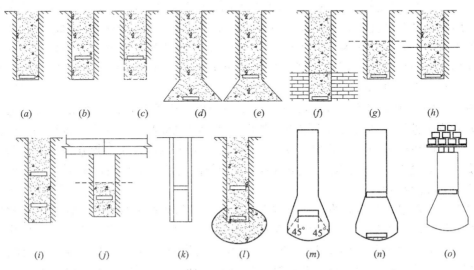

图 1-5　荷载箱埋设位置

图 1-5(*a*)是一般常用位置，即当桩身成孔后先在孔底稍作找平，然后放置荷载箱。此法适用于桩侧阻力与桩端阻力大致相等的情况，或端阻大于侧阻而试桩目的在于测定侧阻极限值的情况。如镇江电厂高炉基础采用钻孔灌注桩，桩预估端阻力略大于侧阻力，荷载箱摆放在桩端进行测试。

图 1-5(*b*)是将荷载箱放置于桩身中某一位置，此时如位置适当，则当荷载箱以下的桩侧阻力与桩端阻力之和达到极限值时，荷载箱以上的桩侧阻力同时达到极限值。如云南阿墨江大桥，荷载箱摆放在桩端上部 25m 处，这样上、下段桩的承载力大致相等，确保测试中顺利加载。值得指出的是，目前美国测试均是将荷载箱放置于桩端，而我国则拓宽了其摆放位置。

图 1-5(*c*)为钻孔桩抗拔试验的情况。由于抗拔桩需测出整个桩身的侧阻力，故荷载箱必须摆在桩端，而桩端处无法提供需要的反力，故将该桩钻深，加大桩侧阻力。如上海吴淞口输电塔大跨越工程，桩长 44m，荷载箱下部再钻深 7m 提供反力。

图 1-5(*d*)为挖孔扩底桩抗拔试验的情况。如江苏省电网调度中心基础工程，抗拔桩为挖孔扩底桩，荷载箱摆在扩大头底部进行抗拔试验。

图 1-5(*e*)适用于大头桩或当预估桩端阻力小于桩侧阻力而要求测定桩侧阻力极限值时的情况，此时是将桩底扩大，将荷载箱置于扩大头上。如南京北京西路军区安居房工程，该场地地表 5m 下面软、硬岩相交替，挖孔桩侧阻力相当大，故荷载箱置于扩大头上进行测试。南京江浦农行综合楼采用夯扩桩，荷载箱摆在夯扩头上进行测试。

图 1-5(f)适用于测定嵌岩段的侧阻力与桩端阻力之和。此法所测结果不至于与覆盖土层侧阻力相混。如仍需测定覆盖土层的极限侧阻力，则可在嵌岩段侧阻力与端阻力测试完毕后浇灌桩身上段混凝土，然后再进行试桩。如南京世纪塔挖孔桩工程，设计要求测出嵌岩段侧阻力与端阻力，荷载箱埋在桩端，混凝土浇灌至岩层顶部，设计部门根据测试结果进行扩大头设计。

图 1-5(g)适用于当有效桩顶标高位于地面以下有一定距离时（如高层建筑有多层地下室情况），此时可将输压管及位移棒引至地面方便地进行测试。如南京电信局多媒体大厦，采用冲击钻孔灌注桩，三层地下室底板距地面 14m，预估该段桩承载力达 8MN，而整桩预估承载力高达 40MN。南京地铁新街口站，底板距地面 23m，有效桩长 27m。浇捣桩身混凝土至底板下部，两工程试桩分别形成 14m、23m 空头桩，测试结果消除了多余上部桩身侧阻力的影响。

图 1-5(h)适用于需测定两个或以上土层的侧阻极限值的情况。可先将混凝土浇灌至下层土的顶面进行测试而获得下层土的数据，然后再浇灌至上一层土，进行测试，依次类推，从而获得整个桩身全长的侧阻极限值。如江苏省电网调度中心挖孔桩工程。荷载箱摆在桩端，上部先浇 2.5m 混凝土，测出岩石极限侧阻力后，上部再浇混凝土，测桩端承载力及后浇桩段的承载力。

图 1-5(i)采用二只荷载箱，一只放在桩下部，一只放在桩身上部，便可分别测出三段桩极限承载力。如润扬大桥世业洲高架桥钻孔桩，桩径 1.5m，桩长 75m，一只荷载箱距桩顶 63m，另一只荷载箱摆在 20m 处。由于地震液化的影响，上部 20m 的砂土层侧阻力必须扣除。故首先用下面一只荷载箱测出整个桩承载力，间隔 15 天后再用上面一只荷载箱测出上部 20m 桩侧阻力，扣除该部分侧阻力即为该桩实际应用承载力。

图 1-5(j)适用于在地下室中进行试桩工程。如 8 层南京下关商厦，该建筑已使用多年，根据需要该楼准备扩建成 28 层，因此在二层地下室内补了多根钻孔灌注桩，并在地下室内进行了承载力测试，该桩承载力达 18000kN，满足了建筑加层需要。

图 1-5(k)为管桩测试示意图，如南京长阳公寓，静压管桩长 36m，直径 0.4m，由三节 12m 桩段组成，首先施工一节管段，待桩压至地面后与荷载箱焊接再施工上二节管段，荷载箱作为桩段的连接件埋入到预定位置处，位移护管则从孔洞中引出地面。

图 1-5(l)为双荷载箱或单荷载箱压浆桩测试示意图。下荷载箱摆在桩端首先进行压浆前两个荷载箱测试，求得桩端承载力桩身承载力，然后进行桩端高压注浆再进行两个荷载箱测试，这样就可求得压浆对端阻力，桩承载力提高作用。

图 1-5(m)将荷载箱埋设在扩大头里面，使得荷载箱底板两边成 45°扩散覆盖整个扩大头桩端平面，直接测量扩大头桩端全截面端阻力。北京西直门某工程桩径 1.2m，桩端扩大头 1.8m，荷载箱底面距扩大头底面 300mm，荷载箱直接桩端承载力 14000kN。

图 1-5(n)在人工挖孔扩大头桩中埋设两个荷载箱，上荷载箱用于测量直身桩桩侧摩阻力，下荷载箱用于测量单位桩端阻力，再换算成整桩端阻力，最后得到整桩承载力。

图 1-5(o)在人工挖孔扩大头桩中由于桩侧摩阻力较小，无法测出上段扩大头端部承载力，这时可在桩顶施加配载提供反力。如云南某工程桩径 1m，扩大头 1.6m，预估极限承载力 7900kN，而上段桩仅能提供 2200kN，这时在上部堆载 200 吨反力进行检测。

　　总之，荷载箱的位置应根据土质情况、试验目的和要求等予以确定，这不仅有寻找平衡点的理论问题，还有相当重要的实践经验问题，这是一个系统工程。

参 考 文 献

[1]　史佩栋. 桩基工程手册 [M]. 北京：人民交通出版社，2008.

[2]　罗骐先. 桩基工程检测手册 [M]. 北京：人民交通出版社，2010.

[3]　建筑基桩检测技术规范 JGJ 106—2014 [S]. 北京：中国建筑工业出版社，2014.

[4]　港口工程桩基规范 JTS 167—4—2012 [S]. 北京：人民交通出版社，2012.

[5]　建筑桩基技术规范 JGJ 94—2008 [S]. 北京：中国建筑工业出版社，2008.

[6]　公路桥涵施工技术规范 JTG TF50—2011 [S]. 北京：人民交通出版社，2011.

[7]　建筑基桩检测技术规范 JGJ 106—2003 [S]. 北京：中国建筑工业出版社，2003.

[8]　Nakayama J, Fujiseki Y. A Pile Load Testing Method [P]. Japanese Patent No. 1973～27007（in Japanese）.

[9]　Fujioka T, Yamada K. The development of a new pile load testing system [C] //Proc. , International Conf. on Design and Construction of Deep Foundations. US FHWA, 1994, 2：670-684.

[10]　Jori Osterberg. New device for load testing driven piles and drilled shaft separates friction and end bearing [J]. Piling and Deep Foundations. 1989, 421-427.

[11]　前田良刀. 第二東名東海大府高架橋工區における壁基礎原位置載荷試験 [J]. 基礎の工，1996 (5)：60-66.

[12]　Bengt H. Fellenius, Richard Kulesza, jack Hayes. O-Cell Testing and FE Analysis of 28-m-deep Barrette in Manila, Philippines [J]. Journal of Geotechnical and Geo Environmental Engineering, 1999, 125(7)：566-575.

[13]　2001 Edition Construction Manual Bureau of Construction. Alabama Department of Transportation.

[14]　Edition Standard specifications for roads and bridges Louisiana State of Louisiana [S]. Department of Transportation and Development, Baton Rouge, 2000.

[15]　李广信，黄锋，帅志杰. 不同加载方式下桩的摩阻力的试验研究 [J]. 工业建筑，1999，29(12)：19-21.

[16]　杜广印，黄锋，李广信. 抗压桩与抗拔桩侧阻的研究 [J]. 工程地质学报，2000，8(1)：91-93.

[17]　黄锋，李广信，郑继勤. 单桩在压与拔荷载下桩侧摩阻力的有限元计算研究 [J]. 工程力学，1999. 16(6)：97-101.

[18]　史佩栋，陆怡. Osterberg 静载荷试桩法 10 年的发展 [J]. 工业建筑，1999，29(13)：17-18

[19]　史佩栋，黄勤. 桩的静载荷试验新技术//桩基工程技术 [M]. 北京：中国建筑工业出版社，1996：400-409.

[20]　龚维明，蒋永生，翟晋. 桩承载力自平衡测试法 [J]. 岩土工程学报，2000，22(5)：532-536.

[21]　龚维明，戴国亮，蒋永生. 桩承载力自平衡测试理论与实践 [J]. 建筑结构学报，2002，23(1)：82-88.

[22]　龚维明，翟晋，薛国亚. 桩承载力自平衡测试法的理论研究 [J]. 工业建筑，2002，32(1)：37-40.

[23]　戴国亮，吉林，龚维明. 自平衡试桩法在桥梁大吨位桩基中的应用与研究 [J]. 公路交通科技，2002，19(2)：63-66.

[24]　江苏省地方标准. 桩承载力自平衡测试技术规程 DB 32/T291—99 [S]. 江苏省技术监督局和江

苏省建设委员会联合发布，1999.

[25]　公路工程动测技术规程 JTG/TF 81—01—2004 [S]. 北京：人民交通出版社，2004.

[26]　桩承载力自平衡静载试验(润扬长江大桥)测试报告 [Z]. 南京：东南大学土木工程学院，2001.

[27]　桩承载力自平衡静载试验(东海大桥)测试报告 [Z]. 南京：东南大学土木工程学院，2003.

[28]　桩承载力自平衡静载试验(苏通大桥)测试报告 [Z]. 南京：东南大学土木工程学院，2004.

[29]　桩承载力自平衡静载试验(杭州湾跨海大桥)测试报告 [Z]. 南京：东南大学土木工程学院，2004.

[30]　桩承载力自平衡静载试验(南京长江三桥)测试报告 [Z]. 南京：东南大学土木工程学院，2004.

第2章 有限元分析

2.1 有限元材料模式及设计参数

随着有限元软件的开发和岩土工程的需要，有限单元法在桩土体系共同作用分析方面的应用越来越多。本章分析所采用的 ANSYS 软件是目前应用比较广泛的大型有限元分析软件之一，具有强大的前后处理能力，可以进行静力分析、模态分析、谐响应分析、瞬态动力学分析、屈曲分析等，其中静力分析不仅可以考虑结构的线性行为，还可考虑结构的非线性行为，例如：大变形、大应变、应力刚化、接触、塑性、超弹及蠕变等。该软件功能强大，广泛应用于土木工程、水利、航空、航天、汽车、电子等诸多领域[1]。

2.1.1 Drucker-Prager 屈服准则及材料模式

岩土体的应力应变特性是比较复杂的，国内外提出了大量的本构模型。常用的有剑桥模型、Ducan 模型、Drucker-Prager 模型等。Ducan 模型为非线性弹性模型，大量应用于土工计算中，但该模型会引入局部误差。本章分析中采用了弹塑性模型 Drucker-Prager（简称 D-P 模型），它能较准确地反映岩土体作为摩擦性材料的基本特性，简单实用[2,3]。

Drucker-Prager 准则是对 Mises 准则的修订，即在 Mises 的表达式中加一个附加项，其流动准则可以使用相关联流动准则，也可用不相关联流动准则，其屈服面不随材料的逐渐屈服而改变，因此没有强化准则。然而其屈服强度随着侧限压力（静水压力）增加而增加，其塑性行为被假定为理想弹塑性(图 2-1)，其在 π 平面上的屈服曲线图仍为一个圆，屈服曲面为圆锥形。另外，这种材料考虑了由于屈服而引起的体积膨胀，但不考虑温度变化的影响。适用于混凝土、岩石和土壤等颗粒材料。

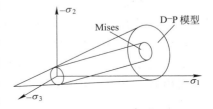

图 2-1　D-P 材料的屈服面

Drucker-Prager 模型的等效应力表达式为：

$$\sigma_e = 3\beta\sigma_m + \left[\frac{1}{2}\{s\}^T[M]\{s\}\right]^{\frac{1}{2}} \tag{2-1}$$

式中　σ_m——平均应力或静水压力，$\sigma_m = \frac{1}{3}(\sigma_x + \sigma_y + \sigma_z)$；

β——材料常数，$\beta = \dfrac{2\sin\varphi}{\sqrt{3}(3-\sin\varphi)}$；

$[M]$——Mises 屈服准则中的 $[M]$；

$\{s\}$——偏应力；

φ——岩土类材料的内摩擦角。

D-P 材料的屈服准则表达如下：

$$F = 3\beta\sigma_m + \left[\frac{1}{2} \{s\}^{\mathrm{T}} [M] \{s\} \right]^{\frac{1}{2}} - \sigma_y = 0 \tag{2-2}$$

式中，σ_y 是材料的屈服参数，$\sigma_y = \dfrac{6c\cos\varphi}{\sqrt{3}(3-\sin\varphi)}$。

ANSYS 中的 D-P 材料模式需要输入三个参数：黏聚力 c、内摩擦角 φ、膨胀角 φ_f。其中膨胀角用来考虑体积膨胀的大小，对压实的颗粒状材料，当材料受剪时，颗粒将会膨胀，如果膨胀角 φ_f 为 0 则不发生体积膨胀。如果 $\varphi_f = \varphi$ 将发生严重的体积膨胀。

2.1.2　基本假定及设计参数

1. 基本假定

为简化计算，在建立有限元模型时作如下假定：

(1) 同一土层均质、各向同性；

(2) 桩的受力变形性质由线弹性模型描述，土体则考虑为弹塑性材料，采用 Drucker-Prager 弹塑性模型；

(3) 桩及桩周土体采用轴对称模型，根据对称性，取轴对称平面的一半进行分析，考虑桩周和桩端土层的影响范围，土层水平范围取 1 倍桩长，土层深度取桩端下 2 倍桩长。

(4) 由于土体自重产生的变形在桩施工前已经完成，计算时不计入自重应力。

(5) 桩与岩土体的变形相协调，即交界面间无滑移。为考虑桩土接触面单元特性，设 0.5m 接触带，适当降低其强度参数。

2. 设计参数

(1) 弹性模量

弹性模量 E(kPa)为侧向不受约束条件下竖向应力 σ 与竖向应变之比 ε。桩身混凝土弹性模量可按设计混凝土强度取值。

对于土体，由于土体中的变形包括了弹性变形和残余变形，土体应力和应变的比值称为变形模量。由于土工试验仅给出了土层的压缩模量 E_s（在无侧限条件下，压缩时垂直压应力增量与垂直应变增量之比），还须换算成变形模量 E：

$$E = \left(1 - \frac{2\mu^2}{1-\mu} \right) E_s \tag{2-3}$$

式中　E——土的变形模量；

　　　E_s——土的压缩模量；

　　　μ——土的泊松比。

(2) 岩土体单元抗剪强度参数 c、φ

除变形模量外，土层计算参数主要有黏聚力 c、内摩擦角 φ 与泊松比 μ。泊松比 μ 随土层变化不明显，且对土的应力和应变影响不大，一般取 $\mu = 0.35 \pm 0.05$。抗剪强度参数 c、φ 是决定计算结果的主要土工参数。c、φ 值的确定与试验方法有密切关系，试验方法原则上应尽可能与现场实际受力情况及排水条件一致。计算模型参数取值参考试验参数。

（3）桩土接触带

桩土接触面变形本构模型是国内外研究的热门问题，界面变形本构模型大致分为：整体滑动、局部滑动剪切变形和连续剪切变形三种。目前较为常用的是对应于第一种的无厚度 Goodman 单元。考虑到接触分析的复杂性和接触面参数取值的不确定因素，本章假设桩与岩土体的变形是协调的，即其间无相对位移，采用普通单元进行弱化处理，用低弹性模量的材料来模拟桩土间在大荷载下的相对滑动。

2.2　有限元数值模拟

本章采用通用有限元程序 ANSYS 对自平衡受压桩的沉降变形进行了数值模拟[4]，并将自平衡试桩转化为相同条件的桩顶加载，分析此时的桩顶变形情况，与前面简化转换法所得结果进行对比分析。

2.2.1　有限元模型的建立

一般工程中桩的长径比变化范围为 20～60，模型桩径取 1m，上段桩长 40m，采用三层土模型，将上段桩周土划分为两层，厚度均为 20m，见图 2-2。桩弹性模量 $E_P = 3.0 \times 10^4$ MPa，$\mu = 0.18$，具体土层参数见表 2-1。

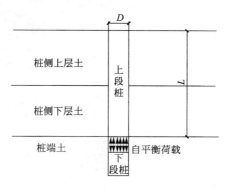

图 2-2　计算简图

土层的计算参数　　　　　　　　　　　　　　　　　　　　　表 2-1

土　　层	E(Pa)	μ	c(kPa)	φ(°)
桩侧上层土接触面	7×10^6	0.4	10	7
桩侧上层土	10^7	0.4	15	10
桩侧下层土接触面	3.5×10^7	0.35	14	14
桩侧下层土	5×10^7	0.35	20	20
桩端土接触面	1.4×10^8	0.3	35	14
桩端土	2×10^8	0.3	50	20

为比较不同土层刚度和长径比对于转换系数 K 的影响，取三种参数组合进行计算，见表 2-2 。模拟测试时一般桩侧土有多层而且受力性能各异的情况，以比较此种情况下对模拟结果的影响。

不同组合下土层参数

表2-2

参数组合	桩端土 E_b(MPa)	桩侧上层土 E_{s1}(MPa)	桩侧下层土 E_{s2}(MPa)	L/D
1	200	10	50	20
2	200	10	50	40
3	200	20	20	40

　　根据前述计算假定取桩土体系的一半建立轴对称模型，桩与土体均采用平面四节点单元PLANE42，通过关键选项的设置可以使单元为平面轴对称形式。计算模型及网格划分见图2-3，施加对称约束边界条件。

　　图2-4与图2-5分别为自平衡桩与静压桩变形图，可以看出在相同荷载作用下静压桩的径向膨胀大于自平衡桩。图2-6与图2-7分别是静压桩与自平衡桩主应力方向图，从图中可以看出两者主应力流的差别，压桩时邻近桩的桩侧土单元发生主应力偏转，并且由于各单元剪力的方向相同，偏转的方向也相同。自平衡加载时，自平衡将桩身分为两段，上下段桩周剪力相反，主应力偏转呈现明显的两个方向，如图2-8所示。

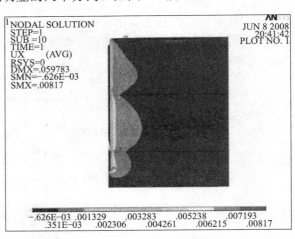

图2-4　桩顶压桩变形图

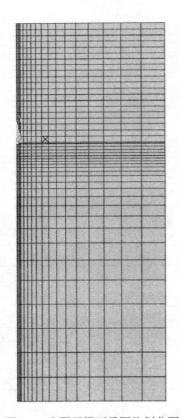

图2-3　有限元模型及网格划分图

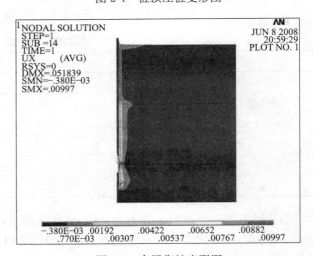

图2-5　自平衡桩变形图

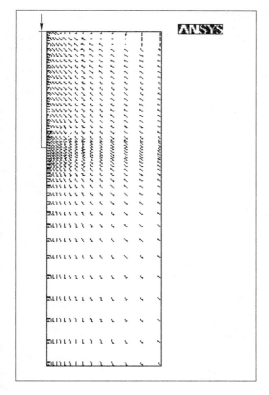

图 2-6　桩顶压桩主应力方向

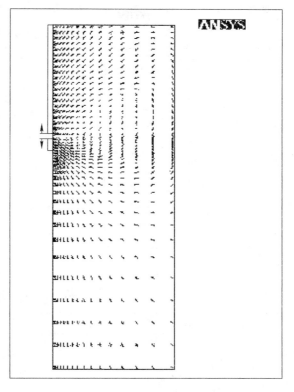

图 2-7　自平衡桩主应力方向

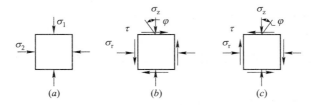

图 2-8　桩周土单元应力图

(a)未加载；(b)桩顶加载；(c)桩底加载

2.2.2　有限元数值模拟过程

1. 模拟自平衡加载

按自平衡测试方法的试桩模型，先用控制桩顶沉降的方法计算得到极限承载力，然后把极限承载力分成 10 个荷载等级模拟在荷载箱位置向上、向下分别加载，得到试桩在不同荷载下各截面桩身的变形和受力情况。以参数组合二为例，得自平衡桩各级荷载下向上向下位移，见表 2-3。

2. 模拟桩顶加载

由于实际工作情况和传统静载荷试验方法都是在桩顶加载，因此，模拟的第二步转化为桩顶加载。取与自平衡试桩相同的土层参数，将自平衡试桩转换为静载荷试桩，在桩顶施加相同的载荷（2Q），得到静载荷试桩的桩顶位移见表 2-4。

自平衡桩加载分级及位移表　　　　　　　　　　　　　　　表 2-3

荷载分级（kN）	向上位移（mm）	向下位移（mm）
400	0.50	0.34
800	1.12	0.72
1200	1.90	1.99
1600	3.21	4.89
2000	5.28	8.84
2400	7.86	14.22
2800	13.47	20.98
3200	22.35	29.19
3600	34.26	39.31
4000	49.90	51.30

静载桩加载分级及位移表　　　　　　　　　　　　　　　表 2-4

荷载分级（kN）	沉降量（mm）	荷载分级（kN）	沉降量（mm）
800	1.76	4800	17.87
1600	3.52	5600	25.53
2400	5.31	6400	34.44
3200	7.56	7200	45.55
4000	11.79	8000	59.18

2.3　两种测试方法承载力的比较

　　以参数组合二为例，图 2-9 是两种测试方法上段桩的摩阻力位移图，可以看出在相同土层条件下，静载桩的摩阻力大于自平衡桩的摩阻力。图 2-10 是两种测试方法下段桩的端阻力位移图，两条曲线基本吻合。图 2-11 是不同深度土层摩阻力与截面位移关系曲线，两种方法测出的桩侧各土层摩阻力-位移曲线基本趋势一致，摩阻力的发挥与桩土相对位移成正比，随着桩土之间相对位移量的增加，摩阻力从线性变化到非线性，最后达到一稳定极限值。上部土层桩土相对位移较小时已达到极限值，下部土层在最后一级荷载作用下，仍处于弹塑性阶段。两种测试方法摩阻力差别不大，主要由于有限元不能考虑上部土层隆起开裂使侧摩阻力大幅降低。

　　图 2-12 为不同荷载水平下桩侧摩阻力的分布曲线，可以看出在荷载较小情况下，自平衡桩摩阻力由下向上发展，下部摩阻力较上部摩阻力大得多。静载桩由于上部土层较软，摩阻力很快便传至下部土层中，但较相同荷载水平下自平衡桩下部摩阻力小。当荷载较大时，上下部土层的摩阻力发挥趋于一致，最后都达到极限摩阻力，由于自平衡桩上部土层越压越松，桩侧摩阻力较静载桩小。

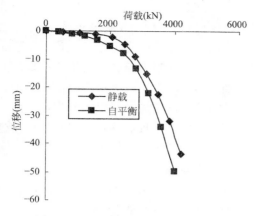

图 2-9　两种测试方法摩阻力位移图

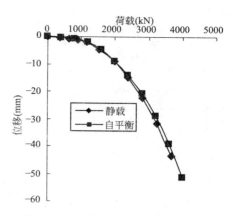

图 2-10　两种测试方法端阻力位移图

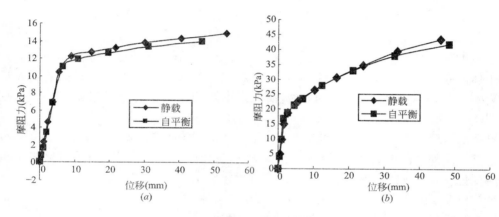

图 2-11　不同深度土层摩阻力位移图

$(a)z=12\mathrm{m}$；$(b)z=32\mathrm{m}$

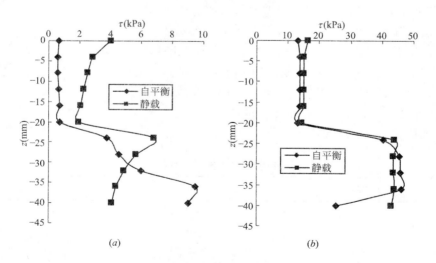

图 2-12　不同荷载下摩阻力沿桩身分布图

$(a)Q=800\mathrm{kN}$；$(b)Q=8000\mathrm{kN}$

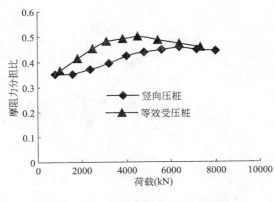

图 2-13 不同荷载下摩阻力分担比

图 2-13 反映了竖向压桩和等效桩顶受压桩桩侧摩阻力随桩顶荷载的变化情况，两条曲线的变化趋势一致，反映了受压桩桩侧摩阻力随桩顶荷载变位增加而增加，当摩阻力达到极限值，不再增加，桩端阻力继续增加，摩阻力分担比下降。这说明等效转换桩能够基本反映静载荷桩的摩阻力与端阻力发挥情况。从图中还可看出，当荷载较小时等效受压桩所得摩阻力偏大。这与 K 值固定不变有关，其具体原因还待进一步研究。

2.4 自平衡测试上下段桩相互影响的讨论

自平衡测试时，上、下桩段形式上是相互独立的个体，但在试验加载过程中，由于桩周土体的联系，使得上下桩段的位移间存在相互作用，并对上下段桩的受力造成一定的影响，其影响程度需要进一步分析研究。本章用一个计算模型来说明相互作用的程度[5]。

自平衡加载条件下，上下段桩位移间相互作用的影响因素主要有：上部土层弹性模量 E_1、下部土层弹性模量 E_2 及桩的弹性模量 E_p 和长径比 L/D。在实际工程中，桩的混凝土强度变化不大，故在分析中不考虑桩的弹性模量影响。

计算模型如图 2-14 所示，采用双层土模型，桩侧土参数：弹性模量 E_1，泊松比 μ_1 黏聚力 c_1，摩擦角 φ_1，桩端土 E_2、μ_2，c_2，φ_{21} 上段桩长 L，桩直径 D，下段桩长取定值 5m。为讨论模型参数取值对计算的影响，取三种参数组合，见表 2-5。组合 1 与组合 2 的不同在于桩端土的 E 不同，组合 1 与组合 3 在于 L/D 不同，以此考察不同 L/D 及 E_b/E_s（桩端土与桩侧土刚度比）与上下段桩相互影响的关系。桩侧土参数一律取：$E=1.4E7Pa$，$\mu=0.3$，$c=200kPa$，$\varphi=20°$。计算取 3 种荷载工况，见表 2-6。

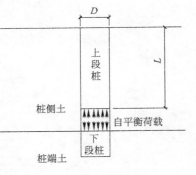

图 2-14 计算简图

不同组合下桩端土参数 表 2-5

参数组合	E(MPa)	μ	c(kPa)	φ(°)	L/D
1	400	0.3	300	28	30
2	840	0.3	300	28	30
3	400	0.3	300	28	20

工 况 表 　　　　　　　　　　　　　　 表 2-6

工况号	工况 1	工况 2	工况 3
荷载性质	向上的托桩力	向下的压桩力	同时施加托桩力和压桩力
说明	作用于上段桩底	作用于下段桩顶	自平衡方式

参数 1 下 3 种工况的 Q-s 曲线计算如图 2-15 所示。由图中可以看出自平衡上下段桩间是互相影响的。当单独施加向上或向下荷载时，很明显，未施加荷载的桩段也产生了位移，虽然位移很小，但这表明了由于向上（向下）段桩对周围土体的作用力使得向下（向上）段桩周围土体的应力状态产生变化，从而对向下（向上）段桩间接地作用。单独施加向上荷载时，摩擦力使桩周土体被向上"抬起"，虽然土体不能承受拉应力，但间接地对下段桩周一定范围土体产生卸载作用，土体向上回弹，但受到下段桩的约束，土体对下段桩产生摩阻力和端阻力，从而使下段桩产生向上的位移，其数值由土体的回弹量决定。同样，单独施加向下荷载时，摩擦力和桩端压力使桩周土体向下压缩，上段桩周土体的稳定状态被破坏，土体产生向下的位移。当在工况 3 作用下，由于相互作用有限，Q-s 曲线几乎就是单独作用的组合。作为比较，见表 2-7。

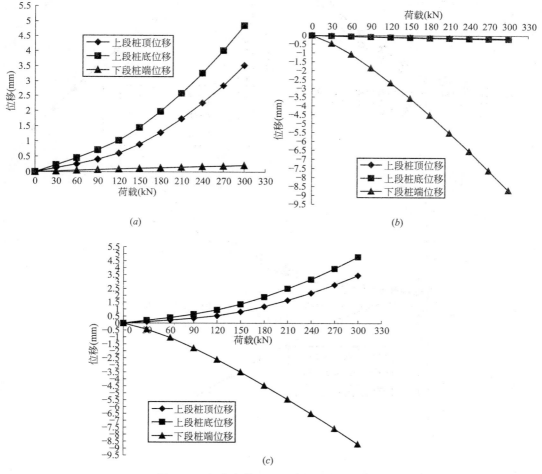

图 2-15　组合参数 1 下三种工况的 Q-s 曲线

(a)工况 1；(b)工况 2；(c)工况 3

参数组合1位移（单位：mm） 表2-7

工况号	上段桩顶位移	上段桩底位移	桩身压缩	桩端位移
1	3.525	4.860	1.335	0.209
2	−0.179	−0.211	−0.032	−8.713
3	3.458	4.791	1.333	−8.704

同时作用向上向下荷载时，向上和向下位移比单独作用时减小了，桩身压缩量几乎不变，说明相互作用较小，第2种工况下，上段桩主要作刚体位移。

通过不同参数组合的位移曲线对比，可以得出不同的参数对上下段桩相互作用的影响。比较图2-15与图2-16、图2-17，表2-7及表2-8、表2-9，可以看出随着桩端土刚度的提高，即桩端桩侧土刚度比 E_b/E_s 的提高，相互影响的作用减小了，比较参数组合1

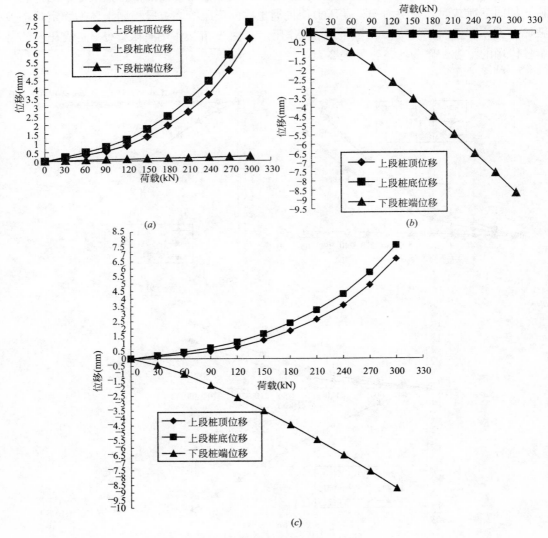

(a)
(b)
(c)

图2-16 组合参数2下3种工况的 *P-s* 曲线

(*a*)工况1；(*b*)工况2；(*c*)工况3

和组合 2，如表 2-7 工况 1 的桩端位移和上段桩底位移分别为 0.209mm 和 4.860mm，在表 2-8 中桩端位移为 0.111mm，上段桩底位移为 4.791mm；随着上段桩长径比 L/D 的降低，相互作用增大了，比较参数组合 1 及组合 3，如表 2-7 工况 1 的桩端位移和桩底位移分别为 0.209mm 和 4.860mm，在表 2-9 中桩端位移为 0.25mm，上段桩底位移为 7.608mm。

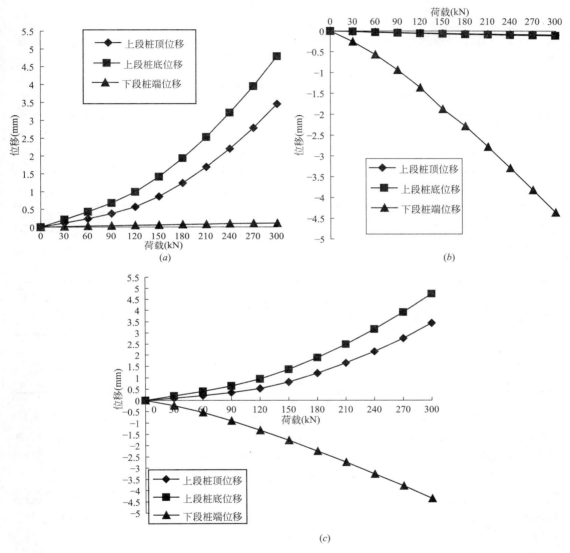

图 2-17　组合参数 3 下 3 种工况的 *P-s* 曲线

(a)工况 1；(b)工况 2；(c)工况 3

参数组合 2 位移（单位：mm）　　　　　　　　　　　　　　　　　表 2-8

工况号	上段桩顶位移	上段桩底位移	桩身压缩	桩端位移
1	3.459	4.791	1.332	0.111
2	−0.095	−0.114	−0.020	−4.368
3	3.424	4.754	1.330	−4.36

参数组合 **3** 位移（单位：mm）　　　　　　　　　　　　表 2-9

工况号	上段桩顶位移	上段桩底位移	桩身压缩	桩端位移
1	6.693	7.608	0.915	0.250
2	−0.200	−0.220	−0.020	−8.713
3	6.655	7.572	0.917	−8.654

　　以上计算结果通过 P-s 曲线和桩身不同部位的位移说明了自平衡测试时上下段桩的相互影响量的大小。为了了解影响的程度，见表 2-10、表 2-11 和表 2-12。

参数组合 **1** 下位移相对变化值　　　　　　　　　　　　表 2-10

	工况 1（↑）	工况 2（↓）	工况 3（↑↓）	位移相对变化
上段桩顶位移	3.459	—	3.424	1.02%
上段桩底位移	4.791	—	4.754	0.78%
桩端位移	—	−4.368	−4.36	0.18%

参数组合 **2** 下位移相对变化值　　　　　　　　　　　　表 2-11

	工况 1（↑）	工况 2（↓）	工况 3（↑↓）	位移相对变化
上段桩顶位移	3.525	—	3.458	1.9%
上段桩底位移	4.860	—	4.791	1.4%
桩端位移	—	−8.713	−8.704	0.1%

参数组合 **3** 下位移相对变化值　　　　　　　　　　　　表 2-12

	工况 1（↑）	工况 2（↓）	工况 3（↑↓）	位移相对变化
上段桩顶位移	6.693	—	6.655	0.58%
上段桩底位移	7.608	—	7.572	0.48%
桩端位移	—	−8.713	−8.654	0.68%

　　下段桩受力对上段桩的影响体现在：工况 1 与工况 2 加载条件下，上段桩桩顶桩底位移的变化；上段桩受力对下段桩的影响体现在：工况 2 与工况 3 加载条件下，桩端位移的变化。可见在各种土层分布和 L/D 情况下，相对变化都很小。

　　根据以上分析，可得出以下结论：(1)自平衡加载方式下荷载箱上下桩段存在相互影响，其影响程度因桩土参数而异；(2)上下段桩位移影响量随下段桩桩周土体弹性模量的增加而减少，随上段桩桩周土体弹性模量的增加而减少，随着桩长径比的减少而增加；(3)随着荷载等级的增加，上下段桩位移影响量非线性同步增加，但其影响率大幅度下降。下段桩由于受到桩侧、桩端土的约束，随荷载等级的增加先增加而后减小且上段桩对其影响明显减弱；(4)对于实际工程需求精度而言，上下桩段间的位移影响量很小，并不影响单桩极限承载力的判定，故试验转换分析时可将其忽略。

2.5　小　　结

　　采用有限元法模拟在相同条件下，自平衡加载和桩顶加载工况下桩的荷载变形情况，得到以下结论：

（1）简化转换法所得结果与有限元法数值模拟所得结果吻合很好，主要原因在于有限元模型采用理想的弹性体和弹塑性体模拟桩土变形，拟合精度较高。

（2）桩端与桩侧土刚度比及桩的长径比对自平衡荷载传递和桩侧摩阻力和桩端阻力发挥影响较大，所得自平衡测试曲线具有不同的变形特征。

（3）通过对两种测试方法有限元模拟结果的比较，验证了在相同条件下，桩顶压桩的桩侧摩阻力大于桩底托桩，两种方法测出的桩侧各土层摩阻力—位移曲线基本趋势一致。简化转换法所得自平衡等效桩所反映出的桩侧摩阻力与桩端阻力的分担作用与桩顶压桩基本一致。

（4）对于实际工程需求精度而言，上下桩段间的位移影响量很小，并不影响单桩极限承载力的判定，故试验转换分析时可将其忽略。

参　考　文　献

[1]　刘涛，杨凤鹏. 精通 ANSYS［M］. 北京：清华大学出版社，2003

[2]　钱家欢，殷宗泽. 土工原理与计算［M］. 北京：中国水利水电出版社，1996

[3]　殷宗泽，朱泓. 土与结构材料接触面的变形及其数学模拟［J］. 岩土工程学报，1994，16(3)

[4]　鲁良辉. 桩承载力自平衡测试转换方法研究［硕士学位论文］. 南京：东南大学，2004

[5]　翟晋. 自平衡测桩法的应用研究［硕士学位论文］. 南京：东南大学，2000

第3章 等效转换方法

3.1 托桩荷载传递机理分析

3.1.1 前言

传统堆载法试验的荷载作用于桩顶，桩侧摩阻力由桩顶向下逐渐发展，桩侧摩阻力方向向上，而在自平衡法中，摩阻力由桩底部向上发展且方向向下。自平衡法上段桩（托桩）受力机理与传统抗拔桩的受力机理已不相同，区别在于作用力的作用点不同，桩的位移量和摩阻力分布也不相同，抗拔桩荷载是自上而下传递，而托桩是自下而上进行的。因此，有必要对托桩摩阻力传递机理进行研究，以便进一步了解自平衡法的机理。本章基于桩的荷载传递函数概念，建立了托桩摩阻力传递机理的力学模型[1]。

3.1.2 均质土压桩轴向荷载的传递

桩顶受竖向荷载作用后，桩身压缩而向下位移，桩侧表面受到土的向上摩阻力，桩身荷载通过发挥出来的侧阻力传递到周围的土层中去，从而使桩身荷载与桩身轴向变形随深度递减。随着荷载的增加，桩端出现竖向位移和桩端反力。桩端位移加大了桩身各截面的位移，并促使桩侧阻力进一步发挥。一般来说，靠近桩身上部土层的阻力先于下部土层发挥出来，而侧阻力先于端阻力发挥出来。图 3-1 表示桩土体系荷载的传递，由图 3-1(a)看出，任一深度 z 桩身截面的荷载为

$$Q(z) = Q_0 - U\int_0^z q_s(z)\mathrm{d}z \tag{3-1}$$

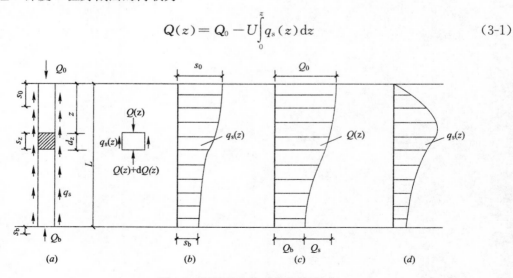

图 3-1 压桩桩土体系荷载传递

28

竖向位移为

$$s(z) = s_0 - \frac{1}{E_p A_p} \int_0^z Q(z) \, dz \qquad (3-2)$$

由微分段 dz 的竖向平衡可求得

$$dQ(z) = -q_s(z) U \, dz \qquad (3-3)$$

则桩侧单位面积上的荷载传递量为

$$q_s(z) = -\frac{1}{U} \frac{dQ(z)}{dz} \qquad (3-4)$$

由式(3-2)及式(3-3)可得

$$q_s(z) = \frac{E_p A_p}{U} \cdot \frac{d^2 s(z)}{dz^2} \qquad (3-5)$$

式中　A_p——桩身截面面积；

　　　E_p——桩身弹性模量；

　　　U——桩身周长；

　　$q_s(z)$——桩侧单位面积上的荷载传递量。

由式(3-1)可知，桩顶轴力 Q 沿桩身向下通过桩侧摩阻力逐步传给桩周土，因此轴力 Q 随深度递减。由式(3-4)、式(3-5)可见，当测得桩身位移 s_z 或轴力 Q_z 便可求得桩侧摩阻力 $q_s(z)$，如图 3-1(b)、(c)、(d)所示。

3.1.3　均质土中托桩荷载传递

荷载传递法首先由 Seed 和 Reese 在 1955 年提出，此后经 Kezdi(1957)、佐腾悟(1965)、Coyle 和 Reese(1966)、Vijayvergiya(1977)等人相继发展。我国学者陈竹昌、徐和、何思明等人也做了大量工作[2-33]。荷载传递法把桩视为由许多弹性单元组成，每一单元与土体间用非线性弹簧相联系，以模拟桩土间的荷载传递关系。桩侧非线性弹簧的应力应变关系可表示为桩侧摩阻力与桩土相对位移的关系。

为了获得托桩摩阻力模型方便而实用的解析解，将问题作如下简化：

假定传递函数为线弹性全塑性关系(图 3-2b)。图中 q_z 为单位深度土所提供的摩阻力，

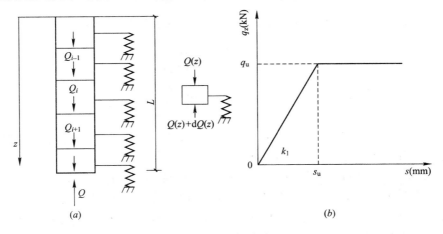

图 3-2　桩土计算模型

单位为 kN/mm；s_z 为桩土相对位移，单位为 mm；s_u 为桩周土的弹性极限变形值；k_1 是桩周单位深度土的刚度系数，单位为 kN/mm²。当桩土相对位移 s_z 等于或大于极限值 s_u 时，单位深度土所提供的摩阻力等于常数 q_u。

1. 弹性阶段托桩摩阻力模型

当桩土相对位移 s_z 小于弹性位移极限值 s_u 时，桩周土体处于弹性状态。在桩上 z 深度取一单元体(图 3-2a)，则单元体受到的摩阻力 q_z 为

$$q_z = k_1 s_z \tag{3-6}$$

由平衡条件，桩身轴力 Q_z 必须满足

$$\frac{\mathrm{d}Q_z}{\mathrm{d}z} = -k_1 s_z U \tag{3-7}$$

桩截面单元体产生的弹性压缩 $\mathrm{d}s_z$ 为

$$\mathrm{d}s_z = -\frac{Q_z \mathrm{d}z}{E_p A_p} \tag{3-8}$$

由式(3-7)和式(3-8)可得

$$E_p A_p \frac{\mathrm{d}^2 s_z}{\mathrm{d}z^2} = k_1 s_z U \tag{3-9}$$

桩顶边界条件对于实际工程为

$$Q_z \big|_{z=0} = -E_p A_p \frac{\mathrm{d}s_z}{\mathrm{d}z}\bigg|_{z=0} = 0 \tag{3-10}$$

桩端边界条件为

$$Q_z \big|_{z=L} = -E_p A_p \frac{\mathrm{d}s_z}{\mathrm{d}z}\bigg|_{z=L} = -Q \tag{3-11}$$

式(3-9)可写成

$$\frac{\mathrm{d}^2 s_z}{\mathrm{d}z^2} - \frac{k_1 U}{E_p A_p} s_z = 0 \tag{3-12}$$

记 $\alpha = \sqrt{\dfrac{k_1 U}{E_p A_p}}$，$\beta = \alpha L = L\sqrt{\dfrac{k_1 U}{E_p A_p}}$

则由式(3-10)~式(3-12)可解得桩土相对位移和桩身轴力分布分别为

$$s(z) = \frac{Q\cosh(\alpha z)}{E_p A_p \alpha \sinh(\beta)} \tag{3-13}$$

$$Q(z) = -\frac{Q\sinh(\alpha z)}{\sinh(\beta)} \tag{3-14}$$

由式(3-13)和式(3-14)可知，$s(z)$ 和 $Q(z)$ 均为单调递增函数，因此，对于托桩，靠近荷载作用点 Q 处的桩土相对位移和轴力均最大。

β 一般称作剪切比刚度，它是桩周土线性等效刚度与桩身刚度之比。图 3-3 和图 3-4 分析了剪切比刚度 β 对桩身轴力分布和截面位移分布的影响。由图可见，托桩桩身轴力、位移沿桩身分布呈上弯分布，与压桩的下弯分布相反。随剪切比刚度 β 增大，轴力分布越来越集中在荷载作用处，向上传递的荷载不断减小，桩身各截面位移也相应减少。

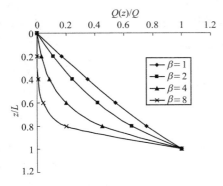

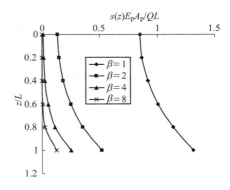

图 3-3　β 对桩身轴力分布的影响　　　　图 3-4　β 对截面位移分布的影响

2. 弹塑性阶段托桩摩阻力模型

当桩土相对位移较大时，桩端部分(荷载 Q 作用处)周围土体进入塑性阶段，设发生塑性变形的深度为 h，则可建立如下方程

$$E_p A_p \frac{\mathrm{d}^2 s_1}{\mathrm{d}z^2} = k_1 s_1 U \quad 0 < z \leqslant L-h \tag{3-15}$$

$$E_p A_p \frac{\mathrm{d}^2 s_2}{\mathrm{d}z^2} = k_1 s_u U \quad L-h < z < L \tag{3-16}$$

边界条件为

$$E_p A_p \frac{\mathrm{d}s_1}{\mathrm{d}z}\bigg|_{z=0} = 0 \tag{3-17}$$

$$E_p A_p \frac{\mathrm{d}s_2}{\mathrm{d}z}\bigg|_{z=L} = Q \tag{3-18}$$

连续性条件为

$$z=h \text{ 时,} \quad s_1 = s_2, \quad E_p A_p \frac{\mathrm{d}s_1}{\mathrm{d}z} = E_p A_p \frac{\mathrm{d}s_2}{\mathrm{d}z} \tag{3-19}$$

由式(3-15)～式(3-19)可解得

$$\begin{cases} s_1(z) = \dfrac{Q - s_u k_1 (L-h) U}{E_p A_p \alpha \sinh(\alpha h)} \cosh(\alpha z) \\[3mm] Q_1(z) = -\dfrac{Q - s_u k_1 (L-h) U}{\sinh(\alpha h)} \sinh(\alpha z) \end{cases} \quad 0 < z \leqslant h \tag{3-20}$$

$$\begin{cases} s_2(z) = \dfrac{1}{2} \alpha^2 s_u z^2 + \dfrac{Q - k_1 s_u L U}{E_p A_p} z + \dfrac{Q - s_u k_1 (L-h) U}{E_p A_p \alpha \sinh(\alpha h)} \cosh(\alpha h) \\[3mm] \qquad - \dfrac{1}{2} \alpha^2 s_u h^2 - \dfrac{Q - k_1 s_u L h U}{E_p A_p} \qquad\qquad L-h < z < L \\[3mm] Q_2(z) = -k_1 s_u z U - Q + k_1 s_u L U \end{cases} \tag{3-21}$$

由式(3-20)及式(3-21)可知，在弹塑性阶段，桩身轴力分布及桩土相对位移分布不仅与桩土特性参数有关，而且与土层发生塑性变形的深度有关。对于桩侧弹性刚度等参数值可以通过托桩垂直载荷试验来确定，但是这种方法耗资大、周期长。

以上导出的托桩摩阻力模型曾作了桩与土均为均质的假定。对于实际工程，地基土是分层的，并且土的一些参数是随深度而变的，这时可以建立形式更为复杂的微分方程，并利用数值方法获得数值解。但为了便于工程实际，可以假定每一土层的参数为常数，按照前述方法分段建立平衡方程，并利用边界连续条件获得解析解。

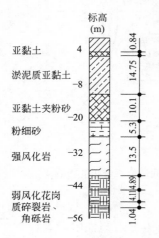

图 3-5 工程地质概况

3.1.4 实例分析

润扬长江公路大桥南引桥下部 Y48 试桩采用自平衡试桩法进行试验以确定单桩承载力。其工程地质柱状图如图 3-5 所示，土层力学性能指标见表 3-1。该试桩直径 1.8m，桩长 53.79m，有 5 个岩土层分界面。荷载箱位于桩底 5m 处，在岩土层分界面处，桩身每个截面对称设置 4 个振弦式钢筋计，桩 Y48 布置 20 个钢筋计。测试时做混凝土试块强度、弹性模量试验。

主要土层力学性能指标 表 3-1

土层编号	土层名称	容许承载力 $[\sigma_0]$ (kPa)	桩周极限阻力 q_s (kPa)
1	淤泥质亚黏土	70	20
2	亚黏土夹粉砂	75	24
3	粉细砂	140	45
4	强风化岩	650	130
5	弱风化花岗质碎裂岩、角砾岩	1200	200

计算时，淤泥质亚黏土、亚黏土夹粉砂和粉细砂作为一层土考虑，都取 $k_1 = 3.5 \times 10^6 \text{N/mm}^2$，$s_{u1} = 10\text{mm}$；强风化岩和弱风化花岗质碎裂岩作为一层考虑，都取 $k_2 = 2.8 \times 10^7 \text{N/mm}^2$，$s_{u2} = 18\text{mm}$。工况取 $Q_u/2$ 和 Q_u 两种情况，根据上述参数所得到的计算值（虚线）和实测值（实线）对比如图 3-6 所示。可见，本书建议方法符合实际，也可方便地考虑多层土中托桩摩阻力的性状。

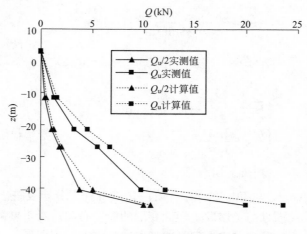

图 3-6 计算值与实测值比较

3.2　简化转换方法

3.2.1　引言

　　桩承载力自平衡测试法具有显著的优越性，从工程应用的角度上可以完全取代传统静载荷试验方法。但传统静载桩在荷载传递、桩土作用机理上与单桩的实际受荷情况基本一致，是最基本而且可靠的测试方法。自平衡法测试结果有向上、向下两个方向的荷载-位移曲线，而传统静载桩只有向下的荷载-位移曲线。因此分析自平衡法桩上、下桩段的受力特性，将自平衡法测试结果等效成传统静载荷结果，有一个转换方法的问题，这是该项技术得以推广应用的一个重要问题。

　　由于荷载箱将试桩分为上、下两段，因而荷载传递也分上、下段桩来分析。对于下段桩，似乎与堆载的受力是一致的，但由于向上的托力通过上段桩身对周围土层产生向上的剪切应力，降低了下段桩周围土层的有效自重应力，其应力场与堆载法相应部位桩周土层的应力场是不同的。对于上段桩，由于向上的托力，上段桩承受的是负摩阻力，但上托力作用点位于桩下端，因而与抗拔桩的负摩阻力的分布不同。

　　如图 3-7 所示，要将自平衡法获得的向上、向下两条 Q-s 曲线通过转换等效为相应的用堆载法获得的一条 Q-s 曲线表达，首先必须对比这两种方法桩的受力机理，从而找出两种结果的换算关系；其次是所得到的承载力和沉降值必须符合工程实际，以确保工程质量来控制其误差，而解决这一问题的关键只能是进行足够数量的对比试验。

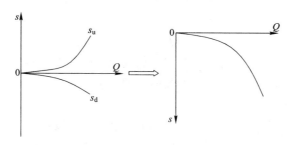

图 3-7　试桩 Q-s 曲线的转换

3.2.2　简化转换方法

1. 转换原理

竖向受压桩(图 3-8a)，桩顶受轴向荷载 Q，桩顶荷载由桩侧摩阻力和桩端阻力共同承担。传统的抗拔桩则有图 3-8(b)所示的受力机理，即桩顶拉拔力仅由负摩阻力与桩自重平衡。而自平衡桩(图 3-8c)，由一对自平衡荷载($Q_u = Q_d$)施加于自平衡点的下段桩顶和上段桩底，其荷载传递分上、下段桩分析。下段桩，由于荷载箱通常靠近桩端，桩身较短，桩顶荷载由桩端阻力和小部分的桩侧阻力提供；而上段桩桩底的托力由桩侧负摩阻力与桩自重来平衡。虽类似于抗拔桩，但应注意的是由于上托力作用点在上段桩桩底，其桩侧负摩阻力的分布是很不相同的，在极限状态下的负摩阻力要大些。

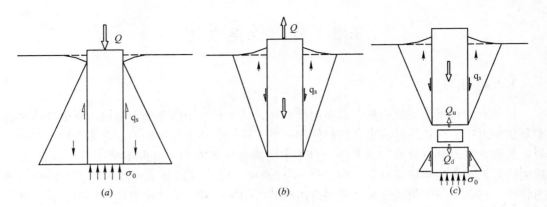

图 3-8 荷载传递简图

(a)受压桩；(b)抗拔桩；(c)自平衡桩

如果以自平衡桩的平衡点作分界，将下段桩视为端承桩，则由自平衡桩承载力等效为静载受压桩(以下简称受压桩)承载力的转换问题，可简化成仅将自平衡桩的上段桩侧负摩阻力转换为相同条件下受压桩的正摩阻力的问题，对此，定义为简化转换法。

设传统静载受压桩的承载力 Q 为总摩阻力 Q_s 与总端阻力 Q_p 之和，即

$$Q = Q_s + Q_p \qquad\qquad (3-22)$$

经转换后的自平衡桩承载力亦为 Q，Q 为等效的上、下段桩承载力之和，上、下段等效的承载力均应考虑向静载受压桩转换的系数。根据现场实测结果，上段桩破坏面均发生在桩与土交界面上，故上段桩承载力可以不考虑扣除桩周土的自重，只扣除上部桩身自重。则有

$$Q = K_u(Q_u - W) + K_d Q_d \qquad\qquad (3-23)$$

式中 K_u, K_d——分别为上段与下段桩向静载受压桩的转换系数；

$\qquad$ Q_u, Q_d——分别为平衡点处向上及向下的荷载；

$\qquad$ W——上段桩的自重。

本课题组经过试验研究，认为在工程中可不考虑上下段桩相互的影响作用，K_u、K_d 只与上、下段桩有关；而对于下段桩，当取 $K_d = 1.0$ 时，可以满足工程精度的要求，令 $K_u = K$，则式(3-23)可简化为

$$Q = K(Q_u - W) + Q_d \qquad\qquad (3-24)$$

使式(3-22)等于式(3-23)，即可实现将自平衡桩承载力用受压桩承载力表达的转换问题。荷载越大，拟合曲线越精确。此时有等效桩顶荷载的一般表达式：

$$Q = Q_s + Q_p = K(Q_u - W) + Q_d \qquad\qquad (3-25)$$

在式(3-25)中，K 应通过自平衡法与受压桩的对比试验予以确定。

上述转换原理已解决了承载力的转换问题，如何将自平衡法得出如图 3-7 所示的向上、向下两条 Q-s 曲线转换成同条件下受压桩得出一条 Q-s 曲线，尚应作出下列假定：

(1) 将等效的受压桩也分为上、下段桩，分界截面即为自平衡桩的平衡点 a 截面，侧摩阻力用平均值 q_{sm} 表示(图 3-9)，下段桩 $Q_d = \sigma_0 A_p$。

(2) 自平衡法的下段桩与等效受压桩下段的位移相等(图 3-10)，即

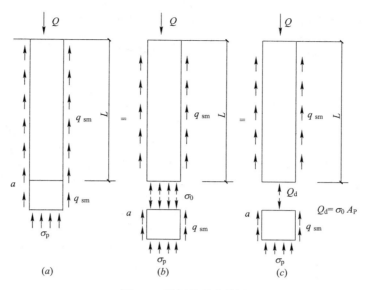

图 3-9 受压桩受力简图

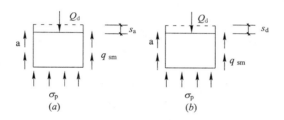

图 3-10 下段桩位移

（a）受压桩下段；（b）自平衡桩下段

$$s_a = s_d \tag{3-26}$$

（3）受压桩上段的桩身压缩量 Δs 为图 3-11 所示桩端及桩侧荷载两部分引起的弹性压缩变形之和，即：

$$\Delta s = \Delta s_1 + \Delta s_2 \tag{3-27}$$

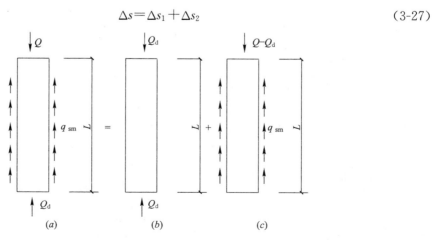

图 3-11 受压桩上段受力分析

式中 Δs_1——受压桩上段在桩端 Q_d 作用下产生的弹性压缩变形量；

Δs_2——受压桩上段在桩侧摩阻力作用下产生的弹性压缩变形量。

根据假定(3)可得

$$\Delta s_1 = \frac{Q_d L}{E_p A_p} \tag{3-28}$$

$$\Delta s_2 = \frac{K(Q_u - W)L}{2E_p A_p} \tag{3-29}$$

式中，L 为上段桩长度，E_p 为桩身弹性模量，A_p 为桩身截面面积。

将式(3-28)、式(3-29)代入式(3-27)可得桩身的弹性压缩量为

$$\Delta s = \Delta s_1 + \Delta s_2 = \frac{\left[K(Q_u - W) + 2Q_d\right]L}{2E_p A_p} \tag{3-30}$$

至此，可以将自平衡法测得的向上、向下两条 Q-s 曲线(图 3-12a)转换为受压桩的一条等效桩顶 Q-s 曲线(图 3-12b)。此时，受压桩桩顶等效荷载按式(3-23)计算，即：

$$Q = K(Q_u - W) + Q_d \tag{3-31}$$

与等效桩顶荷载 Q 对应的桩顶位移为 s，则有：

$$s = s_d + \Delta s \tag{3-32}$$

在式(3-23)、式(3-32)中，Q_d、s_d 可直接测定，G_p、Δs 可通过计算求得。有关 Q_u 的取值讨论如下：

对自平衡法而言，每一加载等级由荷载箱产生的向上、向下的力是相等的，但所产生的位移量是不相等的。因此，Q_u 应该是对应于自平衡法 Q_u-s_u 曲线中上段桩桩顶位移绝对值等于 s_d 时的上段桩荷载，亦即在自平衡法向上的 Q-s_u 曲线上使 $s_u = s_d$ 时所对应的荷载(图 3-12a)。

如前所述，关于上段桩的转换系数 K，应通过对比试验予以确定。由于课题组已取得相当的对比试验结果，提出了根据不同土质情况下的 K 值，使所获得的 Q-s 转换曲线(图 3-12b)符合实际，可资应用。

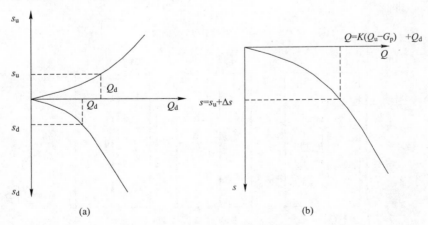

图 3-12 Q-s 曲线转换

(a)自平衡曲线；(b)等效桩顶曲线

2．实例分析

（1）长发数码商住大厦

长发数码商住大厦，位于洪武北路与珠江路的交叉口的东南角，由南京市建筑设计研究院设计，地上 22 层，地下一层，基础采用钻孔灌注桩。进行了三根自平衡法试桩和一根堆载法试桩，其中自平衡法试桩 1 号桩长 $L=38.8m$，上段桩长 $L_1=26.7m$，桩径 $D=0.8m$，上段桩自重 329kN。堆载试桩 3 号桩长 $L=41.6m$，桩径也为 0.8m，混凝土等级均为 C30。

地质柱状图见图 3-13 所示，试验测试曲线见图 3-14。

通过对两组数据的分析计算，由最小二乘法拟合得：$K=1.00$。根据 K 所得的自平衡法经转换后的 $Q\text{-}s$ 曲线及实测受压桩的 $Q\text{-}s$ 曲线示于图 3-15(a)。

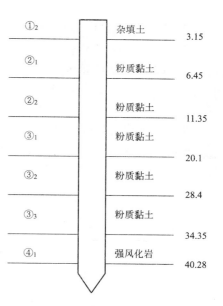

图 3-13　地质柱状图

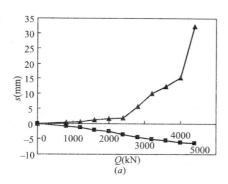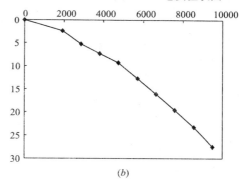

图 3-14　测试曲线

(a)自平衡测试曲线；(b)堆载测试曲线

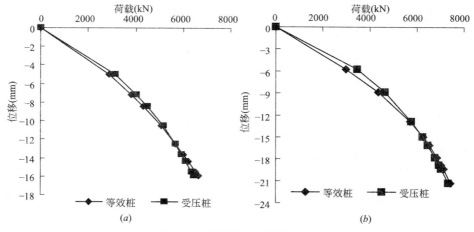

图 3-15　等效桩与受压桩对比

（a）长发数码；（b）红山山庄

（2）南京栖霞红山山庄

自平衡法试桩1号桩长$L=26.5m$，上段桩长$L_1=19.5m$，桩径$D=0.6m$，上段桩自重135kN。堆载法试桩7号与试桩1号桩位相邻，桩径也为0.6m，桩长$L=29.5m$，混凝土均为C25。拟合求得$K=1.06$，转换后等效桩与受压桩的Q-s曲线如图3-15(b)所示。

我们还进行了其他多项工程的实测资料对比[34]，见表3-2。其中黄河大桥、润扬长江公路大桥及南京高科工程K值是自平衡法测试结果与精确转换法（3.3节）结果对比计算得到。

对比试验K值计算表　　　　　表3-2

序号	项目名称	试桩编号	D(m)	L(m)	L_1(m)	L_1(D)	混凝土等级C	主要土层	K值
1	黄河大桥	1	2.2	62	52	24	30	砂土	1.51
2		2	2.2	62	47.5	22	30	砂土	1.35
3		3	2.2	62	47.5	22	30	砂土	1.32
4		3压	2.2	62	47.5	22	30	砂土	1.36
5		4	2.2	62	47.5	22	30	砂土	1.18
6		5	2.2	62	47.5	22	30	砂土	1.45
7		6	2.2	62	52	24	30	砂土	1.32
8	南京高科	1	0.7	31.3	29.9	43	30	粉、黏土	1.16
9		2	0.7	33	31.9	46	30	粉、黏土	1.25
10		3	0.7	31.1	29	41	30	粉、黏土	1.36
11	郝庄大桥	8-2	1.5	29.4	24.1	16	25	粉、黏土	1.14
12		8-3	1.5	29.4	24.1	16	25	粉、黏土	1.17
13	镇江电厂	1	0.8	15.3	13.4	17	25	粉、黏土	1.05
14		2	0.8	15.3	13.5	17	25	粉、黏土	1.16
15	润扬大桥	Y48	1.8	53.8	48.8	27	35	粉、黏土	1.53
16		ZN36	1.2	60.5	58.7	49	35	粉、黏土	1.38
17	地税局综合楼	23	0.8	24.3	24.3	30	30	粉、黏土	1.10
18	南京栖霞红山山庄	1	0.6	26.5	19.5	33	25	粉、黏土	1.06
19		2	0.6	26.5	19.5	33	25	粉、黏土	1.40
20	东方豪苑	1	1.2	44.2	41.8	35	30	粉、黏土	1.06
21		2	1.2	45.5	43.0	36	30	粉、黏土	1.08
22	中青大厦	1	0.8	59.0	52.7	66	35	粉、黏土	1.2
23		3	0.8	59.0	52.7	66	35	粉、黏土	1.27
24		2	0.8	50.0	36	45	30	粉、黏土	1.1
25	下关商城	17	1.2	54.5	49.2	41	35	粉、黏土	1.27

续表

序号	项目名称	试桩编号	D(m)	L(m)	L_1(m)	L_1(D)	混凝土等级 C	主要土层	K 值
26	长发数码商住大厦	1	0.8	38.8	26.7	33	30	粉、黏土	1.00
27		2	0.8	41.1	28	35	30	粉、黏土	1.25
28		3	0.8	39.9	26.9	34	30	粉、黏土	1.21
29	新世纪广场	1	1.2	39.0	34.5	29	30	粉、黏土	1.21
30		2	1.2	39.0	34.5	29	30	粉、黏土	1.24
31	长阳花园（管桩）	135	0.4	37.4	24.4	61	60	粉、黏土	1.39
32		2	0.4	36.4	24.4	61	60	粉、黏土	1.52

注：D—桩径；L—桩总长；L_1—自平衡试桩上段桩长。

共进行了 14 个工程对比试验，得到 32 个对比 K 值。

对于桩侧土层主要为粉土和黏土的情况，经统计分析得到 K 值的均值 $\mu = 1.18$，标准差 $\sigma = 0.18$，变异系数 $\delta = \sigma/\mu = 0.15$。假设统计 K 值服从正态分布，可得到其 95% 的置信区间为：

$$K_{\min} = K_\mu - 1.645\sigma = 0.9$$

$$K_{\max} = K_\mu + 1.645\sigma = 1.5$$

所以 95% 的置信区间为(0.9，1.5)，建议 K 值取 1.2。

当桩侧土层主要为砂土时，其均值 $\mu = 1.41$，由于对比资料不多，建议 K 值取 1.4。

K 值与自平衡上段桩长径比 L_1/D 的关系如图 3-16 所示。从图可见，数据比较离散，即 K 与 L_1/D 没有明显的相关性，这可能与本次对比资料的绝大部分试桩的 L_1/D 处于 20 与 60 之间有关。

从图 3-15 可以看出，经转换后，在荷载水平较低的时候等效桩的位移比堆载大，在荷载水平高时较堆载小，其原因在于转换公式采用一个固定不变的 K 值，而在前几级荷载作用下，正负摩阻力的差别比后几级荷载作用下的差别小，用固定不变的 K 值使这种差别也固定了。

作为一种简化转换法，不仅便于应用，而且已可满足工程要求，因而切实可行。随着对比试验量的增多，不同桩侧土的转换系数 K 将更趋合理。

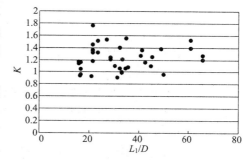

图 3-16　K 值与 L_1/D 关系

3.3　精确转换方法

3.3.1　转换原理

在桩承载力自平衡测试中，可测定荷载箱的荷载、垂直方向向上和向下的变位量，以及桩在不同深度的应变。通过桩的应变和截面刚度，由上述公式可以计算出轴向力分布，进而求出不同深度的桩侧摩阻力，利用荷载传递解析方法，将桩侧摩阻力与变位量的关系、荷载箱荷载与向下变位量的关系，换算成等效桩头荷载对应的荷载-沉降关系（图 3-17），在此称其为精确转换法。

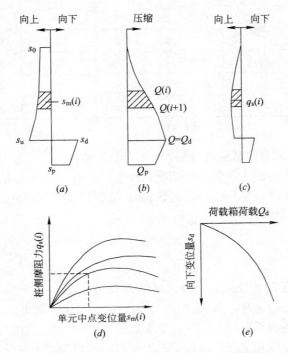

图 3-17　自平衡试桩法的轴向力、桩侧摩阻力与变位量的关系

s_0—桩头变位；s_d—荷载箱变位量；s_p—桩端变位量；

Q_d—荷载箱荷载；Q_p—桩端轴向力

荷载传递解析中，作如下假定：

（1）桩为弹性体；

（2）可由单元上下两面的轴向力和平均截面刚度来求各单元应变；

（3）在自平衡法中，桩端的承载力-沉降量关系及不同深度的桩侧摩阻力-变位量关系与标准试验法相同。

在自平衡法中，将荷载箱以上部分分割成 n 个点，任意一点 i 的桩轴向力 $Q(i)$ 和变位量 $s(i)$ 可用下式表示：

$$Q(i) = Q_d + \sum_{m=i}^{n} q_s(m)\{U(m)+U(m+1)\}h(m)/2 \tag{3-33}$$

$$s(i) = s_d + \sum_{m=i}^{n} \frac{Q(m)+Q(m+1)}{A_p(m)E_p(m)+A_p(m+1)E_p(m+1)}h(m)$$

$$= s(i+1) + \frac{Q(i)+Q(i+1)}{A_p(i)E_p(i)+A_p(i+1)E_p(i+1)}h(i) \tag{3-34}$$

式中　　Q_d——荷载箱荷载(kN)；

s_d——荷载箱向下变位置(m)；

$q_s(m)$——m 点($i \sim n$ 之间的点)的桩侧摩阻力(假定向上为正值)(kPa)；

$U(m)$——m 点处桩周长(m)；

$A_p(m)$——m 点处桩截面面积(m^2)；

$E_p(m)$——m 点处桩弹性模量(kPa)；

$h(m)$——分割单元 m 的长度(m)。

另外，单元 i 的中点变位量 $s_m(i)$ 可用下式表示：

$$s_m(i) = s(i+1) + \frac{Q(i)+3Q(i+1)}{A_p(i)E_p(i)+3A_p(i+1)E_p(i+1)} \cdot \frac{h(i)}{2} \tag{3-35}$$

将式(3-31)代入式(3-32)和式(3-33)中，可得：

$$s(i) = s(i+1) + \frac{h(i)}{A_p(i)E_p(i)+A_p(i+1)E_p(i+1)} \cdot$$

$$\left\{ 2Q_d + \sum_{m=i+1}^{n} q_s(m)[U(m)+U(m+1)]h(m) + q_s(i)[U(i)+U(i+1)]\frac{h(i)}{2} \right\} \tag{3-36}$$

$$s_m(i) = s(i+1) + \frac{h(i)}{A_p(i)E_p(i)+3A_p(i+1)E_p(i+1)} \cdot$$

$$\left\{ 2Q_d + \sum_{m=i+1}^{n} q_s(m)[U(m)+U(m+1)]h(m) + q_s(i)[U(i)+U(i+1)]\frac{h(i)}{4} \right\} \tag{3-37}$$

当 $i=n$ 时，则

$$s(n) = s_d + \frac{h(n)}{A_p(n)E_p(n)+A_p(n+1)E_p(n+1)} \left\{ 2Q_d + q_s(n)[U(n)+U(n+1)]\frac{h(n)}{2} \right\} \tag{3-38}$$

$$s_m(n) = s_d + \frac{h(n)}{A_p(n)E_p(n)+3A_p(n+1)E_p(n+1)} \left\{ 2Q_d + q_s(n)[U(n)+U(n+1)]\frac{h(n)}{4} \right\} \tag{3-39}$$

用以上公式，对自平衡法测试出的桩侧摩阻力 $q_s(i)$ 与变位量 $s_m(i)$ 的关系曲线，可将 $q_s(i)$ 作为 $s_m(i)$ 的函数，对于任意的 $s_m(i)$，可求出 $q_s(i)$，还可由荷载箱荷载 Q_d 与沉降量 s_d 的关系曲线求出 Q_d。所以，对于 $s(i)$ 和 $s_m(i)$ 的 $2n$ 个未知数，可建立 $2n$ 个联立方程式。图 3-18 表示由自平衡法测试结果换算成等效桩头荷载-位移的具体解析步骤。对于荷载还没有传到荷载箱处时，直接采用荷载箱上段曲线 Q^+-s^+ 曲线转换。

精确转换法的实施必须要沿桩身设置相当数量的应变元件，这在大工程中均可做到。该精确方法，也可用来验证简化转换法的可靠性、实用性，使简化转换法广泛用于一般工程中。

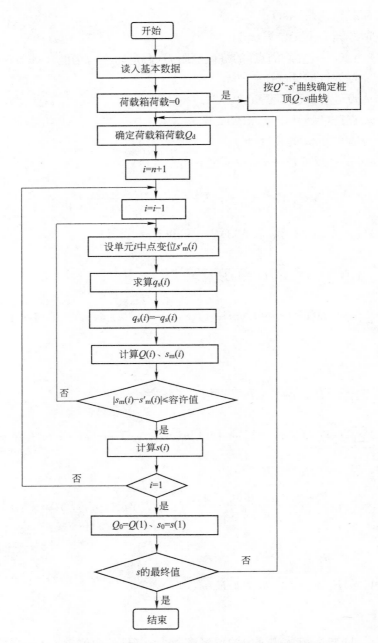

图 3-18　等效桩顶荷载-位移的荷载传递解析流程

3.3.2　镇江电厂工程

共进行了 4 根自平衡法试桩，由于试桩 4 钢筋计数据异常，故没有计算其结果。其他三根试桩长度分别为 13.4m、13.5m、13.2m，混凝土强度等级为 C25。试验测得三根试桩自平衡法测试曲线如图 3-19 所示。采用钢筋计测试结果，计算各土层摩阻力-位移曲线，采用上述理论计算得三根试桩精确转换曲线见图 3-20。

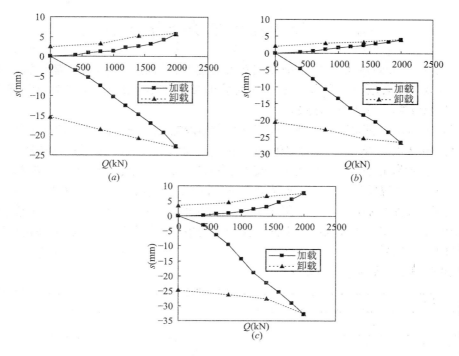

图 3-19 试桩自平衡测试曲线

(a)试桩 1；(b)试桩 2；(c)试桩 3

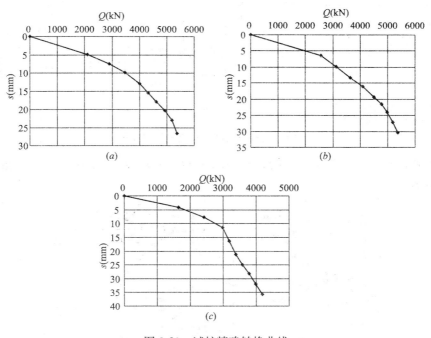

图 3-20 试桩精确转换曲线

(a)试桩 1；(b)试桩 2；(c)试桩 3

3.4 两种转换方法对比分析

本章提出了可供实际应用的自平衡试桩简化转换法和精确转换法。简化转换法简单、实用，不需要测定各层土摩阻力-相对位移关系曲线。精确转换法采用实测的摩阻力-相对位移曲线进行计算，精度相对较高。

为了对比两种方法的计算结果，以南京高科新港电力分公司工程为例进行分析。

南京高科新港[12]电力分公司位于南京市东北部约 10.0km 的斗西村及沙地村境内，北临长江，地貌单元为长江高河漫滩。其4号锅炉工程位于分公司厂区内，紧靠一期主厂房的东南面，扩建规模为 $1\times220t/h$ 燃煤锅炉，扩建厂房的地基需采用桩基。为确定单桩竖向抗压极限承载力标准值，用自平衡法进行了3根桩基（直径800mm）静载荷试验，同时为确定灌注桩桩端土的极限端阻力标准值和桩周各土层的分层极限侧阻力标准值，进行了桩身轴向应力观测。

各试桩钢筋计布置见图 3-21。

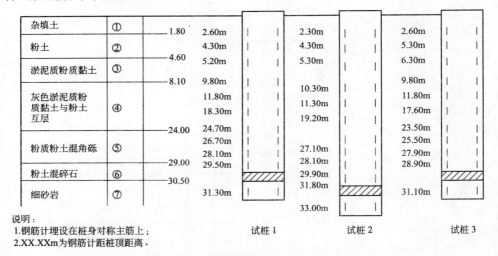

图 3-21 试桩地质剖面及钢筋计布置图

用自平衡法测试的三根试桩曲线如图 3-22 所示，简化转换（取 $K=1.2$）和精确转换曲线示于图 3-23。

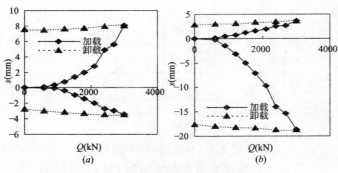

图 3-22 自平衡测试曲线（一）

（a）试桩1；（b）试桩2

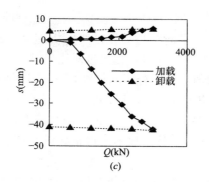

图 3-22　自平衡测试曲线（二）

（c）试桩 3

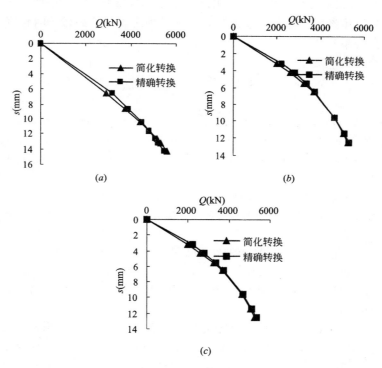

图 3-23　转换曲线对比

（a）试桩 1；（b）试桩 2；（c）试桩 3

从图 3-23 可见，简化转换法与精确转换法转换结果吻合较好，这表明在工程实际中，采用简化转换法是安全可行的。

3.5　结　　论

1. 基于桩的荷载传递函数概念，建立了均质土中托桩摩阻力传递机理的力学模型，结果表明：托桩桩身轴力、位移沿桩身分布呈上弯分布，与压桩的下弯分布相反。随剪切比刚度 β 增大，轴力分布越来越集中在荷载作用处，向上传递的荷载不断减小，桩身各截面位移也相应减少。此外该模型也可便于考虑多层土中托桩摩阻力性状。

2. 本章详细对比分析了自平衡法与受压桩受力机理及荷载变位情况，提出了考虑桩身弹性压缩量影响的简化转换法。同时，在大量对比试桩资料的基础上，借助于理论分析和数值计算手段，对 K 的取值进行了分析，结果如下：当桩侧土层主要为粉土和黏土时，K 值取 1.2，当桩侧土层主要为砂土时，K 值取 1.4。

3. 通过一系列假定，在钢筋应变元件实测数据基础上，提出了自平衡法试桩结果等效为传统静载试桩结果的精确转换法。该方法可指导设计，也可用来验证简化转换法的可靠性、实用性。

4. 简化转换法与精确转换法的对比分析表明，简化转换法和精确转换法结果吻合较好，因而工程实践中采用简化转换法是可行的。

5. 由于地下土层条件和桩土相互作用等复杂因素，难以做到精确计算，因而上述转换方法仅供工程应用参考。值得注意的是，上述转换理论对荷载较小时精度较差，而荷载较大时，结果比较精确。

参 考 文 献

［1］　李发明，陈竹昌. 桩侧阻力的几种退化效应简述［J］. 土工基础，1998，12(1)：41-46.

［2］　陈竹昌，宋荣. 单桩桩身压缩量的分析计算［J］. 中国公路学报，1992，5(1)：69-75.

［3］　陈竹昌，王建华. 采用弹性理论分析搅拌桩性能的探讨［J］. 同济大学学报（自然科学版），1993，1：007.

［4］　何思明. 抗拔桩破坏特性及承载力研究［J］. 岩土力学，2001，22(3)：308-310.

［5］　何思明，王成华. 预应力锚索破坏特性及极限抗拔力研究［J］. 岩石力学与工程学报，2004，23(17)：2966-2971.

［6］　何思明，卢国胜. 嵌岩桩荷载传递特性研究［J］. 岩土力学，2007，28(12)：2598-2602.

［7］　何思明. 基于弹塑性理论的修正分层总和法［J］. 岩土力学，2003，24(1)：88-92.

［8］　何思明. 轴向荷载下单桩荷载传递机理//桩基工程设计与施工技术［M］. 北京：中国建筑工业出版社，1994.

［9］　戴国亮. 桩承载力自平衡测试法的理论与实践［D］［博士学位论文］. 东南大学，2003.

［10］　徐至钧，张国栋. 新型桩挤扩支盘灌注桩设计与工程应用. 北京：机械工业出版社，2003.

［11］　巨玉文，梁仁旺，赵明伟等. 竖向荷载作用下挤扩支盘桩的试验研究及设计分析. 岩土力学 2004，25(2)：3-9.

［12］　董金荣. 嵌岩桩承载必状分析［J］. 工程勘察，1995(3)：13-18.

［13］　史佩栋，梁晋渝. 嵌岩桩竖向承载力的研究［J］. 岩土工程学报，1994，16(4)：32-39.

［14］　张忠苗. 软土地基超长嵌岩桩的受力性状［J］. 岩土工程学报，2001，23(5)：552-556.

［15］　Bruck D. Enhancing the performance of large diameter piles by grouting(1). Grounding Engineering. 1986，No. 5：9-15.

［16］　Bruck D. Enhancing the performance of large diameter piles by grouting(2). Grounding Engineering. 1986，No. 6：11-19.

［17］　R. G. Horvath, T. C. Kenney, P. Kozicki. Methods of Improving the Performance of Drilled Piers in Weak Rock. Can. Geotech. J.，1983，Vol. 20：758-772.

［18］　张忠苗，吴世明，包风. 钻孔灌注桩桩底后注浆机理与应用研究［J］. 岩土工程学报，1996，

(6)：681-686.

[19]　龚维明，吕志涛. 桩底压浆灌注桩 [J]. 工业建筑，1996，26(3)：32-37.

[20]　胡春林，李向东，吴朝辉. 后压浆钻孔灌注桩单桩竖向承载力特性研究 [J]. 岩石力学与工程学报，2001，20(4)：546-550.

[21]　黄生根，曹辉. 软土地基中应用后压浆技术的机理研究 [J]. 岩土工程技术，2002，(1)：36-39.

[22]　李炳行，肖尚惠，莫孙庆. 岩溶地区嵌岩桩桩端临空面稳定性初步探讨 [J]. 岩石力学与工程学报，2003，22(4)：633-635.

[23]　黎斌，范秋雁，秦风荣. 岩溶地区溶洞顶板稳定性分析 [J]. 岩石力学与工程学报，2002，21(4)：532-536.

[24]　冻土地区建筑地基基础设计规范 JGJ 118—98 [S]. 北京：中国建筑工业出版社，1998.

[25]　邱明国，李海山等. 冻土中桩破坏模式的试验研究 [J]. 哈尔滨建筑大学学报，1999，(5)：39-42.

[26]　陈卓怀，励国良等. 多年冻土地区桩基试验研究//中国地理学会冰川冻土学术会议论文选集(冻土学) [M]. 北京：科学出版社，1982.

[27]　Ladanyi, B., and Paquin, J., 1978, "Creep Behavior of Frozen Sand under a Deep Circular Load," Proceedings, Third International Conference on Permafrost, Edmonton, Vol. 1.

[28]　Morgenstern, N. R., Roggensack, W. D. and Weaver, J. S., 1980, "The Behavior of Friction Piles in Ice and Ice-Rich Soils," Canadian Geotechnical Journal, Vol. 17, No. 3.

[29]　Parameswaran, V. R., 1979, "Creep of Model Piles in Frozen Soils," Canadian Geotechnical Journal, Vol. 16.

[30]　钱鸿缙，王继唐，罗宇生等. 湿陷性黄土地基 [M]. 北京：中国建筑工业出版社，1985，5-8.

[31]　刘祖典. 黄土力学与工程 [M]. 西安：陕西科学技术出版社，1997.

[32]　冯连昌，郑晏武. 中国湿陷性黄土 [M]. 北京：中国铁道出版社，1982. 4-5.

[33]　裴章勤，刘卫东. 湿陷性黄土地基处理 [M]. 北京：中国铁道出版社，1992，333-335.

[34]　鲁良辉. 桩承载力自平衡测试转换方法研究. [硕士学位论文]. 东南大学，2004.

第 2 篇
在典型桩基础中的应用

第4章　在人工挖孔桩中的应用

4.1　南宁佳得鑫广场

4.1.1　工程概况

佳得鑫广场商住区处在南宁市琅东经济开发区金湖路与金洲路岔口南西侧。由四栋31层的塔楼(高100.00m)和与其相连的四层裙房组成，地下室二层，二层地下室板底埋深约-12.00m。塔楼单柱最大轴力35000kN，裙房单柱最大轴力为10000kN，工程重要性等级为一级。基础采用人工挖孔灌注桩，桩身进入持力层后进行桩端扩大，形成扩大头。

场地内自上而下分布有：杂填土、素填土、淤泥质粉质黏土、坚硬状黏土、硬—可塑状粉质黏土、稍密—中密状粉土、松散—稍密状粉砂、中密状砾砂、中—密实状圆砾、强风化粉砂质泥岩、中风化粉砂质泥岩、中风化粉砂岩。持力层选择在下伏第三系里彩组中风化粉砂质泥岩(⑩层)，其层面坡度<10%，产状平缓。

勘察部门根据室内土工试验得出持力岩层的物理力学指标，并结合地方经验提出了建议的人工挖孔桩桩周摩阻力特征值和桩端承载力特征值，如表4-1所示。

基岩的物理力学指标　　　　　　　　　　　　　　　　　　　　　表4-1

岩层名称及编号	天然重度 γ (kN/m³)	天然含水率 w (%)	天然孔隙比 e_0	黏聚力 c_k(kPa)	内摩擦角 φ_k (°)	标准贯入击数 N	压缩模量 E_s (MPa)	人工挖孔桩桩周的摩擦力特征值 q_{sa}(kPa)	人工挖孔桩桩端的承载力特征值 q_{pa}(kPa)
中风化粉砂质泥岩⑩	21.6	15.86	0.464	76.13	22.51	63.6	9.61	100	2000

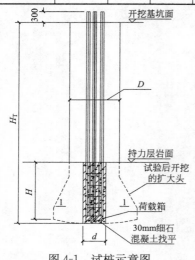

图4-1　试桩示意图

4.1.2　试桩概况

鉴于本工程的重要性，为更好掌握持力层的承载性能，进行岩层承载性能的测试。

人工挖孔桩按设计要求挖至持力岩层后，由中心位置向下挖一小直径的桩孔，孔底用30mm细石混凝土找平，将荷载箱放入孔底，将位移棒引至已开挖基坑的标高，用C20混凝土浇筑小孔，如图4-1所示。

各试桩小孔的参数如表4-2所示。

其中试桩302和325在开挖过程中有水渗出，试桩325中心有地质钻探孔。

试验时，从地面对荷载箱内腔施加压力，箱顶与箱底被推开，产生向上与向下的推力，从而调动桩周岩石的侧阻力与端阻力。通过位移传感器可以测得荷载箱加载的每一级荷载所对应的上顶板和下底板的位移。

试 桩 参 数 表　　　　　　　　　　　　　表 4-2

试桩号	d(m)	H(m)	D(m)	H_T(m)	荷载箱高度(m)	荷载箱底板直径(m)	预估加载值(kN)
208	1.0	3.5	2.3	25.0	0.4	0.8	2×3500
242	1.0	3.1	2.3	24.0	0.4	0.8	2×2500
302	1.0	3.0	2.7	23.0	0.4	0.8	2×2500
325	1.1	3.5	2.0	24.0	0.4	0.8	2×3500

4.1.3　测试情况

测试采用慢速维持荷载法，每级加载为预估加载值的 1/10，第一级按两倍荷载分级加载。

试桩 325 加载至 2×2100kN 时，发现向下位移增长较快，达 15.07mm。为更好判断承载力，将加等级细分，最终加载值 2×2800kN。

4 根试桩的测试所得的 Q-s 如图 4-2～图 4-5 所示。

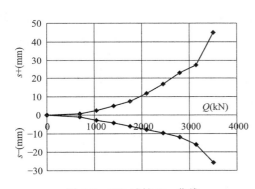

图 4-2　208 试桩 Q-s 曲线

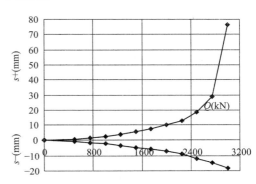

图 4-3　242 试桩 Q-s 曲线

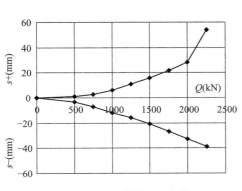

图 4-4　302 试桩 Q-s 曲线

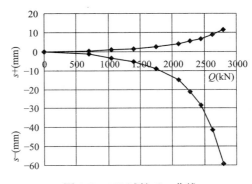

图 4-5　325 试桩 Q-s 曲线

4.1.4　测试结果分析

根据已测得的桩端和桩侧阻力极限值，则桩端和桩侧极限承载力分别按式(4-1)和式

(4-2)确定：

$$q_{uk} = Q_{ud}/A \tag{4-1}$$

$$q_{sik} = Q_{uu}/\pi dh \tag{4-2}$$

式中　　Q_{uu}，Q_{ud}——分别为荷载箱上部桩、下部桩的实测极限值，按《建筑桩基技术规范》JGJ 94—94 附录 C.0.10 条确定；

　　　　　A——荷载箱底板面积；

　　　　　d——小孔直径；

　　　　　h——小孔深度减去荷载箱高度。

　　根据《岩土工程勘察规范》GB 50021—2001，持力层变形模量可按下式计算：

$$E_0 = \omega \frac{pd'}{s} \tag{4-3}$$

式中　　d'——荷载箱底板直径；

　　　　　p——向下 Q-s 曲线线性段的压力；

　　　　　s——与 p 对应的沉降；

　　　　　ω——与试验深度和土类有关的系数，可查规范表10.2.5。

各试桩汇总如表 4-3 和表 4-4 所示。

桩端和桩侧极限承载力计算　　　　　　　　　　表 4-3

试桩号	桩端阻力极限值 Q_{ud}（kN）	桩侧摩阻力极限值 Q_{ud}（kN）	荷载箱底板面积 A（m²）	小孔直径 d（m）	小孔深度减去荷载箱高度 h（m）	桩侧极限承载力 q_{sik}（kPa）	桩端极限承载力 q_{uk}（kPa）
208	3150	3150	0.503	1.0	3.1	323	6268
242	3000	2750	0.503	1.0	2.7	324	5968
302	2250	2000	0.503	1.0	2.6	245	4476
325	2630	2800	0.503	1.1	3.1	261	4874

持力层变形模量计算　　　　　　　　　　表 4-4

试桩号	系数 ω	线性段的压力 p（kPa）	对应的沉降 s（mm）	荷载箱底板直径 d'（m）	持力层变形模量 E_0（MPa）
208	0.423	4175	8.04	0.8	175.7
242	0.423	4473	8.78	0.8	172.4
302	0.423	1491	7.03	0.8	71.8
325	0.424	3479	8.94	0.8	131.7

4.1.5　分析及结论

根据本次试验，获得了南宁泥岩桩基的一些重要性质。

1) 从 4 根试桩的破坏形式上看，两根试桩(242 和 302)是桩侧发生突然破坏，一根试桩(208)是桩侧、桩端同时发生突然破坏，另一根试桩(325)则是桩端缓变至破坏。

2) 从桩端阻力-位移曲线(图 4-6)来看，各试桩在荷载水平较低时，位移随荷载增长呈线性变化。其中试桩 302 受浸水影响，曲线斜率从一开始就较大。试桩 208、242 及

325 在荷载小于 1200kN 时曲线基本一致。其后随着荷载增大，受浸水影响的试桩 325 曲线的斜率开始增大，而试桩 208 和 242 的曲线仍基本一致。就桩端阻力—位移关系而言，未浸水的软岩表现良好的线性关系，浸水后软岩在荷载水平较大时表现出明显的非线性。

3) 从桩侧摩阻力-位移(桩侧中点处位移)曲线(图 4-7)来看，试桩 302 桩侧承载能力受浸水影响，在达到相同摩阻力时位移较大，其余三根试桩的摩阻力-位移曲线形状差别不大。根据曲线形状可以推断试桩 325 的桩端虽受浸水影响大，但其桩侧几乎没有受浸水影响，在桩端破坏时，其桩侧仍有一定承载能力未发挥出来。

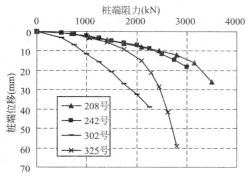

图 4-6　各试桩桩端阻力-位移曲线汇总

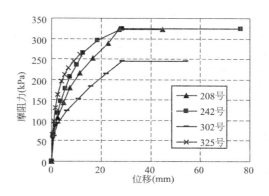

图 4-7　各试桩桩侧摩阻力-位移曲线汇总

4) 未浸水试桩的桩端极限承载力均值 6118kPa，约是原建议特征值 2000kPa 的 3.1 倍，变形模量均值 174.05MPa 约是室内得到的压缩模量 9.61MPa 的 18.1 倍。这进一步证实了泥岩的工程地质特征使室内抗压强度试验值比"原状"岩石低。

泥岩具有许多蠕滑剪切结构面和细小的网状裂隙，取样卸荷和试样制备期间，泥岩膨胀，裂隙增大。由于试样的工作环境和条件与原岩相差太大，在加轴向力时，试样沿结构构面或增大了的裂隙破坏。而泥岩处于天然状态时，这些不利因素的影响就较小。

5) 泥岩浸水后承载力下降，未浸水的桩端极限承载力是浸水的 1.22~1.40 倍，桩侧极限摩阻力前者是后者的 1.24~1.32 倍。

该场地泥岩具有明显的湿化崩解性，是膨胀性泥岩。其矿物成分中蒙脱石含量较高，粒度组成中黏粒含量高，比表面积大，吸水能力强。相比于非膨胀性泥岩其天然含水量高、密度小、孔隙比大。含水量对其抗剪强度影响较大，随着含水量增加，抗剪强度值明显非线性下降。

6) 试桩 208 是桩端桩侧同时达到破坏的，其桩侧极限承载力与桩端极限承载力的比值是 0.0515，其余三根试桩的比值是 0.0543(试桩 242)、0.0547(试桩 302)和 0.0535(试桩 325)。可见泥岩桩侧极限承载力与桩端极限承载力的比值略大于 0.05。根据这个比例关系，可根据平板载荷试验得到桩端承载力极限值推算出桩侧摩阻力极限值。

针对膨胀性泥岩浸水后承载力下降的问题，在施工中应采取有效措施防止地下水、地表水渗入。

通过本次试验，获得了软岩桩基设计所需的重要参数，设计人员对设计进行了优化设计。

4.2　中科院合肥分院等离子体所实验楼工程

4.2.1　工程概况

中科院合肥分院等离子体所 HT-7U 主机大厅改造工程，位于合肥市科学岛中科院等离子体物理研究所院内。该工程为框架结构。

设计院要求进行试桩测定桩端岩石极限承载力 q_u 及桩基承载力能否满足设计要求。对该工程的三根人工挖孔桩采用自平衡加载法进行了静载试验。有关参数见表 4-5。下部荷载箱摆在桩端，上部荷载箱摆在直身桩与扩大头交界处，见图 4-8。试桩 SZ1、SZ2 的上、下荷载箱加载值分别为 2400kN、2000kN，试桩 SZ3 上、下荷载箱加载值分别为 3000kN、2600kN。加载采用慢速维持荷载法，测试按《建筑桩基技术规范》JGJ 94—94 附录 C "单桩竖向抗压静载试验"和江苏省地方标准《桩承载力自平衡测试技术规程》进行。

试桩参数一览表　　　　　　　　　　　　　　　　　表 4-5

试桩号	桩身直径(mm)	扩大头直径/高度(mm)	挖孔深度(m)	下荷载箱底板直径(mm)	持力层
SZ1	900	1300/1500	15.4	800	中风化砂岩
SZ2	900	1300/1500	15.7	800	中风化砂岩
SZ3	1000	1800/2000	15.6	900	中风化砂岩

图 4-8　测试示意图

根据钻探揭露，结合室内土工试验成果综合分析场地内地基岩土组体组成由上至下依次为：

① 杂填土：杂色，层厚 0.80～3.60m，孔口高程 31.20～31.94m。②黏土：层厚 4.80～9.60m 层顶埋深 0.80～3.60m，层顶标高 27.60～30.94m。③粉质黏土与粉土互层：层厚 2.30～5.20m，层顶埋深 8.00～10.50m，层顶标高 21.28～23.42m。灰黄褐色，硬塑，稍密—中密，含 Fe、Mn 质斑点、团块，本层下部含少量粉砂，呈密实状态。④强风化泥质砂岩：最大揭露厚度 3.50m，层顶埋深 12.70～13.80m，层顶标高 17.65～18.98m。紫红色，风化成砂土状，岩芯呈块状，直径 2～10cm，坚硬，致密岩芯采取率低。⑤中风化泥质砂岩：最大揭露厚度 3.90m，层顶埋深 16.20m，层顶标高 15.48m。淡紫色，岩芯成短柱状，坚硬，致密，岩芯采取率 70%。

4.2.2　测试结果

图 4-9、图 4-10 分别示出了 SZ1、SZ2 及 SZ3 上荷载箱加载时各自的 Q-s 曲线，而图 4-11、图 4-12 分别示出了 SZ1、SZ2 及 SZ3 下荷载箱加载时各自的 Q-s 曲线。

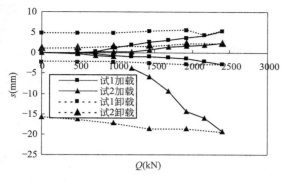

图 4-9　试桩 1、2 上荷载箱加载

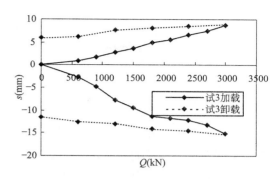

图 4-10　试桩 3 上荷载箱加载

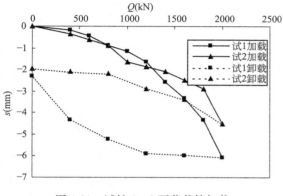

图 4-11　试桩 1、2 下荷载箱加载

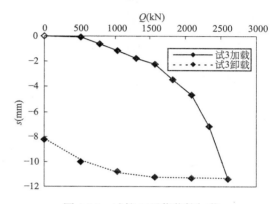

图 4-12　试桩 3 下荷载箱加载

4.2.3　极限承载力的确定

桩端岩石极限承载力 q_u 及单桩竖向抗压极限承载力确定如下

$$q_{ur} = \frac{4Q_{ud}}{\pi \cdot d_0^2} \tag{4-4}$$

$$Q_u = \frac{Q_{uu} - W}{\gamma} + \pi \cdot \left(\frac{D}{2}\right)^2 \cdot q_u \tag{4-5}$$

式中，Q_u 为单桩竖向抗压极限承载力；Q_{uu} 为上部荷载箱向上施加的力；Q_{ud} 为下部荷载箱向下施加的力；q_u 为桩端岩石极限承载力；W 为荷载箱上部桩自重；D 为桩端扩大头直径；d_0 为荷载箱底板直径；γ 为荷载箱上部桩侧阻力修正系数，$\gamma = 0.8$。各试桩计算结果如下：

试桩 1、2　　$q_u > 2000/\pi \times 0.4^2 = 4000 \text{kN/m}^2$

试桩 3　　　　$q_u > 2600/\pi \times 0.45^2 = 4089 \text{kN/m}^2$

试桩 1

$$Q_{u1} = \frac{2400 - \pi \times 0.45^2 \times 9.55 \times 24.5}{0.8} + \pi \times 0.65^2 \times 4000 = 8120.35 \text{kN}$$

试桩 2

$$Q_{u2} = \frac{2400 - \pi \times 0.45^2 \times 9.91 \times 24.5}{0.8} + \pi \times 0.65^2 \times 4000 = 8113.62 \text{kN}$$

试桩 3

$$Q_{u3} = \frac{3000 - \pi \times 0.5^2 \times 10.9 \times 24.5}{0.8} + \pi \times 0.9^2 \times 4000 = 13661.56 \text{kN}$$

4.3　江苏电网调度中心

江苏省电网调度中心大楼是一幢超高层建筑,单桩承载力要求高达 60000kN,由于场地条件复杂,采用自平衡加载法对 14 根试桩进行了静载荷试验,同时进行了 3 根岩基平板载荷试验。其挖孔桩持力层共分为五种。根据试验结果,以同一持力层不同底板尺寸、不同试验小孔深度,探讨了桩端阻力尺寸效应以及嵌岩段桩侧阻力深度效应,同时还分析了嵌岩段桩侧阻力与位移的关系,得到了一些很有意义的结果。

4.3.1　桩端阻力尺寸效应分析

本节依据江苏省电网调度中心大楼试验结果,在同一加载应力条件下,不同底板尺寸对应的位移是否相同来判断桩端尺寸效应。表 4-6 列出了不同岩层、不同底板尺寸的试验结果。

不同岩层、不同底板尺寸的试验结果 表 4-6

试桩号	岩　层	加载值 P(kN)	底板径 D(mm)	端阻力 q_p(kPa)	向下位移 s^-(mm)	备注
裙楼 S'_5	⑨₁ 强风化砂岩	1550	415	11461	29.67	
裙房 S'_6		1040	340	11461	22.57	
主楼 S1	⑨₂ 中风化砂岩	1078	530	4885	35.07	
主楼 S2		1800	685	4885	9.57	
主楼 S3		2517	810	4885	12.57	
主楼 S3		2455	800	4885	≥30.58	岩基试验
主楼 S5	⑫中风化砂岩	856	750	1938	6.23	
主楼 S6		1260	910	1938	9.13	
主楼 S6		969	800	1938	≥27.35	岩基试验
主楼 S7	⑩₂ 中风化砾岩	4870	430	32933	13.36	
主楼 S8		4870	430	32933	8.82	
主楼 S8		2327	300	32933	13.60	岩基试验
主楼 S9		7315	530	32933	21.63	

注:裙房 S'_6 及主楼 S1、S3、S5、S8 加载值、端阻力、向下位移均为线性插值。

桩单位极限端阻力的尺寸效应由 Meyerhof Vesic 于 60 年代提出。根据试验,端阻力随桩径增大而减小,Meyerhof(1988)还给出了砂土中极限端阻的折减系数,折减系数随桩径增大呈双曲线减小,砂的密实度越大折减越大。JGJ 94—94 规范中建议,对于 $D>0.8$m 桩,折减系数为 $(0.8/D)^n$。对于黏性土、粉土,取 $n=1/4$;对于砂土、碎石类土,

取 $n=1/3$。显然，规范没有涉及岩石的情况。

从表 4-6 中可以看出：由于向下位移包括 5cm 垫层压缩，故小位移判别不如大位移准确，扣除极个别不正常情况，取大位移量进行判别。根据裙楼 $S'5$、$S'6$；主楼 S2、S3；主楼 S5、S6；主楼 S7、S8、S9 比较，在同一加载压应力条件下，底板尺寸大，对应的向下位移也大。

4.3.2　桩侧阻力深度效应

1. 试验结果分析

针对岩石侧阻情况进行了试验，测试结果如表 4-7 所示。判断标准为同一加载剪应力条件下，不同试验小孔深度对应的位移是否相等或不同试验小孔深度哪个孔先破坏。

不同岩层、不同小孔深度试验结果　　　　　　表 4-7

试桩号	岩　层	加载值 $P(kN)$	小孔直径 (mm)	小孔深度 (mm)	侧阻力 $q_s(kPa)$	向上位移 s^+(mm)
裙楼 $S'1$	⑩₁ 强风化砾岩	1200	1000	950	402	5.12
裙房 $S'2$		1956	1000	1550	402	1.25
裙楼 $S'5$	⑨₁ 强风化砂岩	1550	1000	1430	345	5.46
裙房 $S'6$		1028	1000	950	345	1.33
主楼 S1	⑨₂ 中风化砂岩	2174	1000	1450	477	3.17
主楼 S2		1800	800	2450	292	11.22
主楼 S3		3900	1100	2450	461	15.93
主楼 S5	⑫ 中风化砂岩	2075	1000	2450	269	1.88
主楼 S6		1260	1000	2950	136	5.00
主楼 S7	⑩₂ 中风化砾岩	4870	1000	950	1632	3.17
主楼 S8		5620	1000	950	1883	11.22
主楼 S9		7315	1100	1450	1606	15.93

注：裙房 $S'2$、$S'6$ 及主楼 S1、S3、S5 加载值、侧阻力、向上位移均为线性插值。

从表 4-7 及判断标准可得如下结论：同一岩层孔深侧阻力 q_s 小、孔浅侧阻力 q_s 大；侧阻力 q_s 相同情况下，孔深位移大、孔浅位移小。

2. 机理解释

从理论上讲，无论是抗压桩还是抗拔桩，桩的侧摩阻力是桩土相对位移、桩土摩擦性状等的函数，与桩的入土或入岩深度没有关系。但是，Vesic 对在 Ogeechee River 场地进行的几根抗压试桩绘制了侧摩阻力沿桩身的分布曲线（图 4-13），试桩几何尺寸见表 4-8。同时 V. N. Vijayvergiya 对该试验结果进行了进一步探讨，并绘制了不同入土深度时给定标高处的单位侧摩阻力曲线（图 4-14），得到如下结论。

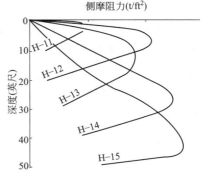

图 4-13　侧摩阻力分布

试桩几何尺寸　　　　　　　　　　　　表 4-8

桩号	桩径（m）	入土深度（m）	备注
H-11	0.457	3	
H-12	0.457	6.1	0～3.66m 为粉砂
H-13	0.457	8.9	以下为细砂和中砂
H-14	0.457	12	
H-15	0.457	15	

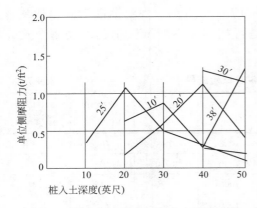

图 4-14　单位侧摩阻力随桩入土深度变化

这几根桩的土层地质条件完全相同，桩径也相同，随着桩的入土深度从 3～5m，对于某一给定的标高，桩身摩阻力随桩端穿过该层土的长度增加而降低。在离地面 2.5 英尺（约 0.76m）处的桩侧摩阻力，桩的入土深度超过 20 英尺（约 6.0m）后侧摩阻力就迅速降低，到桩入土深度为 50 英尺（约 15m）时几乎为零；在地面以下 10 英尺（约 3.0m）处的桩侧摩阻力，当桩的入土深度超达 30 英尺（约 9m）时开始大幅降低；同样处于地面以下 20 英尺（约 6.0m）处的桩侧摩阻力，当桩的入土深度超过 40 英尺（约 12m）后开始降低。这充分表明在粉砂和细砂中的抗压桩在特定的地层处单位侧摩阻力随桩的入土深度而退化。

由此可能得到嵌岩段侧摩阻力的深度效应与此相类似：随着小孔深度的增加，岩层侧摩阻力降低，从而导致该岩层的平均侧摩阻力降低。显然，关于桩身单位侧摩阻力深度效应的机理还有待深入研究。

4.3.3　关于嵌岩桩侧摩阻力的一些问题

1. 嵌岩段桩侧阻力计算

《建筑桩基技术规范》JGJ 94—94 中，嵌岩桩单桩竖向极限承载力标准值，由桩周土总侧阻 Q_{sk}、嵌岩段总侧阻 Q_{rk} 和总端阻 Q_{pk} 三部分组成（图 4-15）。根据室内试验结果确定单桩竖向极限承载力标准值时，可按下式计算：

$$Q_{uk} = Q_{sk} + Q_{rk} + Q_{pk} \quad (4-6)$$

$$Q_{sk} = u \sum_{i=1}^{n} \zeta_{si} q_{sik} l_i \quad (4-7)$$

$$Q_{rk} = u \zeta_s f_{rc} h_r \quad (4-8)$$

$$Q_{pk} = \zeta_p f_{rc} A_p \quad (4-9)$$

式中符号意义见规范。

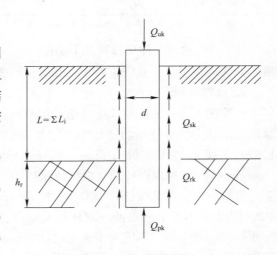

图 4-15　嵌岩桩承载力

侧阻 ζ_s 修正系数见表 4-9。

嵌岩段桩侧阻力修正系数

表 4-9

h_r/d	0.0	0.5	1	2	3	4	≥5
ζ_s	0	0.025	0.055	0.070	0.065	0.062	0.050

从公式和修正系数表中可见，嵌岩段总侧阻力仅与嵌岩深度、桩身周长、桩径和单轴抗压强度有关。采用上述规范计算公式对电网调度中心 14 根试桩 q_{sk} 进行了计算，并和试验值进行了对比，见表 4-10。

q_{sk} 计算值与试验值比较

表 4-10

桩号	d (mm)	h_r (mm)	h_r/d	持力层	f_{rc}(kPa)	ζ_s	q_{sk} 计算值(kPa)	q_{sk} 试验值(kPa)
S1	1000	1450	1.45	⑨₂ 中风化砂岩	1400	0.056	78.12	477
S2	800	2450	3.06	⑨₂ 中风化砂岩	1400	0.059	81.9	292
S3	1100	2450	2.23	⑨₂ 中风化砂岩	1400	0.062	86.8	461
S5	1000	2450	2.45	⑫ 中风化砂岩	3000	0.061	183	≥269
S6	1000	2950	2.95	⑫ 中风化砂岩	3000	0.059	177	≥136
S7	1000	950	0.95	⑩₂ 中风化砾岩	9500	0.047	446.5	1632
S8	1000	950	0.95	⑩₂ 中风化砾岩	9500	0.047	446.5	1883
S9	1000	1450	1.45	⑩₂ 中风化砾岩	9500	0.047	532	1606
S'1	1000	950	0.95	⑩₁ 强风化砾岩	3000	0.047	141	502
S'2	1000	1550	1.55	⑩₁ 强风化砾岩	3000	0.057	171	513
S'3	1000	1450	1.45	⑧₁ 强风化泥岩	400	0.056	22.4	275
S'4	1000	950	0.95	⑧₁ 强风化泥岩	400	0.047	18.8	294
S'5	1000	1430	1.43	⑨₁ 强风化砂岩	1000	0.056	56	345
S'6	1000	950	0.95	⑨₁ 强风化砂岩	1000	0.047	47	369

从表 4-10 中可见试验值与计算值相差较大，有的甚至相差达 11 倍多。当然，少数的试验并不能反映具体的误差大小，但至少可以表示一种趋势。

嵌岩桩的承载性状与长径比、嵌岩段岩性不同而有显著不同。嵌岩段侧阻力的表达式 $Q_{rk} = U\zeta_s f_{rc} h_r$ 中，f_{rc} 为岩石饱和单轴抗压强度标准值。根据嵌岩段侧阻力构成的力学概念，桩与岩体之间是剪切力传递，确定嵌岩段侧阻力，应该采用岩石的抗剪强度 τ_{rc}，ζ_s 是反映侧阻力分布不均匀性系数，不是单轴抗压强度不均匀系数。从嵌岩桩地基破坏试验情况可见，这是一个空间问题，或者是一个轴对称问题。严格地说，在桩和岩石共同受力中，剪切破坏面发生在岩石中、桩体中，还是桩岩接触面上，还要分析确定。研究表明，剪切力不仅选择弱的路径，而且选择捷径。

当桩端嵌入较软质的基岩时，该类基岩的特点是含泥量较大，地基强度一般在 700～900kPa 内，如泥岩、泥质砂岩由于桩周岩石的刚度与桩身混凝土刚度相差较大所以在桩身荷载作用下桩牵引围岩产生微小的强迫位移，使桩周产生较大的摩阻力，同时压迫桩端基岩共同工作，对于该类岩石，嵌岩段剪切破坏一般发生于靠近桩侧表面的岩体中，当桩嵌入较硬质的基岩时，此类基岩是指刚性很大的岩石，如石灰岩、白云岩、花岗岩等，在工程概念中几乎可认为是不变形的岩石，地基强度一般均在 2MPa 以上，单轴饱和强度通常可达 20MPa 或更大。桩身荷载通过侧阻力（粘合力）传递于嵌岩段侧壁，对于这类岩石，桩侧阻的剪切破坏发生于桩岩界面。混凝土及硬质岩石强度远远大于混凝土与基岩胶结的抗剪强度，胶结面抗剪强度大小主要决定于混凝土与基岩胶结的好坏及凹槽内的砂浆的咬合力。因此对硬质岩中的嵌岩桩的侧阻力应主要取决于混凝土的标号等多种其他因素而不是岩石的单轴抗压强度，当然胶合力及砂浆的咬合力还与混凝土骨料、围岩约束力等因素有关。

应该特别提及的是，岩体中高倾角弱面的存在往往是桩岩共同作用的剪切面，这类物理力学概念在嵌岩段侧阻力中未能明确反映。因此 f_{rc} 未表达嵌岩段剪切破坏的特征。

综上所述，建议现行规范中冲（钻）孔桩嵌岩桩的嵌岩侧阻力计算应以混凝土与岩石间的粘结强度来表示

$$Q_{rk} = U\tau_{rc}h_r \tag{4-10}$$

式中，τ_{rc} 为混凝土与岩石间的粘结强度设计值。

对于风化黏土页岩等软弱岩体，桩与岩体粘结强度 τ_{rc} 为

$$\tau_{rc} = \sigma_c \left[\frac{\alpha}{2\tan(45° + \varphi/2)} \right] \tag{4-11}$$

式中，σ_c 为岩石单轴抗压强度，φ 为岩石与混凝土之间的内摩擦角，α 为折减系数，一般取 $0.3 \sim 0.9$，如果接触面粗糙，则取 0.9。

对于坚硬岩体，桩与岩体粘结强度 τ_{rc} 保守值为

$$\tau_{rc} = \sigma_c / 20 \tag{4-12}$$

或者参照《建筑地基基础设计规范》GB 50007—2002 岩石锚杆基础取值，并应考虑孔壁粗糙度的影响。

以上只是笔者的建议，实际还有许多问题需要进一步研究，例如嵌岩段侧阻力取值究竟多大合适，取值的理论依据是什么，尚需通过大量的试验研究方能获得其理论计算公式。

2. 嵌岩段桩侧阻力与相对位移关系

一般认为桩岩侧界面荷载传递函数均为双曲线型。它们传递函数为：

$$\tau = \frac{\varepsilon}{a + b\varepsilon} \tag{4-13}$$

这样有，界面初始剪切刚度：

$$k_{sn} = \lim \frac{d\tau}{d\varepsilon} \bigg|_{\varepsilon \to 0} = \frac{1}{a} \tag{4-14}$$

界面摩阻极限值：

$$\tau_{lim} = \lim \tau |_{\varepsilon \to \infty} = \frac{1}{b} \tag{4-15}$$

式中，τ 为桩侧摩阻力；ε 为桩土相对位移与嵌岩深度之比，$\varepsilon = s/h_r$；a、b 为双曲线常数。

根据本次试验结果，对嵌岩桩桩岩侧界面荷载传递函数进行了分析。选取裙楼 $S'1$、$S'2$、$S'3$、$S'4$、$S'5$、$S'6$ 及主楼 S1、S2、S5、S7、S8，采用最小二乘法拟合得到各自的 a、b 值，并与实测值进行了比较。

（1）主楼 S_1（$D=1000$mm，$h_r=1450$mm）

具体计算如表 4-11 所示，采用最小二乘法拟合曲线见图 4-16，拟合参数得 $a=1.278\times10^{-6}$ kPa^{-1}，$b=1.973\times10^{-3}$ kPa^{-1}。

主楼 S_1 拟合计算　　　　　　　　　　　　　　表 4-11

q_s(kPa)	97.3	146.1	168.0	190.2	212.2	234.4	256.5	278.5	300.7
s(mm)	0.31	0.43	0.58	0.72	0.87	0.99	1.11	1.28	1.44
$\varepsilon=s/h_r(\times10^{-3})$	0.214	0.297	0.400	0.497	0.600	0.683	0.766	0.883	0.990
$\varepsilon/q_s(10^{-6}$kPa$^{-1})$	2.20	2.03	2.38	2.61	2.82	2.91	2.99	3.17	3.29
q_s(kPa)	322.9	344.8	367.0	389.0	411.2	433.3	455.3	477.5	499.7
s(mm)	1.63	1.81	2.15	2.40	2.62	2.86	2.97	3.17	3.55
$\varepsilon=s/h_r(\times10^{-3})$	1.12	1.248	1.483	1.655	1.807	1.972	2.048	2.186	2.448
$\varepsilon/q_s(10^{-6}$kPa$^{-1})$	3.47	3.61	4.04	4.25	4.39	4.55	4.50	4.58	4.89

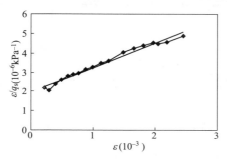

图 4-16　主楼 S1 的 ε 与 ε/q_s 关系曲线

（2）主楼 S2（$D=800$mm，$h_r=2450$mm）

具体计算如表 4-12 所示，采用最小二乘法拟合曲线见图 4-17，拟合参数得，$a=8.968\times10^{-6}$ kPa^{-1}，$b=2.73\times10^{-3}$ kPa^{-1}。

主楼 S2 拟合计算　　　　　　　　　　　　　　表 4-12

q_s(kPa)	65.0	97.5	130.0	162.5	195.0	227.5	260.0	292.5	325.0
s(mm)	0.12	0.17	0.75	1.76	3.22	5.84	7.61	9.56	11.22
$\varepsilon=s/h_r(\times10^{-3})$	0.15	0.21	0.94	2.2	4.03	7.3	9.51	11.95	14.03
$\varepsilon/q_s(\times10^{-6}kPa^{-1})$	2.31	2.15	7.23	13.54	20.67	32.09	36.58	40.85	43.17

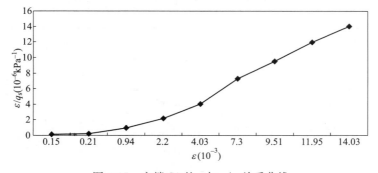

图 4-17　主楼 S2 的 ε 与 ε/q_s 关系曲线

（3）主楼 S5（$D=1000$mm，$h_r=2450$mm）

具体计算如表 4-13 所示，采用最小二乘法拟合曲线见图 4-18，拟合参数得，$a=5.733\times10^{-6}$ kPa^{-1}，$b=1.546\times10^{-3}$ kPa^{-1}。

主楼 S5 拟合计算　　　　　　　　　　　　　　表 4-13

q_s(kPa)	52.0	78	104	130	156	182	207
s(mm)	0.36	0.99	1.72	2.79	3.13	4.49	5.07
$\varepsilon=s/h_r$($\times10^{-3}$)	0.150	0.404	0.702	1.139	1.278	1.833	2.069
ε/q_s($\times10^{-6}$kPa^{-1})	2.885	5.179	6.750	8.762	8.192	10.071	10.00
q_s(kPa)	234	260	286	312	337	364	390
s(mm)	5.95	6.88	7.43	8.87	9.31	10.21	11.35
$\varepsilon=s/h_r$($\times10^{-3}$)	2.429	2.808	3.033	3.620	3.8	4.167	4.633
ε/q_s($\times10^{-6}$kPa^{-1})	10.38	10.8	10.6	11.603	11.276	11.448	11.879

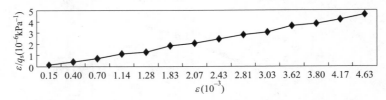

图 4-18　主楼 S5 的 ε 与 ε/q_s 关系曲线

（4）主楼 S7（$D=1000$mm，$h_r=1950$mm）

具体计算如表 4-14 所示，采用最小二乘法拟合曲线见图 4-19，拟合参数得，$a=1.245\times10^{-6}$ kPa^{-1}，$b=0.576\times10^{-3}$ kPa^{-1}。

主楼 S$_7$ 拟合计算　　　　　　　　　　　　　　表 4-14

q_s(kPa)	251.1	376.8	502.5	627.9	753.6	876.0
s(mm)	0.18	0.60	0.78	1.09	2.23	3.45
$\varepsilon=s/h_r$($\times10^{-3}$)	0.189	0.632	0.821	1.147	2.347	3.632
ε/q_s($\times10^{-6}$kPa^{-1})	0.753	1.677	1.634	1.827	3.114	4.146
q_s(kPa)	1005.0	1130.4	1256.1	1381.8	1507.2	1632.9
s(mm)	4.04	6.06	7.01	8.40	9.02	11.53
$\varepsilon=s/h_r$($\times10^{-3}$)	4.253	6.379	7.379	8.842	9.49	12.137
ε/q_s($\times10^{-6}$kPa^{-1})	4.232	5.643	5.875	6.399	6.294	6.963

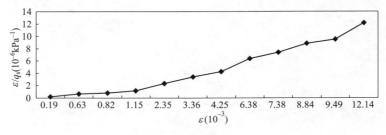

图 4-19　主楼 S7 的 ε 与 ε/q_s 关系曲线

（5）主楼 S8（$D=1000\text{mm}$，$h_r=950\text{mm}$）

具体计算如表 4-15 所示，采用最小二乘法拟合曲线见图 4-20，拟合参数得，$a=0.711\times10^{-6}\ \text{kPa}^{-1}$，$b=0.511\times10^{-3}\ \text{kPa}^{-1}$。

主楼 S8 拟合计算　　　　　　　　　　　　　　　表 4-15

$q_s(\text{kPa})$	258.9	388.5	518.1	647.4	777.0	906.7	1035.9
$s(\text{mm})$	0.13	0.22	0.34	0.69	0.81	1.69	2.24
$\varepsilon=s/h_r(\times10^{-3})$	0.137	0.232	0.358	0.726	0.853	1.779	2.358
$\varepsilon/q_s(\times10^{-6}\text{kPa}^{-1})$	0.529	0.591	0.691	1.121	1.098	1.962	2.276
$q_s(\text{kPa})$	1165.6	1295.2	1424.5	1554	1683.7	1813.0	1942.6
$s(\text{mm})$	3.61	4.29	4.71	5.14	5.78	6.43	7.123
$\varepsilon=s/h_r(\times10^{-3})$	3.8	4.516	4.958	5.411	6.084	6.768	7.495
$\varepsilon/q_s(\times10^{-6}\text{kPa}^{-1})$	3.260	3.487	3.481	3.482	3.613	3.733	3.858

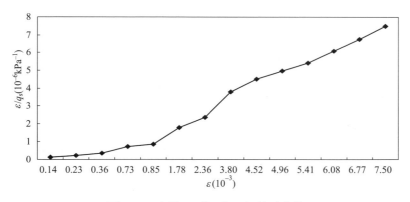

图 4-20　主楼 S8 的 ε 与 ε/q_s 关系曲线

（6）裙楼 S'1（$D=1000\text{mm}$，$h_r=950\text{mm}$）

具体计算如表 4-16 所示，采用最小二乘法拟合曲线见图 4-21，拟合参数得，$a=6.289\times10^{-6}\ \text{kPa}^{-1}$，$b=1.123\times10^{-3}\ \text{kPa}^{-1}$。

裙楼 S'1 拟合计算　　　　　　　　　　　　　　　表 4-16

$q_s(\text{kPa})$	50.3	75.4	100.6	125.7	150.9	176.0	201.1	226.3
$s(\text{mm})$	0.11	0.35	0.66	0.96	1.27	1.59	1.91	2.28
$\varepsilon=s/h_r(\times10^{-3})$	0.116	0.368	0.695	1.011	1.337	1.674	2.010	2.4
$\varepsilon/q_s(\times10^{-6}\text{kPa}^{-1})$	2.302	4.886	6.906	8.039	8.859	9.510	9.998	10.605
$q_s(\text{kPa})$	251.6	276.6	301.7	326.8	352.0	377.1	402.3	
$s(\text{mm})$	2.64	3.06	3.42	3.85	4.30	4.72	5.12	
$\varepsilon=s/h_r(\times10^{-3})$	2.779	3.221	3.6	4.053	4.526	4.968	5.389	
$\varepsilon/q_s(\times10^{-6}\text{kPa}^{-1})$	11.045	11.645	11.932	12.401	12.858	13.175	13.397	

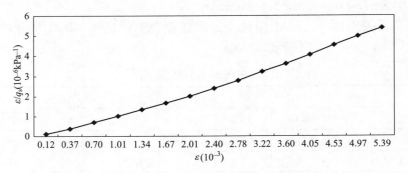

图 4-21　裙楼 $S'1$ 的 ε 与 ε/q_s 关系曲线

（7）裙楼 $S'2$（$D=1000$mm，$h_r=1550$mm）

具体计算如表 4-17 所示，采用最小二乘法拟合曲线见图 4-22，拟合参数得，$a=0.702\times10^{-6}$ kPa^{-1}，$b=2.162\times10^{-3}$ kPa^{-1}。

裙楼 $S'2$ 拟合计算 　　　　　　　　　　　　　　　　　　表 4-17

q_s(kPa)	82.2	123.3	164.4	205.5	246.6	287.7	328.7	369.8	410.9
s(mm)	0.01	0.04	0.1	0.22	0.45	0.65	0.88	1.09	1.31
$\varepsilon=s/h_r(\times10^{-3})$	0.006	0.026	0.065	0.142	0.290	0.419	0.568	0.703	0.845
$\varepsilon/q_s(\times10^{-6}kPa^{-1})$	0.078	0.209	0.392	0.691	1.178	1.458	1.727	1.902	2.057

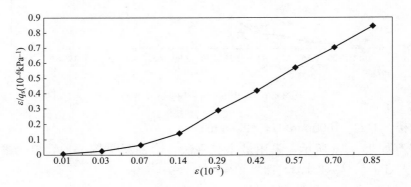

图 4-22　裙楼 $S'2$ 的 ε 与 ε/q_s 关系曲线

（8）裙楼 $S'3$（$D=1000$mm，$h_r=1450$mm）

具体计算如表 4-18 所示，采用最小二乘法拟合曲线见图 4-23，拟合参数得，$a=7.032\times10^{-6}$ kPa^{-1}，$b=5.648\times10^{-3}$ kPa^{-1}。

裙楼 $S'3$ 拟合计算 　　　　　　　　　　　　　　　　　　表 4-18

q_s(kPa)	43.93	65.89	87.85	109.82	131.78	153.74	175.71	197.67	219.64
s(mm)	0.60	1.00	1.59	3.71	4.75	6.02	7.71	9.00	11.10
$\varepsilon=s/h_r(\times10^{-3})$	0.414	0.690	1.097	2.559	3.276	4.152	5.317	6.207	7.655
$\varepsilon/q_s(\times10^{-6}kPa^{-1})$	9.424	10.472	12.487	23.302	24.86	27.007	30.260	31.401	34.898

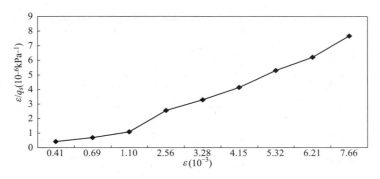

图 4-23　裙楼 S′3 的 ε 与 ε/q_s 关系曲线

（9）裙楼 S′4(D=1000mm，h_r=950mm）

具体计算如表 4-19 所示，采用最小二乘法拟合曲线见图 4-24，拟合参数得，a = 1.001×10^{-6} kPa^{-1}，b=4.252×10^{-3} kPa^{-1}。

裙楼 S′4 拟合计算　　　　　　　　　　　　　　　　表 4-19

q_s(kPa)	46.9	70.4	93.9	117.3	140.8	164.3	187.7	211.2	234.7
s(mm)	0.02	0.05	0.14	0.34	0.55	0.74	1.05	1.42	1.77
$\varepsilon = s/h_r$(×10^{-3})	0.021	0.053	0.147	0.358	0.579	0.779	1.105	1.495	1.863
ε/q_s(×10^{-6}kPa^{-1})	0.449	0.748	1.569	3.051	4.112	4.741	5.888	7.077	7.938

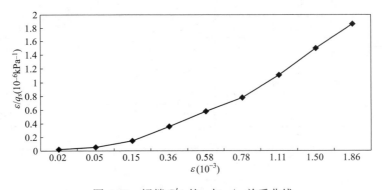

图 4-24　裙楼 S′4 的 ε 与 ε/q_s 关系曲线

（10）裙楼 S′5(D=1000mm，h_r=1430mm）

具体计算如表 4-20 所示，采用最小二乘法拟合曲线见图 4-25，拟合参数得，a = 2.494×10^{-6} kPa^{-1}，b=2.853×10^{-3} kPa^{-1}。

群裙楼 S′5 拟合计算　　　　　　　　　　　　　　　表 4-20

q_s(kPa)	38.5	57.7	77.1	96.4	115.6	135.0	154.3
s(mm)	0.15	0.24	0.35	0.49	0.62	0.83	0.97
$\varepsilon = s/h_r$(×10^{-3})	0.105	0.168	0.245	0.343	0.434	0.580	0.678
ε/q_s(×10^{-6}kPa^{-1})	2.725	2.909	3.175	3.555	3.751	4.299	4.396

续表

q_s(kPa)	173.5	192.9	212.2	231.4	250.8	270.1	289.3
s(mm)	1.35	1.97	2.25	2.61	2.94	3.34	3.72
$\varepsilon=s/h_r(\times10^{-3})$	0.944	1.378	1.573	1.825	2.056	2.336	2.601
$\varepsilon/q_s(\times10^{-6}\text{kPa}^{-1})$	5.441	7.142	7.415	7.888	8.198	8.647	8.992

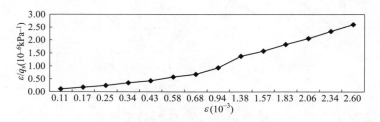

图 4-25　裙楼 S′5 的 ε 与 ε/q_s 关系曲线

（11）裙楼 S′6（$D=1000\text{mm}$，$h_r=950\text{mm}$）

具体计算如表 4-21 所示，采用最小二乘法拟合曲线见图 4-26，拟合参数得，$a=2.502\times10^{-6}$ kPa^{-1}，$b=1.729\times10^{-3}$ kPa^{-1}。

裙楼 S′6 拟合计算　　　　　　　　　　表 4-21

q_s(kPa)	37.9	57.0	75.8	94.9	114.0	132.8	151.9
s(mm)	0.08	0.14	0.23	0.27	0.34	0.43	0.53
$\varepsilon=s/h_r(\times10^{-3})$	0.084	0.147	0.242	0.284	0.358	0.453	0.558
$\varepsilon/q_s(\times10^{-6}\text{kPa}^{-1})$	2.222	2.585	3.194	2.995	3.139	3.408	3.673
q_s(kPa)	171.0	189.7	208.9	228.0	246.7	265.8	284.9
s(mm)	0.58	0.70	0.86	0.95	1.63	1.69	1.11
$\varepsilon=s/h_r(\times10^{-3})$	0.611	0.737	0.905	1.000	1.084	1.147	1.168
$\varepsilon/q_s(\times10^{-6}\text{kPa}^{-1})$	3.570	3.947	4.333	4.386	4.395	4.317	4.101

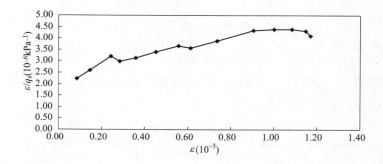

图 4-26　裙楼 S′6 的 ε 与 ε/q_s 关系曲线

综合上述计算结果，如表 4-22 所示。

试桩拟合参数及测试结果比较　　　　　　表 4-22

指　标 桩　号	a (10^{-6}kPa^{-1})	b (10^{-3}kPa^{-1})	$q_{\lim}$ 实测值	$q_{\lim}$ 计算值
裙楼 S'1	6.289	1.123	＞402	890.5
裙楼 S'2	0.702	2.162	＞410.9	462.5
裙楼 S'3	7.032	5.648	219.6	177.1
裙楼 S'4	1.001	4.252	234.7	235.2
裙楼 S'5	2.494	2.853	345.3	350.5
裙楼 S'6	1.656	4.526	284.9	220.9
主楼 S1	1.278	1.973	＞477	766.3
主楼 S2	8.968	2.73	325.0	366.3
主楼 S5	5.733	1.546	＞390	646.8
主楼 S6	7.480	2.94	＞136	340.1
主楼 S7	1.245	0.576	1632.9	1736.1
主楼 S8	0.711	0.511	＞1883	1956.9

注：＞表示实测时未达到极限值。

从上表看出，试验值与计算值误差控制在 35％ 以内，可见嵌岩桩桩侧摩阻力传递函数比较符合双曲线关系。

4.4　南京月牙湖花园君安苑工程

4.4.1　工程概况

南京月牙湖花园君安苑住宅为 3 幢 5～6 层框架结构，其底部由地下车库连在一起。住宅部分框架柱轴力很大，而无住宅部分车库自重小于地下水产生的浮力，综合考虑结构受力并结合地质情况，采用人工挖孔灌注桩基础。为确定其抗压和抗拔承载力，采用自平衡试桩法进行了承载力测试。本工程地质情况与试桩有关数据分别见表 4-23 与表 4-24。所采用的混凝土护壁与砖护壁见图 4-27。

主要土层物理力学指标　　　　　　表 4-23

土层名称	γ	e	I_{L}	q_{sk}	q_{pk}
①₃ 填土	19.3	0.80	0.51		
② 粉质黏土	19.2	0.86	0.80	40	
③ 粉质黏土	19.9	0.73	0.42	63	
④ 粉质黏土夹砾石				80	1000
⑤₁ 强风化砂质泥岩				100	1000
⑤₂ 中等风化砂岩				800	8000

试　桩　资　料　表 4-24

桩号	桩直径(m)	孔深(m)	桩顶标高(m)	桩底标高(m)	荷载箱(m)	护壁类型
试 1	0.8	19.6	−5.82	−20.65	−20.65	混凝土
试 2	1.0	17.9	−4.80	−18.75	18.75	砖

4.4.2　测试结果

试桩 1、2 的 Q-s 曲线如图 4-28 所示。从图中可以看出，试桩 1、2 属陡变型，取陡变点起点为极限值，抗拔承载力分别为 4500kN、4000kN，抗压端承力均≥5000kN。

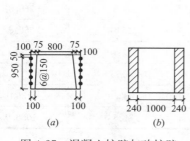

图 4-27　混凝土护壁与砖护壁

(a) 混凝土护壁；(b)砖护壁

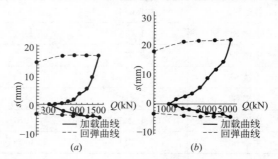

图 4-28　试桩 Q-s 曲线

(a)试桩 1；(b)试桩 2

根据《建筑桩基技术规范》JGJ 94—94，D 取混凝土外壁计算(扣除桩自重)，试桩 1 的抗拔极限摩阻力标准值为：

$$q_{s1内}=(4500-197)/(3.14\times1.15\times14.83)=80 \text{ kN/m}^2$$

式中 197 为荷载箱上段桩自重。

根据《南京地区地基基础设计规范》，D 取护壁内径计算，试桩 1 的抗拔极限摩阻力标准值为：

$$q_{s1外}=(4500-197)/(3.14\times0.8\times14.83)=115 \text{ kN/m}^2$$

试桩 2 桩径扩大到 1000mm，但采用砖护壁，抗拔极限摩阻力标准值为：

$$q_{s2内}=(4000-274)/(3.14\times1\times13.95)=85 \text{ kN/m}^2$$

若按砖外径计算，试桩 2 抗拔极限摩阻力标准值为：

$$q_{s2外}=(4000-274)/(3.14\times1.48\times13.95)=58 \text{ kN/m}^2$$

图 4-29　上段桩抬出，砖、土交界面脱开

由上，若按护壁内径计算砖护壁与混凝土护壁单位面积侧阻力之比为：

$$\lambda_内=85/115=0.74$$

若按护壁外径计算，两者的比值为：

$$\lambda_外=58/80=0.73$$

为测试两种不同护壁桩的桩顶位移，在桩顶另设两只位移计。测得试桩 1 的桩顶位移为 0.75mm，试桩 2 为 12mm，桩体已发生上抬现象(图 4-29)，说明摩阻力已充分发挥。

4.4.3　砖护壁人工挖孔嵌岩灌注桩单桩竖向承载力计算分析

《建筑桩基技术规范》JGJ 94—94 中，按承载性状分析，人工挖孔嵌岩桩属端承型桩。端承型桩又分为端承桩和摩擦端承桩。实践证明，端承桩的侧面仍有摩阻力存在。工程实践中把桩端部进入硬质岩石或软质岩石，中、微风化岩层作为持力层，因其端部沉降量很小，这类桩的侧摩阻力只占桩总承载力 $5\%\sim10\%$，故视为端承桩；把桩端部进入极软岩石或软质岩石，呈中等风化岩层作为持力层，这类桩的侧摩阻力占桩总承载力 $15\%\sim40\%$，可视为摩擦端承桩。

《建筑桩基技术规范》中，嵌岩桩单桩竖向极限承载力标准值，由桩周土总侧阻 Q_{sk}、嵌岩段总侧阻 Q_{rk} 和总端阻 Q_{pk} 三部分组成。根据室内试验结果确定单桩竖向极限承载力标准值时，可按式(4-6)～式(4-9)计算。

对于砖护壁人工挖孔嵌岩灌注桩而言，其受力不同于一般的嵌岩桩，现分析如下：

关于 Q_{sk} 取值。采用砖护壁时，开挖中岩土被扰动，实际施工中，砂浆不可能将空隙填得很密实，故砖与岩土形成的有效侧摩阻力比混凝土与岩土形成的有效侧摩阻力小。从上述工程实例中也可以看出，其桩土侧摩阻力只有混凝土护壁的 0.73 左右，同时应考虑长径比 l/d 的影响。而且，从砖砌与桩发生共同位移看，计算中直径可以采用砖砌外径。

关于 Q_{rk}、Q_{pk} 取值。由于岩体自稳性很强，不需护壁，而混凝土与基岩结合得很紧密，可以形成有效的嵌岩段侧阻力，考虑到开挖时部分岩石破碎，给出折减系数。Q_{pk} 取值取决于嵌岩部分的岩石破裂程度及嵌岩深径比 h_r/d。

综上所述，给出砖护壁人工挖孔嵌岩灌注桩的实用计算公式：

$$Q_{uk} = Q_{sk} + Q_{rk} + Q_{pk} \tag{4-16}$$

$$Q_{sk} = C_s u \sum_{i=1}^{n} q_{sik} l_i \tag{4-17}$$

$$Q_{rk} = C_r U f_{rc} h_r \tag{4-18}$$

$$Q_{pk} = C_p f_{rc} A_p \tag{4-19}$$

式中，Q_{uk} 为单桩竖向承载力标准值；Q_{sk}、Q_{rk}、Q_{pk} 分别为土的总极限侧阻力、嵌岩段总极限侧阻力、总极限端阻力标准值；u 为桩截面周长，取砖砌外径计算；l_i 为各土层厚度；U 为桩嵌入基岩部分的桩截面周长；h_r 为桩身嵌岩(中等风化、微风化、新鲜基岩)深度；A_p 为桩底横截面面积；q_{sik} 为桩周第 i 土层的极限侧阻力标准值；f_{rc} 为岩石饱和单轴抗压强度标准值；C_s、C_r、C_p 为桩周土侧阻力、嵌岩段侧阻力、嵌岩段端阻力折减系数，其取值见表 4-25。

桩周土侧阻力、嵌岩段侧阻力和端阻力折减系数　　　　　　　　　　　　表 4-25

桩长径比 l/d	桩周土侧阻力折减系数 C_s	嵌岩深径比 h_r/d	嵌岩段侧阻折减系数 C_r	嵌岩段端阻折减系数 C_k
$\leqslant 5$ 10 15 20	0 0.4 0.5 0.6	0.0 0.5 1 2 3 4 $\geqslant 5$	0.000 0.018 0.040 0.051 0.047 0.045 0.037	0.500 0.500 0.400 0.300 0.200 0.100 0.000

4.4.4 结论

（1）砖护壁人工挖孔嵌岩灌注桩应按摩擦端承桩设计，且计算桩周土总侧阻力时直径可按砖砌外径进行计算，挖孔桩砖护壁的侧阻力约为混凝土护壁的 0.73 倍。

（2）建议国家有关部门重视大直径人工挖孔嵌岩桩灌注桩的设计理论、工程实践和试验的研究，使设计更趋正确、合理和适用。

4.5 北京西直门交通枢纽立交工程

4.5.1 工程概况

试桩桩长 16.5m，桩径 1.2m，桩端扩径为 1.8m。设计单桩承载力 650t，极限承载力不小于 1300t。应施工方要求，本次试验预估加载最大至 2000t。

试桩主要参数表　　　　　　　　　　　　　　表 4-26

桩号	桩径 (m)	扩底桩径 (m)	混凝土等级	顶标高 (m)	底标高 (m)	桩长 (m)	设计极限承载力 (kN)	预估加载值 (kN)
Z9-8-1	1.2	1.8	C25	49.70	33.20	16.50	13000	20000

4.5.2 地质土层描述

地质资料见表 4-27。

地 质 资 料　　　　　　　　　　　　表 4-27

土层名称	土层编号	土层厚度 (m)	土层极限摩阻力标准值 q_s(kPa)	地基基本承载力 σ_0(kPa)
杂填土	①	1.6		
杂填土	①₁	3.1		
亚黏土	③	2.9	45	
细砂	④	4.1	40	
卵石	⑤	6.6	140	500
亚黏土	⑥	3.2	55	180
卵石	⑦	3.2	160	650
亚黏土	⑧	2.1	60	200
卵石	⑨	5.5	180	700
亚黏土	⑩	1.3	65	200

4.5.3 荷载箱位置

为了能成功地真实测出扩底桩极限承载力，本次采用双荷载箱测试技术，上荷载箱埋设在直身桩和扩底桩交界处，下荷载箱设在扩大头里面，荷载箱底面距扩大头底面300mm，这样荷载箱底板两边成 45°扩散覆盖整个扩大头桩端平面。如图 4-30 所示。施工时，先浇筑混凝土高 300mm，初凝后浇一隔离层，放置荷载箱，再浇混凝土成桩。这样下荷载箱加载时，两次浇捣混凝土之间没有拉力。

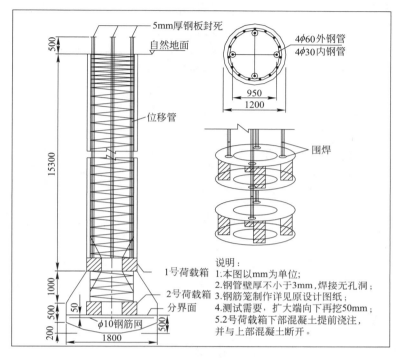

图 4-30　上、下荷载箱埋设位置

4.5.4　试验情况

试桩上荷载箱设计加载值 5000kN，每级加载为极限承载力的 1/20，第一级按两倍荷载分级加载。试桩下荷载箱设计加载值 20000kN，每级加载为极限承载力的 1/20，第一级按两倍荷载分级加载。混凝土弹性模量 $E=2.85\times10^4$ MPa。

试桩于 2004 年 4 月 5 日开始测试。下荷载箱加至第 13 级荷载（14000kN）时，向上位移持续增加，向下位移达到 37.11mm，且荷载无法稳定，试验停止。荷载箱下部桩的极限承载力取第 13 级加载值 14000kN。如图 4-31 所示。

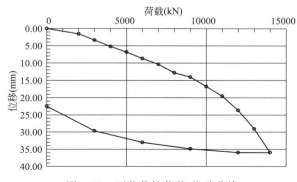

图 4-31　下荷载箱荷载-位移曲线

试桩上荷载箱加至第 29 级荷载（7500kN）时，达到荷载箱极限，试验停止，s-$\lg Q$ 曲线为缓变型，如图 4-32 所示。荷载箱上部桩的极限承载力取第 29 级加载值 7500kN。

该试桩最终极限承载力为 21500kN。

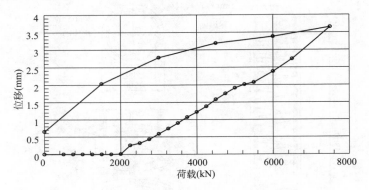

图 4-32　上荷载箱荷载-位移曲线

4.6　南京紫峰大厦工程

4.6.1　工程概况

绿地广场·紫峰大厦位于南京市鼓楼广场西北角，东靠中央路，南临中山北路，总建筑面积 239400m²，由两幢塔楼（主楼和副楼）及 7 层裙房组成。主楼地上 70 层，地上建筑高度约 400m，主要功能为甲级办公及五星级酒店；副楼地上 24 层，地上建筑高度约 100m，主要功能为甲级办公楼；裙房地上为 7 层，地上高度约 36m；地下 4 层，埋深约 ±0.000 以下－20.5m。

本项目基础采用人工挖孔桩基础，根据国家规范和设计要求，进行了 5 根桩基静载荷试验，有关参数见表 4-28。

试桩参数一览表　　　　　　　　　　　　　　　　　　　　　　表 4-28

编号	桩身直径（mm）	扩大头直径（mm）	桩顶标高（m）	有效桩长（m）	混凝土强度	类型	预定加载值（kN）
SRZ1-1	2000	4000	－23.70	22.50	C45	抗压	75200
SRZ1-2	2000	4000	－27.45	22.50	C45	抗压	75200
SRZ3	1500	3000	－21.80	21.50	C40	抗压	42000
SRZ5	1400	3000	－21.70	8.00	C40	抗拔	22000
SRZ6	1100	2200	－21.70	6.00	C40	抗压/抗拔	20000/8400

4.6.2　地质条件

场地内上部土层以黏性土为主；下部为基岩，对于基岩部分：

⑤$_{1a}$全风化安山岩（J_3l）：褐红色，经强烈风化已成砂土状，夹有少许完全风化的原岩

碎块。中偏低压缩性，遇水易散，层顶埋深 6.70～21.50m，层顶标高－3.26～11.91m，层厚 0.30～5.40m。

⑤1b强风化安山岩(J3l)：褐红色，风化成砂土状夹碎块状。岩石原有结构已完全破坏，遇水软化。层顶埋深 8.70～23.00m，层顶标高－4.76～10.14m，层厚 0.80～7.14m。

⑤2中风化安山岩(J3l)：层顶埋深 12.00～29.50m，层顶标高－10.91～7.14m，根据岩体工程力学性质，划分为 4 个亚层如下：

⑤2a较完整的较软岩、软岩：褐红—暗红间夹灰白色，斑状结构，块状构造。岩芯呈柱状—短柱状，局部节理发育，主要为闭合裂隙，裂隙呈"X"状，倾角 45°～60°左右，裂隙填充有方解石脉，另有 1 组倾角 75°～85°左右的微张节理。部分裂隙张开，可见小溶孔分布，内有方解石晶簇。岩性较坚硬，场地北侧岩质坚硬部分硅化、褐铁矿化蚀变，强度较高。

⑤2b较完整的软岩、极软岩：褐红色，局部呈灰白间夹紫红色，斑状结构，块状构造。岩芯呈柱状—短柱状间夹碎块状，节理裂隙发育，主要为闭合裂隙(倾角 45°～60°左右)，裂隙填充有高岭土及方解石脉，岩芯高岭土化、绿泥石化重，岩性较软，遇水极易软化崩解，部分手掰断，常见挤压镜面。

⑤2c较破碎—破碎的软岩：褐红色，斑状结构，块状构造。岩芯破碎，岩芯以棱角状、碎石状为主，节理裂隙极发育，密集且杂乱，有 1 组呈"X"状(倾角 45°～60°)闭合型节理，有 1 组倾角 75°左右微张裂隙，裂隙填充有高岭土、绿泥石及少量钙质、铁质等。岩芯较坚硬，局部岩芯高岭土化、绿泥石化重，见溶蚀孔洞。

⑤2d较破碎—破碎的极软岩：褐红—灰白色，斑状结构，块状构造。该层受构造运动的影响较大，挤压镜面和错动明显，形成软弱夹层，岩芯呈坚硬土状—碎石状，节理裂隙极发育，岩性软弱，强度较低，易碎，局部已泥化，遇水极易崩解。

岩石的物理力学指标见表 4-29。

<table>
<tr><td colspan="11" align="center">岩石的物理力学指标</td><td>表 4-29</td></tr>
</table>

| 层号 | 天然单轴抗压强度(MPa) | | 饱和单轴抗压强度(MPa) | | 软化系数 | 天然状态抗剪强度 | | 天然弹性模量 E | 天然状态泊松比 μ | 天然块体密度(g/cm³) |
	平均值	标准值	平均值	标准值		黏聚力(MPa)	内摩擦角(°)	(MPa)		
⑤1b	0.46	0.35	0.22		0.09			600	0.19	241
⑤2a	11.47	10.20	10.53	9.30	0.31	4.60	47.1	21335	0.13	252
⑤2b	5.40	4.52	4.23	3.20	0.22	2.15	46.8	13454	0.15	246
⑤2c	4.42	3.78	5.45	4.41	0.26	2.66	47.5	16022	0.15	247
⑤2d	0.64	0.53	0.41	0.31	0.09			500	0.21	238

4.6.3　测试情况

(1) SRZ5 试桩于 2006 年 4 月 24 日成桩，持力层为⑤2c，荷载箱埋置于桩端，箱底标高为－30.4m，底板直径 1.2m。在加载到 22000kN 时，桩向上位移 10.71mm，向下位移

21.80mm，压力稳定，继续加载至第 11 级（24200kN），桩向上位移 13.30mm，向下位移 25.15mm，本级压力已经达到荷载箱极限，故稳定后终止加载。加载值 Q_{uu} 取第 11 级（24200kN），Q_{ud} 取第 11 级（24200kN）。

SRZ5 试桩的抗拔极限承载力为：$Q_u = Q_{uu} = 24200\text{kN}$

SRZ5 试桩⑤$_{2c}$层的极限端阻力为：$Q_{ud}/A_p = 24200/(3.14 \times 0.65^2) = 18240\text{kPa}$

（2）SRZ6 试桩于 2006 年 4 月 30 日成桩，持力层为⑤$_{2b}$，荷载箱埋置于桩端，箱底标高为 −28.2m，底板直径 1.0m。2006 年 5 月 9 日开始测试 2006 年 5 月 10 日测试结束。在加载到第 10 级（8400kN）时桩向上位移 9.2mm，向下位移 14.85mm，压力稳定，继续加载至第 11 级（9240kN），桩向上位移 10.00mm，向下位移 16.00mm，本级压力已经达到荷载箱极限，故稳定后终止加载。加载值 Q_{uu} 取第 11 级（9240kN），Q_{ud} 取第 11 级（9240kN）。

SRZ6 试桩的抗拔极限承载力为：$Q_u = Q_{uu} = 9240\text{kN}$

SRZ6 试桩⑤$_{2b}$层的极限端阻力为：$Q_{ud}/A_p = 9240/(3.14 \times 0.5^2) = 11770\text{kPa}$

（3）SRZ3 试桩于 2006 年 5 月 1 日成桩，持力层为⑤$_{2c}$，荷载箱埋置于扩大头顶面，箱底标高为 −41.9m，底板直径 1.3m。2006 年 5 月 9 日开始测试 2006 年 5 月 10 日测试结束。在加载到第 10 级（21000kN）时桩向上位移 5.01mm，向下位移 2.90mm，压力稳定，继续加载至第 11 级（23200kN），桩向上位移 5.60mm，向下位移 3.20mm，本级压力已经达到荷载箱极限，故稳定后终止加载。加载值 Q_{uu} 取第 11 级（23200kN），Q_{ud} 取第 11 级（23200kN）。

SRZ3 试桩的抗压极限承载力为：

$$Q_u = \frac{Q_{uu} - W}{\gamma} + Q_{ud} = \frac{23200 - 3.14 \times 0.75^2 \times (21.6 - 1.5) \times 24.5}{1} + 23200 = 45530\text{kN}$$

（4）SRZ1-1 和 SRZ1-2 桩身埋有钢筋计和光纤传感器，可测量各岩层的侧摩阻力；荷载箱埋设于扩大头上端。SRZ1-1 箱底标高为 −44.24m，底板直径 1.8m，SRZ1-2 箱底标高为 −48.55m，底板直径 1.8m，两根试桩采用等效转换方法得到的等效转换曲线如图 4-33 和图 4-34 所示。

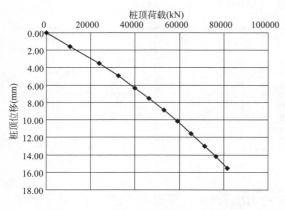

图 4-33　SRZ1-1 试桩等效转换曲线

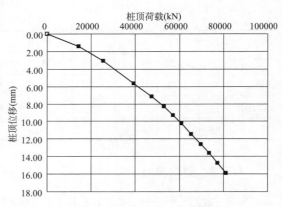

图 4-34　SRZ1-2 试桩等效转换曲线

等效转换曲线均为缓变型，取最大位移对应荷载值为极限承载力。

SRZ1-1 试桩整桩极限承载力为 81545kN，相应的位移为 15.53mm；

SRZ1-2 试桩整桩极限承载力为 81267kN，相应的位移为 15.92mm。

1. 桩侧摩阻力

SRZ1-1 和 SRZ1-2 试桩的实测各土层摩阻力发挥情况见图 4-35 和图 4-36。

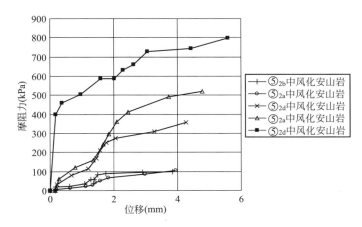

图 4-35　SRZ1-1 试桩桩侧摩阻力-位移曲线

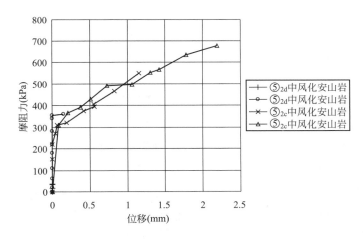

图 4-36　SRZ1-2 试桩桩侧摩阻力-位移曲线

2. 桩端承载力（整个扩大头部分）

SRZ1-1 试桩桩端阻力-位移曲线如图 4-37 所示。桩端极限阻力为 41360kN，相应位移为 2.63mm；SRZ1-2 试桩桩端阻力-位移曲线如图 4-38 所示。桩端极限阻力为 41360kN，相应位移为 2.91mm。

4.6.4　结论

（1）自平衡测试法具有省时省力，场地适应性强，不受吨位限制等优点。两根试桩 SRZ1-1 和 SRZ1-2 的极限承载力都超过了 80000kN，且均在 20 多米深的基坑内进行，如

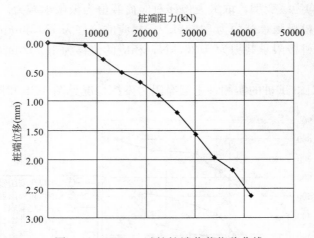

图 4-37　SRZ1-1 试桩桩端荷载位移曲线

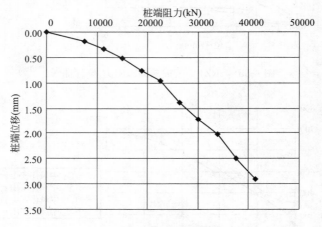

图 4-38　SRZ1-2 试桩桩端荷载位移曲线

果采用传统的锚桩法和堆载法是难以进行测试的。

（2）当荷载箱埋设于桩端时，可以直接提供试桩的抗拔承载力和桩端持力层的承载力。本工程的两根试桩 SRZ5 和 SRZ6 分别提供了抗拔力和⑤$_{2c}$层和⑤$_{2b}$层的端阻力。

（3）由 SRZ1-1 和 SRZ1-2 的端阻力（整个扩大头部分）测试结果可见，人工挖孔嵌岩桩扩大头部分可以提供很高的承载力。

（4）从试桩 SRZ1-1 和 SRZ1-2 的侧摩阻力-位移曲线来看，SRZ1-1 的侧阻力在 3mm 左右时达到极限值，而 SRZ1-2 试桩由于产生的位移较小，侧阻力尚未完全发挥。

（5）光纤传感器用于桩身应变的测量是可行的，其测试数据理想且稳定。

第5章 在普通钻孔灌注桩中的应用

5.1 南京金奥大厦

5.1.1 工程概况

金奥大厦位于南京河西新城区经四路东侧，和平路与友谊路之间，毗邻新建奥体中心，由主楼、附楼及裙楼组成。主楼位于场地东南角，为50层200m高的商务楼及酒店，南京河西第一高楼，附楼位于场地西北角，为四合院型的14层高档公寓，裙楼位于场地中部，为5层商场。设有2～3层地下室，开挖深度13.0m左右。

50层主楼采用框架—筒体结构形式，14层附楼采用框架结构形式，5层商场采用框架结构形式。基础采用钻孔灌注桩，单桩承载力高达24000kN。本工程先进行了堆载试验，但由于场地较软，堆载反力架没有办法搭设，经研究决定，对该工程主楼的3根基桩改用自平衡静载荷法进行试验。试桩的尺寸、编号及有关参数见表5-1。

主楼（A区）试桩参数一览表 表5-1

桩号	桩径（m）	桩底标高（m）	桩长（m）	荷载箱底标高（m）	持力层	预估极限承载力（kN）
104号	1.2	−79.9	68.5	−70.4	中风化泥岩	24000
108号	1.2	−79.7	68.9	−70.2	中风化泥岩	24000
187号	1.2	−79.9	68.5	−70.4	中风化泥岩	24000

5.1.2 地质概况

场内岩土综合分层叙述如下：

①₁ 新填土：杂色，松散，由建筑、生活垃圾混粉质黏土填积。层厚1.9～7.1m；

①₂ 淤泥质填土：灰黑色，流塑，夹有碎砖、腐殖物，分布在被填埋的沟、塘之中。埋深2.8～7.1m，层厚0.2～2.8m；

①₃ 素填土：灰褐—灰色，软—流塑，由粉质黏土夹少量碎砖填积，局部为耕填土。埋深1.9～4.4m，层厚0.4～1.5m；

②₁ 粉质黏土—黏土：灰褐—褐色，软—可塑，切面光滑，干强度、韧性中等。埋深2.4～2.6m，层厚0.3～2.2m；

②₂ 淤泥质粉质黏土：灰褐—褐灰色，流塑，含腐殖物。稍有光泽，干强度较低—中等。埋深3.5～7.3m，层厚21.1～26.3m；

②₃ 粉土—淤泥质粉质黏土、粉质黏土：灰色，主要为淤泥质粉质黏土与粉土、粉砂

交互层。淤泥质粉质黏土、粉质黏土为流塑；粉土、粉砂为稍—中密。光泽反应弱，摇振反应中等，干强度、韧性低。层顶埋深 27.5～30.8m，层厚 6.9～13.7m；

②₄ 粉细砂：灰色，中密—密实，附近夹有不等厚的软—流塑粉质黏土。埋深 36.4～42.4m，层厚 6.9～14.9m；

②₅ 中粗砂：灰色，密实，夹粉细砂，含云母碎片，颗粒成分为石英。埋深 46.8～54.4m，层厚 3.5～10.5m；

④中粗砂混卵砾石：灰色，中密—密实，卵砾石含量不均匀，一般在 8%～25%，粒径一般为 0.5～4cm，个别大于 6cm，呈次圆状，石英质。埋深 55.2～57.8m，层厚0.6～4.8m；

⑤₁ 强风化泥岩：棕褐色，风化强烈，呈土状，遇水极易软化、崩解。埋深 57.5～60.9m，层厚 2.7～6.7m；

⑤₂ 中风化泥岩：棕褐色，岩体较完整，岩质极软，遇水软化、崩解，属极软岩，岩体基本质量等级属Ⅴ类。埋深 62.0～65.8m，层厚 1.5～6.1m；

⑤₃ 中风化泥岩：棕褐色，岩体较完整，夹薄层状石膏，岩质软，遇水软化，属极软岩，岩体基本质量等级属Ⅴ类。埋深 66.2～70.0m，未钻穿。

5.1.3　试验结果分析

主楼试桩测试于 2004 年 9 月 22 日下午开始，9 月 24 日测试结束，整个测试过程情况正常。由现场实测数据绘制的 Q-s 曲线如图 5-1～图 5-3 所示。

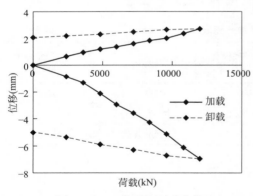

图 5-1　104 号试桩测试曲线

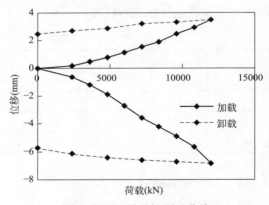

图 5-2　108 号试桩测试曲线

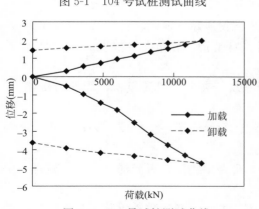

图 5-3　187 号试桩测试曲线

根据中华人民共和国行业标准《建筑基桩检测技术规范》JGJ 106—2003 对各桩极限承载力确定如下：

104 号桩的极限承载力为 24957kN；

108 号桩的极限承载力为 24943kN；

187 号桩的极限承载力为 24957kN。

本场地的主楼部分受检桩承载力满足设计要求。

5.2　南京下关商城桩基加固工程

5.2.1　工程概况

下关商城主楼8层，裙楼6层，设有2层地下室。计划主楼加层至30(26)层，故在原基础上补设多个钻孔灌注桩，对桩基础进行加固，而且需在地下室内进行。经过讨论，因反力装置设备无法进场，采用传统试桩法无法进行试验，因此采用自平衡法进行。试桩参数如表5-2所示。

试桩参数一览表　　　　　　　　　　　　　　　表 5-2

桩号	桩径 (m)	桩顶标高 (m)	桩底标高 (m)	桩长 (m)	荷载箱底标高 (m)	持力层	预估极限承载力 (kN)
37 号	1.2	-7.05	-61.55	54.5	-57.05	强—中风化岩	17000
17 号	0.8	-7.05	-57.05	50.0	-55.05	强—中风化岩	7000

5.2.2　地质概况

场地土层分布情况如下：

①人工填土：灰色、黄褐色，软塑—可塑，上部1m左右为杂填土，砖瓦含量较多，底部为一层灰色填土，夹贝壳，层厚4.0～7.7m。

②$_1$黏土—淤泥质粉质黏土：灰色，软—流塑，局部夹少量薄层粉砂，埋深4.0～7.7m，层厚1.1～7.3m。

②$_2$粉质黏土—淤泥质粉质黏土：灰褐色，夹薄层粉砂，埋深5.5～11.8m，层厚3.0～10.5m。

②$_3$粉土、粉质黏土，夹淤泥质粉质黏土，灰褐色，软—流塑，夹薄层粉砂，呈交互层理，埋深13.0～21.0m，层厚4.5～23.5m。

②$_4$粉质黏土：灰褐色，软—流塑，夹薄层粉砂，埋深25.5～44.0m，层厚6.5～20.8m。

②$_5$粉质黏土—粉土：灰褐色，软—可塑，夹粉细砂及贝壳、小砾石，粒径0.8～2.5cm左右，埋深38.0～52.8m，层厚1.4～12.1m。

⑤$_1$强风化砂质泥岩、碳质页岩：灰色，手捏易碎，遇水软化崩解，局部夹厚0.1～0.2m泥质粉砂岩，岩芯采取率5%～56%不等，埋深49.8～54.5m，层厚0.7～10.4m。

⑤$_2$强—中风化泥质粉砂岩：灰色，较坚硬，局部岩芯破碎，岩芯采取率26%～87.5%不等，埋深50.2～64.8m。

5.2.3　试验结果分析

两根试桩测试于2001年8月20日开始测试，8月21日测试结束，整个测试过程情况正常。由现场实测数据绘制的 Q-s 曲线如图5-4、图5-5所示，曲线呈缓变形，且位移均较小。取最大加载值作为极限加载值。

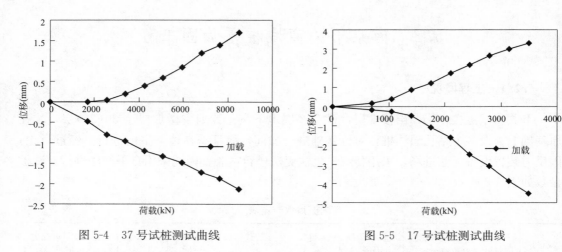

图 5-4　37 号试桩测试曲线　　　　　图 5-5　17 号试桩测试曲线

根据《建筑桩基技术规范》和江苏省地方标准《桩承载力自平衡测试技术规程》，两根试桩极限承载力确定如下：

37 号试桩极限承载力为：$Q_u = 17394\mathrm{kN}$；

17 号试桩极限承载力为：$Q_u = 7136\mathrm{kN}$；

5.3　南通润华国际中心工程

5.3.1　工程概况

南通润华国际中心位于南通市经济技术开发区，由主楼及裙楼组成。基础采用钻孔灌注桩，单桩承载力高达 24000kN。本工程先进行了堆载试验，但由于场地较软，堆载反力架没有办法搭设，经研究决定，对该工程主楼的 3 根基桩改用自平衡静载荷法进行试验。试桩的尺寸、编号及有关参数见表 5-3。

主楼（A 区）试桩参数一览表　　　　　　　　　　　　　　　　表 5-3

桩号	桩径（m）	桩底标高（m）	桩长（m）	荷载箱底标高（m）	持力层	预估极限承载力（kN）
104 号	1.2	−79.9	68.5	−70.4	中风化泥岩	24000
108 号	1.2	−79.7	68.9	−70.2	中风化泥岩	24000
187 号	1.2	−79.9	68.5	−70.4	中风化泥岩	24000

5.3.2　地质概况

场内岩土综合分层叙述如下：

①₁ 新填土：杂色，松散，由建筑、生活垃圾混粉质黏土填积。层厚 1.9～7.1m；

①₂ 淤泥质填土：灰黑色，流塑，夹有碎砖、腐殖物，分布在被填埋的沟、塘之中。埋深 2.8～7.1m，层厚 0.2～2.8m；

①₃ 素填土：灰褐—灰色，软—流塑，由粉质黏土夹少量碎砖填积，局部为耕填土。

埋深 1.9～4.4m，层厚 0.4～1.5m；

②₁ 粉质黏土～黏土：灰褐—褐色，软—可塑，切面光滑，干强度、韧性中等。埋深 2.4～2.6m，层厚 0.3～2.2m；

②₂ 淤泥质粉质黏土：灰褐—褐灰色，流塑，含腐殖物。稍有光泽，干强度较低—中等。埋深 3.5～7.3m，层厚 21.1～26.3m；

②₃ 粉土—淤泥质粉质黏土、粉质黏土：灰色，主要为淤泥质粉质黏土与粉土、粉砂交互层。淤泥质粉质黏土、粉质黏土为流塑；粉土、粉砂为稍—中密。光泽反应弱，摇振反应中等，干强度、韧性低。层顶埋深 27.5～30.8m，层厚 6.9～13.7m；

②₄ 粉细砂：灰色，中密—密实，附近夹有不等厚的软—流塑粉质黏土。埋深 36.4～42.4m，层厚 6.9～14.9m；

②₅ 中粗砂：灰色，密实，夹粉细砂，含云母碎片，颗粒成分为石英。埋深 46.8～54.4m，层厚 3.5～10.5m；

④中粗砂混卵砾石：灰色，中密—密实，卵砾石含量不均匀，一般在 8%～25%，粒径一般为 0.5～4cm，个别大于 6cm，呈次圆状，石英质。埋深 55.2～57.8m，层厚 0.6～4.8m；

⑤₁ 强风化泥岩：棕褐色，风化强烈，呈土状，遇水极易软化、崩解。埋深 57.5～60.9m，层厚 2.7～6.7m；

⑤₂ 中风化泥岩：棕褐色，岩体较完整，岩质极软，遇水软化、崩解，属极软岩，岩体基本质量等级属 V 类。埋深 62.0～65.8m，层厚 1.5～6.1m；

⑤₃ 中风化泥岩：棕褐色，岩体较完整，夹薄层状石膏，岩质软，遇水软化，属极软岩，岩体基本质量等级属 V 类。埋深 66.2～70.0m，未钻穿。

5.3.3　试验结果分析

主楼试桩测试于 2004 年 9 月 22 日下午开始，9 月 24 日测试结束，整个测试过程情况正常。由现场实测数据绘制的 Q-s 曲线如图 5-6～图 5-8 所示。

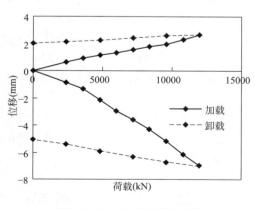

图 5-6　104 号试桩测试曲线

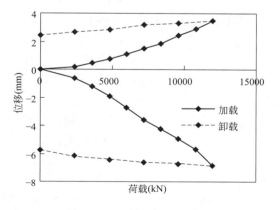

图 5-7　108 号试桩测试曲线

根据中华人民共和国行业标准《建筑基桩检测技术规范》JGJ 106—2003 对各桩极限承载力确定如下：

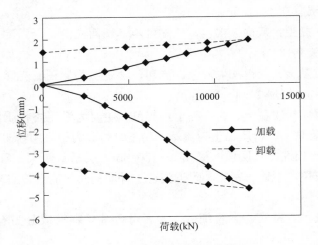

图 5-8　187 号试桩测试曲线

104 号桩的极限承载力为 24957kN；

108 号桩的极限承载力为 24943kN；

187 号桩的极限承载力为 24957kN。

本场地的主楼部分受检桩承载力满足设计要求。

5.4　南京青奥中心

5.4.1　工程概况

南京青奥中心位于南京市建邺区江山大街北侧，金沙江东路南侧，扬子江大道东南侧，燕山路南延段西侧。根据地质报告，场地土层分布情况如下：

①层杂填土：杂色，松散，局部夹粉质黏土，层厚 1.10～7.30m。

②₁层粉质黏土：灰黄色，可塑，无摇振反应，稍有光泽，韧性中等，干强度中等，中等压缩性，分布于场地北侧；层厚 0.50～3.40m，层顶标高为 4.90～6.73m。

②₂层淤泥质粉质黏土：灰色，饱和，流塑，无摇振反应，稍有光泽，韧性中等，干强度中等，高压缩性，局部夹粉土；层厚 5.20～15.00m，层顶标高为 0.06～5.82m。

②₃层粉质黏土夹砂：灰色，饱和，软—流塑，粉质黏土为主，局部夹粉土及粉细砂；层厚 0.60～5.70m，层顶标高为－7.63～－1.55m。

③₁层粉砂：灰色，饱和，中密；层厚 2.60～11.60m，层顶标高为－11.68～－5.05m。

③₂层中砂：灰色，饱和，密实；层厚 15.80～31.90m，层顶标高为－18.45～－11.17m。

③₂ₐ层粉质黏土夹砂：灰色，饱和，软—流塑，局部夹粉细砂；层厚 0.80～6.10m，层顶标高为－39.71～－33.41m。

④中粗砂混砾石：灰色，饱和，粗砾砂为密实状，砾石为石英质，粒经约 20～50mm 不等，含量约 10%～25%，呈层状分布；层厚 3.50～16.80m，层顶标高为－46.21～－40.36m。

⑤₁层强风化泥岩：棕红色，岩石风化强烈，呈砂土状，结构构造不清晰；层厚 0.30～

2.70m，层顶标高为−58.43～−48.67m。

⑤₂层中风化泥岩：棕红色，岩体完整，岩芯呈柱状、长柱状，岩质较软，属极软岩，未钻穿，岩体基本质量等级为Ⅴ级；层顶标高为−58.93～50.97m。

⑤₃层微风化泥岩（J2）：棕红色，岩体完整，岩质软。

5.4.2　检测桩概况

检测桩由中建八局第三有限公司施工，采用钻孔灌注桩施工工艺。施工过程中基本正常。有关自平衡检测桩参数详见表5-4，桩端压浆参数见表5-5，检测桩平面位置详见图5-9。

自平衡检测桩有关参数　　　　　　　　　　　表 5-4

检测桩编号	桩身直径 (mm)	桩顶标高 (m)	设计桩长 (m)	荷载箱位置 (m)	桩端持力层	设计单桩极限承载力(kN)	地质参考孔
SZH1-1	1200	−16.0	64.7	−68.2 设计底标高	⑤₃层微风化泥岩	40000	J1
SZH1-2	1200	−16.0	64.56	−68.06 设计底标高	⑤₃层微风化泥岩	40000	J1
SZH1-3	1200	−16.0	64.4	−67.91 设计底标高	⑤₃层微风化泥岩	40000	J1
SZH2-1	2000	−16.0	69.7	−70.2 设计底标高	⑤₃层微风化泥岩	80000	J2
SZH2-2	2000	−16.0	69.75	−70.25 设计底标高	⑤₃层微风化泥岩	80000	J2
SZH2-3	2000	−16.0	68.85	−69.35 设计底标高	⑤₃层微风化泥岩	80000	J2

桩 端 压 浆 参 数　　　　　　　　　　　表 5-5

检测桩编号	桩身直径(mm)	压力值(MPa)	压浆量(t)	持续时间(min)
SZH1-1	1200	7.0	2.0	120
SZH1-2	1200	7.5	2.0	120
SZH1-3	1200	7.5	2.5	160
SZH2-1	2000	7.5	4.5	180
SZH2-2	2000	7.0	4.0	160
SZH2-3	2000	7.5	4.0	180

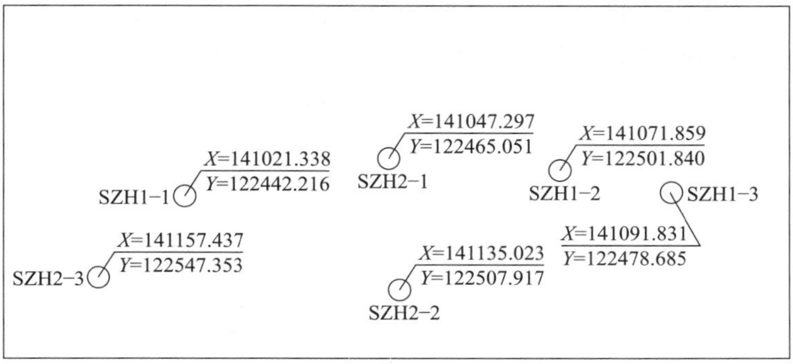

图 5-9　检测桩平面位置图

5.4.3　试验结果

由现场实测数据绘制的 Q-s 曲线、s-$\lg t$ 曲线和 s-$\lg Q$ 曲线，根据行业标准《建筑基桩检测技术规范》JGJ 106—2003 和《基桩静载试验　自平衡法》JT/T 738—2009 规范综合分析，各检测桩极限承载力见表 5-6。

按自平衡法规范公式承载力计算结果　　　　　　表 5-6

项目 ＼ 桩号	SZH1-1	SZH1-2	SZH1-3
荷载箱上部桩的实测承载力 Q_{uu}(kN)	22000	22000	22000
荷载箱下部桩的实测承载力 Q_{ud}(kN)	22000	22000	22000
荷载箱上部桩长度(m)	54.2	54.06	53.91
荷载箱上部桩自重(kN)	1501	1497	1493
荷载箱上部桩侧摩阻力修正系数 γ	1.0	1.0	1.0
单桩竖向抗压极限承载力 Q_u(kN)	(22000−1501)/1.0+22000＝42499	(22000−1497)/1.0+22000＝42503	(22000−1493)/1.0+22000＝42507

项目 ＼ 桩号	SZH2-1	SZH2-2	SZH2-3
荷载箱上部桩的实测承载力 Q_{uu}(kN)	44000	44000	44000
荷载箱下部桩的实测承载力 Q_{ud}(kN)	44000	44000	44000
荷载箱上部桩长度(m)	56.2	56.25	55.35
荷载箱上部桩自重(kN)	4323	4327	4258
荷载箱上部桩侧摩阻力修正系数 γ	1.0	1.0	1.0
单桩竖向抗压极限承载力 Q_u(kN)	(44000−4323)/1.0+44000＝83677	(44000−4327)/1.0+44000＝83673	(44000−4258)/1.0+44000＝83742

5.4.4　结论

SZH1-1 检测桩极限承载力为 $Q_u \geqslant 40000$kN，满足设计要求 40000kN；

SZH1-2 检测桩极限承载力为 $Q_u \geqslant 40000$kN，满足设计要求 40000kN；

SZH1-3 检测桩极限承载力为 $Q_u \geqslant 40000$kN，满足设计要求 40000kN；

SZH2-1 检测桩极限承载力为 $Q_u \geqslant 80000$kN，满足设计要求 80000kN；

SZH2-2 检测桩极限承载力为 $Q_u \geqslant 80000$kN，满足设计要求 80000kN；

SZH2-3 检测桩极限承载力为 $Q_u \geqslant 80000$kN，满足设计要求 80000kN。

第6章 在挤扩支盘桩的应用

普通钻孔灌注桩是通过桩侧摩阻力和桩端阻力来传递荷载，由于钻孔过程中采用泥浆护壁而在孔壁形成泥皮，孔底形成沉渣，从而影响桩承载力。

钻孔挤扩支盘灌注桩是20世纪90年代初发展起来的一种新型桩基础，它是在原有等截面混凝土灌注桩基础上通过专用成型设备，根据上部结构对承载力的需要在桩身纵向较好持力层挤扩形成不同直径或等直径的圆环圆锥盘体，如图6-1所示。因此可以根据地质情况，使盘体充分落在好的持力层上发挥各盘的端承作用，将原普通摩擦桩变为多支点的摩擦端承桩。

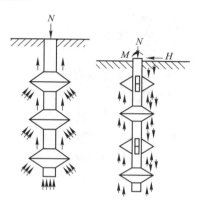

图6-1 挤扩支盘桩

本章主要介绍自平衡测试技术在二个典型工程中的应用情况，且对挤扩支盘抗压桩和抗拔桩的承载特性进行了分析，并与普通钻孔灌注桩进行了对比。

6.1 湖州中心医院

6.1.1 工程概况

湖州市中心医院综合病房楼位于湖州中心医院院内，包括综合病房楼，地上20层，地下1层。根据地质报告，场地土层分布情况如下：

①₁杂填土：松散；由块石、碎石、碎砖块及黏性土，混少量垃圾组成，土质不均。厚度1.9~4.8m；

②粉质黏土：可塑，稍有光滑，灰黄色，厚层状，含铁锰质斑点，粉粒含量较高。厚度1.2~2.2m；

③₁淤泥质粉质黏土夹粉土：流塑，稍有光滑，灰色，厚层状，粉粒含量较高，夹粉团，土质不均。厚度0.9~5.7m；

③₂砂质粉土：稍密，灰色，水平层理，含黏性土，粉土团块及薄层，土质不均。厚度3.5~11.7m；

③₃砂质粉土：中密，灰色，具水平层理，含石英，云母，砂质较纯净。厚度6.4~12.8m；

④黏土：软塑，灰色，厚层状，鳞片状，土质均一，含少许有机质，偶见贝壳碎片及半腐殖物残体厚度0.7~5.2m；

⑤粉质黏土：硬塑，灰褐—灰黄色，厚层状，含铁锰质斑点，下部粉粒含量较上部高，土质不均。厚度1.3~3.4m；

⑥中砂：密实，灰绿—褐黄色，厚层状，含粒径 5mm 在以下的砾石。厚度 1.3～5.8m；

⑦₁ 黏土：软塑，灰色，厚层状，含少许有机质，土质均一。厚度 3.1～6.3m；

⑦₂ 黏土：硬塑，褐灰色，厚层状，粉粒含量较高，局部见半腐殖物残体。厚度 0.5～3.1；

⑧₁ 粉砂：密实，灰色，厚层状，砂质纯净，局部夹黏性土团块，含石英。厚度 6.2～9.1m；

⑧₂ 粉质黏土：硬塑，灰蓝色，厚层状，土质较均一，粉粒含量较高。厚度 0.9～7.0m；

⑧₃ 粉砂：密实，灰色—灰白色，厚层状，砂质纯净，含石英。厚度 3.85～14m；

⑧ₐ 粉质黏土：硬塑，灰蓝色，厚层状，土质较均一，粉粒含量略高。厚度 2.1～4.0m；

⑨粉质黏土：硬—坚硬，灰蓝色—褐黄色，厚层状，土质好，含铁锰质渲染，见钙质结核。厚度 6.1～7.8m；

⑩₁ 全风化凝灰岩：紫红色，原岩结构较清晰，风化强烈，手捏易碎，呈泥状。厚度 1.8～3.5m；

⑩₂ 强风化凝灰岩：紫红色，原岩结构较清晰，岩心呈碎块状，风化较强烈，手捏易碎，呈小团块状。厚度 1.4m；

⑩₃ 中风化凝灰岩：紫红色，块状结构，岩心呈碎块状、短柱状，岩质较硬。厚度 1.2m。

根据国家有关规范规定和工程的需要，共进行 5 根抗压桩静载荷检测。工程桩有关参数见表 6-1。其中 ZPZ1 型支盘桩每桩设置 5 个支盘，支盘盘径 1500mm，高度 800mm。采用自平衡法进行。

试桩参数一览表　　　　　　　　　　　　　表 6-1

试桩编号	桩身直径(mm)	桩顶标高(m)	桩底标高(m)	桩长(m)	成桩类型
ZH1-B	800	−1.43	−57.48	56.05	普通钻孔桩
ZH1-C	800	−0.81	−56.65	55.84	普通钻孔桩
ZH1-E	800	−0.84	−57.04	56.2	普通钻孔桩
ZPZ1-A	700	−0.8	−42.75	41.95	挤扩支盘桩
ZPZ1-B	700	−0.8	−42.75	41.95	挤扩支盘桩

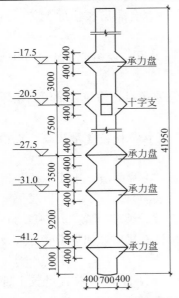

图 6-2　ZPZ1 支盘桩承力盘布置

6.1.2　挤扩支盘桩施工

挤扩支盘桩的成孔工艺和设备与普通钻孔灌注桩相同，本次采用长螺旋钻机。挤扩设备主要由挤扩头和液压泵站两部分组成，本次采用山西金石公司 ZK-500 挤扩设备。挤扩设备有两个挤扩臂，挤扩一次形成一对支，旋转 90°，再挤扩一次形成十字支。如果每旋转 60°挤扩一次就形成三对支；如果旋转的角度很小，使支与支重叠，则经过多次挤扩就形成一个盘，支盘设置如图 6-2 所示。

挤扩支盘桩的施工工序为：(1)成孔；(2)将挤扩头吊入钻孔中，并在设计盘位上挤扩成型；(3)清孔；(4)吊入钢筋笼；(5)灌注混凝土成桩。

6.1.3　测试结果

试桩采用自平衡法进行，试验加载采用慢速维持荷载法，测试流程按《建筑基桩检测技术规范》和江苏省地方标准《桩承载力自平衡测试技术规程》中有关规定进行。各试桩试验曲线如图 6-3 所示。

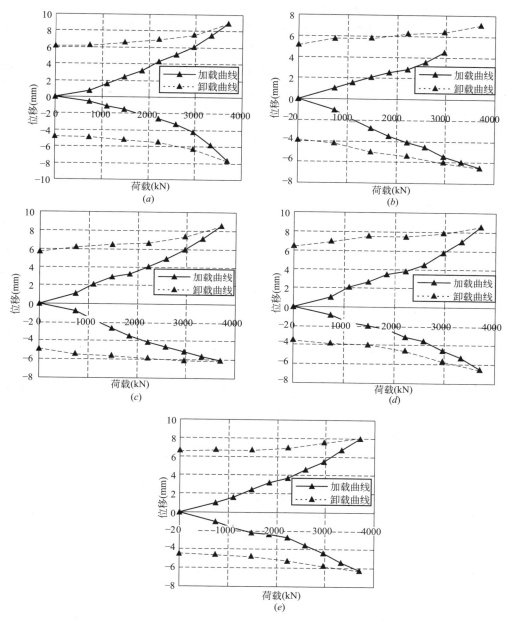

图 6-3 各试桩自平衡测试曲线

(a)ZH1-B；(b)ZH1-C；(c)ZH1-E；(d)ZPZ1-A；(e)ZPZ1-B

根据《建筑基桩检测技术规范》JGJ 106—2003 和江苏省地方标准《桩承载力自平衡测试技术规程》DB 32/T291—1999，各桩极限承载力确定如下：

ZH1-B 极限承载力为：$Q_u = 7962$kN；

ZH1-C 极限承载力为：$Q_u = 7964$kN；

ZH1-E 极限承载力为：$Q_u = 7960$kN；

ZPZ1-A 极限承载力为：$Q_u = 8112$kN；

ZPZ1-B 极限承载力为：$Q_u = 8112$kN。

从各试桩自平衡测试曲线以及各桩极限承载力可以看出，普通钻孔灌柱桩平均极限承载力为 $(7962 + 7964 + 7960)/3 = 7962$kN，钻孔挤扩多支盘桩平均极限承载力为 8112kN。挤扩支盘桩的主桩径和桩长都比同场地的直孔桩桩径和桩长小或短，而挤扩支盘桩的抗压极限承载力比直孔桩的抗压极限承载力提高 2%。可见，挤扩多支盘桩具有优良的承载性能，能明显的缩短桩长和减小桩径。

6.2　嘉兴龙威大厦

6.2.1　工程概况

嘉兴市龙威经贸有限公司拟建龙威大厦办公楼，场地位于嘉兴市城南路与中环南路交叉口西南侧。场地呈长方形，建筑占地面积约 1558m²，总建筑面积 32923m²，由一幢 24 层主楼及 5 层裙房组成，设地下室二层，主楼为框架-剪力墙结构，基础采用钻孔灌注桩。

根据地质报告，场地土层分布情况如下：

1. 第四系全新统人工填土（Q_4^{ml}）

①杂填土：杂色，松散，稍密，由建筑垃圾、生活垃圾，碎石、黏性土和少量砂粒组成，含少量黏性土、植物根茎，场地均布，厚度：0.50～1.90m；

2. 第四系全新统沉积层（Q_4^{ml}）

②粉质黏土：灰黄色，可塑，局部软塑，饱和，局部为黏土，含少量云母片和腐殖质，切面稍有光泽、干强度中等、韧性中等，厚度：1.10～3.60m；

③淤泥质粉质黏土：灰色，流塑，微层理状，夹薄层状粉质黏土，含有机质、云母碎屑，切面稍有光泽、干强度中等、韧性中等，场地均布，2.60～4.50m；

④₁黏土：灰绿—灰黄色，硬可塑，局部为粉质黏土，含铁锰质，少量高岭土团块，切面光滑、干强度高、韧性高，局部为粉质黏土，场地均布，厚度 1.50～4.90m；

④₁ₐ砂质粉土：灰黄色，稍—中密，含云母、少量黏性土，摇振反应明显、切面无光泽、干强度高，局部分布，主要分布于场地东南部，厚度 0.00～2.70m；

④₂粉质黏土：灰黄色，可塑，局部软塑，含铁锰质，少量高岭土团块，切面有光泽、干强度高、强度高，韧性高，场地均布，厚度 3.90～6.30m；

3. 第四系晚更新统沉积层（Q_3^{ml}）

⑥₁黏土：灰绿色—灰黄色，硬塑，局部硬可塑，含铁锰质，局部软塑，少量高岭土团块，切面光滑、干强度高、强度高，韧性高，局部为粉质黏土，场地均布，厚度 6.00～7.40m；

⑥₂黏土：灰黄色，可塑，局部软塑，含铁锰质，切面光滑、干强度高、强度高，韧性高，局部为粉质黏土，场地均布，厚度 1.90～4.70m；

⑦₁粉质黏土：灰黄色—灰色，中密—密实，含大量云母、少量黏性土，摇振反应明显、切面无光泽、干强度低，场地均布，揭穿厚度 7.10～10.80m；

⑦₂砂质粉土夹粉质黏土：灰色，呈"千层饼"状，砂质粉土为稍密—中密状态，粉

质黏土呈流塑状，含大量云母、摇振反应明显、切面无光泽、干强度低，场地均布，揭穿厚度 2.00～3.80m；

⑦₃ 粉砂：灰色，中密—密实，含大量云母，摇振反应明显、切面无光泽、干强度低，场地均布，揭穿厚度 5.80～7.70m；

⑧₁ 粉质黏土：灰色，软塑，局部夹薄层状砂质粉土，含云母、有机质，切面有光泽、干强度中等，韧性中等，场地均布，揭穿厚度 2.30～7.20m；

⑧₂ 砂质粉土夹粉质黏土：灰色，稍密—中密，层理状，夹薄层状软塑粉质黏土，含云母，摇振反应明显、切面无光泽、干强度低，场地均布，揭穿厚度 5.50～10.50m；

⑨ 粉质黏土：灰色，软塑，微层理状，含云母，切面稍有光泽、干强度中等、韧性中等，场地均布，揭穿厚度 22.80m；

⑩ 中砂：灰色，密实，摇振反应明显、切面无光泽、干强度低，揭穿厚度 7.60～8.20m；

⑪ 粉质黏土：灰色，软塑，饱和，局部夹粉质粉土薄层，揭穿厚度 11.50～11.80m；

⑫ 粉质黏土：灰绿色，硬可塑，饱和，含氧化铁锰质结核，未揭穿，最大钻厚 11.20m。

共进行 3 根工程桩检测，有关参数见表 6-2。支盘桩承力盘布置图见图 6-4。

试桩参数一览表 表 6-2

试桩编号	桩身直径(mm)	桩长(m)	荷载箱距桩底位置(m)	成桩类型
ZKZ1	700	32	13	普通钻孔桩
ZPZ1	900	32	13	挤扩支盘桩
ZPZ2	700	32	13	挤扩支盘桩

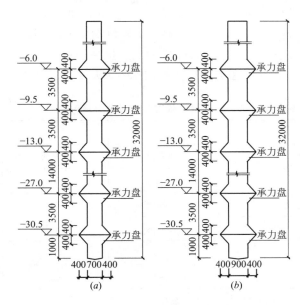

图 6-4　支盘桩承力盘布置图
(a)ZPZ1；(b)ZPZ1

6.2.2　测试结果

三根试桩自平衡测试曲线及桩顶等效转换曲线分别如图 6-5 和图 6-6 所示。从图可见，对于同一工程地质条件下，挤扩支盘桩的极限承载力都高于普通直孔桩的极限承载力。挤扩支盘桩 ZPZ1 和直孔桩 ZKZ1 的主径（桩径）和桩长都相同，而挤扩支盘桩的抗压极限承载力比直孔桩的抗压极限承载力提高 26%；挤扩支盘桩 ZPZ2 和直孔桩 ZKZ1 的桩长相同，但其主桩比直孔桩的桩径大 200mm，其抗压极限承载力提高 97%。

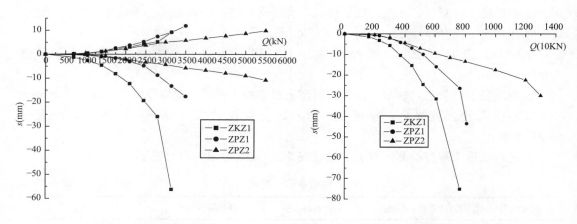

图 6-5　自平衡测试曲线　　　　　　　图 6-6　桩顶等效转换曲线

对于同一工程地质条件下，挤扩支盘桩的单位立方米混凝土的极限承载力（简称单方极限承载力）与普通钻孔灌注桩进行了对比，见表 6-3。从表可以看出，挤扩支盘桩单方极限承载力都高于直孔桩的单方极限承载力。尽管 ZPZ1 和 ZPZ2 的混凝土用量比 ZKZ1 多，但是它们的单方极限承载力却分别提高了 8% 和 4%。用增加挤扩支盘桩的桩径来提高单桩极限承载力的方法不经济。与直孔桩相比，虽然挤扩支盘桩 ZPZ2 比 ZPZ1 的极限承载力多提高了 71%，但是其单方混凝土极限承载力却下降了 4%。

试桩的极限承载力及混凝土用量对比　　　　　　　　　　表 6-3

试桩编号	ZKZ1	ZPZ1	ZPZ2
试桩桩型	直孔桩	支盘桩	支盘桩
极限承载力取值（kN）	6080	7651	12000
与直孔桩极限承载力百分比（%）	100	126	197
试桩体积（m³）	12.309	14.370	23.278
试桩体积百分比（%）	100	116	189
单方承载力（kN/m³）	494	532	515
与直孔桩单方极限承载力百分比（%）	100	108	104

6.3　宁波绕城支盘桩

6.3.1　工程概况

宁波市绕城高速公路是宁波市高速公路规划的重要部分，全长约 86km，其中西段约 43km 已开工建设。拟建的国道主干线宁波绕城公路东段起自甬台温高速公路的姜山北互通，接在建的宁波绕城公路西段终点，经云龙、五乡、好思房、临江、沙河，止于颜家桥，全长约 43.5km。试桩参数见表 6-4，地质条件见表 6-5 和表 6-6。

试桩参数一览表 表 6-4

编号	位置及桩号	桩径（m）	桩长（m）	桩顶标高（m）	桩底标高（m）	荷载箱标高（m）	参考地质孔	容许承载力	预计加载值（kN）
1	沙河互通主线高架桥 K38+841	1	56.6	2.6	−54	−44	ZKC93 K38+863.6 左 1.6m	5677	2×8500
2	沙河互通主线高架桥 K38+860	1.2	56	2	−54	−55	ZKC93 K38+863.6 左 1.6m	7816	2×11500
3	沙河至九龙湖高架桥 K42+224	1.2	39.62	2.48	−37.14	−27.14	ZKC112 K42+216.1 左 25.4m	6065	6065

ZKC93 孔地质条件 表 6-5

层号	层底深度(m)	岩(土)层名称	地基土容许承载力 $[\sigma_0]$ (kPa)	桩侧土极限摩阻力 τ_i (kPa)
①₂	2.1	黏土	90	25
②₁	8.0	淤泥质黏土	55	12
②₁	13.5	淤泥质亚黏土	60	15
③₂	22.5	亚黏土	120	30
④₃	45.2	亚黏土	140	35
④₄	55.7	亚黏土	160	45
④₄	59.2	亚黏土	180	45
④₄	66.4	亚黏土	180	45
⑥₁	69.6	亚黏土	230	55
⑥₃	79.8	中砂	250	65
⑥₄	85.9	亚黏土	220	60
⑦₃	92.5	圆砾	320	80
⑧₁b	94.78	强风化泥质粉砂岩	350	80

ZKC112 孔地质条件　　　　　　　　　　　　　　　　　　表 6-6

层号	层底深度(m)	岩(土)层名称	地基土容许承载力 $[\sigma_0]$ (kPa)	桩侧土极限摩阻力 τ_i(kPa)
①$_2$	0.3	耕植土		
①$_2$	1.3	黏土	70	20
②$_0$	1.9	泥炭土		
②$_1$	12.5	淤泥质亚黏土	55	12
②$_2$	21.7	淤泥质亚黏土	65	15
③$_{1a}$	23.5	淤泥质亚黏土	65	15
④$_2$	26.4	亚黏土	160	40
④$_{3a}$	36.0	亚砂土	160	40
④$_3$	39.1	粉砂	220	55
④$_3$	42.7	细砂	230	55
④$_4$	54.8	亚黏土	140	35
⑤$_3$	56.7	粉砂	220	55
⑤$_4$	63.6	亚黏土	160	40
⑥$_1$	73.0	亚黏土	220	55
⑥$_3$	74.8	角砾	280	70
⑥$_3$	78.8	砾砂	280	70

6.3.2　测试结果

1. 极限承载力（表 6-7、表 6-8 及图 6-7～图 6-9）

试桩承载力汇总表　　　　　　　　　　　　　　　　　　表 6-7

试桩编号	容许承载力(kN)	相应位移(mm)	极限承载力(kN)	相应位移(mm)
K38＋841	5677	7.15	15203	65.00
K38＋860	5677	4.69	16482	65.90
K42＋224	6065	8.30	15843	40.15

竖向极限承载力构成表　　　　　　　　　　　　　　　　表 6-8

试桩编号	桩侧摩阻力		桩端阻力		极限承载力 (kN)	相应位移 (mm)
	数值(kN)	比例(%)	数值(kN)	比例(%)		
K38＋841	10993	72.31	4210	27.69	15203	65.00
K38＋860	13075	79.33	3407	20.67	16482	65.90
K42＋224	14407	90.94	1436	9.06	15843	40.15

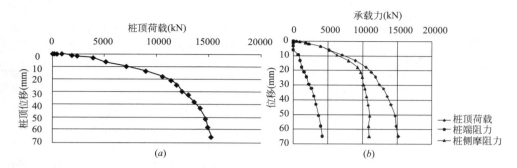

图 6-7　K38＋841 试桩测试结果

(*a*)等效曲线；(*b*)承载力分布转换曲线

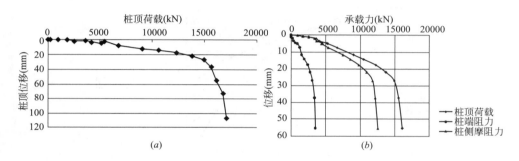

图 6-8　K38＋860 试桩测试结果

(*a*)等效曲线；(*b*)承载力分布转换曲线

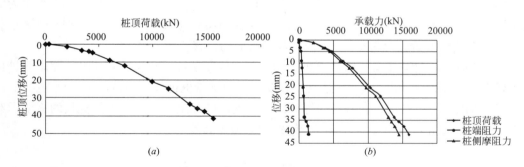

图 6-9　K42＋224 试桩测试结果

(*a*)等效曲线；(*b*)承载力分布转换曲线

2. 支盘桩与等截面桩对比分析

沙河互通主线高架桥、沙河至九龙湖高架桥以及云龙互通高架桥处等截面桩和支盘桩等效转换结果如图 6-10～图 6-12 所示。

从支盘桩与等截面桩的对比分析可以得出：

(1) 沙河互通主线高架桥 K38＋865 和 K38＋870 两根等截面桩位置非常接近，桩长、桩径完全一样，但极限承载力相差 3825kN，高达 32.6％。

(2) 支盘桩承载力明显呈端承桩特性；

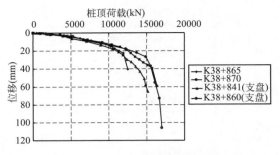

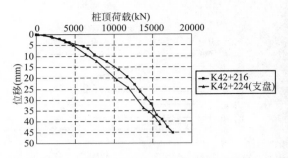

图 6-10　沙河互通主线高架桥试桩等效曲线　　　　图 6-11　沙河至九龙湖高架桥试桩等效曲线

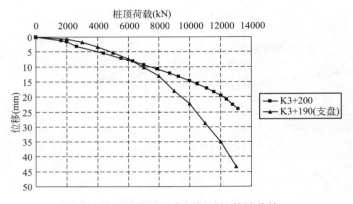

图 6-12　云龙互通高架桥试桩等效曲线

（3）沙河互通主线高架桥如取 K38＋865 和 K38＋870 两根等截面桩的平均值作为等截面桩承载力，即为 13639kN，与同桩径的支盘桩 K38＋841 对比，K38＋841 极限承载力比等截面桩极限承载力高 9.3％，但支盘桩对应的位移要大一些；

（4）沙河至九龙湖高架桥等截面桩 K42＋216 与支盘桩 K42＋224 对比，等截面桩极限承载力比支盘桩大 1620kN，均达到设计要求，但支盘桩桩长较等截面桩少近 50％；

（5）从以上可以看出，同桩径的等截面桩和支盘桩对比，支盘桩单位桩长的极限承载力比等截面桩要大，说明支盘桩具有较好的承载力提高效果。

6.4　挤扩支盘桩单桩抗压承载力计算公式讨论

支盘桩的荷载传递过程比较复杂，承载力的影响因素较多，得出一个比较合理可信的计算公式对于该桩型的设计无疑具有重要意义。目前有关资料中关于挤扩支盘桩单桩承载力的计算公式有多种形式表达，但一般是套用普通灌注桩的计算公式再加上挤扩支盘部分的承载力，卢成原等人分析了人们提出公式中存在的问题后，提出如下公式：

$$Q_{uk} = u\sum q_{si}l_i - u\sum q_{si}nD_j + \gamma\sum \psi_{pj}\beta_{pj}q_{pj}A_{pj} + \psi_p q_p A_p \tag{6-1}$$

式中，第二项表示在盘 j 上下 n 倍盘径 D_j 的范围内的桩侧阻不应计入承载力，n 值应根据土质情况而定，可以取 2～3；γ 为多盘时的各盘端阻力同步发挥系数；q_{pj}、A_{pj} 和 ψ_{pj} 分别表示第 j 盘盘底土的极限端阻力、扣除主桩身截面积后第 j 盘的水平投影面积、第 j 盘极限端阻修正系数，β_{pj} 为支盘 j 的挤密效应系数；ψ_p 为桩端承载力发挥系数；其他参数的意义同《建筑桩基技术规范》JGJ 94—94 的规定。

公式(6-1)的概念较清晰，意义较明确，但下列问题值得商榷：其一，式中第二项桩与第一项中的侧阻力 q_{si} 相同，要么认为桩侧每层土的侧阻力都进行"忽略"，这显然不符合原作者本意，要么就是认为是仅为该处支盘侧的一层土的"q_{si}"，那么就未考虑到由于工程地质条件等原因同一支盘本身可能位于两层或更多层土层中及经过支盘的"架空效应"放大 nD_j 后可能跨越多层土，故该值建议取 nD_j 范围内的加权平均侧阻力；其二，nD_j 范围内的土层应明确为以支盘的盘底为起算点向上的 nD_j 范围内的土层，而不是笼统为"盘 j 上下 n 倍盘径 D_j 的范围内"土层，且 n 取值不仅要根据土质情况，还要视承力支还是承力盘、承力支的支数多少等情况综合确定；其三，式中第三项中同步发挥系数 γ 与该项修正系数 Ψ_{pj} 和挤密效应系数 β_{pj} 是相关的，而不是独立的"变量"，且 γ 相当于折减系数，每处支盘侧的挤密程度不一致，承载力发挥程度也应不同，即使采用它，也应是"γ_j"，故笔者认为该系数取之不妥，建议摒弃。

综上所述，笔者建议支盘桩的单桩承载力计算公式表示如下：

$$Q_{uk} = u\sum q_{si}l_i - u\sum \overline{q_j}nD_j + \sum \beta_{pj}\psi_{pj}q_{pj}A_{pj} + \psi_p q_p A_p \tag{6-2}$$

式中，$\overline{q_j}$ 以支盘 j 的盘底为起算点向上的 nD_j 范围内的土层加权平均极限侧阻力，其他参数意义同前述。由于公式中的系数需要通过大量试验并结合经验来确定，故在此就不作理论公式计算结果与试验结果的对比。

第7章 在沉管灌注桩的应用

沉管灌注桩是多层建筑及轻型结构较常用的桩基础形式，本章主要介绍自平衡试桩法在沉管灌注桩中的应用情况，拓展了自平衡法的应用范围。

7.1 南京江浦实业银行

7.1.1 工程概况

南京江浦实业银行位于江浦县政府大院的东南角，南临文德路，东至小河边。建筑物长 43m，宽 25m，主楼 11 层，辅楼 7 层，钢筋混凝土框架结构，设半地下室，基础连为一体，采用沉管灌注桩基础。

共进行两根试桩静载荷试验，1 号试桩桩长 9.50m，桩径 400mm，夯扩头直径 700mm，采用堆载法进行试验；2 号试桩桩长 9.50m，夯扩头直径 500mm，采用自平衡法进行试验。

7.1.2 地质概况

土层力学参数见表 7-1。

土层力学参数表　　　　　　　　　　　　　　　　表 7-1

岩土层号	岩土层名称	平均厚度 (m)	钻孔灌注桩	
			q_s(kPa)	q_p(kPa)
②	淤泥质粉质黏土夹粉土、粉砂	3.61	10	
③₁	粉质黏土	1.65	22	
③₂	粉质黏土	5.57	34	
③₃	粉质黏土	1.04	32	
④	粉质黏土混卵砾石	3.28	45	
⑤₁	强风化粉砂质泥岩	2.46	40	
⑤₂	中—微风化粉砂质泥岩		100	1000

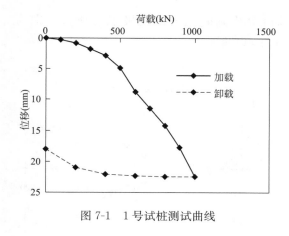

图 7-1　1 号试桩测试曲线

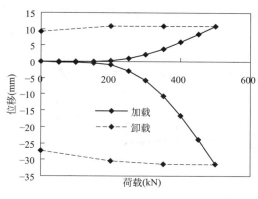

图 7-2　2 号试桩测试曲线

7.1.3　测试情况

两根试桩测试曲线如图 7-1 和图 7-2 所示。由实测数据曲线，根据《建筑桩基技术规范》JGJ 94—94 判断 1 号试桩承载力特征值大于 500kN，2 号试桩承载力特征值为 750kN。

7.2　泰州师范学校体育馆

7.2.1　工程概况

泰州师范学校体育馆为大跨索网结构。基础采用桩基础，均为沉管复打桩。采用自平衡试桩法进行 3 根试桩，桩径 550mm，桩长 9.8m。

7.2.2　地质概况

土层力学参数见表 7-2。

土层力学参数表　　　　　　　　　　　　　表 7-2

地层名称	天然重度 γ （kN/m³）	孔隙比 e	塑性指数 I_p	液性指数 I_L	内聚力 c （kPa）	内摩擦角 φ （°）	压缩模量 E_s （MPa）	标贯试验击数 N	承载力特征值 f （kPa）	沉管灌注桩 桩周土摩阻力 q_s （kPa）	沉管灌注桩 桩端土极限承载力标准值 q_p （kPa）
素填土										20	
粉土	30.3	2.71	0.837	8.9	0.84	24.0	26.7	6.10	12	110	35
粉土	29.3	2.72	0.775	7.9	0.57	45.0	22.0	7.65	16	140	40
粉土—粉质黏土		2.73	0.645	15.3	0.74	77	15.5	8.35		220	45	1200
粉土	2.71	0.804	8.1	0.96	12.5	27.2	10.56	19	160	45	1400

7.2.3　测试情况

三根试桩测试曲线如图 7-3～图 7-5 所示。由实测数据曲线，根据《建筑桩基技术规范》JGJ 94—94 及设计院要求的沉降控制综合分析判断三根试桩极限承载力分别为 1200kN、1140kN 和 1080kN，其承载力平均值为 1140kN。

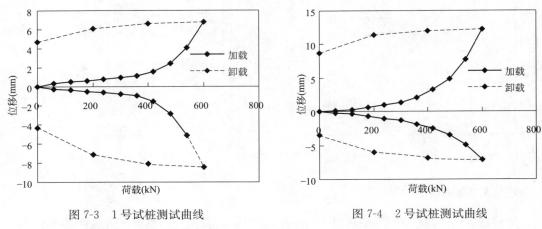

图 7-3　1 号试桩测试曲线　　　　　　　图 7-4　2 号试桩测试曲线

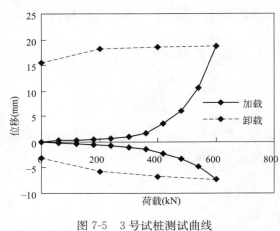

图 7-5　3 号试桩测试曲线

第8章　在管桩中的应用

预应力混凝土管桩以其桩材质量好、强度高、耐打、工程地质适应性强、经济快捷、场地文明等优点，被广泛应用于各类建筑物和构筑物的基础工程上，成为目前我国桩基工程中广泛运用的桩基形式之一。为充分发挥自平衡测试技术的优越性，拓宽其应用范围，东南大学土木工程学院将该法应用于预应力混凝土管桩，并获得成功。本章主要介绍在南京长阳花园静压管桩和东南大学江宁校区锤击管桩中的具体应用。

8.1　南京长阳花园

8.1.1　工程概况

南京长阳花园住宅小区建筑为砖混结构六层住宅楼，基础采用静压预应力管桩。

建设场地靠近长江边，属长江漫滩地貌单元，场区原为大面积鱼塘，后经人工回填较平坦，地面标高一般在 7.5～8m 左右。

为确定管桩的竖向承载力，对 03 幢（56 号、123 号、135 号）、07 幢（2 号、8 号、66 号）的各三根试桩进行了静载荷试验。其中的 135 号、2 号试桩采用了东南大学土木工程学院专利技术——自平衡试桩法进行测试，其测试机理见图 8-1。另四根试桩采用传统的平台压重的静载荷测试技术。

各土层的物理力学性质见表 8-1。

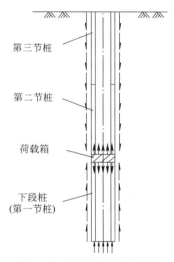

第三节桩

第二节桩

荷载箱

下段桩
（第一节桩）

图 8-1　管桩测试机理示意

各土层物理力学性质　　　　　　　　　　　　　表 8-1

层号	主要组成及性质	层厚(m)	w(%)	γ(kN/m³)	e_0	I_P	I_L	a_{1-2}(MPa⁻¹)	E_s(MPa)	c(kPa)	φ(°)	f_k(kPa)
①₁ 杂填土	稍密—中密，局部松散，主要由建筑垃圾和粉质黏土组成	0.0～6.1	31.2	18.7	0.908	15.5	0.63	0.54	3.56			
①₂ 淤泥质杂填土	松散，主要为塘泥、淤泥质粉质黏土	0.0～2.7	50.8	17.1	1.421	15.4	1.48	1.15	2.29			
①₃ 素填土	可塑—软塑，主要由粉质黏土组成	0.0～2.7	35.7	18.4	1.018	15.4	0.74	0.62	3.09			70
②₁ 淤泥质粉质黏土	流塑，具水平层理	20.5～30	39.1	17.9	1.113	14.8	1.23	0.71	3.03	6	6.9	70

层号	主要组成及性质	层厚(m)	w(%)	γ(kN/m³)	e_0	I_P	I_L	a_{1-2}(MPa⁻¹)	E_s(MPa)	c(kPa)	φ(°)	f_k(kPa)
②₂ 淤泥质粉质黏土夹粉砂	流塑，具水平层理	4.5～10.3	34.6	18.0	1.036	14.5	0.97	0.62	3.35	12	10.7	90
②₃ 粉土	中密—密实，夹软塑粉质黏土	1.3～5.0	29.0	18.2	0.939	10.5	0.90	0.33	6.23			170
②₄ 粉质黏土夹粉砂	软塑，局部可塑，局部夹粉砂	0.0～7.8	31.5	18.1	0.986	13.9	0.82	0.22	3.91	12	11.0	130
②₅ 粉质黏土—粉土	软塑—可塑，粉土呈中密状	0.0～5.0	26.7			11.0	0.44					160
②₆ 粉质黏土	软塑，局部可塑，夹薄层粉砂	1.7～9.8	33.4	17.7	1.048	14.5	0.87	0.62	3.30	9	7.5	140
②₇ 粉质黏土	中密—密实	0.0～8.9										210
③ 卵石	密实，粒径2～8cm左右，粒间充填灰色粉质黏土	未穿透										400

8.1.2　测试概况

本工程试桩为预应力混凝土管桩，桩径$\phi=400$mm，壁厚$\delta=80$mm，桩长为37m，第一节为13m，第二、三节为12m，当第一节13m桩段压入土层后，将荷载箱与该节桩头焊接，然后起吊中间一节桩，将该节桩下段与荷载箱焊接，最后一节桩的位移棒与该节位移棒相连接后，再焊接两桩端。

整个测试过程正常。各试桩的Q-s曲线，详见图8-2(试桩135号)和图8-3(试桩2号)。

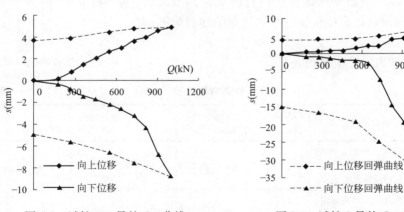

图8-2　试桩135号的Q-s曲线　　图8-3　试桩2号的Q-s曲线

试桩135号、试桩2号上下位移曲线都属缓变形且位移量相对较小，故均可将最后一级荷载取为桩身的自平衡承载力。根据自平衡测试规程计算试桩135号和试桩2号的极限承载力：$Q_u=2225$kN。

在 03 幢和 07 幢所进行的另四根管桩的传统静载试桩极限承载力为 2000kN。传统自平衡测试法结果与传统试桩方法结果基本一致。

将自平衡测试法结果向传统试桩方法转换，并与同一场地的传统试桩测试结果在同一图中比较，如图 8-4、图 8-5 所示，可见转换结果与传统静载试验吻合较好。

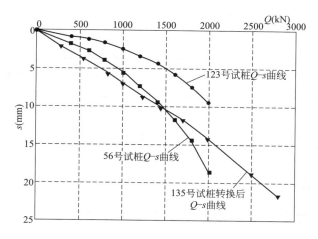

图 8-4　03 幢各试桩测试结果对比

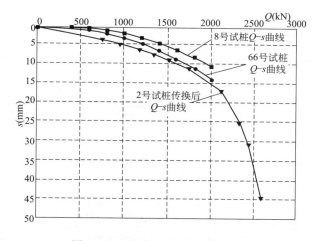

图 8-5　07 幢各试桩测试结果对比

8.2　东南大学江宁校区

8.2.1　工程概述

东南大学新校区位于江宁开发区九龙湖附近，东距宁溧公路约 240m，北离吉印大道 250m。该区拟建本科生宿舍楼 50～59 号计 10 栋，楼层均为六层，框架结构，无地下室，基础采用锤击预应力管桩。东南大学土木工程学院对该场地的 6 根试桩采用自平衡法进行静荷载试验，以确定单桩极限承载力。试桩有关参数见表 8-2。

101

试桩参数一览表　　　　　　　　　　　　　　　　　　　表 8-2

试桩编号	桩型规格	施工桩节长度 m			桩身直径 (mm)	桩顶标高 (m)	桩底标高 (m)	桩长 (m)	持力层
		一节	二节	三节					
试桩 4	PHC-500(100) AB-C80	7	12	10	500	9.75	−20	29.75	强风化泥质砂岩
试桩 5	PHC-500(100) AB-C80	7	11	11	500	9.75	−20	29.75	强风化泥质砂岩
试桩 6	PTC-500(80) AB-C80	7	10	12	500	9.75	−19	28.75	强风化泥质砂岩
试桩 7	PHC-500(100) AB-C80	6	10	12	500	9.00	−20	29.75	强风化泥质砂岩
试桩 8	PHC-500(100) AB-C80	7	12	12	500	9.00	−22.75	31.75	强风化泥质砂岩
试桩 9	PHC-500(100) AB-C80	7	10	12	500	9.40	−20.35	29.75	强风化泥质砂岩

8.2.2　地质情况

详见表 8-3。

地层参数一览表　　　　　　　　　　　　　　　　　　表 8-3

层号	名称	层厚	状态描述
①	耕植土	0.2~0.4m	褐黄—灰褐色，湿，松散，主要成分为黏性土，含较多植物根茎及腐殖质，在水塘中此层为一定厚度的淤泥层，该层场地普遍分布，层底标高为 3.60~10.12m
②₁	淤泥	0.0~5.8m	黄褐—灰褐色，很湿，软塑，局部可塑，夹有灰白色黏土矿物。切面稍有光泽，中等韧性，中压缩性。层底标高为 0.50~9.40m
②₂	粉质黏土	1~11.4m	灰—褐灰色，饱和，流塑，局部软塑，含少量腐殖质，局部含淤泥成分有腐臭味，此层为高压缩性土，土质强度差，层底标高为 −7.77~5.40m
③	粉质黏土	0~9m	黄褐色，湿，硬塑，少量可塑，含氧化铁染斑，夹灰白色高岭土矿物，此层强度较高，为中等压缩性土，层底标高为 −2.84~8.20m
④₁	粉土	0~7.4m	灰黄色—黄褐色，可塑，含铁锰结核、灰色黏土土块，无摇振反应，刀切面光滑，干强度较高，韧性较高，层顶标高 −2.96~8.20m
④₂	粉砂	6.4~20.4m	褐黄色，饱和，松散—稍密，主要成分石英、长石，含少量云母片，局部夹粉土薄层。层底标高为 −5.50~2.43m
⑤	粉质黏土	0.8~5.0m	黄褐色，湿，硬塑，局部可塑，含氧化铁染斑及较多 Fe、Mn 质结核，场地普遍分布，此层强度高，为中压缩性土。层底标高为 −21.00~−7.66m
⑤₁	粉土	0~3.0m	褐黄色，饱和，稍密—中密，局部密实，含少量云母碎片，在⑤层中以多种形式出现，层底标高为 −11.89~−0.40m
⑤₂	粉砂	0~6.6m	褐黄色，饱和，松散—稍密，含石英、云母碎片，局部夹粉薄层。见于⑤层中呈凸镜体状，层底标高为 −17.85~−1.39m
⑥	强风化泥质砂岩		棕红色，中密—密实，原岩风化较强烈，岩芯呈短柱状、块状，手捏易碎，该层厚度未揭穿，最大揭露深度未 3.40m

8.2.3　施工过程

根据地质情况，先初步定出荷载箱位置，然后确定管桩分节长度。因荷载箱设置在管桩接头处，该处接头采用可以放置荷载箱的特殊接头代替，和上、下节管桩连接。荷载箱在测试时从管桩中间孔放入的，因此荷载箱可以回收。

8.2.4　检测结论

（1）试桩 7 极限承载力≥4009kN；

（2）试桩 9 极限承载力≥4009kN；

（3）试桩 5 极限承载力≥4009kN；

（4）试桩 8 极限承载力≥4001kN；

（5）试桩 4 极限承载力≥4009kN；

（6）试桩 6 极限承载力≥3514kN。

本次锤击管桩采用可回收式荷载箱进行检测，大大节约了测试成本，并节省了大量时间。

8.3　浙大数码港出口软件工程

8.3.1　桩基工程概况

浙大数码港出口软件工程由浙江工业大学建筑设计研究院设计，浙江华成地基基础工程有限公司施工，杭州中研工程监理有限公司监理。基础采用预应力管桩。本次试验的 2 根试桩，设计要求桩径为 600mm，桩身采用 C60 混凝土，根据地质报告，持力层为⑥粉质黏土层。为了评价其实际承载力，设计要求对该 2 根桩进行单桩竖向抗压静载试验，试桩的施工记录见表 8-4。

试桩施工记录简表　　　　　　　　　　　　　　　　表 8-4

序号	桩号	桩径（mm）	桩长（m）	设计单桩承载力特征值（kN）	成桩日期	试验日期
1	313 号	600	52.0	2100	2007.5.5	2007.6.19
2	156 号	600	50.0	2100	2007.5.23	2007.6.20

8.3.2　工程地质情况

根据浙江省工程勘察院提供的场地岩土工程勘察报告，场地桩长范围内主要地层分布参见表 8-5，岩土主要物理力学特征详见地质勘察报告。

主要地层分布表（对应 Z1 孔）　　　　　　　　　　　　　表 8-5

层号	土层名称	层底深度（m）	层厚（m）	桩侧土摩阻力特征值 q_{sia}（kPa）	桩端土承载力特征值 q_{pa}（kPa）
②ₐ	砂质粉土	4.6	4.6	8	
②ᵦ	砂质粉土	7.1	2.5	8	
②ᵧ	砂质粉土	10.6	3.5	8	

层号	土层名称	层底深度 （m）	层厚 （m）	桩侧土摩阻力特征值 q_{sia}（kPa）	桩端土承载力特征值 q_{pa}（kPa）
③$_a$	粉土夹粉砂	16.9	6.3	8/25	
③$_b$	砂质粉土	25.3	8.4	22	
③$_c$	粉土夹黏性土	32.7	7.4	25	1200
④	淤泥质黏土	46.1	13.4	10	
⑤$_a$	粉质黏土	50.7	4.6	20	
⑤$_b$	粉质黏土夹粉砂	53	2.3	28	
⑤$_c$	含黏性土粉砂	53	0	30	
⑥	粉质黏土	64.3	11.3	34	1800

8.3.3　静荷载试验结果及分析

经对浙大数码港 2 根桩按慢速维持荷载法的单桩竖向抗压静载试验，试验的最终结果汇总见表 8-6。

试验结果汇总表　　　　　　　　表 8-6

桩号	最大试验荷载 （kN）	最大试验荷载对应 的沉降量（mm）	残余沉降量 （mm）	回弹率 （%）	单桩竖向抗压极 限承载力（kN）	备注
313 号	4200	22.95	13.02	43.27	≥4200	满足设计要求
156 号	4200	24.22	14.85	38.69	≥4200	满足设计要求

8.3.4　静载试验结论

经对浙大数码港工程 2 根桩的单桩竖向抗压静载试验表明：313 号、156 号试桩：单桩竖向抗压极限承载力≥4200kN，单桩承载力特征值≥2100kN，满足设计要求。

预应力管桩参数见表 8-7～表 8-9，测试成果汇总见表 8-10。

预应力管桩试桩参数一览表　　　　　　　　表 8-7

试桩编号	SZ1	SZ2	SZ3
桩号	F120 号	F10 号	84 号
试桩位置	1 号楼		2 号楼地下室
桩径（mm）	600		
实际桩长（m）	23.0		24.0
荷载箱埋设位置	桩端上 4.0m 处		桩端上 4.0m 处
持力层	③$_c$ 粉土夹黏性土层		
设计单桩抗压/抗拔 承载力特征值（kN）	1250 抗压/350 抗拔		910 抗压/500 抗拔
荷载箱额定荷载（kN）	2×1250		2×910
荷载分级	额定荷载/10 级		

最大加载值（kN）	1250	1250	910
成桩日期	07.05.02	07.05.02	07.05.08
测试日期	07.06.19	07.06.21	07.06.19
备注			

预应力管桩试桩参数一览表　　　　表 8-8

试桩编号	SZ4	SZ5	SZ6
桩号	33 号	119 号	91 号
试桩位置	3 号楼		
桩径（mm）	600		
实际桩长（m）	52.0	52.0	52.0
荷载箱埋设位置	桩端上 14.0m 处		
持力层	⑥粉质黏土层		
设计单桩抗压/抗拔承载力特征值（kN）	2040 抗压		
荷载箱额定荷载（kN）	2×2040		
荷载分级	额定荷载/10 级		
最大加载值（kN）	2040	2040	2040
成桩日期	07.04.13	07.04.15	07.04.24
测桩日期	07.06.20	07.06.20	07.06.20
备注			

预应力管桩试桩参数一览表　　　　表 8-9

试桩编号	SZ7	SZ8	SZ9	SZ10	SZ11
桩号	221 号	124 号	27 号	184 号	140 号
试桩位置	4 号、5 号楼及地下室				
桩径（mm）	600				
桩长（m）	52.0	52.0	52.0	52.0	52.0
荷载箱埋设位置	桩端上 14.0m 处				
持力层	⑥粉质黏土层				
设计单桩抗压/抗拔承载力特征值（kN）	2100 抗压			2100 抗压/350 抗拔	
荷载箱额定荷载（kN）	2×2100				
荷载分级	额定荷载/10 级				
最大加载值（kN）	2100	2100	2100	2100	2100
成桩日期	07.05.27	07.06.01	07.05.13	07.05.19	07.05.17
测桩日期	07.06.19	07.06.21	07.06.21	07.06.18	07.06.18
备注					

测试成果汇总表　　　　　表 8-10

试桩编号	SZ1	SZ2	SZ3	SZ4
桩　　号	F120 号	F10 号	84 号	33 号
上段桩实测极限上托力 $Q_{u上}$(kN)/荷载箱向上位移(mm)	1250/7.26	1250/7.34	910/6.54	2040/5.19
上段桩自重(kN)	60	60	63	119
上段桩侧土极限摩阻力(kN)	1480	1485	1050	2400
下段桩实测极限承载力 $Q_{u下}$(kN)/荷载箱向下位移(mm)	1250/39.63	1125/34.5	820/39.68	2040/17.30
单桩竖向抗拔极限承载力(kN)	1250	1250	910	2040
单桩竖向抗压极限承载力(kN)/等效桩顶位移(mm)	2730/36.47	2610/32.07	1870/35.75	4440/27.38
设计抗压极限承载力(kN)/等效桩顶位移(mm)	2500/24.56	2500/28.05	1820/32.08	4080/24.13
1/2 设计抗压极限承载力(kN)/等效桩顶位移(mm)	1250/4.88	1250/5.43	910/4.96	2040/7.10
试桩编号	SZ5	SZ6	SZ7	SZ8
桩　　号	119 号	91 号	221 号	124 号
上段桩实测极限上托力 $Q_{u上}$(kN)/荷载箱向上位移(mm)	2040/5.40	2040/6.82	2100/6.06	2100/5.37
上段桩自重(kN)	119	119	119	119
上段桩侧土极限摩阻力(kN)	2400	2400	2470	2470
下段桩实测极限承载力 $Q_{u下}$(kN)/荷载箱向下位移(mm)	2040/21.61	2040/11.29	2100/9.47	2100/11.72
单桩竖向抗拔极限承载力(kN)	2040	2040	2100	2100
单桩竖向抗压极限承载力(kN)/等效桩顶位移(mm)	4440/28.96	4440/26.47	4570/25.90	4570/26.19
设计抗压极限承载力(kN)/等效桩顶位移(mm)	4080/24.95	4080/23.39	4200/23.16	4200/23.16
1/2 设计抗压极限承载力(kN)/等效桩顶位移(mm)	2040/7.12	2040/7.46	2100/7.49	2100/7.32
试桩编号	SZ9	SZ10		SZ11
桩　　号	27 号	184 号		140 号
上段桩实测极限上托力 $Q_{u上}$(kN)/荷载箱向上位移(mm)	2100/4.84	2100/6.00		2100/6.58
上段桩自重(kN)	119	119		119
上段桩侧土极限摩阻力(kN)	2470	2470		2470
下段桩实测极限承载力 $Q_{u下}$(kN)/荷载箱向下位移(mm)	2100/8.45	2100/7.50		2100/7.29
单桩竖向抗拔极限承载力(kN)	2100	2100		2100
单桩竖向抗压极限承载力(kN)/等效桩顶位移(mm)	4570/24.74	4570/25.20		4570/25.52
设计抗压极限承载力(kN)/等效桩顶位移(mm)	4200/22.17	4200/22.41		4200/22.64
1/2 设计抗压极限承载力(kN)/等效桩顶位移(mm)	2100/7.20	2100/7.40		2100/7.57

计算过程如下：

根据地质报告，荷载箱上段桩侧阻力修正系数：$\gamma = 0.8$。

(1) 试桩 SZ1(F120 号)的单桩竖向抗压极限承载力

上段桩侧土极限摩阻力：取对应于第 10 级荷载 1250kN 并考虑自重和修正因子后，经计算约为 1470kN

下段桩极限承载力：取对应于第 10 级荷载 1250kN

单桩竖向抗压极限承载力＝上段桩侧土极限摩阻力＋下段桩极限承载力，即为：

$$Q_u = \frac{Q_{uu} - W}{\gamma} + Q_{ud} = \frac{1250 - 0.157 \times (23.00 - 4.00) \times 20}{0.8} + 1250 = 2720 \text{kN}$$

(2) 试桩 SZ2(F10 号)的单桩竖向抗压极限承载力

上段桩侧土极限摩阻力：取对应于第 10 级荷载 1250kN 并考虑自重和修正因子后，经计算约为 1470kN

下段桩极限承载力：取对应于第 9 级荷载 1125kN(取≤40.00mm)

单桩竖向抗压极限承载力＝上段桩侧土极限摩阻力＋下段桩极限承载力，即为：

$$Q_u = \frac{Q_{uu} - W}{\gamma} + Q_{ud} = \frac{1250 - 73}{0.8} + 1125 = 2595 \text{kN}$$

(3) 试桩 SZ3(84 号)的单桩竖向抗压极限承载力

上段桩侧土极限摩阻力：取对应于第 10 级荷载 910kN 并考虑自重和修正因子后，经计算约为 1040kN

下段桩极限承载力：取对应于第 10 级荷载 820kN(取≤40.00mm)

单桩竖向抗压极限承载力＝上段桩侧土极限摩阻力＋下段桩极限承载力，即为：

$$Q_u = \frac{Q_{uu} - W}{\gamma} + Q_{ud} = \frac{910 - 77}{0.8} + 820 = 1860 \text{kN}$$

(4) 试桩 SZ4(33 号)的单桩竖向抗压极限承载力

上段桩侧土极限摩阻力：取对应于第 10 级荷载 2040kN 并考虑自重和修正因子后，经计算约为 2360kN

下段桩极限承载力：取对应于第 10 级荷载 2040kN

单桩竖向抗压极限承载力＝上段桩侧土极限摩阻力＋下段桩极限承载力，即为：

$$Q_u = \frac{Q_{uu} - W}{\gamma} + Q_{ud} = \frac{2040 - 146}{0.8} + 2040 = 4400 \text{kN}$$

(5) 试桩 SZ5(119 号)的单桩竖向抗压极限承载力

上段桩侧土极限摩阻力：取对应于第 10 级荷载 2040kN 并考虑自重和修正因子后，经计算约为 2360kN

下段桩极限承载力：取对应于第 10 级荷载 2040kN

单桩竖向抗压极限承载力＝上段桩侧土极限摩阻力＋下段桩极限承载力，即为：

$$Q_u = \frac{Q_{uu} - W}{\gamma} + Q_{ud} = \frac{2040 - 146}{0.8} + 2040 = 4400 \text{kN}$$

(6) 试桩 SZ6(91 号)的单桩竖向抗压极限承载力

上段桩侧土极限摩阻力：取对应于第 10 级荷载 2040kN 并考虑自重和修正因子后，经计算约为 2360kN

下段桩极限承载力：取对应于第 10 级荷载 2040kN

单桩竖向抗压极限承载力＝上段桩侧土极限摩阻力＋下段桩极限承载力，即为：

$$Q_u = \frac{Q_{uu} - W}{\gamma} + Q_{ud} = \frac{2040 - 146}{0.8} + 2040 = 4400\text{kN}$$

（7）试桩 SZ7（221 号）的单桩竖向抗压极限承载力

上段桩侧土极限摩阻力：取对应于第 10 级荷载 2100kN 并考虑自重和修正因子后，经计算约为 2440kN

下段桩极限承载力：取对应于第 10 级荷载 2100kN

单桩竖向抗压极限承载力＝上段桩侧土极限摩阻力＋下段桩极限承载力，即为：

$$Q_u = \frac{Q_{uu} - W}{\gamma} + Q_{ud} = \frac{2100 - 146}{0.8} + 2100 = 4540\text{kN}$$

（8）试桩 SZ8（124 号）的单桩竖向抗压极限承载力

上段桩侧土极限摩阻力：取对应于第 10 级荷载 2100kN 并考虑自重和修正因子后，经计算约为 2440kN

下段桩极限承载力：取对应于第 10 级荷载 2100kN

单桩竖向抗压极限承载力＝上段桩侧土极限摩阻力＋下段桩极限承载力，即为：

$$Q_u = \frac{Q_{uu} - W}{\gamma} + Q_{ud} = \frac{2100 - 146}{0.8} + 2100 = 4540\text{kN}$$

（9）试桩 SZ9（27 号）的单桩竖向抗压极限承载力

上段桩侧土极限摩阻力：取对应于第 10 级荷载 2100kN 并考虑自重和修正因子后，经计算约为 2440kN

下段桩极限承载力：取对应于第 10 级荷载 2100kN

单桩竖向抗压极限承载力＝上段桩侧土极限摩阻力＋下段桩极限承载力，即为：

$$Q_u = \frac{Q_{uu} - W}{\gamma} + Q_{ud} = \frac{2100 - 146}{0.8} + 2100 = 4540\text{kN}$$

（10）试桩 SZ10（184 号）的单桩竖向抗压极限承载力

上段桩侧土极限摩阻力：取对应于第 10 级荷载 2100kN 并考虑自重和修正因子后，经计算约为 2440kN

下段桩极限承载力：取对应于第 10 级荷载 2100kN

单桩竖向抗压极限承载力＝上段桩侧土极限摩阻力＋下段桩极限承载力，即为：

$$Q_u = \frac{Q_{uu} - W}{\gamma} + Q_{ud} = \frac{2100 - 146}{0.8} + 2100 = 4540\text{kN}$$

（11）试桩 SZ11（140 号）的单桩竖向抗压极限承载力

上段桩侧土极限摩阻力：取对应于第 10 级荷载 2100kN 并考虑自重和修正因子后，经计算约为 2440kN

下段桩极限承载力：取对应于第 10 级荷载 2100kN

单桩竖向抗压极限承载力＝上段桩侧土极限摩阻力＋下段桩极限承载力，即为：

$$Q_u = \frac{Q_{uu} - W}{\gamma} + Q_{ud} = \frac{2100 - 146}{0.8} + 2100 = 4540\text{kN}$$

8.3.5　结论

所测共 11 根试桩，实测的单桩竖向抗压极限承载力和对应的等效桩顶沉降量、与设计抗压极限承载力相对应的等效桩顶沉降量以及与 1/2 设计抗压极限承载力相对应的等效桩顶沉降量，列于表 8-11，显然试验结果满足设计要求。

单桩竖向抗压承载力与等效桩顶沉降量　　　　　　　　　表 8-11

试桩编号/桩号	SZ1/F120 号	SZ2/F10 号	SZ3/84 号	SZ4/33 号
单桩竖向抗拔极限承载力(kN)	1250	1250	910	2040
单桩竖向抗压极限承载力(kN)/等效桩顶位移(mm)	2730/36.47	2610/32.07	1870/35.75	4440/27.38
设计抗压极限承载力(kN)/等效桩顶位移(mm)	2500/24.56	2500/28.05	1820/32.08	4080/24.13
1/2 设计抗压极限承载力(kN)/等效桩顶位移(mm)	1250/4.88	1250/5.43	910/4.96	2040/7.10
试桩编号/桩号	SZ5/119 号	SZ6/91 号	SZ7/221 号	SZ8/124 号
单桩竖向抗拔极限承载力(kN)	2040	2040	2100	2100
单桩竖向抗压极限承载力(kN)/等效桩顶位移(mm)	4440/28.96	4440/26.47	4570/25.90	4570/26.19
设计抗压极限承载力(kN)/等效桩顶位移(mm)	4080/24.95	4080/23.39	4200/23.16	4200/23.16
1/2 设计抗压极限承载力(kN)/等效桩顶位移(mm)	2040/7.12	2040/7.46	2100/7.49	2100/7.32
试桩编号/桩号	SZ9/27 号	SZ10/184 号		SZ11/140 号
单桩竖向抗拔极限承载力(kN)	2100	2100		2100
单桩竖向抗压极限承载力(kN)/等效桩顶位移(mm)	4570/24.74	4570/25.20		4570/25.52
设计抗压极限承载力(kN)/等效桩顶位移(mm)	4200/22.17	4200/22.41		4200/22.64
1/2 设计抗压极限承载力(kN)/等效桩顶位移(mm)	2100/7.20	2100/7.40		2100/7.57

第 3 篇
在新型基础中的应用

第9章　在逆作法基础中的应用

9.1　天津西站交通枢纽配套市政公用工程

9.1.1　工程概况

5N-1 检测桩于 2009 年 10 月 17 日开始钻孔，2009 年 10 月 17 日成孔，5N-1 检测桩采用机械旋挖钻成孔工艺，2009 年 10 月 17 日灌注混凝土成桩，混凝土强度等级 C30，2009 年 10 月 19 日 5N-1 检测桩进行桩底桩侧压浆，桩底压浆量 2.2t 水泥，三个桩侧截面压浆量 2.4t 水泥。

5P-3 检测桩于 2009 年 10 月 18 日开始钻孔，2009 年 10 月 18 日成孔，5N-1 检测桩采用机械旋挖钻成孔工艺，2009 年 10 月 18 日灌注混凝土成桩，混凝土强度等级 C30。

2009 年 11 月 16 日 5P-3 检测桩进行桩底桩侧压浆，桩底压浆量 2.7t 水泥，三个桩侧截面压浆量 2.4t 水泥。

5N-1、5P-3 检测桩由中铁二十局集团第六工程有限公司施工，施工过程中一切正常。有关检测桩参数详见表 9-1。

检测桩参数表　　　　　　　　　　　　　　　　　　　　　　　表 9-1

试桩号	桩径(mm)	桩底标高(m)	桩长(m)	桩端持力层	参考地质孔号	预估加载值(kN)
5N-1	1500	−58.5	50	粉质黏土	ZK069	2×8500
5P-3	1500	−58.5	50	粉质黏土	ZK069	2×8500

9.1.2　地质概况

该场地埋深 80.00m 深度范围内，地基土按成因年代初步可分为 9 层：

1. 人工填土层（Q^{ml}）

全场地均匀分布，厚度一般为 1.50～3.0m 左右，局部厚度较大，大于 3.0m，底板标高一般在 1.31m～−0.96m。

第一亚层，杂填土（力学分层①$_1$）：厚度变化较大，为 0.30～3.50m，呈杂色，松散状态、干，由石子、混凝土渣、废土等组成，局部缺失。

第二亚层，素填土（力学分层①$_2$）：厚度一般为 0.50～1.70m，呈褐色，潮湿，软塑～可塑状态，粉质黏土质，含少量砖渣、灰渣、石子等。局部夹淤泥透镜体。

人工填土层土质结构性差，且欠均匀，填垫年限局部大于十年。

2. 全新统新近沉积层（Q_{4Nal}^3）

厚度一般为 1.70～2.7m，顶板标高一般为 1.31～−0.96m，受人工填土影响，主要由黏性粉质黏土组成，呈黄褐色，很湿，可塑状态，无层理，含铁质，无摇振反应，光滑，高干强度，高韧性，属中—高压缩性土。

本层土水平方向上土质较均匀，局部缺失。

3. 全新统上组陆相冲积层（Q_{4Nal}^3）

该层土底板一般位于埋深约 6.00～7.00m，厚度一般 1.5～3.60m，顶板标高一般 −0.59～−2.97m。主要由粉质黏土组成。呈灰黄—黄灰色，湿，可塑状态为主，无层理，含铁质，无摇振反应，光滑，高强度，中高韧性，属中压缩性土。局部为黏土透镜体。

本冲土水平方向上土质较均匀，分布尚稳定。

4. 全新统中组海相沉积层（Q_{4m}^2）

一般位于埋深约 6.50～15.00m 段，厚度一般为 7.80～8.90m，顶板标高一般为 −3.67～−4.55m；主要由粉质黏土组成。呈灰色，很湿，软塑状态，有层理，含贝壳，摇振反应中等，无光泽反应，低干强度，低韧性，属中压缩性土，该层土砂性普遍较大。局部表现粉土、粉砂。

本层土水平方向上土质砂黏性有所变化，分布较稳定。

5. 全新统下组陆相冲击层（Q_{4al}^1）

一般位于埋深约 15.00～21.00m 段，厚度一般为 5.00～7.00m，顶板标高一般为 −12.10～−13.10m，主要由粉质黏土组成，局部为粉土，全场地均有分布呈灰黄色，湿，可塑状态，无层理，含铁质，无摇振反应，稍有光滑，中等干强度，中等韧性，属中等压缩性土。局部为黏土。

该成因各本层土在水平方向上土质较均匀，底板埋深有所变化。

6. 上更新统第五组陆相冲击层（Q_{3eal}）

顶板分布尚稳定，一般位于埋深 21.00m 左右，底板埋深有一定起伏，一般介于 31.00～33.50m 之间，厚度一般 9.00～11.00m，顶板标高一般为 −20.06～−19.43m。该层从上而下可分为 3 个亚层。

第一亚层，粉土（力学分层号⑥₁）：一般位于埋深 21.00～25.50m，厚度一般为 4.00～6.50m。呈褐黄色，湿，密实状态，无层理，摇振反应迅速，无光泽反应，低干强度，低韧性，属中（偏低）压缩性土。

第二亚层，粉质黏土、黏土（力学分层号⑥₂）：该层土顶板和底板埋深起伏较大，揭示的厚度一般为 3.00～5.30m，呈褐黄色，湿，可塑状态，无层理，含铁质，无摇振反应，光滑—稍有光滑，中—高干强度，中—高韧性，属中压缩性土。

第三亚层，粉土、粉砂（力学分层号⑥₃）：底板埋深一般为 32.50m，厚度一般为 1.20～3.50m。呈褐黄色，湿，密实状态，无层理，摇振反应迅速，无光泽反应，低干强度，低韧性，属中（偏低）压缩性土。

本层土水平方向上土质总体不甚均匀，各亚层的顶板和底板埋深变化较大。

7. 上更新统第五组陆相冲击层（Q_{3cal}）

底板一般位于埋深约 46.00m 左右，揭示厚度一般 12.00～14.5m，顶板标高一般 −28.89～−31.91m，该层从上而下可分为 3 个亚层。

第一亚层，粉质黏土（力学分层号⑦₁）：全场地均有分布，厚度一般为 4.00～7.50m 呈褐黄色，湿，可塑状态为主，无层理，含铁质，无摇振反应，稍有光滑，中等干强度，中韧性，属中压缩性土，局部为黏土。

第二亚层，粉砂（力学分层号⑦₂）：厚度一般为 1.50～4.50m。呈褐黄色，湿，密实状态，无层理，摇振反应迅速，无光泽反应，低干强度，低韧性，属中(偏低)压缩性土。

第三亚层，粉质黏土、粉土(力学分层号⑦₃)：底板一般位于埋深 46.50m 左右，揭示的厚度一般为 4.5~6.00m，呈褐黄色，湿，可塑状态，无层理，含铁质，无摇振反应，光滑—稍有光滑，中—高干强度，中—高韧性，属中压缩性土。

8. 上更新统第二组滨海潮汐带沉积层(Q_{3bm})

位于埋深约 46.50~48.00m 段，厚度为 1.00~2.30m 主要由黏土组成，呈灰色，湿、硬塑状态为主，无层理，含贝壳，无摇振反应，光滑，高干强度，高韧性，属中压缩性土。

9. 上更新统第一组陆相冲积层(Q_{3al}^a)

顶板一般位于埋深约 48.00m 左右，揭示厚度一般为 32.0m 左右，该层从上而下可分为 4 个亚层。

第一亚层，粉质黏土(力学分层号⑨₁)：位于埋深约 48.00~63.00m 段，揭示厚度一般为 14.80~17.80m 左右，呈黄褐色，湿，硬塑状态为主，无层理，含铁质，无摇振反应，稍有光滑，中—高干强度，中—高韧性，属中压缩性土局部处夹黏土、粉土薄层。

第二亚层，粉土(力学分层号⑨₂)：位于埋深约 63.00~66.00m 段，揭示厚度一般为 1.10~4.70m 左右，呈黄褐色，湿，密实状态，无层理，含铁质，摇振反应迅速，无光泽反应，低干强度，低韧性，属中(偏低)压缩性土。

第三亚层，粉质黏土(力学分层号⑨₃)：位于埋深约 66.00~71.00m 段，厚度为 5.00m 左右，呈黄褐色，稍湿，硬塑状态为主，无层理，含铁质，无摇振反应，稍有光泽，中等干强度，中等韧性，属中压缩性土，局部地段夹有粉土薄层。

第四亚层，粉土、粉砂(力学分层号⑨₄)：位于埋深约 71.00m 一下，揭示厚度为 9.00m 左右，呈黄褐色，湿，密实状态，无层理，含铁质，摇振反应迅速，无光泽反应，低干强度，低韧性属低压缩性土。

9.1.3　试验结果分析(表 9-2，图 9-1 和图 9-2)

单桩竖向抗压静载试验结果汇总表　　　　　　　　　　表 9-2

桩号	最大荷载 Q(kN)	最大位移		单桩竖向极限承载力 P_u(kN)	对应沉降 s(mm)	备注
		向上 s_u(mm)	向下 s_1(mm)			
5N-1	2×8500	6.24	7.15	17232	15.65	在最大试验荷载作用下沉降均已达到稳定
5P-3	2×8500	9.29	11.99	17232	20.49	

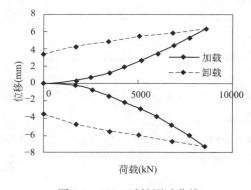

图 9-1　5N-1 试桩测试曲线

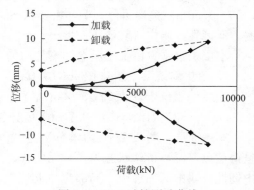

图 9-2　5P-3 试桩测试曲线

9.2　苏州轨道交通 2 号线太平车辆段上盖物业开发项目

9.2.1　工程概况

苏州轨道交通 2 号线太平车辆段上盖物业开发项目位于相城区北部的元和镇常楼村，该上盖的两层平台结构标高分别为 8.7m 和 14.2m。平台盖上为 10 栋剪力墙落地的 25 层和 27 层住宅、6 栋通过巨柱箱形转换剪力墙不落地的 18 层住宅及 3 栋 2～3 层的配套建筑，其余作为住宅间空地考虑 1.3m 左右覆土绿化；平台盖下根据车辆段工艺要求，布置车辆段的联合车库、列检库、洗车镟轮库等车辆综合检修管理用房。根据上部结构荷载对桩基的需求，桩基归并为两大类情况：

（1）A 类部位为 2 层平台及平台盖上 2～3 层多层结构，预估柱的最大轴力标准值约为 15000～20000kN。采用 46～53m 长、直径 800mm 的钻孔灌注桩。

（2）B 类部位为 2 层平台及平台盖上 25～27 层的住宅结构，基础以上结构总荷载标准值约为 400～430kN/m²；以及 2 层平台及平台盖上全箱式转换 18 层住宅范围，预估巨柱最大轴力标准值约为 50000kN。采用 76～78m 长、直径 900mm 钻孔灌注桩。

确定工前试桩时，由于时间非常紧，传统的堆载法抗压静载试验无法满足工期要求，考虑到建设场地地层分布较为均一，主要为粉质黏土和粉土互层，为了确定基桩的竖向抗压极限承载力，采用工前自平衡法及工后堆载法分别进行静载试验，并进行对比分析。

选取了相邻近的 9 根自平衡法试桩与 9 根堆载法试桩的试验结果，其中工后堆载法试桩 1 号～6 号比对工前自平衡法试桩 A1～A6，混凝土强度等级 C35；工后堆载法试桩 7 号～9 号比对工前自平衡法试桩 B1～B3，混凝土强度等级 C50。上述 18 根试桩的工程参数见表 9-3。

试桩工程参数					表 9-3
桩号	桩径(mm)	桩长(m)	测试方法	荷载箱距桩底距离(m)	设计要求抗压承载力(kN)
1～3	800	53	堆载法	—	8500
A1～A3	800	53	自平衡法	19.285	8500
4～6	800	46	堆载法	—	8500
A4～A6	800	46	自平衡法	14.285	8500
7～9	900	78	堆载法	—	15600
B1～B3	900	78	自平衡法	23.285	15600

9.2.2　地质概况

场地土层分布及物理力学特性如表 9-4 所示。

场地土层分布及物理力学特性　　　　　　表 9-4

土层	土层名称	典型层厚	含水量 $w(\%)$	重度 γ(kN/m³)	孔隙比 e	液性指数 I_L	黏聚力 c(kPa)	内摩擦角 φ(°)	压缩模量 $E_{s0.1-0.2}$(MPa)	标贯击数 N(击)
①₁	人工填土	0.44	29.3	18.6	0.875	0.55	26	12.5	4.89	
③₁	黏土	3.60	25.9	19.3	0.754	0.28	45	11	6.54	
③₂	粉质黏土	1.70	28.6	18.9	0.829	0.56	39	12.5	6.58	
③₃	粉土	1.90	31.3	18.4	0.891		7	26	9.35	11.7
④₂	粉砂	6.90	30	18.4	0.581		5	29	12.01	19.4
⑤₁	粉质黏土	5.00	31.1	18.6	0.879	0.82	24	12.5	5.64	
⑤₁ₐ	粉土	0.80	29.5	18.6	0.843		7	26.5	10.73	20.8
⑥₁	黏土	3.70	23.7	19.7	0.689	0.25	51	11.5	7.47	
⑥₂	粉质黏土	1.20	27.2	19.1	0.783	0.46	43	13	7.15	
⑥₂ₐ	粉土夹粉质黏土	6.20	28.2	18.9	0.808	0.63	21	20	8.19	25.1
⑦₁₋₁	粉质黏土	1.7	28	18.8	0.817	0.65	30	13	6.72	
⑦₁₋₂	粉质黏土夹粉土	3.0	29.5	18.8	0.836	0.83	21	18	7.71	21.4
⑦₂	粉土	0.7	27.4	18.8	0.793		7	27	10.19	28.6
⑦₃	粉质黏土	1.3	30.9	18.6	0.882	0.73	28	12.5	5.77	
⑧	粉质黏土	5.1	23.1	19.7	0.672	0.29	48	12	7.9	
⑨₁	粉砂	11.2	27.5	18.8	0.79		5	29	11.54	40.8
⑨₁ₐ	粉质黏土	2.0	30.5	18.4	0.887	0.79	23	12	5.78	
⑨₂	粉质黏土	10.7	32.1	18.4	0.914	0.85	27	12.5	6.03	
⑨₂ₐ	粉砂	1.1	26.5	19	0.764		7	28	11.05	47.1
⑩₁	黏土	6.0	37.9	18	1.071	0.67	33	10.5	6.95	
⑩₂	粉质黏土	2.0	26.3	19.2	0.758	0.58	36	13.5	7.32	
⑩₂ₐ	粉砂	6.1	26.7	18.9	0.779		6	28.5	10.42	53.4
⑪	粉细砂	12.9	25.7	18.8	0.775		4	32	13.35	74.3
⑫	粉质黏土		25.6	19.2	0.748	0.31			7	

9.2.3　试验结果分析

9 根试桩中 A1，A2，A3，A5，A6 这 5 根桩加载到 8690kN，A4 加载到 8030kN，B1 加载到 16170kN，B2，B3 加载到 16500kN，均无异常情况出现。现场实测 Q-s 曲线均属缓变型，试桩 A1，A4，B1 实测的 Q-s 曲线如图 9-3 所示。

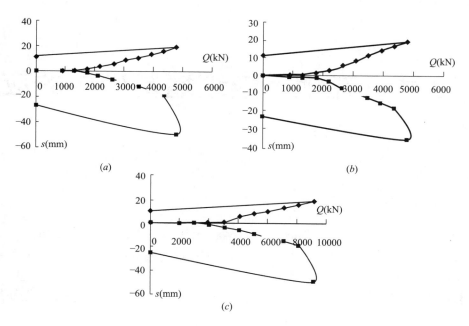

图 9-3　自平衡法 A1，A4，B1 号桩 Q-s 曲线
(a)A1 桩；(b)A4 桩；(c)B1 桩

第 10 章　在地下连续墙基础中的应用

10.1　南京金茂广场二期工程

10.1.1　工程概况

南京金茂广场二期位于南京市鼓楼区中央路 201 号，南京国际广场一期项目后方，计划建设成商业、写字楼、公寓、五星级酒店等业态全面的城市综合体项目，总建筑面积约 26.59 万 m²，结构高度为 285m。塔楼地上 69 层，裙房地上 7 层，地下均为 5 层。

塔楼结构拟采用型钢混凝土框架-钢筋混凝土核心筒混合结构，裙房采用钢筋混凝土框架结构体系。塔楼基础为桩-筏板基础。

受南京国际集团股份有限公司委托，根据国家规范和设计院有关文件，采用自平衡法对南京金茂广场二期地下连续墙进行承载力检测，检测数量 3 幅墙，试墙平面示意图如图 10-1

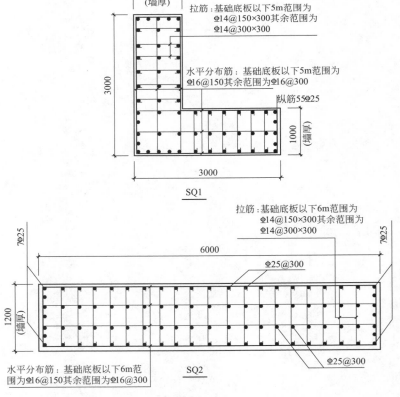

图 10-1　地下连续墙平面示意图

所示，分别为 SQ1 和 QS2（包括 SQ2-1 和 SQ2-2），地下连续墙中单墙竖向抗压承载力相关参数见表 10-1。本项目做试墙 3 段。

单墙竖向抗压承载力表

表 10-1

槽段号	墙厚 (mm)	墙底持力层	试墙数量	墙深 (m)	土体控制的承载力极限值 (kN/m)	材料强度控制的承载力极限值 (kN/m)	静载试验加载值 (kN/m)	预估加载值 (kN)
SQ1	1000	⑤$_{2a}$	1	≥32 且进入⑤$_{2a}$层≥18m	21600	35500	56160	300000
SQ2	1200	⑤$_2$	2	≥32 且进入⑤$_2$层≥18m	21600	42600	56160	396000

1. 主要地层物理参数表（表 10-2）

土层物理力学性质参数表

表 10-2

层号	土体抗剪强度指标计算承载力特征值				按《南京地区建筑地基基础设计规范》					推荐承载力特征值(kPa)
					土工试验			标准贯入试验		
	γ (kN/m³)	c_q (kPa)	φ_q (°)	f_a (kPa)	e	I_L	f_{ak} (kPa)	标准值	f_a (kPa)	
②$_1$	19.6	4.8	25.0	94	0.746	0.91	140	7.4	160	110
②$_2$	18.4	15.9	10.0	86	1.044	1.06	60	2.4	50	65
②$_3$	19.8	44.7	13.2	23.3	0.745	0.41	200	7.0	150	140
③$_1$	19.9	52.1	14.1	27.5	0.739	0.24	250	10.8	220	200
③$_2$	19.7	35.7	12.1	18.4	0.733	0.66	220	7.8	170	170
③$_3$	19.4	35.4	11.7	18.0	0.811	0.67	210	7.0	150	160
④								17.3	280	240
⑤$_1$								45.8	330	330
⑤$_{2a}$	岩石天然单轴抗压强度强度标准值 f_{rk}=39.50MPa（通过点荷载试验换算）									1200
⑤$_2$	岩石饱和单轴抗压强度标准值 f_{rk}=19.95MPa									3500

2. 桩基设计参数（表 10-3）

桩基设计参数一览表

表 10-3

钻孔灌注桩		混凝土预制桩		水泥搅拌桩		抗拔系数 λ_i
q_{sia}(kPa)	q_{pa}(kPa)	q_{sia}(kPa)	q_{pa}(kPa)	q_{sia}(kPa)	q_p(kPa)	
12		14		12		0.7
10		12		10		0.7
30		33		28		0.73
41		44		40		0.75
30		35		30	170	0.74
32		38		32	160	0.73
38		45	3800(h>30m)	38	240	0.7
50	800(h>30m)	56	4200(h>30m)			0.65
200	4200(h>15m)					0.7
岩石饱和单轴抗压强度 f_{rk}=19.95MPa（供嵌岩桩计算使用）						0.75

3. 试墙目的

主要对地下连续墙在各类土层中墙侧摩阻力、墙端承载力、墙体竖向位移、单片墙极限承载力和成墙工艺等进行试验和验证，其主要目的为：

（1）确定和检验地连墙成槽施工流程和工艺，包括成槽工艺、成槽垂直度的控制、护壁泥浆的浓度、钢筋笼的放置、混凝土的浇注等。为工程地下连续墙成槽的施工流程和工艺参数提供依据。

（2）确定地下连续墙竖向抗压极限承载力，作为确定核心筒基础设计依据。

（3）通过墙身内力和变形测定墙侧抗压侧阻力以及墙端阻力，并提供分析数据与图表，为确定工程地连墙墙深提供依据。

（4）推测地连墙长期沉降参考值。

（5）根据墙厚 1200mm 及 1000mm 的测试结果推定墙厚 1000mm 和 800mm 抗压承载力特征值。

10.1.2　SQ1 试墙

1. 极限承载力及承载特性

（1）极限承载力

采用等效转换方法，根据已测得的各土层摩阻力-位移曲线，转换至墙顶，得到该试墙等效转换曲线。

SQ1 试墙等效转换曲线如图 10-2 所示。

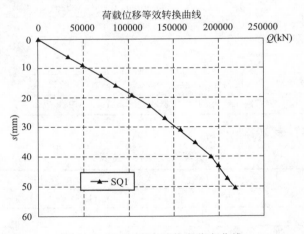

图 10-2　SQ1 试墙承载力分布曲线

SQ1 试墙极限承载力取等效转换方法计算结果见表 10-4。

SQ1 试墙极限承载力及位移		表 10-4
	数值（kN）	位移（mm）
极限荷载	217143	50.06

（2）承载特性

承载力及端阻力、侧阻力构成见表 10-5。

承载力构成　　　　　　　　　　　表 10-5

工况	SQ1 试墙	
	数值	比例
墙侧阻力(kN)	157999	72.76%
墙端阻力(kN)	59144	27.24%
墙顶荷载(kN)	217143	—

2. 墙侧摩阻力(表 10-6)

SQ1 试墙各土(岩)层摩阻力　　　　　　　　　　　表 10-6

土(岩)层名称	标高(m)	极限侧阻力标准值 q_{sik}(kPa)	实测最大侧阻力 (kPa)
②₁ 粉质黏土夹粉土	−1.37～−4.3	24	19
②₂ 淤泥质粉质黏土、②₃ 粉质黏土	−4.3～−19.7	20～60	31
③₁ 粉质黏土	−19.7～−25.3	82	63
③₂ 粉质黏土	−25.3～−27.98	60	96
③₃ 粉质黏土	−27.98～−36.78	64	96
④粉质黏土混砾石、⑤₁ 强风化凝灰岩	−36.78～−39.38	76～100	239
⑤₁ 强风化凝灰岩、⑤₂ 中风化凝灰岩	−39.38～−41.68	100～1600	710
⑤₂ₐ中风化凝灰岩(破碎)	−41.68～−49.631	400	596
⑤₂ₐ中风化凝灰岩(破碎)	−49.631～−50.631	400	661
⑤₂ₐ中风化凝灰岩(破碎)	−50.631～−52.631	400	773
⑤₂ₐ中风化凝灰岩(破碎)	−52.631～−56.631	400	718
⑤₂ₐ中风化凝灰岩(破碎)	−56.631～−57.631	400	718

10.1.3　SQ2-1　试桩

1. 极限承载力及承载特性

(1) 极限承载力

采用等效转换方法,根据已测得的各土层摩阻力-位移曲线,转换至墙顶,得到该试墙等效转换曲线。

SQ2-1 试墙等效转换曲线如图 10-3 所示。

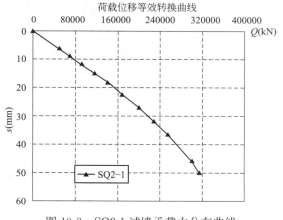

图 10-3　SQ2-1 试墙承载力分布曲线

SQ2-1 试墙极限承载力取等效转换方法计算结果见表 10-7。

SQ2-1 试墙极限承载力及位移　　　表 10-7

	数值（kN）	位移（mm）
极限荷载	313998	49.43

（2）承载特性

承载力及端阻力、侧阻力构成见表 10-8。

承 载 力 构 成　　　表 10-8

工况	SQ2-1	
	数值	比例
墙侧阻力（kN）	234848	74.79%
墙端阻力（kN）	79150	25.21%
墙顶荷载（kN）	313998	—

2. 墙侧摩阻力（表 10-9）

SQ2-1 各土（岩）层摩阻力　　　表 10-9

土（岩）层名称	标高（m）	极限侧阻力标准值 q_{sik}（kPa）	实测最大侧阻力（kPa）
②₁ 粉质黏土夹粉土	−1.37～−7.0	24	18
②₂ 淤泥质粉质黏土、②₃ 粉质黏土	−7.0～−20.9	20～60	42
③₁ 粉质黏土	−20.9～−25.3	82	93
③₂ 粉质黏土	−25.3～−29.46	60	91
③₃ 粉质黏土	−29.46～−37.26	64	99
④粉质黏土混砾石	−37.26～−39.26	76	193
⑤₁ 强风化凝灰岩	−39.26～−44.26	100	631
⑤₂ 中风化凝灰岩	−44.26～−49.605	1600	895
⑤₂ 中风化凝灰岩	−49.605～−50.805	1600	918
⑤₂ 中风化凝灰岩	−50.805～−52.805	1600	984
⑤₂ 中风化凝灰岩	−52.805～−56.805	1600	940
⑤₂ 中风化凝灰岩	−56.805～−57.805	1600	940

10.1.4　SQ2-2 试墙

1. 极限承载力及承载特性

（1）极限承载力

采用等效转换方法，根据已测得的各土层摩阻力-位移曲线，转换至墙顶，得到该试墙等效转换曲线。

SQ2-2 试墙等效转换曲线如图 10-4 所示。

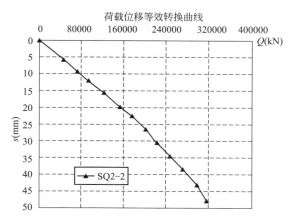

图 10-4　SQ2-2 试墙等效转换曲线

SQ2-2 试墙极限承载力取等效转换方法计算结果见表 10-10。

SQ2-2 试墙极限承载力及位移　　　　　　　　　　表 10-10

	数值(kN)	位移(mm)
极限荷载	313944	47.36

（2）承载特性

承载力及端阻力、侧阻力构成见表 10-11。

承　载　力　构　成　　　　　　　　　　表 10-11

工况	SQ2-2	
	数值	比例
墙侧阻力(kN)	231140	73.62%
墙端阻力(kN)	82804	26.38%
墙顶荷载（kN）	313944	—

2. 墙侧摩阻力（表 10-12）

SQ2-2 各土（岩）层摩阻力　　　　　　　　　　表 10-12

土（岩）层名称	标高(m)	极限侧阻力标准值 q_{sik}(kPa)	实测最大侧阻力 (kPa)
②₁ 粉质黏土夹粉土	−1.37～−7.8	24	21
②₂ 淤泥质粉质黏土、②₃ 粉质黏土	−7.8～−20.4	20～60	42
③₁ 粉质黏土	−20.4～−25.3	82	86
③₂ 粉质黏土	−25.3～−28.08	60	109
③₃ 粉质黏土	−28.08～−36.18	64	116
④粉质黏土混砾石	−36.18～−38.28	76	164
⑤₁ 强风化凝灰岩	−38.28～−41.08	100	456
⑤₂ₐ 中风化凝灰岩（破碎）	−41.08～−48.08	400	679

续表

土(岩)层名称	标高(m)	极限侧阻力标准值 q_{sik}(kPa)	实测最大侧阻力 (kPa)
⑤₂ 中风化凝灰岩、⑤₂ₐ中风化凝灰岩（破碎）	−48.08～−50.075	400～1600	837
⑤₂ₐ中风化凝灰岩（破碎）	−50.075～−51.275	400	748
⑤₂ 中风化凝灰岩	−51.275～−53.275	1600	973
⑤₂ 中风化凝灰岩	−53.275～−57.275	1600	883
⑤₂ 中风化凝灰岩	−57.275～−58.275	1600	883

10.1.5　推算不同墙厚承载力

通过 SQ1、SQ2-1、SQ2-2 试墙测试结果，不同土层侧摩阻力极限值统计如表 10-13 所示，⑤₂ 和⑤₂ₐ作为墙端持力层时端阻力极限值统计如表 10-14 所示。

不同土层侧摩阻力极限值统计表　　　　　　　　　表 10-13

土层	规范特征值 (kPa)	SQ1 试墙(JN28) (kPa)	SQ2-1 试墙(BZ4) (kPa)	SQ2-2 试墙(JK14) (kPa)	建议取值范围 (kPa)
②₁ 淤泥质黏土夹粉土	12	19	18	21	18～21
②₂ 淤泥质粉质黏土	10	20	19	20	19～20
②₃ 粉质黏土	30	31	42	42	31～42
③₁ 粉质黏土	41	63	93	86	63～93
③₂ 粉质黏土	30	96	91	109	91～109
③₃ 粉质黏土	32	96	99	116	96～116
④粉质黏土混砾石	38	239	193	164	193～239
⑤₁ 强风化凝灰岩	50	239～710	631	456	239～710
⑤₂ 中风化凝灰岩	800	710	895～984	837～973	710～984
⑤₂ₐ中风化凝灰岩（破碎）	200	596～773	—	679～748	596～773

桩端持力层端阻力(kPa)极限值统计表　　　　　　　表 10-14

墙厚		1.0m	1.2m	1.2m	端阻力(kPa) 建议取值
持力层	岩石饱和单轴抗压强度(kPa)	SQ1 试墙(JN28) (kPa)	SQ2-1 试墙(BZ4) (kPa)	SQ2-2 试墙(JK14) (kPa)	综合范围
⑤₂ 中风化凝灰岩	19950	—	10993	11501	10993～11829
⑤₂ₐ 中风化凝灰岩（破碎）	—	11829	—	—	

根据以上侧摩阻力建议值，将设计要求的有效墙深从标高−25.3m 算起，推算 0.8m 和 1.0m 墙厚每延米墙的抗压承载力，不同钻孔位置处计算结果参考如表 10-15 所示。

不同墙厚每延米墙抗压承载力计算结果参考值表 表 10-15

钻孔号	墙厚	每延米摩阻力总和(kN)	每延米端阻力(kN)	每延米承载力(kN)	均值
JN28	1.2m	25169～33907	13192～14195	38361～48102	43231.5
	1.0m	25169～33907	10993～11829	36162～45736	40949
	0.8m	25169～33907	8794～9463	33963～43370	38666.5
BZ4	1.2m	24945～37868	13192～14195	38137～52063	45100
	1m	24945～37868	10993～11829	35938～49687	42812.5
	0.8m	24945～37868	8794～9463	33739～47331	40535
JK14	1.2m	26751～38110	13192～14195	39943～52305	46124
	1m	26751～38110	10993～11829	37744～49939	43841.5
	0.8m	26751～38110	8794～9463	35545～47573	41559

10.1.6 桩施工工艺结论

上述测试结果表明，3 幅试墙采用的施工工艺能够满足设计要求。需要注意的是，施工过程中两侧挡泥薄钢板会削弱一部分侧摩阻力，另外加强地下连续墙的墙底注浆是非常关键的。

10.2 天津站交通枢纽工程

10.2.1 工程概况

天津站交通枢纽工程是天津地铁 2 号、3 号、9 号(金滨轻轨)线和京津城际铁路及国家铁路的换乘枢纽，由铁道第三勘察设计院设计。其中天津地铁 2 号、9 号线平行呈东西走向，分别与南北走向的地铁 3 号线"十"字交叉于天津站后广场地下。

地下围护结构采用连续墙，深度分为 42m 和 53m 两种，厚度分别为 1.2m 和 1.0m、0.8m，墙身采用 C30、S8 混凝土，钢筋笼长度 41.5m。施工采用液压抓斗成孔，直升导管法浇注水下混凝土。

试验墙平面尺寸为 1.2m×2.8m，墙体深度为 48m，试验墙有关参数见表 10-16，平面布置见图 10-5，竖向载荷试验元件布置见图 10-6。

试 验 墙 参 数 表 表 10-16

尺寸(m)	深度(m)	顶标高(m)	荷载箱位置	浇灌日期
1.2×2.8	48.0	2.5	距底端 8m	2006.12.27

试验目的如下：

1) 确定压浆前荷载箱下段墙的竖向抗压极限承载力；

2) 确定地连墙压浆后的竖向抗压极限承载力，并通过下段墙压浆前后承载力的对比，得到压浆对承载力的提高系数。

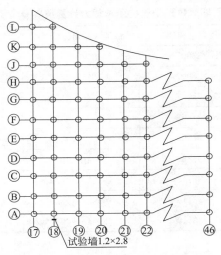

图 10-5　试验墙平面位置图

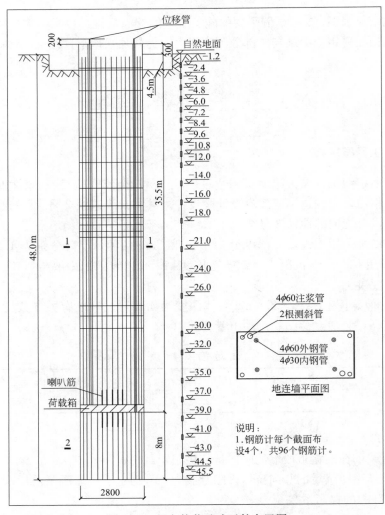

图 10-6　竖向静载试验元件布置图

由于试验墙埋置深，厚度大，预估压浆后极限承载力已达到 5000 吨，传统静载方法很难实现。因此试验采用自平衡法。墙身及墙周布设的量测元件有：①位移传感器：6只，用于量测荷载箱处向上和向下位移以及墙顶向上位移；②钢筋应变计：96 只，布置 24 个量测断面，每个断面埋设 4 只（两侧各两只）。

10.2.2　场地地质条件

场区地层为第四系全新统人工填土层（人工堆积 Qml）、第Ⅰ陆相层（第四系全新统上组河床—河漫滩相沉积 Q_4^3al）、第Ⅰ海相层（第四系全新统中组浅海相沉积 Q_4^2m）、第Ⅱ陆相层（第四系全新统下组沼泽相沉积层 Q_4^1h、河床—河漫滩相沉积 Q_4^1al）、第Ⅲ陆相层（第四系上更新统五组河床～河漫滩相沉积 Q_3^5al）、第Ⅱ海相层（第四系上更新统四组滨海潮汐带相沉积 Q_3^dmc）、第Ⅳ陆相层（第四系上更新统三组河床—河漫滩相沉积 Q_3^5al）、第Ⅲ海相层（第四系上更新统二组浅海—滨海相沉积 Q_3^bm）、第Ⅴ陆相层（第四系上更新统一组河床—河漫滩相沉积 Q_3^al）、第Ⅳ海相层（第四系中更新统上组滨海三角洲相沉积 Q_2^3mc）。试验墙处的场地地质情况如表 10-17 所示。

地　质　参　数　　　　　　　　　　　　　　　　表 10-17

地层编号	土层名称	层底深度(m)	层底高程(m)	层厚(m)	q_{sik}(kPa)	q_{pk}(kPa)
①	素填土	0	0.78	0.78	18	
②	素填土	1.0	−0.22	1.0	18	
③	淤泥质黏土	2.2	−1.42	1.2	20	
④	粉质黏土	4.6	−3.82	2.4	30	
⑤	粉土	12.1	−11.32	7.5	50	
⑥	粉质黏土	13.4	−12.62	1.2	47	
⑦	粉质黏土	16.9	−16.12	3.5	56	
⑧	粉土	18.2	−17.42	1.3	72	
⑨	粉质黏土	21.0	−20.22	2.8	68	
⑩	粉土	23.0	−22.22	2.0	72	
⑪	粉砂	27.0	−26.22	4.0	64	
⑫	粉质黏土	28.2	−27.42	1.2	75	
⑬	粉砂	29.5	−28.72	1.3	64	
⑭	粉质黏土	31.5	−30.72	2.0	75	
⑮	粉质黏土	40.0	**−37.50**	6.78	79	
⑯	粉质黏土	40.0	−39.22	1.72	79	
⑰	粉土	41.3	−40.52	1.3	80	
⑱	粉砂	44.5	−43.72	3.2	68	
⑲	粉质黏土	46.28	−45.50	1.78	74	1140

10.2.3　试验概况

1. 施工情况

试验墙于 2006 年 12 月 23 日 9：23 开始挖槽，2006 年 12 月 24 日 8：00 到达指定标

高，终止挖槽；2006 年 12 月 27 日 1：50 下钢筋笼，灌注混凝土，2006 年 12 月 27 日 3：15 灌注完毕。

荷载箱尺寸为 9400mm×2600mm，荷载箱高 430mm，行程 200mm。为保证荷载箱上、下盖板有足够大的刚度，加载变位时不至于产生过大的变形，在上、下盖上特别设置了支撑钢板筋。荷载箱埋设于距墙端 8m 处，加载时在地面处用高压油泵通过油管向荷载箱内加压，荷载箱见图 10-7，荷载箱和钢筋笼连接见图 10-8。

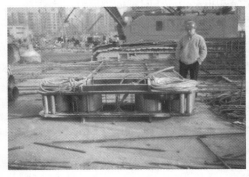

图 10-7　矩形荷载箱

图 10-8　荷载箱与钢筋笼焊接

2. 现场测试情况

1）压浆前竖向静载试验

2007 年 1 月 14 日开始前期工作准备，1 月 17 日下午试验开始。分 15 级加载，最大加载值为 2×18000kN。

1 月 19 日凌晨 2 点。当加至荷载 2×9600kN 时，尽管上位移很小（仅 2.43mm）但下位移急剧增大，很难稳定，总位移量已超过 40mm（达 46.58mm），且该级的位移量远大于上一级位移量的 5 倍，故加载终止。取前一级荷载为下段墙的极限承载力（8400kN）。

2）压浆后竖向荷载试验

2007 年 1 月 19 日下午天津三建建筑工程有限公司对地连墙墙底进行压浆，墙底共压入 1.75t 水泥。

2007 年 2 月 8 日开始试验准备，2 月 9 日上午试验开始。分 15 级加载，预计最大加载值 2×23500kN。

2007 年 2 月 10 日 23：00 点加载至荷载 2×23500kN 时，向下位移 6.42mm，向上位移 5.38mm，位移量均不大。继续增加一级加载（16 级，2×25066kN），向下位移急剧增加，位移量迅速达到 43.42mm，且难以稳定，故终止加载，开始卸载。取 23500kN 为荷载箱下部墙体的竖向抗压极限承载力。

现场试验照片如图 10-9 所示。

图 10-9　试验现场照片

10.2.4　试验结果分析

1. 压浆前下段墙的抗压极限承载力

由压浆前试验得到的 Q-s 曲线、s-$\lg t$ 曲线和根据采集的钢筋计数据绘制的下段墙的轴力图（见图 10-10）可知，压浆前下段墙的极限抗压承载力为 8400kN，其中：侧摩阻力 6488kN，端阻力 1912kN。

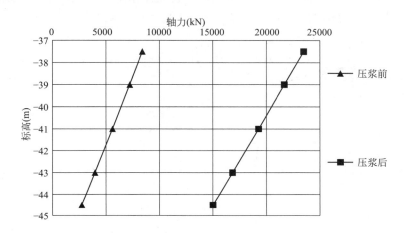

图 10-10　下段墙压浆前后最大轴力图

而根据地质报告数据计算的下段桩的总极限承载力应为 9344kN，其中：

侧摩阻力：$(2973.4-2284.2)\times 8=5513.6$kN

端阻力：$1140\times 2.8\times 1.2=3830.4$kN

压浆前下段墙的极限抗压承载力计算值与试验值的对比列于表 10-18。

压浆前实测值与地质报告计算值对比表　　　　　　　　　表 10-18

	计算值(kN)	实测值(kN)	实测值/计算值
侧摩阻力	5513.6	6488	118%
端阻力	3830.4	1912	50%
总阻力	9344	8400	90%

从表 10-18 中可以看出，下段墙的实测侧摩阻力比计算值大 18%，而端阻力则比计算值小很多，只有计算值的 50%！

端阻力比计算值小的原因很多，成孔后未及时浇灌混凝土（24 日 8：00 终止挖槽；27 日下午 1：50 下钢筋笼，灌注混凝土，相隔 3 天之久），孔底土层被水浸泡软化也可能是原因之一。

2. 压浆后墙的抗压极限承载力

由压浆后试验得到的 Q-s 曲线和 s-$\lg t$ 曲线可知：

$Q_{uu}\geqslant 25000$kN，$Q_{ud}=23500$kN。

根据《桩承载力自平衡测试技术规程》DB32/T 291—1999，压浆后试验墙的竖向抗压极限承载力为：

$$Q_u = \frac{Q_{uu} - W}{\gamma} + Q_{ud} = (25066 - 25.0 \times 1.2 \times 2.8 \times 40)/0.8 + 23500 = 27133 + 23500$$

$$= 50633 \text{kN}$$

通过试验中测得的墙身应变和截面刚度，亦可计算出墙身轴向力分布，进而求出不同深度处的墙侧摩阻力，利用荷载传递解析法，可将墙侧摩阻力和变位量的关系、荷载箱荷载和变位量的关系，转换成等效墙顶荷载-沉降关系。等效墙顶 Q-s 曲线见图 10-11。

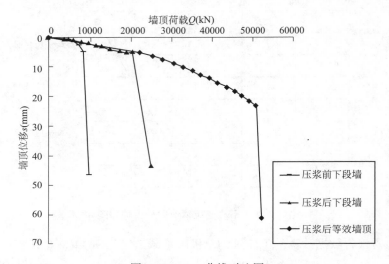

图 10-11　Q-s 曲线对比图

由图 10-11 的等效转换曲线可得压浆后的竖向抗压极限承载力为 50574kN。

3. 压浆对抗压极限承载力的影响

墙底压浆，除了使地连墙的端承力有了极大提高外，对墙侧摩阻力也有很大影响，见表 10-19。

压浆后实测值与压浆前计算值比较表　　　　　　　　　　　　表 10-19

	压浆前计算值(kN)	压浆后实测值(kN)	实测值/计算值
上段墙侧摩阻力	18273	27073	148%
下段墙侧摩阻力	5513.6	9710	176%
端阻力	3830.4	13790	360%
下段墙总阻力	9344	23500	251%
抗压极限承载力	27617	50574	183%

从表 10-19 看出，与按地质报告提供的数据的计算值相比，墙底压浆使墙的端承力提高了近 3 倍。下段墙的侧摩阻力提高了 76%；与压浆前的实测数据相比，下段墙的侧摩阻力也提高了 (9710 - 6488)/6488 = 49.6%。下段墙压浆后各土层侧摩阻力的提高的幅度见表 10-20 和图 10-12 与图 10-13。

压浆前后下端墙体的最大侧摩阻力对比表　　　　　　表 10-20

土层号	土层标高（m）	勘察报告值（kPa）	压浆前实测值（kPa）	压浆后实测值（kPa）	压浆后提高的百分比
1	−37.5～−39.0	79	100.18	150.57	50.30%
2	−39.0～−41.0	80	102.18	151.59	48.36%
3	−41.0～−43.0	68	104.22	151.59	45.45%
4	−43.0～−44.5	74	105.12	152.61	45.18%

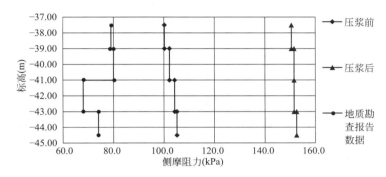

图 10-12　压浆前后下端墙体的最大侧摩阻力对比图

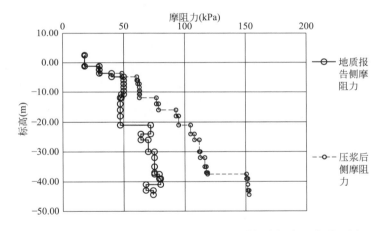

图 10-13　压浆后墙体最大侧摩阻力和地质报告侧摩阻力对比图

　　墙底压浆不仅使荷载箱以下墙体的侧摩阻力有很大提高，距墙端较远的荷载箱上部墙体的侧摩阻力也有一定的提高。由压浆前下段墙实测值与计算值的比较可知，侧摩阻力的实测值约比计算值大 18%。若认为压浆前上段墙的实际侧摩阻力也比计算值大 18%，则压浆后上段墙的侧摩阻力提高了 25%，虽没有下段墙提高的幅度大（49.6%），但效果也还是很明显的。

　　可见，就本工程的地质条件而言，压浆是提高墙（桩）承载力的一个有效手段。

10.2.5　总结

1. 自平衡法可以成功应用于地下连续墙基础的大吨位静载试验中，也可以推广应用于沉井以及异形不规则断面基础的静载荷试验中。

2. 由压浆前试验结果的整理分析可知，在荷载箱以下墙体达到极限抗压承载力时，上段墙体并未破坏，因此，压浆前只能得到下段墙的极限抗压承载力为 8400kN，其中：侧摩阻力 6488kN，端阻力 1912kN。墙底压浆后，Q-s 曲线比压浆前平缓，墙体承载性状得到改善，压浆后墙体的竖向抗压极限承载力达到 50574kN。

3. 墙底压浆消除了墙底沉渣的影响，极大幅度提高了墙端阻力，且水泥浆沿墙身向上渗透，一定范围内消除了墙侧泥皮的影响，改善了墙土接触界面性状，总的侧摩阻力也得到了提高。

第11章 在钢管混凝土组合桩中的应用

11.1 武汉新港白浒山港区左岭作业区煤码头工程

11.1.1 工程概况

工程名称	武汉新港白浒山港区左岭作业区煤码头工程		工程地点	湖北省鄂州市葛店镇
检测目的	验证桩基的嵌岩深度和桩基的承载能力		检测依据	1.《公路工程技术标准》JTGB 01—2003 2.《公路桥涵施工技术规范》JTJ 041—2000 3.《港口工程桩基规范》JTJ 254—98 4.《基桩静载试验 自平衡法》JT/T 738—2009 5. 设计图纸和岩土工程勘察报告
结构形式	直立式桩基梁板结构		基础形式	预制型芯柱嵌岩钢管桩
桩端持力层	⑦₃ 中风化砂岩(P$_{Z2}$)		试桩混凝土强度等级	水下 C30
桩号	桩径(mm)	有效桩长(m)	单桩承载力特征值(kN)	最大试验荷载(kN)	成桩日期	检测日期
C16	1200	19.0	6250	2×7920	2013/7/30	2013/8/26
检测数量	1根		检测方法	自平衡法静载		

11.1.2 地质条件

1. 岩层分布

根据工程勘察报告,码头区地层从新至老为填土(Q$_4^{ml}$)、粉质积土(Q$_4^c$),淤泥质粉质黏土(Q$_4^{al}$),粉质黏土及黏土(Q$_4^{al}$),中粗砂(Q$_3^{al}$),卵石(Q$_3^{al}$),强风化泥质砂岩(P$_{Z2}$),强风化砂质泥岩(P$_{Z2}$),下伏基岩岩性特征分别如下:

1) 中风化泥质砂岩(P$_{Z2}$):紫红色,主要为泥质粉砂岩,局部为泥质细砂岩,岩芯多呈短柱状,块状,少量柱状及碎块状。其天然单轴极限抗压强度值在 8.76~28.6MPa 之间,平均值 18.2MPa;饱和单轴极限抗压强度值在 4.97~21.1MPa 之间,平均值12.7MPa。

2) 中风化砂质泥岩(P$_{Z2}$):紫红色,主要为粉砂质泥岩,岩芯多呈短柱状,块状,少量柱状及碎块状。其天然单轴极限抗压强度值在 2.49~13.3MPa 之间,平均值 7.5MPa;饱和单轴极限抗压强度值在 1.62~3.12MPa之间,平均值 2.37MPa。

3) 中风化砂岩(P$_{Z2}$):灰色,夹紫红色,钙质胶结,隐晶质结构,多为粉细砂岩,局部为中细砂岩、中粗砂岩等,岩芯较破碎,多呈块状及短柱状,少量碎块状及柱状。其天然单轴极限抗压强度值在 10.8~104MPa 之间,平均值 42.5MPa;饱和单轴极限抗压强度值在 18.9～42.3MPa 之间，平均值 30.0MPa。

试桩桩位处地质柱状图如图 11-1 所示。

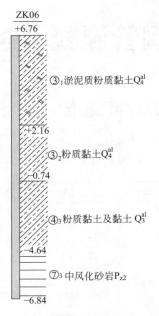

图 11-1　试桩地质柱状图

2. 土层物理力学指标（表 11-1）

土层的一般物理力学指标统计表

表 11-1

地层	含水率 w （%）	重度 γ （kN/m³）	孔隙比 e	液性指数 I_L	快剪		固快		无侧限压强 q_u （kPa）	压缩系数 $a_{0.1-0.2}$ （MPa⁻¹）	压缩模量 E_s （MPa）
					黏聚力 c(kPa)	内摩擦角 φ （°）	黏聚力 c(kPa)	内摩擦角 φ' （°）			
②粉质黏土	25.5	20.0	0.700	0.37	24	19	25	20	134.1	0.24	7.32
③₁淤泥质粉质黏土	41.8	18.1	1.149	1.07	8*	6*	13*	16*	56.0	0.56	3.80
③₂粉质黏土	31.6	19.0	0.887	0.73	14	12	19	21	76.8	0.39	4.79
④₁粉质黏土及黏土	26.6	19.9	0.709	0.61	21	18	24	21	138.1	0.22	8.10
④₂粉质黏土及黏土	24.8	20.2	0.677	0.33	28	19	28	21	171.6	0.19	9.20
④₃粉质黏土及黏土	25.9	20.0	0.717	0.2	38	21	38	22	251.8	0.18	12.32

3. 桩基设计参数（表 11-2）

单元土体桩基设计参数推荐值

表 11-2

单元土体名称及编号	预 制 桩		钻 孔 桩	
	桩侧极限摩阻力标准值 q_f(kPa)	桩端极限阻力标准值 q_R(kPa)	桩极限侧摩阻力标准值 q_{fi}(kPa)	容许承载力 $[q_0]$ （kPa）
①杂填土	30～40	—	28～35	—
②粉质黏土	35～40	—	32～37	—
③₁淤泥质粉质黏土	15		13	—

续表

单元土体名称及编号	预 制 桩		钻 孔 桩	
	桩侧极限摩阻力标准值 q_f(kPa)	桩端极限阻力标准值 q_R(kPa)	桩极限侧摩阻力标准值 q_{fi}(kPa)	容许承载力 $[q_0]$（kPa）
③₂ 粉质黏土	35~40	—	32~37	—
④₁ 粉质黏土及黏土	40~50	—	35~45	—
④₂ 粉质黏土及黏土	50~65	—	45~60	260
④₃ 粉质黏土及黏土	70~80	1600	65~75	300
⑤ 卵石	—	—	—	—
⑥₁ 强风化泥质砂岩	90~110	6000	80~90	500
⑥₂ 强风化砂质泥岩	80~100	5000	—	400
⑦₁ 中风化泥质砂岩	—	10000	—	1000
⑦₂ 中风化砂质泥岩	—	9000	—	800
⑦₃ 中风化砂岩	—	12000	—	1200

11.1.3　检测桩概况

本项目由长江航道局施工，测试桩为桩径 1200mm 预制型芯柱嵌岩钢管桩，施工步骤为先打入钢管桩，在钢管桩中进行钻孔施工。施工过程中一切正常。

检测桩参数详见表 11-3、表 11-4，检测桩平面位置图详见图 11-2。

钢 管 桩 参 数　　　　　表 11-3

序号	钢管桩顶标高（m）	钢管桩底高程（m）	钢筋混凝土芯柱底标高（m）	钢管桩内混凝土芯长度（m）
C16	22.70	−5.80	−14.8	10

灌 注 桩 参 数 表　　　　　表 11-4

检测桩编号	钻头类别	钻头直径（m）	钻孔平台面标高(m)	钻孔深度（m）	孔底标高（m）	有效桩长（m）	桩端持力层	参考钻孔编号
C16	冲击钻头	1.05	22.60	37.48	−14.80	19.0	中风化砂岩（P$_{z2}$）	ZK06

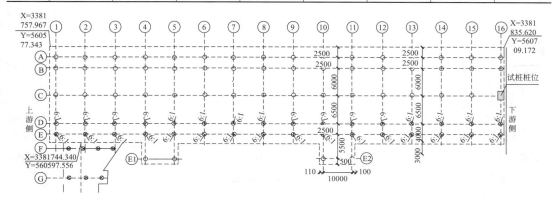

图 11-2　桩位平面位置图

11. 1. 4　检测情况及结果分析

1. 检测情况

C16 桩，7 月 30 日灌注成桩，8 月 16 日进行超声波检测，显示桩身混凝土质量良好，为Ⅰ类桩。8 月 26 日下午 13：00 开始静载测试，荷载分 12 级 11 次加载，第一级按两倍分级荷载加载，至 28 日早上 8：00 测试结束。试桩上段桩的最终加载值 Q_{us} 取 7920kN，下段桩的最终加载值 Q_{ux} 取 7920kN。

试桩加载分级表详见表 11-5。试验过程中天气多云到晴，东南风 2 级，气温 27～36℃。试桩在加、卸载时荷载传递均匀、连续、无冲击，每级荷载在维持过程中的变化幅度没有超过分级荷载的±10％。

试桩加卸载分级表

表 11-5

荷载编号	荷载值(kN)	压力值(MPa)
1	2×1320	8.52
2	2×1980	12.78
3	2×2640	17.04
4	2×3300	21.30
5	2×3960	25.56
6	2×4620	29.82
7	2×5280	34.08
8	2×5940	38.34
9	2×6600	42.60
10	2×7260	46.86
11	2×7920	51.12
(卸载)12	2×5940	38.34
13	2×3960	25.56
14	2×1980	12.78
15	0	0

试桩顶部做有效遮盖，桩周围 10m 范围内无振动，现场情况符合测试条件。

2. 单桩竖向承载力确定

现场实测数据绘制的 Q-s 曲线、s-$\lg t$ 曲线见附图集，根据中华人民共和国行业标准《建筑基桩检测技术规范》JGJ 106—2003 和江苏省工程建设标准《基桩自平衡法静载试验技术规程》DGJ32/TJ 77—2009，试桩分析结果如表 11-6 所示。

试桩测试分析结果表　　　　　　　　　　　表 11-6

项目　　　　　　　　　　试桩编号	C16	
试桩上段桩的最终加载值 Q_{uu}(kN)	7920	
试桩下段桩的最终加载值 Q_{ul}(kN)	7920	
荷载箱上部桩自重 W(kN)	300	
试桩的修正系数 γ	1.0	
单桩竖向抗压极限承载力 P_u(kN)	$(7920-300)/1.0+7920=15540$	
最大位移(mm)	上位移	1.66
	下位移	2.47
残余位移(mm)	上位移	0.53
	下位移	0.90

11.1.5　结论

1. 试桩等效转换

采用等效转换方法，根据已测得的各土层摩阻力-位移曲线，转换至桩顶，得到试桩等效转换曲线。C16 桩等效转换曲线如图 11-3 所示。试桩极限承载力取规程计算结果，对应位移从等效转换曲线中求得。

C16 试桩极限承载力为 15540kN，对应位移为 10.32mm。

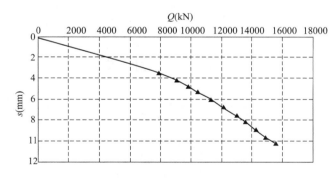

图 11-3　C16 桩等效转换曲线

C16 桩承载力及端阻力、侧阻力构成见表 11-7。

检测桩承载力构成　　　　　　　　　　　表 11-7

检测桩	C16	
	数值	比例
桩侧阻力(kN)	8315	53.50%
桩端阻力(kN)	7225	46.50%
桩顶荷载（kN）	15540	—

2. 桩侧摩阻力（表11-8、图11-4）

实测C16桩各土层摩阻力　　　　　　　　　　　　　　　　表11-8

土层名称	土层厚度 （m）	地勘报告土层摩 阻力（kPa）	实测土层摩阻力 （kPa）	对应位移 （mm）
③₁淤泥质粉质黏土	2.04	13	13	0.00
③₂粉质积土	2.9	32～37	37	0.01
④₃粉质黏土及黏土	3.9	65～75	72	0.02
⑦₃中风化砂岩	2.2	—	201	0.08
⑦₃中风化砂岩	5.46	—	204	0.60
⑦₃中风化砂岩	1.5	—	207	1.44

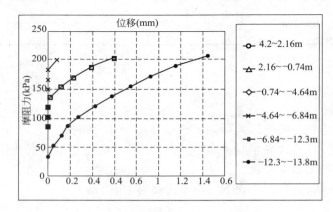

图11-4　C16桩桩侧摩阻力-位移曲线

3. 桩端承载力

C16桩端阻力-位移曲线如图11-5所示。桩端阻力为7225kN，相应位移为2.18mm。

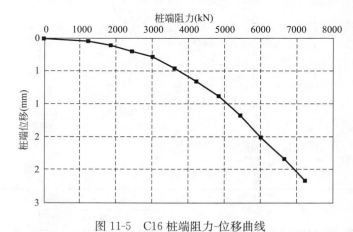

图11-5　C16桩端阻力-位移曲线

4. 桩施工工艺结论

上述测试结果表明，试桩采用的施工工艺能够满足设计要求。

11.2　嘉鱼港石矶头港区临江山物流园区综合码头工程

11.2.1　工程概况

工程名称	嘉鱼港石矶头港区临江山物流园区综合码头工程		工程地点	湖北省嘉鱼县		
结构形式	高桩梁板式码头		检测依据	1.《公路工程技术标准》JTGB 01—2003 2.《公路桥涵施工技术规范》JTJ 041—2000 3.《港口工程桩基规范》JTJ 254—98 4.《基桩静载试验 自平衡法》JT/T 738—2009 5. 设计图纸和岩土工程勘察报告		
检测目的	确定单桩的竖向抗压极限承载能力		桩型	钢管桩内钻孔桩	混凝土等级	水下 C30
试桩编号	抗拔/抗压	桩径（mm）	桩长（m）	承载力特征值（kN）	实际加载值（kN）	成桩日期	检测日期	备注
M-68	抗压	800/1000	36	5200	2×6240	2014.7.7	2014.7.15	
C-34	抗压	800/1000	36	5200	2×6240	2014.9.18	2014.9.28	
检测方法	静载（自平衡法）		抽检类型	指定		

11.2.2　地质资料

1. 地质描述

本区江岸区、江堤内、江堤上及江堤外主要分布为第四系全新统冲洪积（Q_4^{al+pl}）成因的黏性土、粉细砂层，未见基岩裸露。各自的岩土性状按地层时代由新至老分述如下：

①$_1$（Q^{ml}）抛石：杂色，松散，饱和，主要成分为灰岩，呈块状，一般块径为 35～45cm，最大 60cm，以粉细砂及黏性土充填，揭露厚度 0.90～4.20m，局部有分布。

①$_2$素填土（Q^{ml}）：灰褐色，松散状，稍湿，主要由粉质黏土夹粉砂组成，含少量植物根系，揭露厚度 2.90～3.30m，陆域部分均有分布。

②粉质黏土（Q_4^{al+pl}）：灰褐色，软—可塑，稍湿，主要由黏粒组成，刀切面较光滑，手搓易成条，干强度和韧性一般，无摇振反应，揭露厚度 18.10～20.60m，层顶标高 24.06～25.27m，陆域部分均有分布。

③细砂（Q_4^{al+pl}）：灰褐色，稍密，局部中密，饱和，主要由粉砂组成，局部见少量的粉土夹层，主要矿物为石英云母风化物，摇振反应明显，揭露厚度 1.40～12.50m，层顶标高 3.45～13.94m，主要分布水域地段。

④$_1$强风化砂岩（S）：褐红色，强风化，粉砂质结构，层状构造，局部夹砾岩薄层，节理裂隙较发育，属极软岩，岩体破碎，岩体质量等级为 V 级，岩芯破碎，呈块状少量短柱状，揭露厚度 1.50～7.20m，层顶标高 —0.05～6.57m，全场均有分布。

④$_2$中风化砂岩（S）：褐红色，中风化，粉砂质结构，层状构造，局部夹砾岩薄层，节理裂隙较发育，属软岩，岩体较完整，岩体质量等级为 Ⅳ 级，岩芯呈短柱状少量块状、长柱状，揭露厚度 7.90～22.70m，层顶标高 —5.15～5.07m，全场均有分布。

2. 桩基设计参数（表11-9、表11-10）

各土层物理力学性质指标　　表11-9

岩土编号及名称	统计指标	含水率 w (%)	重度 γ (kN/m³)	土粒相对密度 d_s	孔隙比 e	饱和度 S_r (%)	液限 w_I (%)	塑限 w_p (%)	液性指数 I_L	塑性指数 I_P (%)	压缩系数 a_{1-2} (MPa⁻¹)	压缩模量 E_s (MPa)	直(快)剪 黏聚力 c(kPa)	直(快)剪 内摩擦角 φ(°)
②粉质黏土	n	6	6	6	6	6	6	6	6	6	6	6	6	6
	max	35.20	18.75	2.72	0.97	99.00	42.60	26.40	0.66	16.60	0.35	7.84	58	12.5
	min	30.70	18.34	2.71	0.86	96.00	37.10	22.50	0.50	11.10	0.24	5.59	35	9.5
	μ	32.65	18.52	2.72	0.91	97.50	39.03	24.68	0.57	14.35	0.28	6.84	43	10.8
	σ	1.59	0.17	0.01	0.04	1.05	1.98	1.52	0.06	2.46	0.04	0.82	9.31	1.08
	δ	0.05	0.01	0.00	0.04	0.01	0.05	0.06	0.10	0.17	0.15	0.12	0.21	0.10
	Ψ												0.82	0.92
	X_k												35	9.9

桩基设计参数表　　表11-10

桩型及设计相关参数符号		土层深度 (m)	地层编号及设计参数值 ②粉质黏土	地层编号及设计参数值 ③细砂	地层编号及设计参数值 ④₁强风化砂岩	地层编号及设计参数值 ④₂中风化砂岩
预制桩（钢管、混凝土）	桩的极限侧阻力标准值 q_f(kPa)	0～2	23	29	—	—
		2～4	26	32	100	—
		4～6	30	35	120	115
		6～8	32	38	140	125
		8～10	34	40	155	135
		10～13	38	43	175	145
		13～16	40	—	175	155
		16～19	42	—	175	165
		19～22	44	—	175	175
		22～26	45	—	175	185
		26～30	—	—	—	195
		30～35	—	—	—	240
		35～40	—	—	—	240
		40～45	—	—	—	240
		45～50	—	—	—	240
		>50	—	—	—	240
	桩的极限端阻力标准值 q_R(kPa)	30～35	—	—	—	—
		35～40	—	—	—	—
		40～45	—	—	—	—
		45～50	—	—	—	—
		50～55	—	—	—	—
		>55				

续表

桩型及设计相关参数符号		土层深度（m）	地层编号及设计参数值			
			②粉质黏土	③细砂	④₁强风化砂岩	④₂中风化砂岩
钻（冲）孔灌注桩	桩的极限侧阻力标准值 q_f(kPa)	—	40	50	170	200
	桩的极限端阻力标准值 q_R(kPa)	—	—	—	1800	2400

11.2.3 受检桩的桩号、桩位和相关施工记录

1. 试桩概况

试桩参数如表 11-11 所示。

试 桩 相 关 参 数　　　　　　　　　　表 11-11

试桩编号	桩型	桩径（mm）	桩顶标高（m）	有效桩长（m）	荷载箱距桩端（m）	成桩日期	混凝土强度
M-68	钢管桩内钻孔桩	800/1000	27.4	36	2	2014.7.7	水下 C30
C-34	钢管桩内钻孔桩	800/1000	27.4	36	2	2014.9.18	水下 C30

2. 试桩桩位图（图 11-6）

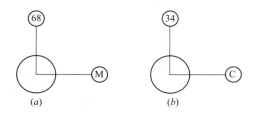

图 11-6 试桩桩位图
(a)M-68；(b)C-34

11.2.4 检测结果分析

1. 各桩的极限承载力确定

由现场实测数据绘制的 Q-s 曲线、s-$\lg t$ 曲线，根据《基桩静载试验 自平衡法》JT/T 738—2009 综合分析，各桩极限承载力如表 11-12 所示。

试桩自平衡规程分析结果　　　　　　　　　　表 11-12

试桩编号	上段桩试验承载力 Q_{us}(kN)	下段桩试验承载力 Q_{ux}(kN)	上段桩长度（m）	上段桩有效自重 W(kN)	单桩竖向抗压承载力 P_u(kN)
M-68	6240	6240	34	323	13636
C-34	6240	6240	34	290	13678

2. 等效曲线转换（表 11-13、图 11-7 和图 11-8）

等 效 转 换 表　　　　　　　　　　　　　　　表 11-13

荷载序号	M-68		C-34	
	Q(kN)	s(mm)	Q(kN)	s(mm)
0	0	0	0	0
1	1980	2.41	2137	2.60
2	3168	3.85	3123	3.88
3	4741	5.19	4697	5.32
4	6140	6.82	6003	6.97
5	7404	8.46	7308	8.77
6	8732	10.25	8406	10.51
7	9990	12.16	9677	12.62
8	11116	14.09	10856	14.76
9	12266	16.33	11910	17.01
10	13116	18.82	12956	19.50
11	13636	21.93	13678	22.51

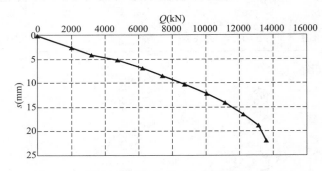

图 11-7　M-68 的 Q-s 转换曲线

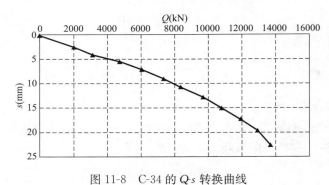

图 11-8　C-34 的 Q-s 转换曲线

11.2.5　检测结论

M-68 桩竖向抗压极限承载力为 13636kN，满足设计要求极限承载力 10400kN；
C-34 桩竖向抗压极限承载力为 13678kN，满足设计要求极限承载力 10400kN。

11.3　镇江港龙门港区船港物流码头工程

11.3.1　工程概况

工程名称	镇江港龙门港区船港物流码头工程			工程地点		江苏省镇江市丹徒区	
结构形式	港口码头			检测依据	1. 交通运输部《基桩静载试验 自平衡法》JT/T 738—2009 2. 江苏省建设厅《基桩自平衡法静载试验技术规程》DGJ32/TJ 77—2009 3.《港口工程桩基规范》JTS 167—4—2012 4.《港口工程嵌岩桩设计与施工规程》JTJ 285—2000 5.《水运工程混凝土结构设计规范》JTS 151—2011 6. 其他现行有关强制性标准		
检测目的	1. 验证桩基的嵌岩深度和桩基的承载能力 2. 验证嵌岩桩的施工工艺			桩型	预制型芯柱嵌岩钢管桩	混凝土等级	C30
试桩编号	抗拔/抗压	桩径（mm）	桩长（m）	要求试验最大加载值（kN）	实际加载值（kN）	成桩日期	检测日期	备注
A4	抗压	1000/850	33.05/15.1	13300	2×6207	2013.3.12	2013.4.13	
A40	抗压	1200/1050	35.06/10.43	17400	2×8700	2013.3.19	2013.4.26	
检测方法	静载（自平衡法）			抽检类型		指定	

11.3.2　地质资料

1. 地质描述

① 层填土成分复杂，结构松散，力学性质不均匀，属不均匀地基土；

② 层土分布较均匀，层厚不稳定(往长江变薄或缺失)，土质欠均匀，属不均匀~欠均匀地基土；

③ 层土分布较均匀，层厚不稳定(往长江变薄或缺失)，土质变异性较大，属不均匀地基土；

④ 层土分布不均匀，层厚不稳定，土质变异性较大，属不均匀地基土；

⑤ 层土分布较均匀，层厚尚稳定，但力学性能变异性较大，且基岩面坡面局部大于10%，属不均匀地基土。

由于场地有两个地貌单元，地势由南向北逐渐降低，向长江方向倾斜，各地基土层亦向长江方向倾斜，同时各地基土层分布欠均匀，花岗岩形成的残积土和风化层风化程度有差异，裂隙分布不均匀，力学性质不均，故各拟建物的地基为不均匀地基。

2. 桩基设计参数(表 11-14)

地基容许承载力、桩侧极限摩阻力及桩端极限阻力建议值表　　　表 11-14

层序	岩土名称	钻孔灌注桩(水冲桩)		预制桩		
		q_f(kPa)	q_r(kPa)	q_f(kPa)		q_r(kPa)
②₁	粉质黏土	32		18	<3m	
②₂	淤泥质粉质黏土	20		8	0~2	
				10	2~4	
				11	4~6	
				12	6~8	
				14	8~10	
				17	11~13	
				18	13~16	
				20	>16	
③₁	粉质黏土	44		38	<16	
				44	16~19	
				51	19~22	
				54	22~26	
				57	26~30	
				60	30~35	
③₂	粉细砂	40		44	<16	
				60	16~19	
				67	19~22	
				71	22~26	
				75	26~30	
				79	30~35	
④	砂夹砾石	90	1300	80	<10	2000
				100	11~15	3800
				120	15~20	5000
				128	20~25	7000
				130	25~30	7500
				144	30~35	8000
⑤₁	强风化花岗岩	110	2500	80	<10	2500
				100	11~15	4000
				120	15~20	5500
				130	20~25	7500
				135	25~30	7800
				150	30~35	9000

续表

层序	岩土名称	钻孔灌注桩（水冲桩）		预制桩		
		q_f(kPa)	q_r(kPa)	q_f(kPa)		q_r(kPa)
⑤₂	中风化花岗岩	135	3500	150	<20	8000
				180	20～25	9000
				200	25～30	9500
				220	30～35	10000
⑤₂	中风化花岗岩	单轴饱和抗压强度标准值 36.08MPa				

注：q_f、q_r均为极限标准值。

3. 试桩对应地质剖面图（图 11-9）

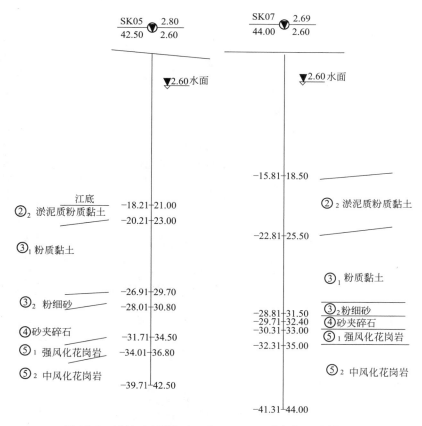

图 11-9　试桩 A4(SK05)、A40(SK07)对应的地质剖面图

11.3.3　受检桩的桩号、桩位和相关施工记录

1. 试桩概况

编号为 A4 的试桩：钻孔灌注桩，桩径 850mm，桩顶标高 −21.40m，桩底标高 −36.50m，荷载箱位于距桩端 1m 处，于 2013 年 3 月 12 日成桩，混凝土强度等级为 C30；

钢管桩桩长 33.05m，桩顶标高 3.65m，桩底标高－29.4m，外径 1000mm，壁厚 16mm。

编号为 A40 的试桩：钻孔灌注桩，桩径 1050mm，桩顶标高－22.28m，桩底标高－32.71m，荷载箱位于距桩端 1m 处，于 2013 年 3 月 19 日成桩，混凝土强度等级为 C30；钢管桩桩顶标高 4.46m，桩底标高－30.60m，外径 1200mm，壁厚 18mm。

2. 试桩桩位图（图 11-10）

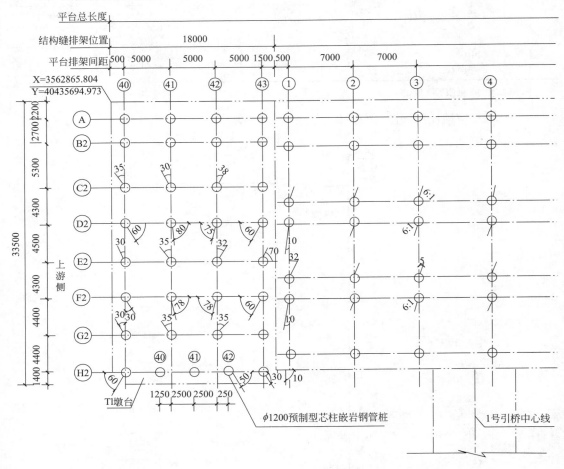

图 11-10　试桩位置图

11.3.4　检测结果分析

由现场实测数据绘制的 Q-s 曲线、s-$\lg t$ 曲线，根据《基桩静载试验 自平衡法》JT/T 738—2009 综合分析，各桩极限承载力如表 11-15 所示。

试桩自平衡规程分析结果　　　　　　　　　　　　　　表 11-15

试桩编号	上段桩实测极限承载力 Q_{us}(kN)	下段桩实测极限承载力 Q_{ux}(kN)	上段桩长度（m）	上段桩有效自重 W(kN)	单桩竖向抗压极限承载力 P_u(kN)
A4	5763	5763	14.1＋33.05	196＋128	12562
A40	8700	8700	9.43＋35.06	200＋184	19095

11.3.5　检测结论

1. 极限承载力

A4 试桩极限承载力为 12562kN，对应位移为 16.69mm。等效转换曲线见图 11-11。

A40 试桩极限承载力为 19095kN，对应位移为 17.55mm。等效转换曲线见图 11-12。

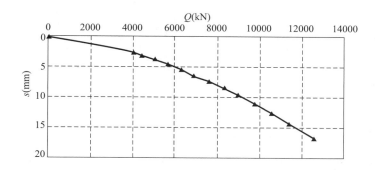

图 11-11　A4 桩转换曲线

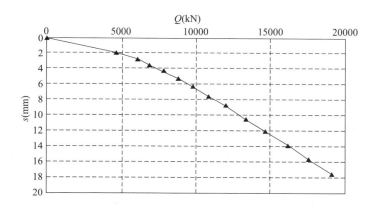

图 11-12　A40 桩转换曲线

2. 承载特性

检测桩承载力及端阻力、侧阻力构成见表 11-16。

检测桩承载力构成

表 11-16

检测桩	A4		A40	
	数值	比例	数值	比例
桩侧阻力（kN）	7091	56.44%	12337	64.60%
桩端阻力（kN）	5471	43.56%	6758	35.40%
桩顶荷载（kN）	12562	—	19095	—

3. 桩侧摩阻力(表 11-17 和表 11-18)

实测 A4 桩各土层摩阻力沿深度分布表　　　　表 11-17

土层名称	土层厚度(m)	地勘报告土层摩阻力(kPa)	实测土层摩阻力(kPa)	对应位移(mm)
②₂ 淤泥质粉质黏土/ ③₁ 粉质黏土/ ③₂ 粉细砂	9.49	20/44/40	47	31.10
③₂ 粉细砂/ ④砂夹碎石	0.6	40/90	71	31.33
④砂夹碎石	2	90	98	31.42
④砂夹碎石/ ⑤₁ 强风化花岗岩/ ⑤₂ 中风化花岗岩	4.2	90/110/135	250	31.77
⑤₂ 中风化花岗岩	1	135	241	32.30
⑤₂ 中风化花岗岩	0.5	135	278	8.80

实测 A40 桩各土层摩阻力沿深度分布表　　　　表 11-18

土层名称	土层厚度(m)	地勘报告土层摩阻力(kPa)	实测土层摩阻力(kPa)	对应位移(mm)
②₂ 淤泥质粉质黏土/ ③₁ 粉质黏土	12.2	20/44	58	23.76
③₁ 粉质黏土	0.6	44	73	24.14
③₂ 粉细砂/ ④砂夹碎石	2	40/90	484	24.28
⑤₁ 强风化花岗岩	1.1	110	533	24.56
⑤₁ 强风化花岗岩	0.5	110	519	9.81

4. 桩端阻力

A4 桩端阻力-位移曲线如图 11-13 所示。桩端阻力为 5471kN，相应位移为 8.55mm。

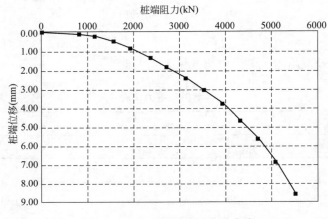

图 11-13　A4 桩端阻力-位移曲线

A40 桩端阻力-位移曲线如图 11-14 所示。桩端阻力为 6758kN，相应位移为 9.64mm。

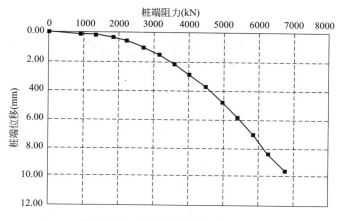

图 11-14　A40 桩端阻力-位移曲线

第12章 在根式沉井基础中的应用

12.1 马鞍山长江大桥

12.1.1 马鞍山长江大桥南岸北岸段

1. 工程概况

南岸 SSSZ-05、SSSZ-06 试桩由中交第二公路工程局有限公司负责施工，北岸 SSSZ-03、SSSZ-04 试桩由中国铁建大桥工程局集团有限公司公司负责施工，在施工过程中武汉桥梁建筑工程监理有限公司全程监督试桩施工工艺和施工过程。南岸 SSSZ-05、SSSZ-06 试桩采用旋挖钻成孔，北岸 SSSZ-03、SSSZ-04 采用回旋钻反循环成孔。试桩参数见表12-1。

试桩参数一览表 表 12-1

桩号	桩径（m）	孔底高程（m）	护筒埋深（m）
SSSZ-01	2.2	−59.75	8.8
SSSZ-02	2.2	−64.28	11.0
SSSZ-03	2.2	−85.42	9.9
SSSZ-04	2.2	−90.5	11.0
SSSZ-05	2.0	−78.84	14.0
SSSZ-06	2.0	83.86	10.0

2. 地质概况（表12-2）

场地土层分布情况 表 12-2

层号	地层名称	密度或状态	承载力基本容许值 f_{a0} (kPa)	钻孔桩桩端土承载力容许值 q_r (kPa)	钻孔桩桩侧土摩阻力标准值 q_{ik} (kPa)	沉桩桩端土承载力标准值 q_{rk} (kPa)	沉桩桩侧土摩阻力标准值 q_{ik} (kPa)	土石工程等级
①₁	黏土	可塑	140		40		45	I
①₂	粉质黏土	软塑	100		35		40	I
②	粉土	稍密	125		35		40	I
③	粉细砂	松散	100		30		35	I
③₁	淤泥质粉质黏土	流塑	80		20		25	I
④	粉细砂	稍密	135		45		50	I
⑤	粉细砂	中密	175		50		55	I
⑤₁	黏土	可塑	170		50		55	I

续表

层号	地层名称	密度或状态	承载力基本容许值 f_{a0} (kPa)	钻孔桩桩端土承载力容许值 q_r (kPa)	钻孔桩桩侧土摩阻力标准值 q_{ik} (kPa)	沉桩桩端土承载力标准值 q_{rk} (kPa)	沉桩桩侧土摩阻力标准值 q_{ik} (kPa)	土石工程等级
⑥	粉细砂	密实	230		60		65	Ⅰ
⑥₁	粉质黏土	可塑	175		55		60	Ⅰ
⑦	粉细砂	密实	240	1050	65	6000	70	Ⅰ
⑦₁	粉质黏土	可塑	200		50	1600	55	Ⅱ
⑦₂	圆砾	密实	450	2100	130	7000	140	Ⅱ
⑦₃	卵石	密实	500	2750	150	8000	160	Ⅱ
⑧₁	卵石	密实	550	2750	155	8000	165	Ⅱ
⑧₂	黏土	可—硬塑	250	1500	70	2500	75	Ⅱ
⑧₃	粉细砂	密实	250	1050	65	6500	70	Ⅰ
⑧₃₋₁	含砾黏土	硬塑	260	1600	70		75	Ⅱ
⑧₃₋₂	卵石	密实	550	2750	155		165	Ⅱ
⑨	黏土	硬塑	260	1500	70		75	Ⅱ
⑩	粉细砂	密实	260	1100	70		75	Ⅰ
⑩₁	黏土	硬塑	300		75		80	Ⅱ

3. 试验结果分析

根据以上 SSSZ-1～SSSZ-6 对六根试桩压浆后测试结果统计，可得到不同土层的侧摩阻力大小，各土层侧摩阻力建议取值如表 12-3 和表 12-4 所示。

土层侧摩阻力建议取值（压浆后）　　　　表 12-3

地层名称	钻孔桩桩侧土摩阻力标准值 q_{ik}(kPa)	SSSZ-01 实测摩阻力 q_{ik} (kPa)	SSSZ-02 实测摩阻力 q_{ik} (kPa)	SSSZ-03 实测摩阻力 q_{ik} (kPa)	SSSZ-04 实测摩阻力 q_{ik} (kPa)	SSSZ-05 实测摩阻力 q_{ik} (kPa)	SSSZ-06 实测摩阻力 q_{ik} (kPa)
②粉土	35	26	22	—	—	—	—
③粉细砂	30	29	32	30～31	24～32	31	31
④粉细砂	45	45	49	50	46	47	49
⑤粉细砂	50	53	56～57	71～73	52～64	76～94	61～73
⑥粉细砂	60	72～88	84～89	100～111	94～103	106～119	108～120
⑥₁粉细砂	55			84	79		
⑦粉细砂	65	148～170	147～168	166～178	163～176	139～165	142～158
⑧₁卵石	155	—	—	303	319	—	203
⑧₂黏土	70	—	—	210	204		
⑧₃粉细砂	65	—	—	165～171	172～174	157～168	
⑧₃₋₁含砾黏土	70			—			160～164
桩端极限承载力(kPa)		5104	6255	4013(出现桩底沉渣较厚)	4697	5405	4479

土层侧摩阻力、端阻力统计值（压浆后）　　　　表 12-4

地层名称	钻孔桩桩侧土摩阻力标准值 q_{ik}（kPa）	摩阻力统计值 q_{ik}（kPa）	端阻力统计值 q_{bk}（kPa）
②粉土	35	25	
③粉细砂	30	30	—
④粉细砂	45	50	—
⑤粉细砂	50	70	—
⑥粉细砂	60	100	—
⑥₁粉细砂	55	80	—
⑦粉细砂	65	165	5100
⑧₁卵石	155	300	
⑧₂黏土	70	200	
⑧₃粉细砂	65	170	5400
⑧₃₋₁含砾黏土	70	164	4479

由现场实测数据绘制的 Q-s 曲线见图 12-1。

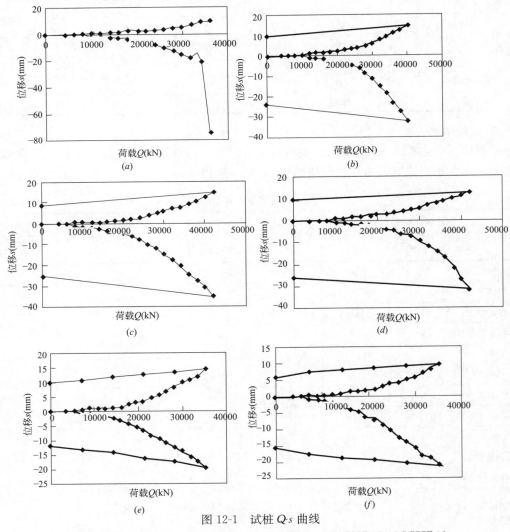

图 12-1　试桩 Q-s 曲线

（a）SSSZ-01；（b）SSSZ-02；（c）SSSZ-03；（d）SSSZ-04；（e）SSSZ-05；（f）SSSZ-06

12.1.2　马鞍山长江大桥江心洲引桥区

1. 工程概况

马鞍山长江大桥江心洲引桥区位于安徽省马鞍山市江心洲，锚碇中心里程为 K9＋580.00，临近江心洲长江西大堤，距其约 160m，地形较为平缓，主要为耕地及居民区，地面高程 7.50～8.05m。南锚碇采用重力式锚碇，锚体采用重力式块体结构，锚固系统采用前锚式预应力钢绞线锚固系统。马鞍山长江大桥江心洲引桥区基础采用根式沉井基础，根式沉井基础的设计深度为 47.0m，采用外径为 6.0m 的空心钢筋混凝土圆管，壁厚 0.8m，根键封壁厚 0.25m，底部封底厚 4.0m，上部封顶承台高 3.0m，封顶承台下设置牛腿构造。沉井管壁处布置 17 层根键，按照梅花形布置，每层沿管壁周边均布 6 根。

2. 地质概况

钻孔揭示深度范围内（82m）为第四系全新统松散填筑土、种植土、砂类土、圆砾土及上更新统圆砾土，基岩主要为侏罗系罗岭组（J_2^1）泥质粉砂岩。

锚碇处地层分布如下：

第①层为全新统松散填筑土、种植土；第②层为上部全新统黏性土，软塑为主，局部硬塑，下部全新统粉砂，松散；第③层全新统稍密—中密的砂类土及密实圆砾土组成，地层呈从上至下颗粒由细至粗的韵律，分别为细、中，密实度也以稍密—中密。此两层分布较稳定；

第④层地层主要为密实圆砾土层，埋深 58.0m 左右，顶面高程 −49.95，厚度 15.0m；

第⑥层为侏罗系罗岭组（J_2^1）泥质粉砂岩。砂泥质粉砂岩多泥质铁质胶结，岩质稍软，基岩层顶埋深 −64.95m；桥位区主要地层概况见地质柱状图 12-2，工程岩土技术参数值见表 12-5。

3. 试验结果分析

压入根键前后结果对比见表 12-6。

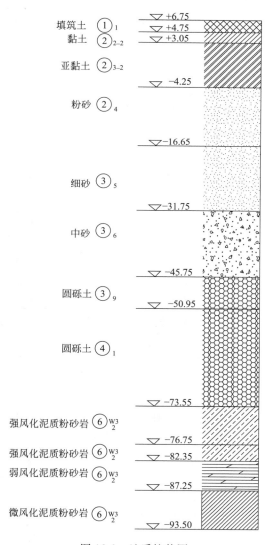

图 12-2　地质柱状图

工程岩土技术参数值　　表 12-5

层号	岩土名称	状态	容许承载力 $[\sigma_0]$ (kPa)	钻孔桩周土极限摩阻力 τ_i (kPa)	建议极限抗压强度 R_a (MPa)
①$_1$	填筑土				
①$_2$	种植土				
②$_{2-1}$	黏土	硬塑	240	50	
②$_{2-2}$	黏土	软塑	120	30	
②$_{3-1}$	亚黏土	硬塑	200	50	
②$_{3-2}$	亚黏土	软塑	120	30	
②$_4$	粉砂	松散	90	25	
③$_{1-2}$	淤泥质亚黏土	流塑	85	20	
③$_{2-1}$	黏土	硬塑	280	50	
③$_{3-1}$	亚黏土	硬塑	290	55	
③$_{3-2}$	亚黏土	流塑—软塑	140	35	
③$_4$	粉砂		100	35	
③$_5$	细砂		200	40	
③$_{5-1}$	粉砂		100	35	
③$_{5-2}$	中砂	中密	350	40	
③$_6$	中砂		350	50	
③$_7$	粗砂		400	80	
③$_9$	圆砾土	密实	600	130	
④$_1$	圆砾土	密实	600	130	
④$_{1-1}$	细砂	密实	300	50	
④$_2$	亚黏土	硬塑	380	75	
⑤$_1^{W3}$	强风化闪长		500	100	
⑤$_1^{W2}$	弱风化闪长		1300	250	
⑤$_1^{W1}$	微风化闪长				80
⑤$_{1-2}$	微风化破碎		1300	300	
⑤$_2^{W3}$	强风化闪长		500	100	
⑤$_2^{W2}$	弱风化闪长		1300	300	
⑤$_2^{W1}$	微风化闪长				140
⑤$_3^{W3}$	强风化二长		500	100	
⑤$_3^{W2}$	弱风化二长		1300	300	

续表

层号	岩土名称	状态	容许承载力 $[\sigma_0]$ （kPa）	钻孔桩周土极限摩阻力 τ_i（kPa）	建议极限抗压强度 R_a（MPa）
⑤$_3^{W1}$	微风化二长				80
⑥$_1^{W3}$	强风化砂质		450	90	
⑥$_1^{W2}$	弱风化砂质		500	150	
⑥$_1^{W1}$	微风化砂质		800		8
⑥$_{1-2}$	微风化破碎砂质		500	180	
⑥$_2^{W3}$	强风化泥质		450	100	
⑥$_2^{W2}$	弱风化泥质		600	200	
⑥$_2^{W1}$	微风化泥质		1000		16
⑥$_{2-1}$	破碎泥质粉		600	150	
⑥$_3^{W3}$	强风化砂岩		450	100	
⑥$_3^{W2}$	弱风化砂岩		1200	250	
⑥$_3^{W1}$	微风化砂岩		1500		40
⑥$_{3-1}$	破碎砂岩		1000	200	

压入根键前后结果对比　　　　　　　　表 12-6

根式基础外径	类型	承载力（kN）	位移（mm）	总摩阻力（kN）		总端阻力（kN）	
				大小	占总承载力比例	大小	占总承载力比例
6m	无根键	52016	31.80	19046	36.62%	32970	63.38%
	有根键	79203	17.47	46233	58.37%	32970	41.63%

　　5 号根式基础压入根键后当加载至第十四级（2×46666kN）时上，荷载箱向下位移出现突变，位移迅速增大且不稳定，而荷载箱向上位移仅有 17.52mm，荷载箱上部的承载力未能测得。为了分析根式基础竖向承载力，根据最小二乘法原理，对荷载箱上段测得的数据进行双曲线拟合，当上荷载箱产生 32.93mm 时，拟合出上段桩的极限承载力为59510kN，拟合加载的 Q-s 曲线如图 12-3 所示。

　　5 号根式基础竖向承载力理论值为：

　　沉井上下段承载力分别为：$Q_上 = 59510\text{kN}$；$Q_下 = 43330\text{kN}$

　　荷载箱以上井壁混凝土重量：

$$3.14159 \times (3 \times 3 - 1.8 \times 1.8) \times 28.5 + 3.14159 \times (4.5 \times 4.5 - 2.2 \times 2.2) \times 3 = 660.96\text{m}^3$$
$$660.96 \times 15 = 9914.4\text{kN}$$

　　根键重量：

$$(0.8 \times 0.2 + 0.6 \times 0.2) \times 2.5 \times 84 \times 15 = 882\text{kN}$$

　　总重：

$$G = 9914.4 + 882 = 10796.4\text{kN}$$

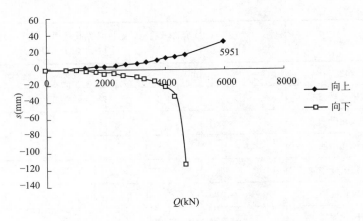

图 12-3　拟合自平衡加载 $Q\text{-}s$ 曲线图

压入根键后极限承载力：

$$Q=\frac{Q_\mathrm{u}-G}{1.0}+Q_\mathrm{d}=\frac{59510-10796.4}{1.0}+43333=92047\mathrm{kN}$$

试验曲线见图 12-4。

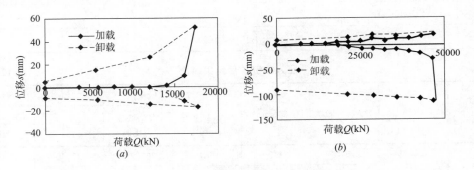

图 12-4　5 号沉井 2 次竖向试验 $Q\text{-}s$ 曲线图
(a)第一次试验；(b)第二次试验

12.2　望(江)东(至)长江公路大桥

12.2.1　工程概况

望(江)东(至)长江公路大桥为国家高速公路网 G35(济南至广州高速公路)中最为便捷的过江通道，也是北京、山东、河南通往江西、福建、广东等地的重要通道。在安徽省"四纵八横"高速公路网中，望东长江公路大桥是"纵四"商丘—景德镇公路的重要组成部分，是沟通安徽省西部地区的纵向干线公路。

根据工程需要及课题研究要求，需对该工程的 2 个根式基础采用自平衡法进行顶入根键后的竖向承载力静载荷试验。试桩选择在江内引桥区域进行，设两根 $\phi5.0\mathrm{m}$、壁厚 $0.90\mathrm{m}$ 的根式基础；试桩的位置参看试桩平面布置图。具体试桩的参数见表 12-7。

根式基础参数一览表　　　　　　　　　　　　　　　表 12-7

里程桩号	试桩编号	试桩类型	桩径(m)	根式基础顶高程(m)	根式基础底高程(m)	桩长(m)	设计加载值(kN)	预估加载值(kN)
K12+530	A	根式基础(带根键)	5.0	+12.401	-34.599	47.00	70000	120000
	B	根式基础(带根键)	5.0	+12.401	-34.599	47.00	70000	120000

12.2.2　地质条件

根据望(江)东(至)长江公路大桥地质勘察资料,勘区地层覆盖层主要由第四系冲积成因的黏性土、粉细砂及卵石、碎石土组成。下伏基岩为第三系双塔寺组砾岩、二叠系灰岩,现分层描述如下:

①粉细砂 Q_4^{al}:黄褐色,含云母,局部夹层状黏性土,呈粉土状,松散至稍密状,摇振反应迅速,无光泽。主要分布于江北表层处,层厚 1.95～5.60m,层顶标高为 15.00～12.76m,层底标高为 12.76～9.40m。平均标准贯入击数 $N=4$ 击。

$①_1$ 粉质黏土及黏土 Q_4^{al}:褐黄色,含腐殖物,混夹少量粉砂,可塑状,韧性中等,干强度中等,稍有光泽。层厚 0.80～4.30m,层顶标高为 14.87～10.43m,层底标高为 11.71～8.00m,主要分布于江北陆域表层,层厚分布不均,江南岸缺失。

②粉质黏土及黏土 Q_4^{al}:黄褐色,混铁锰斑,可塑—硬塑状,韧性一般,干强度高。主要分布于江南陆域表层,江北缺失,层厚 2.10～13.1m,层顶标高为 28.81～ -16.28m,层底标高为 22.51～-20.18m,层厚分布不均。

③淤泥质粉质黏土及黏土 Q_4^{al}:灰色,夹层状粉细砂,流塑状,韧性中等,干强度中等,稍有光泽。呈层状主要分布于江北岸及长江水域①单元之下,层厚 0.35～11.15m,层顶标高为 12.18～-5.62m,层底标高为 11.03～-5.97m,层厚分布不均,江南缺失。

$③_1$ 粉质黏土及黏土 Q_4^{al}:褐灰色,偶间薄层砂,含云母,流塑—软塑状,韧性中等,干强度中等,稍有光泽。呈透镜体状分布于③之中,层厚分布不均,厚 0.45～8.30m 之间。

$③_2$ 粉细砂 Q_4^{al}:灰色,含云母,局部夹层状黏性土,松散至稍密状,摇震反应迅速,无光泽。分布于江北岸及河床表层处,层厚 0.50～12.90m,层顶标高为 8.58～ -18.70m,层底标高为 6.58～-19.60m。平均标准贯入击数 $N=9$ 击。

④粉细砂 Q_4^{al}:灰色,含云母,局部夹层状黏性土,中密状,摇振反应迅速,无光泽。分布于③单元之下,层厚 1.45～17.15m,层顶标高为 3.18～-20.90m,层底标高为 -1.47～-33.08m。平均标准贯入击数 $N=23$ 击。

$④_1$ 粉质黏土及黏土 Q_4^{al}:褐灰色,偶间薄层砂,含云母,软塑状,韧性中等,干强度中等,稍有光泽。呈透镜体状分布于④单元之中,层厚分布不均,厚 0.70～15.0m 之间。

$④_2$ 淤泥质粉质黏土及黏土 Q_4^{al}:褐灰色,偶间薄层砂,含云母,流塑状,韧性中等,干强度中等,稍有光泽。呈透镜体状分布于④单元之中,层厚分布不均,厚 0.9～6.0m 之间。

④₃ 粉土 Q_4^{al}：灰色，含云母，局部夹层状黏性土，中密状，摇振反应迅速，无光泽。呈透镜体状分布于④单元之中，层厚分布不均，厚 2.05～3.70m 之间。

⑤粉细砂 Q_4^{al}：灰色，含云母，局部夹层状黏性土，密实状，摇振反应一般，无光泽。分布于④单元之下，层厚 1.60～21.45m，层顶标高为 -1.47～-30.75m，层底标高为 -22.30～-33.99m。平均标准贯入击数 N=36 击。

⑤₁ 粉质黏土及黏土 Q_4^{al}：褐灰色，偶间薄层砂，含云母，软塑—可塑状，韧性中等，干强度中等，稍有光泽。呈透镜体状分布于⑤之中，层厚分布不均，厚 4.60～5.75m 之间。

⑤₂ 淤泥质粉质黏土及黏土 Q_4^{al}：褐灰色，偶间薄层砂，含云母，流塑状，韧性中等，干强度中等，稍有光泽。呈透镜体状分布于⑤之中。

⑥中粗砾砂 Q_3^{al+pl}：灰色，局部呈半胶结状，局部混有卵石，含量约 20%，最大粒径 8cm，密实状。分布于⑤单元之下，层厚 1.0～7.90m，层顶标高为 -21.89～-31.37m，层底标高为 -26.09～-32.57m。平均标准贯入击数 N=50 击。

⑦卵石 Q_3^{al+pl}：杂色，含云母，呈亚圆状、次棱角状，含量 40%～60%，粒径 1～5cm。充填粗砾砂。呈中密至密实状，分布于⑤、⑥单元之下，层厚 0.80～7.1m，层顶标高为 15.19～-33.99m，层底标高为 12.09～-35.38m。平均标准贯入击数 N=56 击。

⑦₁ 粉质黏土及黏土 Q_3^{al+pl}：黄褐色，混铁锰斑，硬塑，韧性一般，干强度高。分布于江南地层中，该层仅局部钻孔揭示，揭示厚 0.70～13.20m，层顶标高为 22.51～6.93m，层底标高为 15.19～5.43m，层厚分布不均。

⑧₁ 强风化灰岩 P：灰色，细晶结构，层状构造，裂隙发育，岩芯呈碎块状、角砾状，该层分布于江南，仅局部钻孔揭示，揭示厚 0.30～6.30m，层顶标高为 10.06～7.65m，层底标高为 7.35～3.76m。

⑧₂ 中风化灰岩 P：灰色，细晶结构，层状构造，江南一带夹层状炭质灰岩、泥灰岩，裂隙发育，局部受断层构造影响，岩体完整性一般，局部呈柔皱现象，钻孔有溶蚀孔洞且有漏水现象，方解石脉发育，岩芯呈柱状、短柱状、块状揭示厚度 0.30～32.50m，层顶标高为 11.49～-42.12m，层底标高为 -11.19～-67.88(未揭穿)m。

⑧₃ 微风化灰岩 P：灰色，细晶结构，层状构造，裂隙发育一般，裂隙面为黄褐色泥面充填，方解石脉发育，岩芯呈柱状、短柱状、饼状，岩芯采取率、RQD 值均较高，仅局部钻孔揭示，揭示厚度 7.6m，层顶标高 -67.88m，层底标高 -75.48(未揭穿)m。

⑨₁ 强风化砾岩 E：杂色，砂砾状结构，泥质胶结，胶结程度较差，层状构造，裂隙发育，岩芯呈碎块状、角砾状，该层分布于江北，揭示厚度 0.20～4.80m，层顶标高为 -28.89～-33.42m，层底标高为 -29.99～-34.97m。

⑨₂ 中风化砾岩 E：杂色，砂砾状结构，泥质胶结，胶结程度较好，层状构造，裂隙发育一般，岩芯呈柱状、短柱状，局部呈碎块状，采取率较高，揭示厚度 12.30～26.30m，层顶标高为 -29.99～-3.97m，层底标高为 -45.60～-60.07m(未揭穿)。

12.2.3　测试结果分析

本试桩工程分三阶段进行测试，分别为顶入根键前的测试、顶入根键后的测试和压浆后的测试。测试结果见表 12-8、图 12-5～图 12-7。

A 沉井测试结果汇总　　　　　　　　　　　　　　　表 12-8

		第 1 次加载 （浇筑混凝土后 28 天）	第 2 次加载 （全部根键顶进后 10 天）	第 3 次加载 （侧壁压浆后 20 天）
试桩上段桩的最终 加载值 Q_{uu}（kN）		17500	37340	51333
试桩下段桩的最终 加载值 Q_{ul}（kN）		42000 （取第 2 次加载值）	42000	56000
最大位移 （mm）	上位移	38.15	26.68	40.72
	下位移	2.03	3.70	29.66
残余位移 （mm）	上位移	—	18.00	17.29
	下位移	—	0.86	8.89

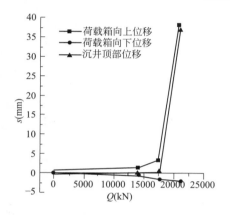

图 12-5　A 沉井第 1 次加载 Q-s 曲线

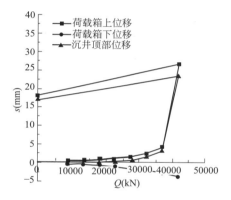

图 12-6　A 沉井第 2 次加载（压浆前）Q-s 曲线

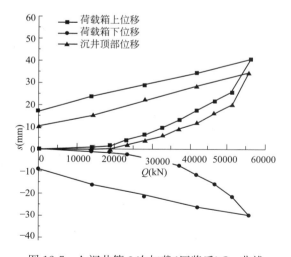

图 12-7　A 沉井第 3 次加载（压浆后）Q-s 曲线

（1）顶入根键前普通沉井的测试承载力

顶入根键前由于荷载箱上段的沉井被顶出而下段基础承载力未测出，故顶入根键前沉井的竖向极限承载力取顶入根键前上段沉井承载力和顶入根键后下段沉井承载力进行计算：

$$Q_u = \frac{Q_u - W}{\gamma} + Q_d = \frac{1.75 \times 10^4 - 3.14 \times (2.5^2 - 1.6^2) \times 43.5 \times 24.5}{0.8} + 4.2 \times 10^4$$

$$= 4.84 \times 10^4 \, kN$$

（2）顶入根键后根式基础实测承载力

井壁自重为：

$$W_{井壁} = V_{井壁} \times 24.5 = 3.14 \times (2.5^2 - 1.6^2) \times 43.5 \times 24.5 = 1.23 \times 10^4 \, kN$$

井壁外部根键自重：

$$W_{根键} = V_{根键} \times 24.5 = (0.75 \times 0.2 + 0.55 \times 0.2) \times 1.6 \times 65 \times 24.5 = 662.48 \, kN$$

荷载箱以上根式基础自重为：

$$W_{上} = W_{井壁} + W_{根键} = 1.23 \times 10^4 + 662.48 = 1.30 \times 10^4 \, kN$$

顶入根键后根式基础的极限承载力为：

$$Q_u = \frac{Q_u - W}{\gamma} + Q_d = \frac{3.73 \times 10^4 - 1.3 \times 10^4}{0.8} + 4.2 \times 10^4 = 7.24 \times 10^4 \, kN$$

（3）根式基础压浆后极限承载力

根式基础自重同（2）；

根式基础压浆后的极限承载力为：

$$Q_u = \frac{Q_u - W}{\gamma} + Q_d = \frac{5.13 \times 10^4 - 1.3 \times 10^4}{0.8} + 5.6 \times 10^4 = 1.04 \times 10^5 \, kN$$

第13章 在海上风电钢管桩中的应用

13.1 东海大桥海上风电一期项目

13.1.1 工程概况

东海大桥近海风电场为中国第一个海上风电场地，工程位于上海市东海大桥东部海域，总装机容量 102MW，安装 34 台华锐风电科技有限公司生产的单机容量 3MW 的 SL3000 离岸型风电机组。风电场海域范围距岸线 8～13km。风电场布置最北端距离南汇嘴岸线 8km，最南端距岸线 13km，在距离东海大桥以东 1km 处海域布置 4 排、34 台单机 3MW 风力发电机组，风机南北向间距(沿东海大桥方向)约 1000m；东西向间距(垂直东海大桥方向)约 500m。

风机基础形式采用高桩混凝土承台，每个风机设置一个基础，共 34 个基础。基础分两节，下节为直径 14.00m，高度 3.00m 的圆柱体，上节为上直径 6.50m，下直径 14.00m 的圆台体。基础混凝土为强度等级 C45 的高性能海工混凝土。基础结构底面高程 0.50m(国家 85 高程，下同)，基础封底混凝土底面高程 −0.30m。基础顶面高程 5.00m。每个基础设置 8 根直径 1.70m 的钢管桩，采用 6∶1 的斜桩。桩顶高程 2.20m，桩底高程 −75～−80m。8 根桩在承台底面沿以承台中心为圆心，半径为 5.00m 的圆周均匀布置。钢管桩管材为 Q345C，上段管壁厚 30mm，下段管壁厚度 20mm。

风机塔架与基础承台连接段采用一个直径 4.50m，厚度 60mm 的连接钢管，连接钢管顶部高程 10.00m，底部高程 1.50m，埋入承台深度 3.50m。风机塔筒与连接钢筒直径采用一对法兰连接。10.00m 高程处设置一个钢结构工作平台。承台基础外侧设置钢结构靠船设施和爬梯，承台周围设置橡胶护舷。

风机基础结构布置图见图 13-1。

根据国家规范和设计要求，对该工程钢管桩试桩采用自平衡法进行竖向静载试验。工程试桩有关参数见表 13-1。

试桩参数一览表

表 13-1

试桩编号	桩径 (mm)	桩长 (m)	桩顶标高 (m)	桩底标高 (m)	海床面 (m)	预估抗拔 加载值(kN)	预估抗压 加载值(kN)
PZ1	1700	82.1	7.1	−75.00	−11.00	14000	16000
PZ2	1700	82.1	7.1	−75.00	−11.00	14000	16000

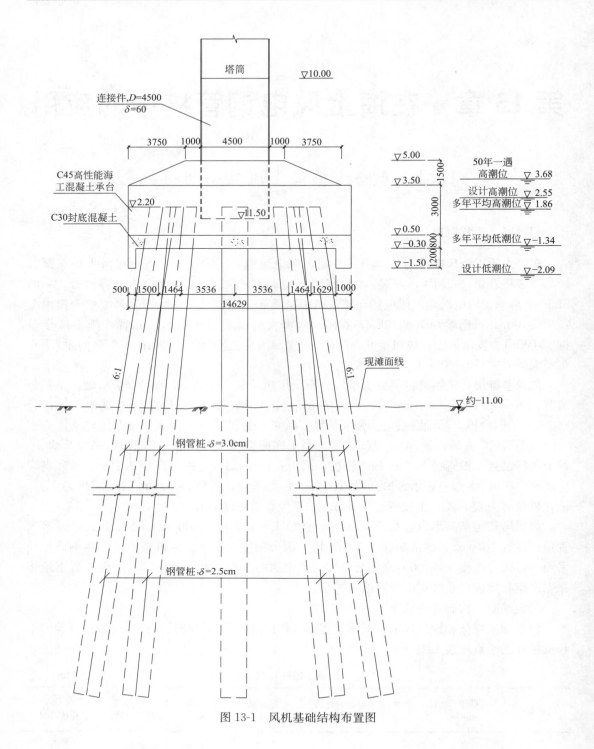

图 13-1 风机基础结构布置图

13.1.2 地质概况

工程区位于南汇区海域,海底较平缓,海底滩面高程在-10.00~-12.87m,滩地表层主要为淤泥,局部夹薄层粉土。未发现深大断裂和活动性断裂通过,区域构造稳定性较好。

本场地最大勘探揭露深度为 80.45m，揭露的地基土层按地质时代、成因类型、土性和物理力学性质的差异可分为 7 个大层，其中④层分为 3 个亚层，⑦层分为 2 个亚层，⑦1 层、⑦2 层又各分为 2 个次亚层。各土层分布情况见表 13-2。

地层分布情况表

表 13-2

土层编号	土层名称	顶面高程(m)	预估侧阻力(kPa)	预估端阻力(kPa)
①	淤泥	−11.00	0	
③	淤泥质粉质黏土	−11.40	10	
④1	淤泥质黏土	−15.00	15	
④3	淤泥质粉质黏土	−24.10	25	
⑤3	黏土	−28.20	40	
⑦1-2	粉砂	−38.80	80	
⑦2-1	粉细砂	−48.20	100	6000
⑦2-2	粉细砂	−66.00	110	7000

13.1.3　试验结果分析

试桩测试结果见表 13-3。

试桩实测结果

表 13-3

试桩编号	PZ1(第一次)	PZ2	PZ1(第二次)
预定加载值(kN)	2×16000	2×16000	2×16000
最终加载值(kN)	2×8000	2×9000	2×10000
荷载箱处最大向上位移(mm)	124.73	118.69	117.59
荷载箱处最大向下位移(mm)	6.16	8.09	10.09
桩顶向上位移(mm)	120.42	112.02	112.52
上段桩压缩(mm)	4.31	6.67	5.07

通过上节轴向力测试和相关指标的计算，可以得出试桩的极限抗压承载力的构成，列于表 13-4。

极限抗压承载力构成表

表 13-4

试桩编号	桩侧摩阻力		桩端阻力		极限承载力 (kN)	相应位移 (mm)
	数值(kN)	比例(%)	数值(kN)	比例(%)		
PZ1	13733	86.16	2207	13.84	15939	49.76
PZ2	16335	85.57	2755	14.43	19090	58.32
PZ1 第二次	18330	85.27	3167	14.73	21497	54.51

试桩承载力转换曲线见图 13-2～图 13-4。

本次试验取得了较好的效果，通过对试验数据整理分析，可以得出如下结论：

（1）PZ1 试桩极限抗拔承载力为 11457kN，相应的位移为 7.78mm，极限抗压承载力为 15939kN，相应位移为 49.76mm；PZ2 试桩极限抗拔承载力为 13383kN，相应的位移

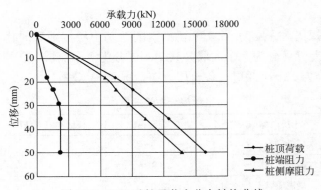

图 13-2　PZ1 试桩承载力分布转换曲线

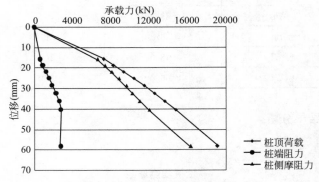

图 13-3　PZ2 试桩承载力分布转换曲线

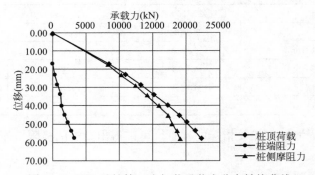

图 13-4　PZ1 试桩第二次加载承载力分布转换曲线

为 7.56mm，极限抗压承载力为 19090kN，相应位移为 58.32mm；PZ1 试桩第二次极限抗拔承载力为 15117kN，相应的位移为 8.96mm，极限抗压承载力为 21497kN，相应位移为 54.51mm。

（2）PZ1 第一次试桩承载力实测值偏小，第二次实测值偏大，建议设计以 PZ2 试桩实测值为准。

原因：PZ1 试桩在取土后立即进行第一次试验，而取土施工可能对试桩有一定扰动，同时试验以 1600kN 进行加载分级的，等级偏大，可能导致 PZ1 试桩承载力实测值偏小。第二次试桩加载距第一次长达 20 天，对承载力有提高作用，同时第一次加载时有部分土被挤密，完成塑性变形，可能导致第二次试桩承载力实测值偏高。

（3）承载力以及分层阻力推荐值

经过对比分析，建议以 PZ2 实测值作为推荐值。

试桩极限抗拔承载力为 13383kN，极限抗压承载力为 19090kN。

13.2　东海大桥海上风电二期工程

13.2.1　工程概况

东海大桥海上风电场二期（扩建）工程位于上海东海大桥西侧，与已建东海大桥海上风电场示范工程隔桥相望。本工程计划安装 27 台单机 3.6MW 的和 1 台单机容量 5MW 的风力发电机组，装机总容量 102.2MW（其中 1 台 3.6MW 和 1 台 5MW 已施工，后续施工工程量为 26 台）。

东海大桥海上风电场二期（扩建）工程位于东海大桥西侧 2 号通航孔航道和 4 号通航孔航道之间的海域。在风电场区域范围内，沿南向北布置 5 排共 28 台风机，风机间距为南北方向上 1100m，东西方向上间距 900m。

风机基础形式采用高桩混凝土承台，后续每个风机设置一个基础，共 26 个基础。基础分两节，下节为直径 14.00m，高度 3.00m 的圆柱体，上节为上直径 11.00m，下直径 14.00m，高 1.5m 的圆台体。基础混凝土为强度等级 C45 的高性能海工混凝土。基础结构底面高程 0.50m（国家 85 高程，下同），基础封底混凝土底面高 -0.30m。基础顶面高程 5.00m。每个基础设 8 根直径 1.70m 的斜率 5.5∶1 的钢管桩。桩顶高程 2.20m，桩底高程 -75～-85m。8 根桩在承台底面沿以承台中心为圆心，半径为 5.00m 的圆周均匀布置。钢管桩管材为 Q345C，上段管壁厚 30mm，下段管壁厚度 25mm。试桩有关参数见表 13-5。

试桩有关参数　　　　　　　　　　　　　　　　　　　　　表 13-5

试桩编号	桩径（cm）	桩顶标高（m）	桩底标高（m）	桩长（m）	设计抗压极限承载力（m）	设计抗拔极限承载力（m）	荷载箱位置距桩底向上（m）	海床冲刷线
ZZ1	170	+5.2	-78.00	83.2	38000	13000	2	-11.00
ZZ2	170	+5.2	-78.00	83.2	38000	13000	2	-11.00
XZ1	170	+5.2	-80.00	86.56	38000	13000	2	-11.00
XZ2	170	+5.2	-80.00	86.56	38000	13000	2	-11.00

本次试桩位置采用的地质钻孔号资料见表 13-6。

地质钻孔资料　　　　　　　　　　　　　　　　　　　　　表 13-6

土层编号	土层名称	（40-1）地勘孔 顶面高程（m）	（41-1）地勘孔 顶面高程（m）	预估侧阻力（kPa）	预估端阻力（kPa）	抗拔承载力系数（λ）
海床面		-11.00	-11.06			
①	淤泥	-12.40	-12.76	0	—	
④	淤泥质黏性土	-19.20	-18.66	15		0.50

续表

土层编号	土层名称	(40-1)地勘孔顶面高程(m)	(41-1)地勘孔顶面高程(m)	预估侧阻力(kPa)	预估端阻力(kPa)	抗拔承载力系数(λ)
⑤$_1$	黏土	−24.10	−22.76	20		0.60
⑤$_3$	粉质黏土	−33.80	—	35		0.60
⑤$_4$	灰绿色粉质黏土	−36.70	—	45		0.60
⑥	暗绿色粉质黏土	—	−25.96	40		0.60
⑦$_{1-2}$	砂质粉土、粉砂	−44.00	−45.76	65		0.45
⑦$_{2-1}$	粉细砂	−63.00	−63.06	90	5500	0.45
⑦$_{2-2}$	粉细砂	−82.80	−81.06	110	7000	0.45
⑨	含砾粉细砂	−89.60	−96.06	120	9000	0.50

13.2.2　测试结果及分析

1. 40号-ZZ1试桩测试

40号-ZZ1试桩于2013年10月13日9时01开始测试，至19时22分结束。从第7级（对应加载值为2×11200kN）后开始按照分级荷载（700kN）加载，当加载至第9级（对应加载值为2×12600kN）时，向下位移增大产生陡降，位移迅速增加至90.46mm，下部桩承载力破坏达到极限，向上位移较大，位移达到18.73mm，因此时荷载无法稳定，故终止加载，开始卸载。

40号-ZZ1试桩上部桩极限承载力取第9级加载值Q_{us}＝12600kN；下部桩极限承载力取第8级加载值Q_{ux}＝11900kN。加卸载分级及位移量表见表13-7。

40号-ZZ1试桩试验加卸载分级及位移量表　　　　　　　表13-7

加载级数	加载值(kN)	向上位移$s_上$(mm) 本级	累计	向下位移$s_下$(mm) 本级	累计	桩顶位移s_d(mm) 本级	累计
1	2×2800	0.23	0.23	−0.26	−0.26	0.00	0.00
2	2×4200	0.34	0.57	−0.53	−0.79	0.00	0.00
3	2×5600	0.48	1.05	−1.00	−1.78	0.02	0.02
4	2×7000	0.91	1.96	−1.35	−3.13	0.05	0.07
5	2×8400	1.68	3.64	−2.44	−5.57	0.14	0.21
6	2×9800	2.51	6.15	−3.97	−9.54	0.58	0.79
7	2×11200	3.06	9.21	−6.03	−15.57	1.27	2.06
8	2×11900	4.24	13.45	−7.81	−23.38	2.06	4.12
9	2×12600	5.28	18.73	−67.08	−90.46	3.13	7.25
10	2×0	−8.57	10.16	8.12	−82.35	−3.12	4.13

测试过程中天气晴，气温19～27℃左右，风力4～5级，试桩周围10m范围内无较大振动，现场情况符合测试条件。试桩在加、卸载时荷载传递均匀、连续、无冲击，每级荷

载在维持过程中的变化幅度没有超过分级荷载的±10％。

2．40 号-XZ1 试桩测试

40 号-XZ1 试桩于 2013 年 10 月 14 日 05 时 48 开始测试，至 15 时 10 分结束。从第 6 级（对应加载值为 2×9800kN）后开始按照分级荷载（700kN）加载，当加载至第 8 级（对应加载值为 2×11200kN）时，荷载箱向上位移增大产生突变，位移迅速增加至 77.52mm，上部桩被抬起承载力达到极限，向下位移较大，位移达到 24.38mm，因此时荷载无法稳定，故终止加载，开始卸载。

40 号-XZ1 试桩上部桩极限承载力取第 7 级加载值 Q_{us}＝10500kN；下部桩极限承载力取第 8 级加载值 Q_{ux}＝11200kN。加卸载分级及位移量表见表 13-8。

40 号-XZ1 试桩试验加卸载分级及位移量表 表 13-8

加载级数	加载值（kN）	向上位移 $s_上$（mm）		向下位移 $s_下$（mm）		桩顶位移 s_d（mm）	
		本级	累计	本级	累计	本级	累计
1	2×2800	0.46	0.46	−0.52	−0.52	0.00	0.00
2	2×4200	0.51	0.97	−0.62	−1.14	0.00	0.00
3	2×5600	0.76	1.73	−1.15	−2.29	0.03	0.03
4	2×7000	1.61	3.34	−2.17	−4.46	0.09	0.12
5	2×8400	2.39	5.73	−3.19	−7.65	0.50	0.62
6	2×9800	3.24	8.97	−4.92	−12.57	0.92	1.54
7	2×10500	5.32	14.29	−5.24	−17.81	2.17	3.71
8	2×11200	70.96	85.25	−6.57	−24.38	72.41	76.12
9	2×0	−7.73	77.52	7.06	−17.32	−5.19	70.93

测试过程中天气阴，气温 19～24℃左右，风力 4～5 级，试桩周围 10m 范围内无较大振动，现场情况符合测试条件。试桩在加、卸载时荷载传递均匀、连续、无冲击，每级荷载在维持过程中的变化幅度没有超过分级荷载的±10％。

3．41 号-ZZ2 试桩测试

41 号-ZZ2 试桩于 2013 年 10 月 19 日 12 时 05 开始测试，至 23 时 29 分结束。从第 7 级（对应加载值为 2×11200kN）后开始按照分级荷载（700kN）加载，当加载至第 10 级（对应加载值为 2×13300kN）时，荷载箱向上位移增大产生突变，位移迅速增加至 87.26mm，上部桩被抬起承载力达到极限，向下位移较大，位移达到 28.63mm，因此时荷载无法稳定，故终止加载，开始卸载。

41 号-ZZ2 试桩上部桩极限承载力取第 9 级加载值 Q_{us}＝12600kN；下部桩极限承载力取第 10 级加载值 Q_{ux}＝13300kN。加卸载分级及位移量表见表 13-9。

41 号-ZZ2 试桩试验加卸载分级及位移量表 表 13-9

加载级数	加载值（kN）	向上位移 $s_上$（mm）		向下位移 $s_下$（mm）		桩顶位移 s_d（mm）	
		本级	累计	本级	累计	本级	累计
1	2×2800	0.47	0.47	−0.54	−0.54	0.00	0.00
2	2×4200	0.42	0.89	−0.58	−1.12	0.00	0.00
3	2×5600	0.63	1.52	−0.81	−1.93	0.02	0.02

续表

加载级数	加载值 （kN）	向上位移 $s_上$（mm）		向下位移 $s_下$（mm）		桩顶位移 s_d（mm）	
		本级	累计	本级	累计	本级	累计
4	2×7000	1.05	2.57	−1.48	−3.41	0.18	0.20
5	2×8400	1.37	3.94	−2.37	−5.78	0.47	0.67
6	2×9800	2.29	6.23	−3.14	−8.92	1.07	1.74
7	2×11200	3.50	9.73	−3.98	−12.90	1.68	3.42
8	2×11900	4.81	14.54	−4.57	−17.47	2.67	6.09
9	2×12600	5.22	19.76	−5.25	−22.72	3.26	9.35
10	2×13300	67.50	87.26	−5.91	−28.63	67.82	77.17
11	2×0	−8.16	79.10	8.49	−20.14	−5.65	71.52

测试过程中天气晴转多云，气温 17～21℃左右，风力 4～5 级，试桩周围 10m 范围内无较大振动，现场情况符合测试条件。试桩在加、卸载时荷载传递均匀、连续、无冲击，每级荷载在维持过程中的变化幅度没有超过分级荷载的 ±10%。

4. 41 号-XZ2 试桩测试

41 号-XZ2 试桩于 2013 年 10 月 20 日 08 时 06 开始测试，至 17 时 34 分结束。从第 6 级（对应加载值为 2×9800kN）后开始按照分级荷载（700kN）加载，当加载至第 8 级（对应加载值为 2×11200kN）时，荷载箱向上位移增大产生突变，位移迅速增加至 79.53mm，上部桩被抬起承载力达到极限，向下位移较大，位移达到 23.95mm，因此时荷载无法稳定，故终止加载，开始卸载。

41 号-XZ2 试桩上部桩极限承载力取第 7 级加载值 Q_{us}＝10500kN；下部桩极限承载力取第 8 级加载值 Q_{ux}＝11200kN。加卸载分级及位移量表见表 13-10。

41 号-XZ2 试桩试验加卸载分级及位移量表　　　　表 13-10

加载级数	加载值 （kN）	向上位移 $s_上$（mm）		向下位移 $s_下$（mm）		桩顶位移 s_d（mm）	
		本级	累计	本级	累计	本级	累计
1	2×2800	0.69	0.69	−0.74	−0.74	0.00	0.00
2	2×4200	0.67	1.36	−0.86	−1.60	0.00	0.00
3	2×5600	0.98	2.34	−1.89	−3.49	0.03	0.03
4	2×7000	1.36	3.70	−2.88	−6.37	0.09	0.12
5	2×8400	2.19	5.89	−3.19	−9.56	0.67	0.79
6	2×9800	2.92	8.81	−3.87	−13.43	1.15	1.94
7	2×10500	5.35	14.16	−4.72	−18.15	2.23	4.17
8	2×11200	65.37	79.53	−5.80	−23.95	65.79	69.96
9	2×0	−8.18	71.35	7.31	−16.64	−7.55	62.41

测试过程中天气晴转多云，气温 15～22℃左右，风力 4～5 级，试桩周围 10m 范围内无较大振动，现场情况符合测试条件。试桩在加、卸载时荷载传递均匀、连续、无冲击，每级荷载在维持过程中的变化幅度没有超过分级荷载的 ±10%。

根据《基桩静载试验 自平衡法》JT/T 738—2009 算得结果如表 13-11 和表 13-12 所示。

自平衡法试桩抗压承载力计算结果　　　　　　　　　　表 13-11

试桩编号	Q_{uu} (kN)	Q_{ud} (kN)	W (kN)	γ	$P_u = \dfrac{Q_{uu} - W}{\gamma} + Q_{ud}$
40 号-ZZ1	12600	11900	952	0.5	(12600－952)/0.5＋11900＝35196kN
40 号-XZ1	10500	11200	1000	0.5	(10500－1000)/0.5＋11200＝30200kN
41 号-ZZ2	12600	13300	910	0.5	(12600－910)/0.5＋13300＝36680kN
41 号-XZ2	10500	11200	1000	0.5	(10500－1000)/0.5＋11200＝30200kN

自平衡法试桩抗拔承载力计算结果　　　　　　　　　　表 13-12

试桩编号	Q_{uu}(kN)	$P_u = Q_{uu}$(kN)
40 号-ZZ1	12600	12600
40 号-XZ1	10500	10500
41 号-ZZ2	12600	12600
41 号-XZ2	10500	10500

40 号-ZZ1 试桩极限抗压承载力为 35196kN，极限抗拔承载力为 12600kN；

40 号-XZ1 试桩极限抗压承载力为 30200kN，极限抗拔承载力为 10500kN；

41 号-ZZ2 试桩极限抗压承载力为 36680kN，极限抗拔承载力为 12600kN；

41 号-XZ2 试桩极限抗压承载力为 30200kN，极限抗拔承载力为 10500kN。

第 4 篇
在典型桥梁工程中的应用

第14章　在典型桥梁工程中的应用

14.1　润扬长江大桥

14.1.1　工程概况

润扬长江公路大桥连接镇江、扬州两市，是江苏省"四纵四横四联"公路主骨架和五处跨江公路通道规划中的项目，北联同江至三亚国道主干线，南接上海至成都国道主干线，是江苏省高速公路网建设的重要组成部分（图 14-1）。

大桥北起扬州岸运西园林场西侧（K13＋851.987），跨世业洲北汉、世业洲下新滩、世业洲南汉，镇江岸位于龙门口附近，南与镇江跃进路互通（高架桥）相连（K18＋552.290），主桥全长 4.7km。

图 14-1　润扬长江大桥

14.1.2　试桩概况

润扬长江公路大桥桥址位于扬子板块，在历次挤压褶皱及岩浆活动综合作用下，区内地层支离破碎，地质情况复杂：软土具有触变性；砂土液化（20m 以浅）；构造破碎；差异风化，因此土体及下卧基岩物理力学指标变化较大。

为了验证设计时所采用地质钻探资料的正确性，成立了润扬大桥特殊地质条件下大吨位钻孔灌注桩研究课题组（由江苏省长江公路大桥建设指挥部、东南大学、江苏省路桥总公司及江苏省交通规划设计院四家组成），对桩基础进行试桩试验以确定单桩承载力、分层岩土摩擦力、端阻力、桩基沉降、桩弹性压缩、岩土塑性变形，找出优化的桩端持力层、桩长、桩径，为设计人员优化桩基设计提供必要的依据。

（1）南引桥布置 1 根 ϕ1.5m 试桩（地质钻孔编号 Y48）。

（2）南汉桥南塔地质情况复杂，受构造块的影响，基岩裂隙发育，同时根据南汉桥南塔基础的地质情况，桩基础的弹性压缩、差异沉降的控制取值在南塔基础及塔身设计中显得尤为重要。南汉桥南塔基础采用 32 根 ϕ2.8m 大直径灌注桩，单桩承载力高达 120MN，试验代价太高，采取实体试桩与模拟试桩同时进行，因此在南汉桥南塔布置 1 根 ϕ2.8m 工程试桩（地质钻孔编号 ZN121）和 2 根 ϕ1.2m 模拟试桩（地质钻孔编号为 ZN36 与 ZN131）。

（3）世业洲高架桥引桥布置 1 根 ϕ1.5m 试桩（地质钻孔编号 Y34），试桩上埋设两个荷载箱，通过静载试验，确定单桩极限承载力、上部 20m 液化层承载力。

（4）北汉桥南塔墩下伏基岩岩性为花岗岩，处于 F1 夹江断层与 F2 断层交汇部位，具碎裂结构，岩体破碎，风化、蚀变强烈，局部具有夹层泥，为构造角砾岩。为确保北汊桥南塔基础的安全可靠，并符合经济原则，布置 1 根 $\phi1.5m$ 试桩（地质钻孔编号 Y20）。共进行了 6 根试桩，试桩有关数据如表 14-1 所示。

试桩有关数据　　　　　　　　　　　　　　　表 14-1

桩号	桩型	试桩场地	桩径(m)	桩长(m)	荷载箱位置(m)	试桩承载力(t)
Y48	钻孔灌注桩	陆地	1.8	53.79	48.79	4000
ZN121	钻孔灌注桩	长江边	2.8	60.5	59.0	12000
ZN36	钻孔灌注桩	长江边	1.2	60.5	58.7	3000
ZN131	钻孔灌注桩	长江边	1.2	61.66	59.86	3000
Y34	钻孔灌注桩	世业洲	1.5	75.45	20(上)、63.45(下)	4000
Y20	钻孔灌注桩	长江上	1.5	89.0	79.0	4000

注：表中括号内"上"表示上荷载箱，"下"表示下荷载箱。

本次润扬长江大桥桩基试验具有如下特点：

（1）润扬长江公路大桥 6 根试桩吨位均大于 3000t，ZN121 试桩高达 12000t。

（2）试桩场地条件恶劣，Y34 试桩位于世业洲上，Y20 试桩位于长江水中。

（3）采用传统桩基载荷试验方法是无法实现的。

从 2000 年 7 月 1 日至 2001 年 9 月 8 日，进行了 6 根钻孔灌注桩试桩的静载荷试验。

14.1.3　测试情况

1. 试验目的

通过静载试验，确定单桩极限承载力、分层岩土摩擦力、端阻力、桩基沉降、桩弹性压缩、岩土塑性变形，找出优化的桩端持力层、桩长、桩径，为设计人员优化桩基设计提供必要的依据。

2. 自平衡试验

加载采用慢速维持荷载法，测试按交通部标准《公路桥涵施工技术规范》附录 B "试桩试验办法"和江苏省地方标准《桩承载力自平衡测试技术规程》进行。

3. 轴向应力测试

（1）钢筋应力计的布置

钢筋应力计主要依据试桩区范围内的地基土组成特点和试桩技术要求布置，每个断面上对称布置 4 个钢筋应力计。

（2）钢筋应力计的量测

钢筋应力计在出厂前已作了室内率定，并作了编号与记录，在焊接前后与浇注前后均进行了量测；

钢筋应力计的观测与试桩位移同步进行，观测间隔为每级加载前 10 分钟。

（3）计算方法

① 轴力计算

钢筋计的应变量可由其相应的压应力 σ_g 求得，其计算公式为：

$$\varepsilon_g = \sigma_g / E_g \tag{14-1}$$

$$\sigma_g = P_{si} / A_g \tag{14-2}$$

$$P_{si} = K(f_0^2 - f_i^2) \tag{14-3}$$

式中　ε_g——钢筋应力计在某级荷载作用下的应变量；

　　　σ_g——钢筋应力计在某级荷载作用下的压应力值(kN/m^2)；

　　　E_g——钢筋的弹性模量(kN/m^2)；

　　　P_{si}——钢筋应力计在某级荷载作用下所受的压力(kN)；

　　　K——钢筋应力计系数(kN/Hz^2)；

　　　f_0——钢筋应力计埋设后加载前的量测值(Hz)；

　　　f_i——钢筋应力计在某级荷载作用下的量测值(Hz)；

　　　A_g——主筋截面积(m^2)。

　　假设桩体受荷后，桩身结构完整，则在同级荷载作用下，试桩内混凝土所产生的应变量等于钢筋所产生的应变量，相应桩截面微单元内的应变量亦可求得，即为钢筋的应变量，其计算公式如下：

$$\varepsilon_A = \sigma_A / E_A \tag{14-4}$$
$$\sigma_A = P_z / A \tag{14-5}$$

式中　ε_A——某级荷载作用下桩身截面微单元产生的应变量；

　　　σ_A——某级荷载作用下桩身截面微单元产生的应力值(kN/m^2)；

　　　A——桩截面面积(m^2)；

　　　P_z——某级荷载作用下桩身某截面的轴向力(kN)；

　　　E_A——桩混凝土弹性模量(kN/m^2)。

　　由式(14-1)、式(14-2)、式(14-3)、式(14-4)、式(14-5)可得：

$$P_z = P_{si} \cdot E_A \cdot A / (E_g \cdot A_g) \tag{14-6}$$

　　从公式(14-6)中可以看出，每级荷载作用下，某截面桩身轴向力 P_z 与该截面钢筋应力计受力 P_{si} 存在正比关系，建立试桩标定断面处的 P_z—P_i 相关方程后，各量测截面的桩身轴向力 P_z 值便可由相应的相关方程求得。

　　② 摩阻力计算

　　各土层桩侧摩阻力 q_s 可根据下式求得：

$$q_s = \Delta P_z / \Delta F \tag{14-7}$$

式中　q_s——桩侧各土层的摩阻力(kN/m^2)；

　　　ΔP_z——桩身量测断面之间的轴向力 P_z 之差值(kN)；

　　　ΔF——桩身量测断面之间桩段的侧表面积(m^2)。

　　③ 各截面位移计算

　　为了解桩侧土摩阻力 q_s 随桩身沉降 s 的变化规律，即求得桩侧实测的传递函数 q_s-s 关系，需确定各计算深度处桩身位移 s_i 值，方法如下：

$$s_i = s_{i+1} - \Delta_i \tag{14-8}$$

式中　s_i——第 i 计算断面处的沉降量(mm)；

　　　s_{i+1}——$i+1$ 计算断面处的沉降量(mm)；

　　　Δ_i——第 $i+1$ 断面到第 i 断面间桩身的弹性压缩量(mm)；按下式计算：

$$\Delta_i = (P_{z,i} + P_{z,i+1}) \times l_i / (2 \times A \times E_A) \tag{14-9}$$

式中　$P_{z,i}$——第 i 断面桩身轴向力(kN)；

l_i——第 $i+1$ 断面至第 i 断面处桩段长度（m）；

A——桩身截面计算面积，$A=\pi \times d^2 \times n \times A_g \times (E_g/E_A - 1)$

式中　　d——试桩直径（mm）；

　　　　n——主钢筋根数；

　　　　A_g——单根主筋面积。

据以往测试经验，试桩在试验开始前大部分钢筋计已处于受拉状态，拉力值的变化规律是上大下小，随着荷载的增大，桩身下部的钢筋计很快恢复到受压状态，但埋设在桩身上部的钢筋计虽然拉力越来越小，却始终处于受拉状态，究其原因，可能是桩身自重或混凝土在养护期间膨胀引起的内力造成的。为了将上述初始应力对测试数据的影响计入，由于在桩身，轴力分析时将轴力中的拉力进行了修正，因此在位移计算时应补充去除的拉力所引起的位移量 s_l。具体做法如下：将各试桩试验每级荷载下测读的向上位移量分别加上 s_l 作为公式（14-8）中 s_i 的初始值。

14.1.4　主要试验结果分析

1. 测试曲线

整个测试过程正常。图 14-2 为部分试桩的测试结果。

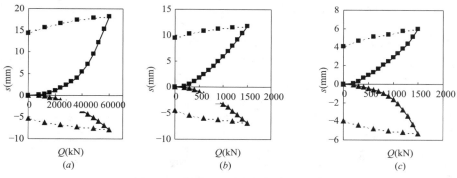

图 14-2　部分试桩自平衡法测试曲线

(*a*)ZN121；(*b*)ZN36；(*c*)ZN131

根据中华人民共和国交通部标准《公路桥涵施工技术规范》和江苏省地方标准《桩承载力自平衡测试技术规范》，经综合分析后各试桩主要试验结果如表 14-2 所示。

各试桩主要实测结果　　　　　　　　　　　　　　　　　　　　表 14-2

试桩编号	Y48	ZN121	ZN36	ZN131	Y34（下）	Y34（上）	Y20
预定加载值(kN)	34000	120000	23000	23000	40000	14000	40000
最终加载值(kN)	40000	120000	30000	30000	40000	7000	40000
荷载箱处向上位移(mm)	39.35	18.26	11.81	5.99	4.90	33.50	3.29
荷载箱处向下位移(mm)	13.57	7.91	6.92	5.32	2.63	1.67	15.83
极限承载力(kN)	38700	120000	30000	30000	>48250	—	>40180

2. 荷载传递分析

以 ZN121 试桩为例。图 14-3 为南汊桥南塔地质剖面及钢筋计布置图，图 14-4 为 12000t 荷载箱下放时的情景。试桩 ZN121 每级加载为 1600t、2400t、3200t、4000t、

4800t、5600t、6400t、7200t、8000t、8800t、9600t、10400t、11200t、12000t。

层号	土层名称	土层深度(m)	图例	钢筋计位置(m)	ZN121试桩
①	粉质黏土	0.64			
②1	淤泥质粉质黏土	7.45		7.45	7.45
②2	淤泥质粉质黏土与粉砂互层	31.15		31.15	23.7
⑤3a	含卵砾石粉质黏土	42.15		42.15	11.0
⑨1	强风化岩	49.55		49.55	7.4
⑨2	强风化花岗斑岩	51.25		51.25	1.7
⑨2	弱风化花岗斑岩	57.25		57.25	6.0
⑨3	荷载箱位置	58.5			1.25
	微风化构造影响块段	59.25			0.75
		59.7			0.45

图 14-3　工程地质柱状图及钢筋计位置　　　图 14-4　12000t 试桩埋设荷载箱情景

　　ZN121 试桩整个测试情况正常。加载时桩身轴力分布曲线及桩侧摩阻力分布曲线如图 14-5 所示，图 14-6 和图 14-7 给出了桩侧摩阻力-变位曲线和桩端阻力-变位曲线。

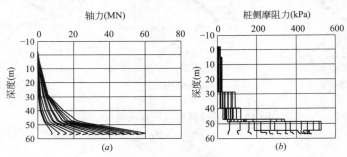

图 14-5　ZN121 试桩轴力分布曲线及摩阻力分布曲线

(a)轴力分布曲线；(b)摩阻力分布曲线

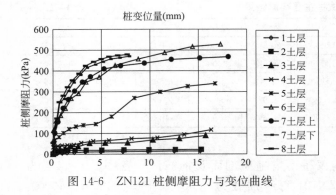

图 14-6　ZN121 桩侧摩阻力与变位曲线

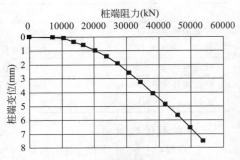

图 14-7　桩端阻力与变位曲线

根据图 14-2(a)的 $Q\text{-}s$ 曲线，ZN121 试桩荷载箱上、下部土层在最后一级荷载下均未达到极限值。从加、卸载曲线看，荷载箱下部桩土体系弹性变形为 2.57mm，塑性变形为 5.34mm；荷载箱上部桩土体系弹性变形为 3.91mm，塑性变形为 14.35mm。考虑加载 60000kN 情况，其荷载箱上部桩身压缩变形（即荷载箱处向上位移减去桩顶向上位移）为 5.2mm。卸载后上部桩身压缩变形为 4.7mm。

加载时桩身轴力分布曲线（图 14-5a）与传统堆载轴力曲线原则上一致，即加载处轴力最大，由于土摩阻力的作用，桩身轴力随着距荷载箱距离的增大而减小。桩身两个截面轴力相减并扣除自重影响即为该段桩侧土摩阻力。卸载时桩身轴力分布曲线与传统堆载桩身轴力曲线基本相同，当荷载完全卸至零时，每个截面上仍有一定的轴力，这是由于桩土体系存在塑性变形及土摩阻力仍然存在的原因。

从桩侧摩阻力分布图（图 14-5b）可知，随着外力的增加，每层土的摩阻力逐渐增加，且离加载处近的土层摩阻力首先发挥作用，然后远处的土层摩阻力才逐渐发挥。值得指出的是，每层土并未达到极限值时就开始将荷载传递到邻近土层中，即摩阻力的发挥与桩土相对位移有关。

根据地质资料，荷载箱位于⑨$_3$ 岩石中间，从该层侧阻力发挥情况看，荷载箱上部向下的摩阻力约等于荷载箱下部同层岩石向上的摩阻力，这表明桩在岩石中抗压、抗拔阻力发挥情况一致。

摩阻力与变位图（图 14-6）表明各土层的摩阻力随着桩土相对位移的增加而增大；摩阻力的发挥取决于桩土之间的相对位移；随着桩土之间相对位移量的增加，摩阻力从线性变化到非线性，最后达到一稳定极限值。从图中可见，当上部 4 层土相对位移较小时，曲线已基本上成水平线，且在最后一级荷载作用下，上部 4 层桩侧土完全达到极限值。然而对下部岩层来说，仍在弹塑性阶段。

桩端阻力变位曲线可按下述原则求得：荷载箱所施加荷载扣除下部岩石层的侧阻力即为桩端阻力，荷载箱向下的位移扣除下段桩身混凝土弹性压缩即为桩端向下位移，其位移包括沉渣压缩及岩石层变形，结果如图 14-7 所示。可见，在如此巨大的压力下，桩端变形量是相当小的。

3. 转换结果

采用上述转换理论，分别用简化转换法（K 值取 1.25）和精确转换法分析得到了 6 根试桩的传统等效曲线，图 14-8 列出了部分试桩转换结果。

从图 14-8 可以看出，简化转换法与精确转换法两者结果较为接近。

4. 试桩 Y34 自平衡测试情况

试桩 Y34 位于长江世业洲高架桥处，上部 20m 为液化土层。测试目的为：在同一根试桩上埋设两个荷载箱，通过静载试验，确定单桩极限承载力、分层岩土摩擦力、端阻力、上部 20m 液化层承载力。因此采用双荷载箱测试技术，下部荷载箱位于距桩底 12m 处，上部荷载箱距桩顶 20m。

该试桩直径 1.5m，桩长 75.45m，有 6 个岩土层分界面。在各岩土层分界面处，同时布置了钢筋计测试元件。

2001 年 4 月 18 日进行下部荷载箱测试，2001 年 5 月 11 日进行上部荷载箱测试，几个月后于 2001 年 9 月 5 日至 9 月 8 日又进行了上、下部荷载箱测试，测试比较下列几种

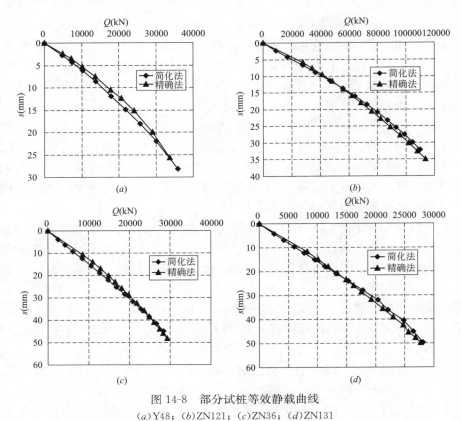

图 14-8　部分试桩等效静载曲线
(a)Y48；(b)ZN121；(c)ZN36；(d)ZN131

情形(图 14-9)的静载试验结果，测试结果如图 14-10 所示。图中(a)为下荷载箱加载；(b)上荷载箱加载；(c)第二次下荷载箱加载；(d)上、下荷载箱同时加载。

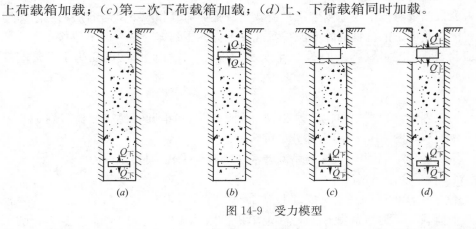

图 14-9　受力模型

　　首先进行的下荷载箱加载，得到其极限承载力为 48250kN，随后进行的上部荷载箱加载，得到上段 20m 桩承载力为 3000kN，故试桩单桩极限承载力为 48250kN，上部 20m 桩极限承载力为 3000kN，考虑 20m 液化土层可能发生液化，故取极限承载力为 45250kN。

　　5. 对《公路桥涵地基与基础设计规范》JTJ 024—85 中嵌岩桩公式的讨论

　　图 14-11 为三根试桩经实测结果采用精确转换法求得的等效传统静载作用下的桩端总阻力及总摩阻力与桩顶荷载关系曲线图。

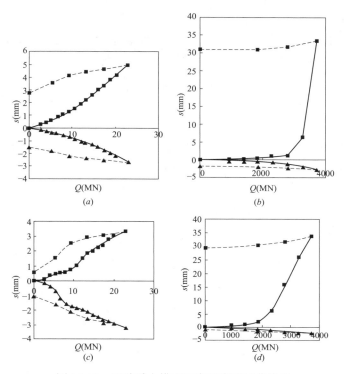

图 14-10　四种受力模型下自平衡测试曲线图

(a)受力模型 a；(b)受力模型 b；(c)受力模型 c；(d)受力模型 d

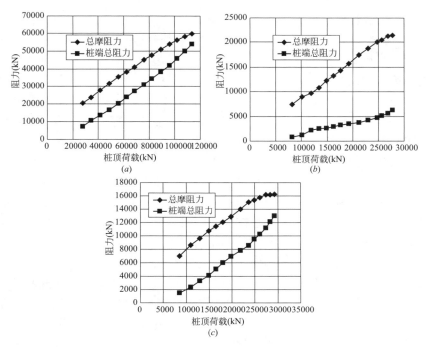

图 14-11　桩端总阻力及总摩阻力与桩顶荷载关系曲线图

(a)ZN121；(b)ZN131；(c)ZN36

从图 14-11 中可以看出，各试桩桩侧总摩阻力、桩端总阻力随着桩顶荷载的增大而相应增大，侧阻分担比例越来越小，端阻分担比例越来越大。但到极限荷载时，桩侧总摩阻力始终占主导地位，到极限荷载时，桩端总阻力最大比例为 47.32%，见表 14-3。

端阻、侧阻分担比

表 14-3

加载等级	ZN121		ZN36		ZN131	
	总端阻力/桩顶荷载	总摩阻力/桩顶荷载	总端阻力/桩顶荷载	总摩阻力/桩顶荷载	总端阻力/桩顶荷载	总摩阻力/桩顶荷载
1	26.21%	73.79%	17.89%	82.11%	10.24%	89.76%
2	30.83%	69.17%	21.69%	78.31%	11.67%	88.33%
3	33.14%	66.86%	25.43%	74.57%	18.42%	81.58%
4	34.44%	65.56%	27.82%	72.18%	19.02%	80.98%
5	36.46%	63.54%	30.78%	69.22%	17.40%	82.60%
6	38.33%	61.67%	33.29%	66.71%	18.27%	81.73%
7	39.97%	60.03%	34.94%	65.06%	18.30%	81.70%
8	40.69%	59.31%	35.72%	64.28%	18.37%	81.63%
9	41.93%	58.07%	36.23%	63.77%	17.73%	82.27%
10	42.93%	57.07%	38.09%	61.91%	18.42%	81.58%
11	43.88%	56.12%	39.46%	60.54%	19.00%	81.00%
12	45.03%	54.97%	40.85%	59.15%	20.13%	79.87%
13	46.16%	53.84%	42.77%	57.23%	20.87%	79.13%
14	47.32%	52.68%	44.46%	55.54%	22.62%	77.38%

由此可见，嵌岩桩的竖向受压荷载是由侧阻力和端阻力共同承担的。但是在工程实践中，有这样一种概念，凡嵌岩桩必为端承桩，凡端承桩均不考虑土层、风化层侧阻力。嵌岩灌注桩的设计往往只注意到了支承于基岩上的桩端阻力或只考虑端阻力与嵌岩段侧阻力的作用，而忽视了桩的荷载传递机理和承载力特性，以致出现一些不合理的处理方法。例如，不论桩的长径比 L/D 的大小，一律把嵌岩桩作为端承桩进行设计；再如，不适当地增加嵌岩深度，或不适当地进行扩底，这实际上不能使嵌岩部分的承载力得到有效利用。

上述规律的形成，其实质主要是覆盖土的侧阻作用得到了发挥。这不难从竖向荷载作用下，桩土体系荷载传递机理得到解释。首先，较长的桩 ($L/D>10\sim15$) 受荷后，桩身弹性压缩量较大。其次，目前的施工工艺水平，一般尚难保证将桩底沉渣彻底清除，而且桩越长越难清理。因此，桩受荷后沉渣的压实为桩身整体位移提供条件，使侧阻得以进一步发挥。再者，由于桩底沉渣的压实，继桩周土侧阻充分发挥后，嵌岩段侧阻在桩端阻力发挥之前，先发挥出来，它与桩周土的侧阻共同构成较高的总侧阻力，从而使传至桩端平面处的轴向力大为减小，这势必削弱岩体的端承作用。

董金荣通过 3 个场地 8 根埋设有应力测试元件的嵌岩桩测试结果分析表明：嵌岩桩端阻力占桩顶荷载比例为 9.4%~30%，表现为端承摩擦桩；嵌岩桩与非嵌岩桩荷载传递性状相似，土层、岩层摩阻力与桩端阻力均对桩的荷载传递起着较大的作用。

史佩栋收集到的 150 根嵌岩桩的实测资料，给出了嵌岩桩在竖向荷载下端阻分担荷载比 Q_b/Q 与桩的长径比 L/D 之间的实测关系曲线（图 14-12）。从图 14-12 中可以看出：当 $1<L/D<20$ 时，随 L/D 的增大，Q_b/Q 自 100% 递减至大约 20%，当 $20<L/D<63.7$

时，Q_b/Q 一般不超过 30%，其中大部分在 20% 以下，不少桩在 5% 以下。与此相应，桩的侧阻 Q_s 大约在 $L/D>10\sim15$ 时开始起主导作用，Q_s/Q 随 L/D 增大而增大，一般保持在 70% 以上，大部分桩在 80% 以上，有些在 95% 以上。由此可见，嵌岩桩绝大多数端承力都较低，岩基的承载性能得不到发挥。

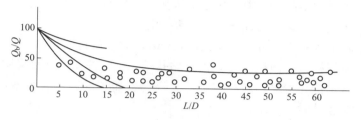

图 14-12　150 根嵌岩桩 Q_b/Q 与 L/D 关系

图 14-13 列出了南汉桥南塔三根试桩嵌岩段总阻力（包括端阻力与嵌岩段侧阻力）及土层总阻力与桩顶荷载关系。从图中可以看出，嵌岩段总阻力与桩顶荷载的比值随着桩顶荷载的增加而增加，桩侧土层总阻力所占比例越来越小。但是，到加载最大值时，嵌岩段总阻力所占比例仅为 53.60%～70.40%。根据嵌岩桩的工作性状，在桩身受荷变形时，基岩以上覆盖土层将产生侧阻力，且桩侧阻力分担荷载比，随桩长径比 L/D 的增大而增大，随覆盖土层强度的提高而增大。如果对嵌岩桩荷载传递都不考虑覆盖土层侧阻力的作用，按照这样的设计指导思想，在覆盖土层厚度较大、土质较好、桩嵌入岩体较小的情况下，甚至会出现其承载力计算值比桩底覆盖层内按摩擦桩计算值还低的不合理现象。

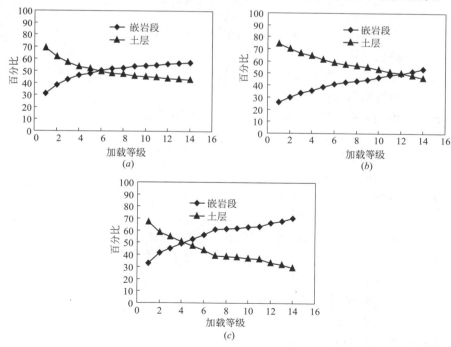

图 14-13　嵌岩段总阻力与土层总阻力变化
(a)ZN121；(b)ZN36；(c)ZN131

目前沿用的《公路桥涵地基与基础设计规范》中计算嵌岩桩单桩轴向受压容许承载力时采用公式：

$$[P] = (c_1A + c_2Uh)R_a \qquad (14\text{-}10)$$

式中　　$[P]$——单桩轴向受压容许承载力(kN)；

　　　　R_a——天然湿度的岩石单轴极限抗压强度(kPa)；

　　　　h——桩嵌入基岩深度(m)，不包括风化层；

　　　　U——桩嵌入基岩部分的横截面周长(m)，对于钻孔桩和管桩按设计直径采用；

　　　　A——桩底横截面面积(m²)，对于钻孔桩和管桩按设计直径采用；

　　c_1、c_2——根据清孔情况、岩石破碎程度等因素而定的系数，当条件为良好、一般和较差时，c_1分别为0.6、0.5、0.4，c_2分别为0.05、0.04、0.03。

以 ZN121 试桩为例，其受压容许承载力计算如下：

(1) 按嵌岩桩计算(JTJ 024—85 规范)

根据设计院计算资料，桩径 $D=2.8$m，桩长 $l=60.5$m，桩嵌入微风化岩 $h=2.75$m。计算时岩石 R_a 值按嵌岩段加权平均计，取 $R_a=15.4$MPa

根据《公路桥涵地基与基础设计规范》，c_1 为 0.5，c_2 为 0.04，则

$$\begin{aligned}
[P]_1 &= (c_1A + c_2Uh)R_a \\
&= (0.5 \times 6.1575 + 0.04 \times 8.79646 \times 2.75) \times 15400 \\
&= 62314.5\text{kN}
\end{aligned}$$

(2) 按摩擦桩计算(JTJ 024—85 规范式 4.3.2-1)

$$[P] = \frac{1}{2}(Ul\tau_p + A\sigma_R) \qquad (14\text{-}11)$$

式中　　$[P]$——单桩轴向受压容许承载力(kN)；

　　　　U——桩的周长(m)；

　　　　l——桩在局部冲刷线以下的有效长度(m)；

　　　　A——桩底横截面面积(m²)；

　　　　τ_p——桩侧土平均极限摩阻力(kPa)，可按下式计算：

$$\tau_p = \frac{1}{l}\sum_{i=1}^{n}\tau_i l_i \qquad (14\text{-}12)$$

　　　　n——土层的层数；

　　　　l_i——承台底面或局部冲刷线以下各土层底厚度(m)；

　　　　τ_i——与 l_i 对应的各土层极限摩阻力(kPa)；

　　　　σ_R——桩尖处土的极限承载力(kPa)，可按下式计算：

$$\sigma_R = 2m_0\lambda\{[\sigma_0] + k_2\gamma_2(h-3)\} \qquad (14\text{-}13)$$

　　　　σ_0——桩尖处土的容许承载力(kPa)；

　　　　h——桩尖的埋置深度(m)；

　　　　k_2——地面土容许承载力随深度的修正系数；

　　　　γ_2——桩尖以上土的重度(kN/m²)；

　　　　λ——修正系数。

根据地质资料，计算得 $\tau_p=122.3$kPa，$\sigma_0=2200$kPa，根据规范，取 $m_0=0.8$，$\lambda=$

0.72，$k_2 = 10.0$，$\gamma_2 = 20$ kN/m²，$h = 40$m，可计算得：

$$[P]_2 = \frac{1}{2} \times (8.79646 \times 122.3 + 6.1575 \times 11059.2) = 66592.3\text{kN} > [P]_1$$

也可从现场测试结果看出，用自平衡法测得当荷载为 62314.5kN 时，荷载箱向上位移仅为 2.48mm，向下位移也仅为 1.89mm。因此，桥梁嵌岩桩的设计应当考虑上覆土层作用。

6. 模拟试桩效果分析

南汊桥南塔基础单桩承载力高达 120MN，进行 1 根 ϕ2.8m 工程试桩 ZN121 的同时，也进行了 2 根 ϕ1.2m 模拟试桩 ZN36 与 ZN131。

根据模拟试桩 ZN36 和试桩 ZN131 自平衡法测试结果，采用第 4 章精确转换法理论，分别预测 2.8m 直径试桩的传统静载 Q-s 曲线（分别采用 ZN36 和 ZN131 各自得出桩侧摩阻力变位曲线和桩端应力变位曲线），如图 14-14 所示。和实体试桩 ZN121 精确转换结果相比，三者较为接近，例如当使用荷载为 40000kN 时，ZN36 预测的桩顶位移 s_{36} 为 10.85mm，ZN131 预测的桩顶位移 s_{131} 为 12.12mm，而 ZN121 转换的桩顶位移 s_{121} 为 9.51mm。

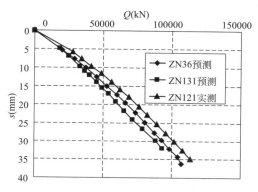

图 14-14　ZN36、ZN131 预测曲线和 ZN121 对比

文献［41］曾用 ϕ300mm 试桩曲线模拟 ϕ1200mm，并根据可能的地质条件，预估了 ϕ1200mm Q-s 曲线所在范围，与实测情况符合良好。本节采用两根 ϕ1200mm 模拟 ϕ2800mm 并与实测情况对比，预测值偏大，偏于保守，但基本能满足工程要求。当然，由于本工程地质支离破碎，变异性较大，因此模拟精度还有待提高和探讨。

7. 有限元分析结果

在综合分析已有桩基数值计算主要研究成果基础上，采用三维有限元软件 ANSYS 对南塔嵌岩桩单桩沉降进行了数值模拟计算，选用三根试桩（ZN121、ZN36、ZN131）资料进行计算，以便与转换结果进行比较。

对于桩身，因为大直径，桩径尺寸与土体单元尺寸相当，故采用普通实体单元来模拟桩身，对于桩周岩土体，也采用普通单元模型。

岩土体的应力应变特性是比较复杂的，国内外学者提出了大量的本构模型，本节采用 Drucker-Prager（简称 D-P）模型，它反映了岩土体作为摩擦型材料的基本特性，简单实用，岩土体参数取值见表 14-4，在深度上的分界按钻孔资料所提供的实际分层建模，桩土接触带部分以外的岩土层在平面上的延伸按均匀分布来考虑。桩身混凝土采用双线性弹塑性模型，根据材性试验，取第一阶段模量为 $E_1 = 2.514 \times 10^4$（割线模量），屈服点应力为 $\sigma_1 = 8.372$MPa，第二阶段模量为 $E_2 = 1.642 \times 10^4$（割线模量）。在目前用于工程设计的各种解析计算模型中，多假设桩与岩土体的变形是相协调的，即其间无相对位移。而实际上两种材料的界面上位移是不可能协调一致的。界面变形本构模型大致分为三种：整体滑动、局部滑动剪切变形和连续剪切变形三种。由于桩体材料较桩周土体和风化岩体坚硬得多，桩基支承在坚硬岩体上，相对位移小且沿深度变化大，因此选用有厚度固体单元较为实用。接触带内材料参数的取值应与接触带厚度同时考虑，分析时，接触带按 0.5m 计，接触带材料参数见表 14-4。

岩土体计算参数　　　　　　　　　　　　　表 14-4

岩土层	重力密度 γ (kN/m³)	变形模量 E_0 (MPa)	泊松比	c (kPa)	$\varphi(°)$
①粉质黏土	18.0	1.7	0.42	7.0	9.0
①层接触带	18.0	1.2	0.42	5.0	6.0
②淤泥质粉质黏土	18.0	3.5	0.40	8.0	10.0
②层接触带	18.0	2.4	0.40	5.6	7.0
⑤含卵砾石粉质黏土	20.0	5.2	0.35	20.0	22.0
⑤层桩土接触带	20.0	3.4	0.35	14.0	16.0
⑨₁强风化岩	21.0	90.0	0.30	110.0	27.0
⑨₁层接触带	21.0	72.0	0.30	77.0	19.0
⑨₂强风化花岗斑岩	25.0	600.0	0.25	300.0	29.0
⑨₂层接触带	25.0	60.0	0.25	210.0	21.0
⑨₂ₐ弱风化花岗斑岩	25.0	1300.0	0.25	350.0	31.0
⑨₂ₐ层接触带	25.0	130.0	0.25	245.0	22.0
⑨₃微风化构造块段	26.9	10000.0	0.20	1100.0	42.0
⑨₃层接触带	26.9	1000.0	0.20	770.0	29.0

桩顶模拟加载计算结果及与精确转换结果对比如表 14-5。

有限元计算结果与转换结果比较　　　　　　　　表 14-5

试桩号	桩顶荷载(MN)	计算桩顶位移(mm)	等效桩顶位移(mm)
ZN121	41.516	11.26	9.65
ZN36	29.296	45.21	48.21
ZN131	27.722	45.31	49.87

从表 14-5 可见，有限元计算结果与精确转换法推算结果较为接近。

14.1.5　结论

（1）采用自平衡法成功地进行了 120000kN 大直径钻孔灌注桩静载荷试验和其他 5 根大吨位钻孔灌注桩静载荷试验，结果表明自平衡法能突破常规试桩法吨位的限制，为以后超大吨位桩基的测试提供了有效途径。

（2）通过设置钢筋计测试元件研究了大直径钻孔灌注桩的荷载传递机理及土层摩阻力分布，据此可以判定桩周与桩端土阻力分布，清楚地分出各自的荷载位移曲线，这对桥梁工程桩基设计是很有裨益的。

（3）加载时，加载处轴力最大，由于土摩阻力的作用，桩身轴力随着距荷载箱距离增大而减小，因此采用自平衡法时，桩身轴力分布曲线与传统堆载轴力分布曲线原则上是一致的。

（4）桩侧摩阻力随着外力的增加逐渐增加，且离加载处（荷载箱）近的土层摩阻力首先发挥作用，然后远处的土层摩阻力才逐渐发挥；每层土并未达到极限值时就开始将荷载传递到邻近土层中，即摩阻力的发挥与桩土相对位移有关。各土层的摩阻力随着桩土相对位移的增大而增大，随着桩土之间相对位移量增加，摩阻力从线性变化到非线性，最后达到稳定极限值。

（5）对位于长江江中的试桩 Y20 也成功地进行了静载荷试验，积累了特殊场地及恶劣环境下采用自平衡法试桩的宝贵经验。

（6）根据润扬长江公路大桥南汊桥南塔嵌岩桩的自平衡法静载荷试验研究，结果表明：在桩身受荷变形时，基岩以上覆盖土层将产生侧阻力，且桩侧阻力分担荷载比，随桩长径比 L/D 的增加而增大，随覆盖土层强度的提高而增大。如果对嵌岩桩荷载传递都不考虑覆盖土层侧阻力的作用，在覆盖土层厚度较大、土质较好、桩嵌入岩体较小的情况下，甚至会出现其承载力计算值比覆盖层内按摩擦桩计算值还低的不合理现象。因此，用《公路桥涵地基与基础设计规范》中的嵌岩桩公式计算承载力是较为保守的。

14.2　东海大桥

14.2.1　工程概况

东海大桥（图 14-15）起始于上海浦东南汇区的芦潮港，跨越杭州湾北部海域。由于本工程位于杭州湾海域，风、浪、流等自然条件十分复杂，给海上钻孔灌注桩的施工带来较多困难，且海上大直径钻孔灌注桩的设计与施工经验很少，因此有必要对通航孔桥 $\phi2.5m$ 大直径钻孔灌注桩进行试验，通过科学试验与检测分析，验证并指导钻孔灌注桩的设计与施工。初步确定 2 根试桩，试桩概况见表 14-6，地质剖面如图 14-16 所示。

图 14-15　东海大桥

<table>
<tr><td colspan="7" align="center">试桩情况一览表</td></tr>
<tr><td></td><td></td><td></td><td></td><td></td><td></td><td align="right">表 14-6</td></tr>
<tr><td>编组</td><td>试桩
位置</td><td>预估极限承载力
（kN）</td><td>荷载箱距桩
端距离(m)</td><td>设计桩径
（m）</td><td>设计桩长
（m）</td><td>桩端
持力层</td></tr>
<tr><td>F</td><td>主通航孔
PM336</td><td>2×24000(上)
2×24000(下)</td><td>46(上)
2(下)</td><td>2.5</td><td>110</td><td>⑪₁ 层粉细砂</td></tr>
<tr><td>E</td><td>副通航孔
PM241</td><td>2×30000</td><td>38</td><td>2.5</td><td>110</td><td>⑨层灰色含
砾粉细砂</td></tr>
</table>

注：（上）表示上荷载箱；（下）表示下荷载箱。

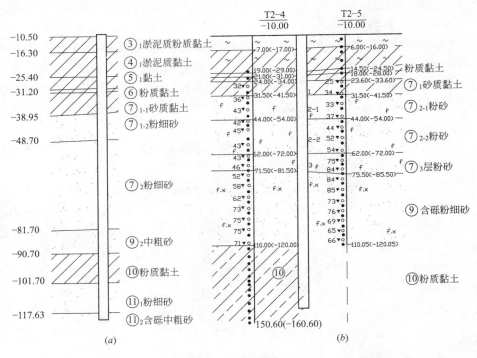

图 14-16　试桩地质剖面
(a)试桩 PM336；(b)试桩 PM241

由于该工程大直径钻孔灌注桩单桩承载力很大，且位于杭州湾海域，若采用传统静载荷试验方法，势必需要花费大量的人力、物力与时间。因此，本次试桩采用自平衡试桩法进行。其中考虑要能测出主通航孔试桩 PM336 桩端压浆前、后的承载力，埋设了两个荷载箱，分别加载进行测试，压浆前测试上、下荷载箱各一次，压浆后进行下荷载箱测试。副通航孔采用单荷载箱进行测试，压浆前后各测试一次，如图 14-17 所示。

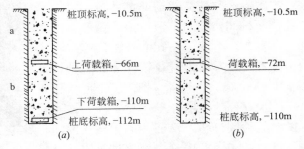

图 14-17　荷载箱位置示意图
(a)试桩 PM336；(b)试桩 PM241

14.2.2　试验综述

1. 测试情况

（1）PM336 试桩

PM336 试桩桩径 2500mm，桩顶标高－3.50m，桩底标高－112.00m，下荷载箱底标高－110.00m，上荷载箱底标高－66.00m，混凝土总浇灌量 620m³。测试的同时进行桩身轴力测试，在土层分界面埋设振弦式钢筋应力计。

① 压浆前测试

先对下荷载箱进行加载测试，加至荷载 2×6840kN 时，经 3 个小时尚未稳定，这时向下位移已超过 60mm，且本级荷载产生的位移已达上一级的 5 倍，故加载终止，开始卸载。按规范取上一级加载值 6080kN 为压浆前的桩端极限承载力。自平衡测试曲线如图 14-18 所示。

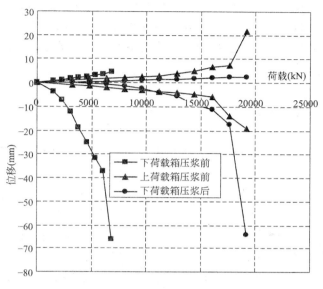

图 14-18　PM336 压浆前后自平衡测试曲线

考虑到下荷载箱测试时向上位移仅 3mm，对上部桩身摩阻力影响很小，决定立即进行上荷载箱测试。加至荷载 2×17600kN 时，向下位移急剧加大，下荷载箱油管向外喷油，且难以稳定，故取上一级加载值 16000 kN 为两个荷载箱之间桩段（b 段）的极限侧阻力；封住下荷载箱油管后，加至荷载 2×19200kN 时，上段桩明显被抬起，加载结束。取上一级加载值 17600kN 为上段桩（a 段）的极限加载值。自平衡测试曲线如图 14-18 所示。

② 压浆

第一次测试完后，进行桩端压浆。采用容量 0.3m³ 的搅拌机拌浆，通过压浆器（本次压浆利用声测管兼作压浆管）对桩端底部土体压浆，在压浆机上安装压力表测压浆压力。水泥浆施工配合比（重量比）为：水泥：水：外加剂＝1：0.44：0.01。最终压浆量为 8t，压力稳定在 2.4MPa，最大值 4MPa。压浆过程中未发现桩身上抬现象。

③ 压浆后测试

压浆 15 天后进行下荷载箱测试，当加载到 2×19200kN 时，向下位移达到 64.10mm，发生陡变而且位移超过 40mm，故终止加载，下段桩极限承载力取上一级加载值即 17600kN。而此时上段桩位移仅为 2.56mm，故上段桩远未达到极限，上段桩极限承载力大于 19200kN。

自平衡测试曲线如图 14-18 所示。

（2）PM241 试桩

PM241 试桩桩径 2500mm，桩顶标高－0.15m，桩底标高－110.00m，荷载箱箱底标高—73.00m，浇灌混凝土总浇灌量 622m³。测试的同时进行桩身轴力测试，在土层分界面埋设振弦式钢筋应力计。

① 压浆前测试

压浆前预估加载值 2×30000kN，分 15 级加载。加载到第五级荷载（2×10000kN）时，15 分钟后位移急剧增加，45 分钟时向下位移已接近 40mm，且本级荷载所产生的位移已达上一级的五倍，故加载终止，开始卸载。按规范取第四级加载值 8000kN 为压浆前的荷载箱下部桩的极限承载力。向上位移很小，荷载箱上部桩的承载力远未达到极限。自平衡测试曲线如图 14-19 所示。

② 压浆

压浆前测试完后进行桩底压浆，采用 4 回路 U 管压浆，其平面布置见图 14-20，水泥浆施工配合比（重量比）为：水泥∶水∶膨润土∶减水剂∶微膨胀剂＝1∶0.45∶0.02∶0.006∶0.06。最终压力达到 8MPa，压浆水泥量 6.7t。压浆过程中未发现桩身上抬现象。

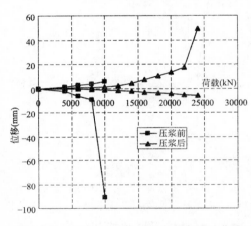

图 14-19　PM241 压浆前后自平衡测试曲线

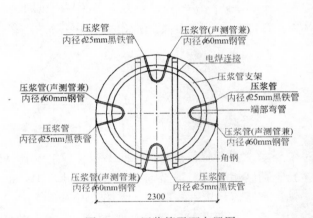

图 14-20　压浆管平面布置图

③ 压浆后测试

压浆后预估加载值 2×30000kN，分 15 级加载。开始时一切正常，当加载到 2×24000kN 时，向上位移达到 49.5mm，并发生陡变而且位移超过 40mm，故终止加载，上段桩极限承载力取上一级加载值即 22000kN。而此时下段桩位移仅为 5.77mm，故下段桩远未达到极限。

自平衡测试曲线如图 14-19 所示。

2. 试验结果分析

（1）等效转换结果

自平衡实测荷载箱向上、向下两条 Q-s 曲线，根据位移协调原则，采用精确转换法由每层土实测 τ-s 曲线转换成传统桩顶 Q-s 曲线。

① PM336 试桩

PM336 试桩在桩身设置了两个荷载箱，上荷载箱用于测试桩身各土层的摩阻力—位移曲线，下荷载箱用于测试桩端阻力—位移曲线。因此为了获得压浆前的等效转换结果，采用压浆前上荷载箱加载测试所获得的桩身各土层的摩阻力—位移曲线（即实测的 τ-s 曲线)和下荷载箱测试所获得的桩端阻力—位移曲线进行等效转换的。由于转换曲线呈陡变型，取陡变前一级荷载即 41000kN 为 PM336 试桩压浆前极限承载力。

压浆后的等效转换是采用压浆后下荷载箱测试所得的桩端阻力—位移曲线和压浆前上荷载箱加载测试所得的桩身各土层的摩阻力—位移曲线进行等效转换的。由于转换曲线呈陡变型，取陡变前一级荷载即 52000kN 为 PM336 试桩压浆后极限承载力。因为没考虑压浆对桩侧摩阻力提高的有利影响，所以压浆后转换结果是偏于保守的。压浆前、后精确转换曲线如图 14-21 所示。

② PM241 试桩

PM241 压浆前测试上段桩的承载力没有全部发挥。因此，压浆前的精确转换是采用压浆后所测得的上段桩摩阻力—位移曲线和压浆前桩端阻力—位移曲线进行等效转换的。由于转换曲线呈陡变型，取陡变前一级荷载即 30000kN 为 PM241 试桩压浆前极限承载力。

压浆后的精确转换是依据第二次实测结果进行等效转换的。转换后所得的曲线呈缓变型，且桩顶位移较小，故采用双曲线外推求极限承载力(对应桩顶位移 40mm)。压浆前、后精确转换曲线如图 14-22 所示。其中压浆后转换曲线的实线部分由实测结果转换得到的，虚线部分由双曲线外推求得。取双曲线外推曲线 $s=40$mm 对应的荷载值为极限承载力，可以得到压浆后极限承载力为 57000kN。

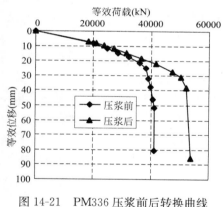

图 14-21　PM336 压浆前后转换曲线

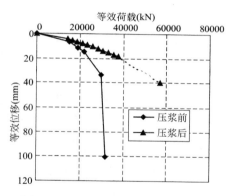

图 14-22　PM241 压浆前后转换曲线

（2）压浆效果分析

钻孔灌注桩桩端后压浆是一项旨在大幅度提高基桩承载力、减小沉降的灌注桩后处理技术。它的基本原理是成桩后 2～30 天内，通过预设于钢筋笼上桩端压浆阀，向桩端压入一定量的水泥浆，以此固结桩底沉渣，并加固桩底一定范围的土体，使桩端阻力得到大幅度的提高。

经过压浆前后承载力测试，可以看出，两根试桩经桩端压浆，桩承载力得到大幅度的提高。桩端压浆桩承载力的提高不仅在于压浆固结孔底沉渣和土体，起到扩底效应，下部桩身的桩侧泥皮和一定范围的土体也得到加固，从而使桩端承载力和侧阻力均得到提高。压浆前两根试桩下段 Q-s 曲线在很小的荷载下出现陡降段，这与地质报告值有较大的偏差。后查施工记录，PM336 试桩钻孔用了 16 天，清孔用了 43 小时，下钢筋笼用了 5 天，浇注混凝土用了 13 小时。PM241 试桩开钻到混凝土浇捣完毕也用了较长时间，约 19 天。这样导致成孔距浇灌混凝土间隔时间太长，桩周泥皮、桩端沉渣厚，长期临空面应力松弛，即降低了侧摩阻力，也降低了桩端阻力。经桩端压浆后，试桩桩端承载力大幅度提高，从自平衡测试曲线及转换曲线可以看出，桩端压浆桩其承载性能的稳定性（承载力、沉降量）明显优于未压浆桩。压浆前、后承载力比较如表 14-7 所示。

压浆前、后承载力比较

表 14-7

桩号	压浆土层	压浆量(t)	最大压浆压力(MPa)	压浆前承载力(kN)	压浆后承载力(kN)	提高值(kN)	百分比(%)
PM336	粉细砂	8	4	41000	＞52000	＞11000	＞26.8
PM241	含粒粉细砂	6.7	8	30000	57000	27000	90

14.2.3　与规范计算值的比较

根据 PM336 试桩地质勘察报告值，采用《公路桥涵地基与基础设计规范》JTJ 024—85 计算 PM336 试桩承载力为 49690kN，与压浆前试桩承载力 41000kN 相差较大。试桩 PM241 规范计算承载力约为 45000kN，压浆前试桩承载力为 30000kN，也相差很大。这与施工质量有关系，当然也与规范计算公式的合理性相关。规范当时收集的资料是全国 105 根桩，桩径最大达 1.4m，桩长最大达 47m 的试桩资料，对这些资料进行分析整理提出的钻孔灌注桩的设计计算方法。而东海大桥试桩 PM336 桩长达 110m，属于超长桩，采用目前规范计算方法的适用性值得商榷。

根据积累的有关实测结果，超长钻孔灌注桩桩基的承载性能明显不同于普通的中长桩、短桩，其承载性能除与土层条件有关外，还受长径比、桩土刚度比、直径及施工因素等的影响。规范中桩的承载力由桩周摩阻力和桩尖支承力两项组成，并同时达到极限，取 1/2 作为容许值。而这种受力状态实际上很难出现，桩周摩阻力和桩尖支承力的发挥是不同步的，通常是前者先达到极限并产生滑移变形直至达到极限。特别是对超长钻孔灌注桩，由于自身压缩变形量大，使得桩身上部和下部摩阻力的发挥和桩尖阻力的发挥均不同步，桩的长径比越大，表现越明显。本次 PM336 试桩仅荷载箱上段桩的压缩变形达到 14.33mm，整桩压缩变形达 19.32mm。

14.2.4　结论

（1）采用自平衡法测试技术成功巧妙地测试出东海大桥超长钻孔灌注桩压浆前、后的承载力，测出了桩身上、下段的极限侧阻力以及极限端阻力，这是传统静载方法无法做到的。

（2）压力注浆可明显改善桩端持力层，提高桩端承载力，改善桩荷载传递性能，使桩的综合承载力得到大幅度提高。桩端压浆桩其承载性能的稳定性（承载力、沉降量）明显优于未压浆桩。

（3）《公路桥涵地基基础规范》桩基竖向承载力计算公式中，其计算方法对计算超长钻孔灌注桩适用性值得进一步研究。

14.3　苏通长江大桥

14.3.1　工程概况

苏通大桥主桥，图 14-23 所示。采用 1088m 的双塔斜拉桥，专用通航孔采用 140＋268＋140m 连续钢构，引桥分别采用跨径 75m、50m、30m 的等高度预应力混凝土连续梁。基础采用钻孔灌注桩，其中主桥和近塔辅助墩基础采用 ϕ2.5m 群桩基础，斜拉桥远塔辅助墩和过渡墩采用 ϕ2.5m 灌注桩，专用通航道桥主墩采用 ϕ3.0m 灌注桩，专用航道桥过渡墩和 75m 跨箱梁采用 ϕ1.8m 灌注桩，50m 跨箱梁采用 ϕ1.5m 灌注桩，30m 跨箱梁和桥台采用 ϕ1.2m 灌注桩，桩长 57.5～118m，灌注桩总数约 2580 根。

图 14-23　苏通长江大桥

总共进行了四期试桩，一期试桩共进行 6 根桩（其中自平衡载荷试验桩 5 根，锚桩法试验桩 1 根），二期陆域试验 6 根桩（其中三根工艺桩，三根自平衡载荷试验桩），三期水上试桩 6 根（其中 2 根工艺桩，4 根自平衡载荷试验桩），四期北引桥试桩 4 根自平衡试验桩。有关参数分别如表 14-8～表 14-11 所示。

一期试桩参数一览表　　　　　　　表 14-8

位置	编号	直径(m)	顶标高(m)	底标高(m)	桩长(m)	极限承载力(kN)	试验方法	是否压浆
北岸	N1	ϕ1.0	2.2	−73.8	76	13760	锚桩法	否
	N2	ϕ1.0	2.2	−73.8	76	13760	自平衡	否
	N3	ϕ1.8	2.2	−73.8	76	29610	自平衡	是
南岸	S1	ϕ1.5	3.9	−80.1	84	24400	自平衡	是
	S2	ϕ1.5	3.2	−65.8	69	17360	自平衡	是
	S3	ϕ1.5	3.2	−65.8	69	17360	自平衡	是

二期试桩汇总表　　　　　　　表 14-9

试验类型	编号	直径(m)	顶标高(m)	底标高(m)	桩长(m)	压浆管路	测试方法
压浆工艺桩	GYZ1	2.5	4.0	−102.0	106	6 回路 U 形管	不测试
	GYZ2	2.5	4.0	−121.0	125	4 直管	
	GYZ3	2.5	4.0	−121.0	125	6 回路 U 形管	

续表

试验类型	编号	直径(m)	顶标高(m)	底标高(m)	桩长(m)	压浆管路	测试方法
载荷试验桩	SZ2	2.5	4.0	−121.0	125	6 回路 U 形管	先压浆后测试
	SZ3	2.5	4.0	−102.0	106	6 回路 U 形管	先压浆后测试
	SZ4	2.5	4.0	−121.0	125	4 回路 U 形管 +4 直管	先测试后压浆再测试

三期试桩汇总表　　　　　　　　　　　　　表 14-10

位置	编号	直径(m)	顶标高(m)	底标高(m)	桩长(m)	压浆方法	对应的可能最大冲刷线标高(m)	测试方法
C1	SZ1	2.8~2.5	5.0	−109.0	114	6 回路 U 形管	−36.0	工艺试桩
	SZ2	2.8~2.5	5.0	−109.0	114	直管	−36.0	先压浆后测试
C2	SZ5	2.8~2.5	5.0	−121.0	126	6 回路 U 形管	−46.1	先测试,后压浆,再测试
	SZ6	2.8~2.5	5.0	−121.0	126	4 回路 U 形管	−46.1	先压浆后测试
	SZ7	2.8~2.5	5.0	−112.0	117	直管	−27.3	先压浆后测试
	SZ8	2.8~2.5	5.0	−112.0	116	6 回路 U 形管	−27.3	工艺试桩

四期试桩汇总表　　　　　　　　　　　　　表 14-11

编号	直径(m)	顶标高(m)	底标高(m)	桩长(m)	荷载箱位置距离桩端(m)	地质钻孔号	是否压浆
NII-1	1.2	2.4	−56.5	58.9	14.5	XK205	否
NII-2	1.2	2.4	−56.5	58.9	8.0	XK205	是
NII-3	1.5	0.1	−63.5	63.6	8.0	XK210	是
NII-4	1.5	0.1	−63.5	63.6	13.0	XK210	否

　　二期试桩成果最具有代表性,本节主要介绍二期试桩成果。

　　二期试桩对 6 根试桩进行了后压浆试验[42-47],分别采用 U 形管和直管两种方案。SZ2 桩和 SZ3 桩采用 U 形压浆管方案(图 14-24),端部弯管采用 $\phi25$ 普通钢管,桩身直管由 8 根 $\phi25$ 钢管和 4 根 $\phi60$ 声测管(兼用)组成。

SZ4 试桩采用 4 回路 U 型管加 4 直管方案。4 个 U 型回路由 8 根 $\phi 25$ 钢管在桩端每两根由一弯管相连组成一回路，4 根直管由对称布置的 $\phi 60$ 声测管兼用。

图 14-24　U 形管构造及管路分配阀

14.3.2　测试情况

1. SZ2 试桩

测试 Q-s 曲线见图 14-25。当加载至 $2 \times 51000 kN$，向上位移达到 80.12mm，向下位移达到 81.14mm，同时超过 40mm，并发生突变。故上段桩和下段桩的极限承载力均取上级加载值 48000kN。

2. SZ3 试桩

测试 Q-s 曲线见图 14-26。当加载至 2×48000 kN，向下位移达到 44.53mm，超过 40mm，并发生突变。此时上段桩位移较小，继续加载至荷载箱极限值 2×51000 kN 后卸载。故上段桩的极限承载力取 51000kN，下段桩的极限承载力取 45000kN。

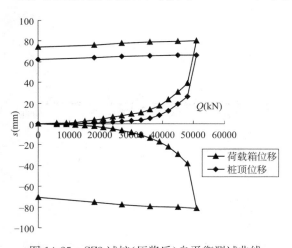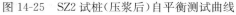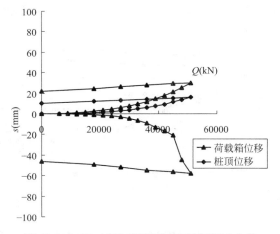

图 14-25　SZ2 试桩(压浆后)自平衡测试曲线　　图 14-26　SZ3 试桩(压浆后)自平衡测试曲线

3. SZ4 试桩

（1）压浆前测试

压浆前先进行下荷载箱测试，随后进行上荷载箱测试。

① 荷载箱测试

首先进行下荷载箱测试，测试 $Q\text{-}s$ 曲线见图 14-27。当加载至 2×18000kN，向下位移达到 40.87mm，超过 40mm，但未发生突变，且荷载很稳定。故继续加载至 2×30000kN，此时向下位移超过 100mm，为了以后的试验需要，终止加载，下段桩的极限承载力取 18000kN。

② 上荷载箱测试

下荷载箱测试后十天进行上荷载箱测试，测试 $Q\text{-}s$ 曲线见图 14-28。加载至 2×22400kN，向下位移超过 40mm，且荷载无法稳定。故把下荷载箱油管封住（关闭下荷载箱）后继续加载至 2×24270kN，此时向上、向下位移均超过

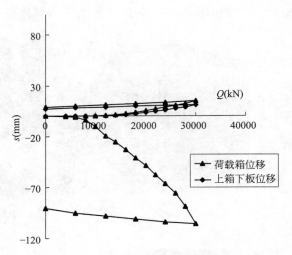

图 14-27　SZ4 试桩（压浆前）下荷载箱曲线

40mm，荷载无法稳定。上段桩的极限承载力取 22400kN，中段桩（上荷载箱与下荷载箱之间桩段）的极限承载力取 20540N。上荷载箱测试后，立即进行压浆。

（2）压浆后测试

压浆后 30 天左右进行下荷载箱测试。测试 $Q\text{-}s$ 曲线见图 14-29。当加载至 2×54000kN，向下位移超过 40mm，$Q\text{-}s$ 曲线为缓变型，故下段桩的极限承载力取 54000kN。

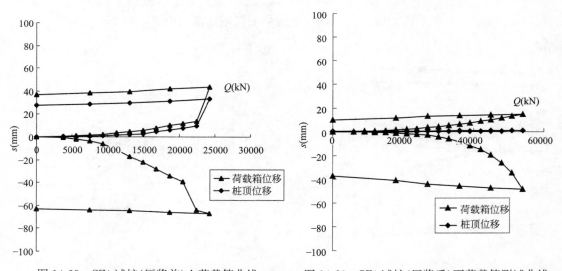

图 14-28　SZ4 试桩（压浆前）上荷载箱曲线　　　图 14-29　SZ4 试桩（压浆后）下荷载箱测试曲线

各试桩实测承载力与计算承载力、预估承载力的比较见表 14-12。

实测承载力与计算承载力、预估承载力对比　　表 14-12

指标 桩号	压浆量 (t)	最大 压力 (MPa)	有效桩长承载力(kN) (扣除冲刷线以上承载力)			整桩承载力 (kN)		
			计算值	压浆后 预估值	实测值	计算值	压浆后 预估值	实测值
SZ2	8.6	4.0	54720	76608	81069($s=$ 54.90mm)	69760	86188	96481($s=$ 77.64mm)
SZ3	11	6.0	48300	67620	78009($s=$ 38.76mm)	63900	92208	96746($s=$ 60.56mm)
SZ4 (压浆前)	9	4.0	51780		48587($s=$ 53.32mm)	67380		59638($s=$ 65.57mm)
SZ4 (压浆后)				72492	86186($s=$ 73.23mm)		83220	100538($s=$ 94.62mm)

注：压浆后预估值是承载力计算值按提高 40% 预估的。

14.3.3　压浆效果分析

SZ2 试桩、SZ3 试桩桩顶荷载—位移关系曲线及端阻力、侧阻力构成见图 14-30、图 14-31。SZ4 压浆前后桩顶荷载—位移关系曲线及端阻力、侧阻力构成见图 14-32、图 14-33。SZ4 压浆前后平均摩阻力—位移曲线见图 14-34，SZ4 压浆前后桩端阻力—位移曲线见图14-35。二期各试桩桩端阻力-位移关系对比曲线见图 14-36。SZ4 采用双荷载箱进行测试，压浆后对下荷载箱进行了测试，考虑重复加载影响，仅分析下段桩的摩阻力，SZ4 试桩下段桩各土层摩阻力见表 14-13。各试桩的极限承载力及端阻力、侧阻力构成比例见表 14-14。

◆ 等效转换曲线　　━ 桩端阻力　　▲ 桩侧阻力

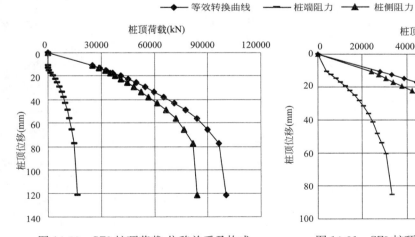

图 14-30　SZ2 桩顶荷载-位移关系及构成

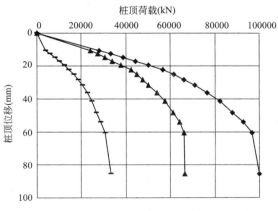

图 14-31　SZ3 桩顶荷载-位移关系及构成

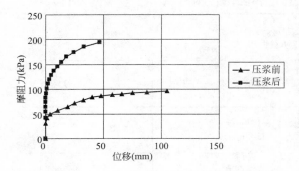

图 14-32　SZ4 压浆前后平均摩阻力-位移曲线

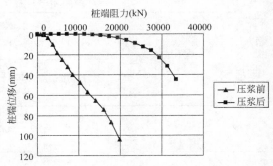

图 14-33　SZ4 压浆前后桩端阻力-位移曲线

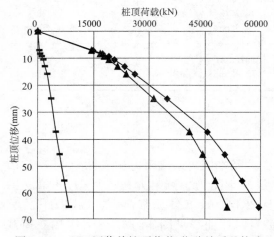

图 14-34　SZ4 压浆前桩顶荷载-位移关系及构成

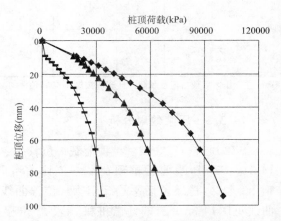

图 14-35　SZ4 压浆后桩顶荷载-位移关系及构成

SZ4 试桩下段桩各土层摩阻力　　　　　　　　　　　　　　　　表 14-13

地层编号	岩土层名称	深度(m)	地质报告值(kPa)	压浆前		压浆后		压浆后提高百分比(%)
				实测极限值(kPa)	对应位移值(mm)	实测极限值(kPa)	对应位移值(mm)	
⑧₁	砾砂	−102.2~−110.1	130	118	40.82	192.81	48.21	63.40
⑧₂/⑧₁	细砂/粗砂	−110.1~−114.2	85	86.26	40.35	186.53	46.68	116.24
⑧₂	细砂	−114.2~−121	60	55.01	40.05	157.46	45.6	186.24

桩的极限承载力及构成比例　　　　　　　　　　　　　　　　表 14-14

桩号		极限承载力(kN)	桩端阻力(kN)	桩端阻力所占比例(%)	总侧摩阻(kN)	总侧阻力所占比例(%)
SZ2		96481	14656	15.19	81825	84.81
SZ3		96746	30761	31.8	65985	58.43
SZ4	压浆前	59638	8485	14.23	51153	85.77
	压浆后	100538	33375	33.2	68533	66.8

根据自平衡试桩 Q-s 曲线(图 14-25～图 14-29)和桩顶荷载位移曲线及压浆前后端阻力及侧阻力曲线(图 14-30～图 14-35),可以看出压浆前后桩具有以下特性:

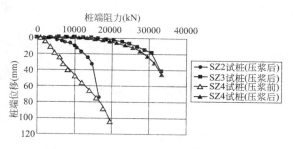

图 14-36　试桩桩端阻力-位移对比曲线

(1)压浆前 SZ4 试桩下段 Q-s 曲线在很小的荷载下出现陡降段,说明桩底存在沉渣(虚土),既降低了桩端阻力,也不利于桩侧阻力、桩端阻力的共同作用。施工因素如:孔壁暴露的时间、孔壁形状、孔底沉渣的厚度、桩侧泥皮的厚度及性质,皆对桩的承载性能产生很大影响。

(2)桩端压浆可固结孔底沉渣,还可在压力作用下对持力层进行渗透、劈裂和挤密桩端土体,形成一个较大直径的水泥—土体混合固结体,使桩端阻力大幅度提高。下部桩身的桩侧泥皮和一定范围的土体也得到加固,从而使桩端承载力和侧阻力均得到提高。根据试验数据,压浆后,桩极限承载力提高幅度为 68.6%,侧阻力提高 34%,端阻力提高 293%。

(3)经桩端压浆,SZ4 试桩的 Q-s 曲线由陡降型转变为缓变型,桩端刚度得到大幅度提高,桩的承载型态亦发生改变。压浆前,端阻占总承载力的比例 14.23%,基本属摩擦型桩,压浆后提高到 22.14%～33.2%,属端承摩擦桩。

(4)压浆对桩的荷载传递特性产生明显影响。未压浆桩在桩顶荷载作用下,轴力逐渐往下传递,侧阻力由上而下逐步发挥,待桩顶位移达到一定程度后,端阻力才开始起作用。而压浆桩在桩端压力作用下,对桩由下而上施加了一个预应力,桩端土体及一定范围的桩周土预先完成了一部分变形,使桩端阻力从一开始就参与了作用,从而较充分地发挥土体的强度。可大幅提高承载力和减少沉降。

14.3.4　压浆效果检测技术

为了对三根试桩压浆后的水泥浆分布及加固范围进行检测,采用 CT 检测技术和桩端取芯来验证。

1. CT 检测

(1)电磁波 CT 层析成像技术

波在介质中传播时,其能量将产生衰减。介质物性不同,其对波的吸收也不一样,不同介质对波的吸收强弱可用介质的吸收系数来表示,因为介质的吸收系数反映了介质的物性。电磁波 CT 层析成像技术是采用电磁波传播路径中介质吸收系数作为物探的参量,采用井间跨孔观测方式,通过计算分析介质吸收系数的大小来描述不同物性介质的空间分布情况。因为电磁波工作频率高,能反映小尺度的介质异常,所以通常用来探测精细结构。但其能量衰减快,传播距离短。在钢套管中存在电磁波屏蔽,无法探测。

(2)超声波 CT 层析成像技术

根据波动理论,描述介质的物性参数如泊淞比、弹性模量等,可以通过测试其纵波速度、横波速度计算出来,即速度是一个能反映介质物理力学性质的重要参量。工程勘察中对于岩体的测试，通常是利用声波测试，就是通过测试声波在岩体中的传播速度来分析岩体的完整程度、进行岩体分类等。超声波 CT 层析成像技术就是采用超声波（频率大于 20KHZ 为超声波）在介质中传播速度作为参量，采用井间跨孔观测，通过计算分析超声波速度的空间分布结构来描述介质的空间分布特征。相对来讲，超声波 CT 层析成像能反映较大距离范围内较小尺度的异常体。

（3）注浆前的检测工作

① 测试孔要求

每根桩在桩外侧 4.0m 处布置 1 个钻孔，孔径不小于 108mm，深度应大于桩底埋深 10m。钻孔应保持垂直（要求钻探孔的垂直度最好小于 2/1000），下好 PVC 套管或其他非金属材质套管，并做好接口处与孔底孔口的密封工作，保证套管下到指定位置和套管中不掉入异物，确保仪器在套管中上下自如。

打开桩上的预埋取芯孔，注满清水，作为测试孔之一。

② 检测要求

（a）首先进行钻孔中的电磁波单孔测试；

（b）利用取芯孔作为发射孔，桩侧孔作为接收孔，进行超声波 CT 探测。

③ 检测结束后要求

必须将测试孔孔口封好，以免掉入异物，影响下次对比测试使用。

（4）注浆后的检测工作

主要包括以下内容：电磁波跨孔观测；电磁波单孔观测；超声波跨孔观测；个别疑问孔单孔超声波观测；个别疑问孔超声波跨孔同步观测；电磁波 CT 层析成像；超声波 CT 层析成像；CT 检测剖面综合解释。

（5）检测结果分析

对 SZ2 试桩和 SZ3 试桩压浆效果采用 CT 检测。检测剖面主要是由中心孔向桩侧的 0.5m 孔、1.0m 孔、2.0m 孔和 4.0m 孔的 4 个 CT 剖面，以及桩侧 4 个孔之间连线组成的 4 个 CT 剖面，即每根桩共实施 8 个剖面的 CT 探测，具体布置如图 14-37 所示。采用的检测技术为高频电磁波（32MHz）和超声波（40kHz）CT 层析成像技术。

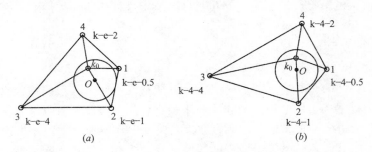

图 14-37　CT 检测剖面布置

(a)SZ2 试桩；(b)SZ3 试桩

① SZ2 试桩

设计桩长 125m，桩径 2.5m，共打 5 个取芯孔，分别为 1 号孔（k-e-0.5）距桩 0.5m，2 号孔（k-e-1）距桩 1.0m，3 号孔（k-e-4）距桩 4.0m，4 号孔（k-e-2）距桩 2.0m。跨孔 CT

测试时发现 4 号孔偏位，经同步（同深度对测）测量，初步判断 4 号孔下端外偏约 13m。致使凡经 4 号孔形成 CT 剖面只能作参考使用，但也大体反映了其基本特征。

实测结果表明（图 14-38），采用 U 管注浆的二航局试桩注浆后，水泥浆分布较为集中，在−122m 以下只是零星局部分布，大量水泥浆分布于−122m 至−116m 附近，明显形成了一个向上弧形扩大头型水泥浆影响区，局部存在固结现象，水泥浆局部可上窜至−111m。

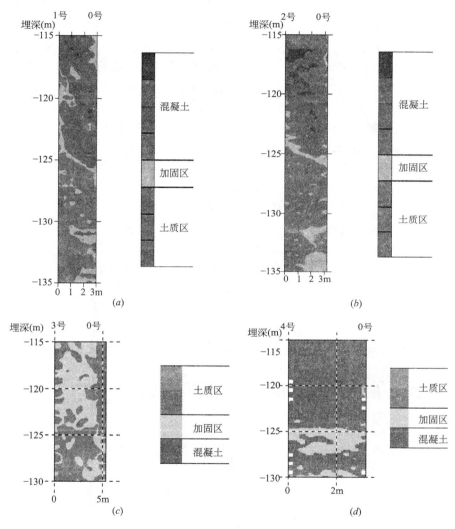

图 14-38　SZ2 检测剖面

(*a*) 0-1 剖面；(*b*) 0-2 剖面；(*c*) 0-3 剖面；(*d*) 0-4 剖面

② SZ3 试桩

二公局试桩，原设计 U 管注浆，后因故改直管注浆。桩长 106m，共打 5 个取芯孔，分别为 1 号孔（距桩 0.5m）；2 号孔（距桩 1.0m）；3 号孔（距桩 4.0m）；4 号孔（距桩 2.0m）。

实测结果，桩长 106m，水泥注浆后，向 1 号、2 号、4 号孔方向桩侧局部形成扩大头，但向 3 号孔方向桩侧注浆效果不明显。注浆主要集中于桩底下 1m（−103m）以上部位，注浆在桩壁附近上窜高度达 10m 以上（—92m）。桩底 1m 以下未发现集中的注浆存在；桩周 4 孔连结剖面可见有零星随机分布注浆存在；另外桩体本身存在局部离析现象。

（6）检测结论

① SZ2 试桩采用 U 管注浆，在桩头附近形成向上弧形扩大头型水泥浆影响区，局部存在固结现象，水泥浆可上窜至深度约—111m 附近，水泥浆分布随下伏土层或水流影响不规则排列。水泥浆主要分布在桩底下 1m 及以上部位，在—122m 以下零星分布。

② SZ3 试桩桩采用直管注浆，在桩头附近未形成理论计算的扩大头，水泥浆零星随机分布在—125～—130m 深度，最远 3 号孔附近存有较多水泥浆。造成注浆不理想的原因可能是多方面的，需明确指出不一定单纯由于采用直管注浆造成的，具体原因另行研究。

③ 注浆固结程度与周围土的成分有关，在中粗砂或含砾中粗砂中容易注浆并固结，而在粉质细砂土及粉质黏土层中相对难以注浆固结。

④ 在桩区内出现相对速度低的（黄色）部分应该对应桩身混凝土离析现象。说明成桩过程中应重视混凝土浇灌质量。

2. 取芯检测

取芯检测是通过在桩中预埋钢管或 PVC 管，桩端压浆后间隔一定时间，用钻机通过预埋管钻取桩端以下岩土体芯样来判定压浆后桩底岩土性状的方法。

根据施工所掌握的资料结合取芯样品分析，得到如下结论。

（1）所施工的钻孔均见有未固结的水泥灰浆及其与砂层所形成的混合物。

（2）所有注浆体均未凝固，或只能达到半凝固状态。从地下取芯后 12～24 小时形成固结的水泥灰浆。

（3）在三度空间分布上，相同条件下灰浆向下的渗透能力强，向上渗透能力差，而侧向渗透能力介于两者之间。在二公局试桩所施工的四个钻孔尤为明显。

（4）SZ3 试桩所施工的四个孔情况水泥灰浆最明显。在桩底下 10m 范围内仍有灰浆。

（5）从 SZ2 试桩中所做的标贯击数看，其地层强度明显强于其注浆前的地层强度。

14.3.5　结论

（1）采用桩承载力自平衡法测试技术成功地进行了苏通长江大桥大吨位超长钻孔灌注桩的承载力。

SZ2 试桩压浆后有效桩长的极限承载力为 81069kN，对应位移为 54.90mm；

SZ3 试桩压浆后有效桩长的极限承载力为 78009kN，对应位移为 38.76mm；

SZ4 试桩压浆前有效桩长的极限承载力为 48587kN，对应位移为 53.32mm；

SZ4 试桩压浆后有效桩长的极限承载力为 86186kN，对应位移为 73.23mm。

（2）对苏通大桥二期试桩结果进行了分析，具体对比了压浆前后的桩侧、桩端以及总承载力的变化情况，为苏通大桥的桩基设计提供了很好的设计依据。通过对 SZ4 试桩压浆前后的承载力对比，可以看出压浆能够有效地提高桩端、桩侧的承载力，尤其是提高桩端承载力，提高桩端承载力比例。压浆后桩由摩擦桩转变为端承摩擦桩。

（3）采用 CT 技术成功地检测了桩端后压浆水泥浆液的分布范围和分布深度，结果表明在本试桩场地水泥浆液能沿桩端上返高度约 10～15m，说明桩端压浆对桩端附近桩侧摩阻力有较大的提高作用。

（4）本次试验结果直接应用于苏通大桥主桥桩基设计中，桩长缩短 6m，取得了显著的经济效益和社会效益。

14.4　杭州湾跨海大桥

14.4.1　概况

杭州湾跨海大桥位于浙江省嘉兴市海盐县与宁波市慈溪之间，跨越杭州湾，为双向 6 车道，桥宽 33m，大桥全长 36km。大桥设南、北两个航道，其中北航道桥为主跨 448m 的钻石型双塔双索面钢箱梁斜拉桥，南航道桥为主跨 318m 的 A 型单塔双索面钢箱梁斜拉桥。除南北航道外，其余引桥采用 30～80m 不等的预应力混凝土连续箱梁结构。

根据国家规范有关规定，为了验证设计时所采用地质钻探资料的正确性，采用自平衡试桩法对桩基础进行试桩试验以确定压浆前后单桩承载力、分层岩土摩擦力、端阻力，为设计人员优化桩基设计提供必要的依据和验证设计。目前为止共完成了 9 根自平衡静载荷试验，主要参数见表 14-15。

各试桩主要参数　　　　　　　　　　　表 14-15

试桩期数	试桩编号	桩径(mm)	桩长(m)	桩顶标高(m)	d	预估极限承载力值(kN)	荷载箱距桩底距离(m)	持力层
一期试桩	试桩 A1	1500	80	5	钻孔灌注桩（桩端注浆）	15800	8.6（上）1.5（下）	粉砂层
	试桩 A2	1500	90	5	钻孔灌注桩	13800	15.4	黏土层
	试桩 E	1500	101	17	钻孔灌注桩	15800	23.6	细砂层
二期试桩	SZ1	1500	90	5	钻孔灌注桩（桩端注浆）	30000	13.5（上）1.5（下）	黏土层
	SZ2	1500	90	5	钻孔灌注桩（桩端注浆）	30000	15.7（上）2.3（下）	黏土层
三期试桩	144-3 号	1500	87	−0.5	钻孔灌注桩（桩端注浆）	30000	16.0（上）2.0（下）	黏土层
四期试桩	D13 墩23 号桩	2800	120	−0.8	钻孔灌注桩（桩端注浆）	60000	17.5（上）3.0（下）	黏土层
	D13 墩25 号桩	2800	120	−0.8	钻孔灌注桩（桩端注浆）	60000	16.0（上）	黏土层

其中二期试桩 SZ1 由美国 Loadtest 公司进行。其余试桩均由东南大学进行。

14.4.2　地质概况

四期试桩 D13 墩 23 号桩地质情况具有较大代表性，其土层分布见表 14-16。

D13 墩 23 号桩地质资料　　　　表 14-16

土层编号	层底标高（m）	层底深度（m）	层厚（m）	岩　性　描　述	土层分类名称	钻孔桩桩周土极限摩阻力 τ_i（kPa）
②₁	−15.92	4.80	4.80	亚砂土：灰黄色，流塑—软塑	亚砂土	25
③	−41.12	30.00	25.20	淤泥质亚黏土：灰色，流塑，夹粉砂薄层	淤泥质亚砂土	35
④₁	−47.122	36.00	6.00	淤泥质黏土：灰色，流塑，局部软塑，土质较均匀。局部混有少量粉砂或薄层	淤泥质黏土	30
④₁	−53.12	42.00	6.00	淤泥：灰色，流塑，局部软塑，土质较均匀	淤泥	30
④₂	−58.12	47.00	5.00	黏土：灰色，软塑，土质不均匀，加有少量粉砂薄层	黏土	40
⑥	−59.12	48.00	1.00	黏土：灰-蓝灰色，土质较均匀	黏土	60
⑦₁	−68.92	57.80	9.80	细砂：灰-浅灰色，中密—密实，含少量卵砾石，局部加硬塑状亚黏土	细砂	75
⑦₁	−71.42	60.30	2.50	亚黏土：灰-青灰色，硬塑，含云母碎片，加亚黏土薄层	亚黏土	70
⑧₁₋₁	−75.32	64.20	3.90	黏土：灰色，软塑，土质较均匀	黏土	55
⑧₁₋₂	−79.12	68.00	3.80	亚黏土：灰-蓝灰色，硬塑，土质较均匀	亚黏土	70
⑧₁₋₂	−86.72	75.60	7.60	黏土：灰-蓝灰色，硬塑，土质较均匀	黏土	75
⑧₁₋₂	−92.12	81.00	5.40	亚黏土：灰—黄灰色，硬塑，土质较均匀，顶部含少量砂粒	亚黏土	75
⑨	−97.92	86.80	5.80	粉砂：浅灰色，密实，含云母碎片，砂质均匀，顶部夹黏性土，局部为亚黏土	粉砂	70
⑨	−101.22	90.10	3.30	细砂：浅灰色，密实，含少量云母碎片，砂质较均匀	细砂	75
⑩	−115.72	104.60	14.50	黏土：灰黄色夹杂蓝灰色条纹，硬塑，土质较均匀	黏土	90
⑩	−119.52	108.40	3.80	亚黏土：黄灰—蓝灰色，软-硬塑，夹细砂，土质不均匀	亚黏土	75
⑪	−121.22	110.10	1.70	粉砂：浅灰色，密实	粉砂	80

14.4.3　部分试桩测试结果

采用单荷载箱的试桩只进行一次，采用双荷载箱的试桩测试顺序如下：

（1）成桩 28 天后加载下荷载箱，测出压浆前下荷载箱下段承载力，且对上段桩影响较小；

（2）随即测试上荷载箱。此时打开下荷载箱，直至上荷载箱下段桩（b 段）达极限承载力，此时关闭下荷载箱，直到上荷载箱上段桩达极限承载力，测试完毕进行桩端压浆；

（3）压浆后 20 天进行下荷载箱加载测试，加载至下荷载箱下段桩极限值；

（4）其中 144-3 号和 D13 墩 23 号桩还进行压浆后上荷载箱的测试，主要测出压浆后上荷载箱上段桩承载力。

D13 墩 23 号桩压浆前后自平衡加载测试曲线如图 14-39 和图 14-40 所示，压浆前后轴力分布曲线如图 14-41 和图 14-42 所示，压浆前后摩阻力分布曲线如图 14-43 和图 14-44 所示。

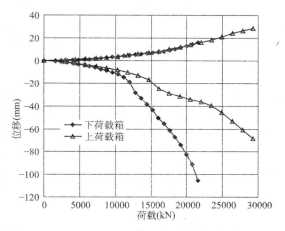

图 14-39　D13 墩 23 号桩压浆前测试 $Q\text{-}s$ 曲线

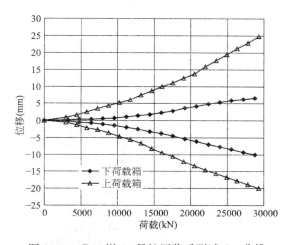

图 14-40　D13 墩 23 号桩压浆后测试 $Q\text{-}s$ 曲线

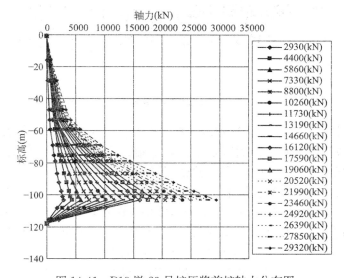

图 14-41　D13 墩 23 号桩压浆前桩轴力分布图

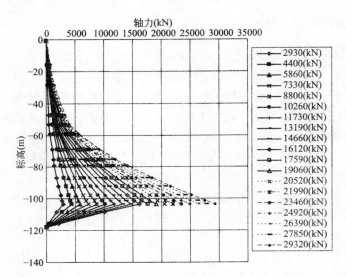

图 14-42　D13 墩 23 号桩压浆后桩轴力分布图

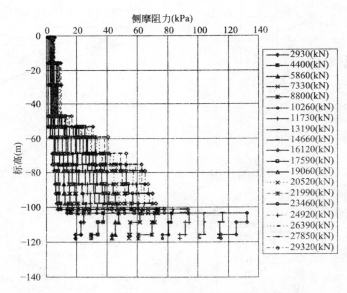

图 14-43　D13 墩 23 号桩压浆前桩侧摩阻力分布图

　　图 14-45 为试桩 A1 注浆前、后加载后桩端阻力与桩端位移的变化关系，注浆前后测试结果表明：注浆后桩端阻力得到有效提高，注浆后的桩端阻力极限值（5200kN）为注浆前的桩端阻力极限值（2600kN）的 2 倍；注浆后下段桩的桩侧摩阻力也有所提高。

　　为了获得压浆前后等效转换结果，分别将自平衡实测的向上、向下两条 Q-s 曲线，根据位移协调原则，采用精确转换法由每层土实测 τ-s 曲线转换成传统桩顶 Q-s 曲线。D13墩 23 号桩压浆前后的等效转换曲线如图 14-46。由图 14-46 可见，压浆前极限承载力取最后一级荷载 67233kN，相应的位移为 134.48mm；压浆后，试桩尚未达到其极限承载状态，故取最后一级荷载 74473kN 作为试桩的极限承载力，相应的位移为 41.02mm。

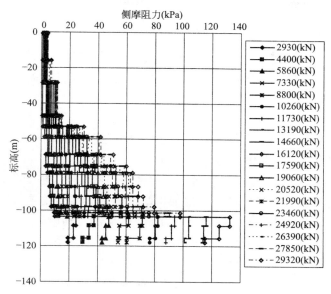

图 14-44　D13 墩 23 号桩压浆后桩侧摩阻力分布图

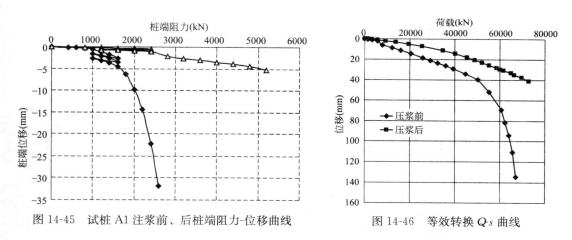

图 14-45　试桩 A1 注浆前、后桩端阻力-位移曲线　　　　图 14-46　等效转换 Q-s 曲线

表 14-17 给出了 SZ2 试桩压浆后实测摩阻力与地质报告提供摩阻力的对比情况。

SZ2 试桩压浆后各岩土层摩阻力　　　　　　　　　　表 14-17

地层编号	岩土层名	深度(m)	地质报告摩阻力值(kPa)	实测摩阻力极限值(kPa)	对应位移值(mm)
②₂	亚砂土	−9.07～−14.60	35	30.66	8.20
③₁	淤泥质亚黏土	−14.60～−36.20	20	29.43	8.48
③₂	亚黏土	−36.20～−46.80	25	52.06	9.33
④₁	黏土	−46.80～−57.00	22	47.29	10.33
⑥₁	黏土	−57.00～−66.20	45	95.64	11.63
⑦₁	细砂	−66.20～−76.30	55	192.25	13.48
⑦₂	亚黏土	−76.30～−81.40	45	164.26	3.93
⑦₂₋₁	细砂	−81.40～−83.50	50	290.8	3.74

14.4.4　经济效益分析

通过采用自平衡试桩法试验结果，南滩涂区桩长平均缩短5m，共计1800多根桩，按平均3000元/m造价计算，估计共节省造价2700多万元。而且节省工期。

14.4.5　结论

(1) 本次试验采用自平衡测试技术成功地测试出了超长灌注桩压浆前后的承载力、桩身上下段极限侧阻力及桩端阻力，这是传统静载试验无法做到的。

(2) 桩侧摩阻力的分布不仅受桩穿越的土层性质影响，还与桩受荷位置和土层深度有关。桩侧摩阻力随着桩土之间相对位移增加，摩阻力呈非线性地增加，并逐渐发挥到极限，桩端压浆会对靠近桩端部位的桩侧摩阻力产生一定的有利影响。

(3) 钻孔灌注桩在成孔过程中会不可避免地扰动持力层或孔底残留沉渣。采用桩端压浆处理受扰动的持力层或孔底沉渣，可明显改善桩端持力层受力性能，提高桩端承载力，改善桩荷载传递性能，使桩的综合承载力得到大幅度提高。桩端压浆桩其承载性能的稳定性(承载力、沉降量)明显优于未压浆桩。

(4) 国内外的自平衡测试方法虽然有些不同，但是最后结果接近，同时可以看出桩基自平衡测试方法是一种稳定可靠的方法。

14.5　西堠门大桥

14.5.1　概况

西堠门大桥起点位于册子岛西南侧门头山，经老虎山，终点位于金塘岛东北侧五大冲，全长约2.3km。西堠门大桥为连接册子岛、金塘岛主跨跨径为1650m的悬索桥，目前居世界第二。悬索桥的北锚碇位于册子岛上，南锚碇位于金塘岛上，北塔位于海中的老虎山上，南塔位于金塘岛上。工程北塔位于海中的老虎山上。从地形上看，老虎山四面临空，山体略显单薄，山体又受数条断层及其他构造裂隙的影响，山体上表部分布的残坡积层和强风化层，呈散体结构；基岩多为弱风化流纹斑岩，节理裂隙较发育，完整性较好；工程试验桩即位于北塔下基础。由于工程特殊的地理条件，选择采用桩基承载力自平衡测试方法以验证桩基极限承载力。

试桩主要参数见表14-18，地质柱状图见图14-47。

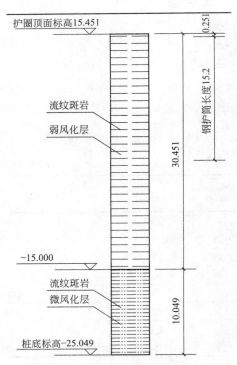

图 14-47　试桩地质柱状图(单位：m)

试 桩 参 数 表							表 14-18

试桩编号	位置	里程桩号	试桩直径 （m）	桩顶高程 （m）	桩底高程 （m）	护筒长度 （m）	荷载箱位置 （m）	有效桩长 （m）
SZ21	北塔	YK21＋315.578	2.8	15.00	−25.00	15.20	−24.30	25

14.5.2 桩基施工特点

由于试桩所在北塔坐落于西堠门水道中的老虎山上，勘察报告表明塔基南侧边坡浅表层在工程荷载作用下，极有可能发生局部破坏。加之涨、落潮所在的水位变动带部位边坡岩体因构造节理发育而显得完整性较差，即使基础埋深满足整体稳定性要求，但考虑涨、落潮引起的水位变动，尤其是海浪淘蚀的频繁作用，也会对浅表部岩体产生不可忽视的破坏作用。

为使北塔竖向荷载直接传到深层基岩，减少桩侧摩阻力对浅层山体稳定的影响，桩基施工采取了桩侧摩阻失效处理和在承台底加垫软木等隔离措施。

桩侧摩阻失效措施即采用单层钢套管方案，并在钢管外侧涂抹 2mm 厚的沥青涂层。桩基完成后，在钢管与孔壁之间压入水泥砂浆，以保证桩基横向受力。

如图 14-47 所示，钢护筒长 15.20m，工程有效桩长为 30.451＋10.049－0.251－15.20＝25m。鉴于工程特殊的地理条件，采用自平衡测试方法验证桩基极限承载力，加载设备位于标高－24.30m 位置。

14.5.3 测试结果分析

自平衡测试用荷载箱如图 14-48 所示，自平衡测试法测试曲线如图 14-49 所示。各级加载条件下各量测截面的桩身轴向力 P_z 如图 14-50 所示。分层土的桩身侧摩阻力见图 14-51。

图 14-48　桩基自平衡法测试现场

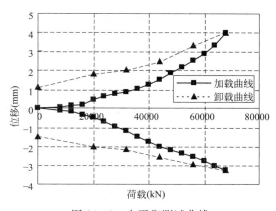

图 14-49　自平衡测试曲线

鉴于工程的重要性，采用等效转换方法，根据已测得的各土层摩阻力-位移曲线，转换至桩顶，得到试桩的等效转换曲线，如图 14-52 所示。从图中可以看出 SZ21 试桩等效转换曲线为缓变型，取位移最大点所对应的荷载为极限承载力。极限承载力为130086kN，相应的位移为 25.35mm（包括桩上部自由段 15m 的压缩量 9.5mm）；扣除15m 自由段影响，有效桩长（25m）极限承载力为 130086kN，位移为 15.85mm。

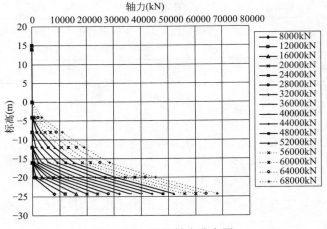

图 14-50　试桩轴力分布图

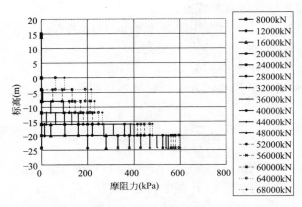

图 14-51　试桩桩侧摩阻力深度分布图

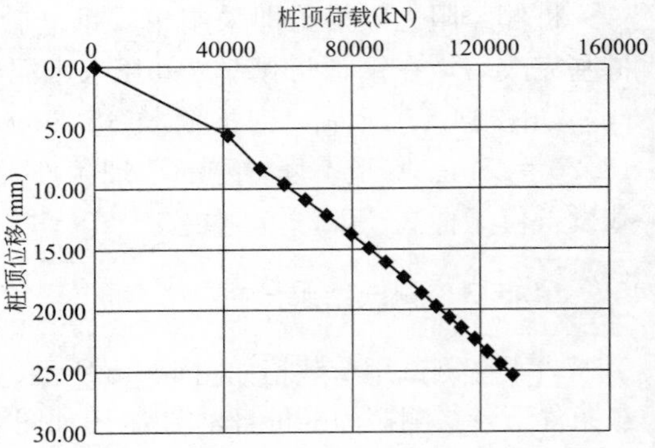

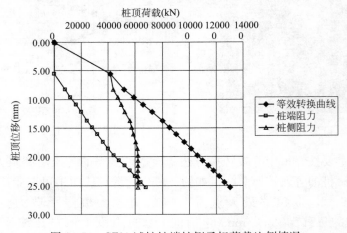

图 14-52　SZ21 试桩等效转换曲线

由于桩端承载力(指荷载箱以下部分的承载力，包括了 0.7m 的桩侧摩阻力和桩端阻力)为 68000kN，可得到桩端桩侧承担荷载比例情况如图 14-53 所示。

图 14-53　SZ21 试桩桩端桩侧承担荷载比例情况

在使用荷载 55000kN 作用下，桩端承载力占总承载力得 15％，因此基本上由桩侧摩阻力承担全部荷载。

14.6　青岛海湾大桥

14.6.1　概述

1. 工程概况

青岛海湾大桥是国家高速公路路网规划中的青岛至兰州高速(M36)青岛段的起点，山东省"五纵四横一环"公路网主框架中南济青线的重要组成部分；是青岛市道路交通规划网络布局中胶州湾东西岸跨海通道中的"一路、一桥、一隧"重要组成部分。青岛海湾大桥东起青岛主城区 308 国道，跨越胶州湾海域，西至黄岛红石崖，路线全长新建里程约35.4km，其中海上段长度 26.75km，青岛侧陆上桥梁 5.85km，红石崖侧陆上段桥梁及道路共 0.9km，红岛连接线长 1.9km，总投资 99.38 亿元。

为了保证施工的顺利进行和结构的安全可靠，提供桩基础设计和施工实施科学的依据，根据国家规范和设计院有关文件，一期试桩采用自平衡法进行了 4 根试桩，试桩主要参数分别见表 14-19 和表 14-20。

<table>
<tr><td colspan="9" align="center">自平衡试桩有关参数　　　　　　　　　　　　　　表 14-19</td></tr>
<tr><th>试验组</th><th>里程桩号</th><th>X 坐标</th><th>Y 坐标</th><th>桩径(cm)</th><th>桩顶标高(m)</th><th>桩底标高(m)</th><th>桩长(m)</th><th>地质钻孔</th></tr>
<tr><td>zh6 号</td><td>K11+170</td><td>114369.230</td><td>230569.761</td><td>180</td><td>5</td><td>-43</td><td>48</td><td>SZ6</td></tr>
<tr><td>zh7 号</td><td>K16+489</td><td>114181.816</td><td>225341.264</td><td>250</td><td>4</td><td>-35</td><td>39</td><td>SZ7</td></tr>
<tr><td>zh8 号</td><td>K21+590</td><td>112914.118</td><td>220412.627</td><td>250</td><td>5</td><td>-54</td><td>59</td><td>SZ8</td></tr>
<tr><td>zh12 号</td><td>K33+450</td><td>105874.450</td><td>211191.200</td><td>180</td><td>6.9</td><td>-39.6</td><td>46.5</td><td>SZ5</td></tr>
</table>

<table>
<tr><td colspan="7" align="center">测试项目　　　　　　　　　　　　　　表 14-20</td></tr>
<tr><th>试验组</th><th>里程桩号</th><th>冲刷、波流力观测</th><th>声测管数量</th><th>清水钻孔</th><th>预估加载值(kN)</th><th>备注</th></tr>
<tr><td>zh6 号</td><td>K11+170</td><td>有</td><td>3 根</td><td>泥浆</td><td>2×20000
2×22000</td><td>双荷载箱</td></tr>
<tr><td>zh7 号</td><td>K16+489</td><td>有</td><td>4 根</td><td>清水</td><td>67300</td><td>单荷载箱</td></tr>
<tr><td>zh8 号</td><td>K21+590</td><td>有</td><td>4 根</td><td>清水</td><td>2×22000
2×25000</td><td>双荷载箱</td></tr>
<tr><td>zh12 号</td><td>K33+450</td><td>无</td><td>3 根</td><td>清水</td><td>68100</td><td>单荷载箱</td></tr>
</table>

2. 地质条件

试桩区地质条件如图 14-54 所示。

钻孔编号：SZ5　　孔口高程：8.29m

层号	层底标高(m)	层厚(m)	岩(土)层类别	推荐承载力$[\sigma_0]$(kPa)	极限摩阻力τ_i(kPa)
②	5.99	2.3	黏土	310	70
⑦₂	-4.41	10.4	强风化角砾岩	400	80
⑦₃	-11.21	6.8	弱风化砾岩	550	110
⑦₃	-20.61	9.4	强风化~弱风化砾岩	600	120
⑥₃	-46.91	17.39	弱风化角砾岩	800	150

钻孔编号：SZ6　　孔口高程：-4.92m

层号	层底标高(m)	层厚(m)	岩(土)层类别	推荐承载力$[\sigma_0]$(kPa)	极限摩阻力τ_i(kPa)
①₂	-8.27	3.35	淤泥亚黏土	70	20
③₁	-15.92	7.65	亚黏土	270	55
③₂	-18.32	2.4	粗砂	350	70
⑤₁	-20.22	1.9	亚黏土	200	50
⑤₂	-33.82	13.6	砾砂	500	100
⑦₂	-37.52	3.7	强风化泥岩	400	80
⑦₃	-66.12	28.60	弱风化泥岩	550	110
⑥₃	-70.02	3.90	弱风化角砾岩	550	120
⑦₄	-77.72	7.70	微风化泥岩	650	120

钻孔编号：SZ8　　孔口高程：-5.63m

层号	层底标高(m)	层厚(m)	岩(土)层类别	推荐承载力$[\sigma_0]$(kPa)	极限摩阻力τ_i(kPa)
①₁	-11.63	6	淤泥	40	20
①₂	-14.03	2.4	淤泥质黏土	70	20
③₁	-15.73	1.7	亚黏土	240	55
③₂	-18.03	2.3	中砂	350	55
④₁	-19.28	1.25	黏土	260	50
④₂	-23.13	3.85	粗砂	300	60
④₂	-25.43	2.3	黏土	450	90
⑤₁	-27.33	1.9	黏土	300	60
⑤₂	-29.13	1.8	细砂	300	55
⑤₂	-31.78	2.65	砾砂	450	90
⑦₂	-34.63	2.85	强风化泥岩	400	80
⑥₂	-39.83	5.2	强风化角砾岩	450	90
⑥₃	-46.03	6.2	弱风化角砾岩	600	120
⑦₃	-47.83	1.8	弱风化泥岩	500	100
⑥₃	-62.78	14.95	弱风化角砾岩	600	120

钻孔编号：SZ7　　孔口高程：-3.88m

层号	层底标高(m)	层厚(m)	岩(土)层类别	推荐承载力$[\sigma_0]$(kPa)	极限摩阻力τ_i(kPa)
①₂	-12.48	8.6	淤泥质亚黏土	50	20
③₁	-15.98	3.5	黏土	280	55
③₂	-18.38	2.4	亚黏土混砂	280	60
③₁	-21.78	3.4	黏土	310	60
⑥₂	-25.18	3.4	强风化角砾岩	400	80
⑥₃	-40.38	15.20	弱风化角砾岩	600	130
⑦₃	-42.68	2.30	弱风化含角砾粉砂质泥岩	550	110
⑥₃	-44.38	1.70	弱风化角砾岩	700	150
⑦₃	-46.68	2.30	弱风化含角砾粉砂质泥岩	550	110
⑥₃	-49.37	2.69	弱风化角砾岩	650	140

图 14-54　试桩区地质条件

14.6.2　试验情况

1. 试桩实测结果（表14-21）

试桩实测结果　　　　　表 14-21

试桩号	zh6号上荷载箱	zh6号下荷载箱	zh7号	zh8号上荷载箱	zh8号下荷载箱	zh12号
预定加载值(kN)	2×20000	2×22000	2×33650	2×22000	2×25000	2×34050
最终加载值(kN)	2×6670	2×20530	2×26920	2×19070	2×30000	2×40160

续表

试桩号	zh6 号上荷载箱	zh6 号下荷载箱	zh7 号	zh8 号上荷载箱	zh8 号下荷载箱	zh12 号
荷载箱处最大向上位移(mm)	25.80 (不稳定)	85.93	31.70	34.56	41.93	13.92
向上残余位移(mm)	—	66.50	—	—	—	6.06
上部桩土体系弹性变形(mm)	—	19.43	—	—	—	7.86
荷载箱处最大向下位移(mm)	1.15	76.53	120.31 (不稳定)	4.66	22.11	9.22
向下残余位移(mm)	—	51.96	—	—	—	4.17
下部桩土体系弹性变形(mm)	—	14.57	—	—	—	5.05
桩顶最大向上位移(mm)	—	52.16	26.31	32.77	0.48	3.04
桩顶残余位移(mm)	—	25.96	—	—	—	0.73
上段桩压缩变形(mm)	—	33.77	5.39	1.79	41.45	10.88

2. 自平衡规程分析结果

根据《公路桥涵施工技术规范》JTJ 041—2000 附录 B "试桩试验办法"和江苏省地方标准《桩承载力自平衡测试技术规程》DB 32/T291—1999 综合分析确定如表 14-22 所示。

试桩自平衡规程分析结果　　　　　　表 14-22

试桩编号	上段桩的实测极限承载力 Q_{uu}(kN)	中段桩的实测极限承载力 Q_{uu}(kN)	下段桩的实测极限承载力 Q_{ud}(kN)	单桩竖向抗压极限承载力 Q_u(kN)
zh6 号	6670	13200	19870	(6670−1710.9)＋(13200−810.1)＋19870＝37220
zh7 号	26920	—	24680	(26920−4920.6)＋24680＝46679.4
zh8 号	17600	28330	30000	(17600−5570.5)＋(28330−1923.2)＋30000＝68406.3
zh12 号	40160	—	40160	(40160−2113.5)＋40160＝78206.5

14.6.3　结论

1. 极限承载力

采用等效转换方法，根据已测得的各土层摩阻力-位移曲线，等效转换曲线如图14-55

～图 14-58 示。

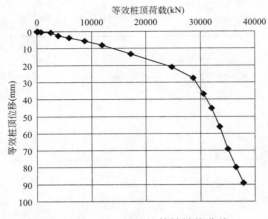

图 14-55　zh6 号试桩等效转换曲线

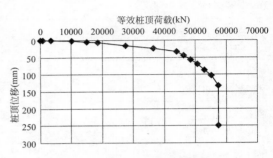

图 14-56　zh7 号试桩等效转换曲线

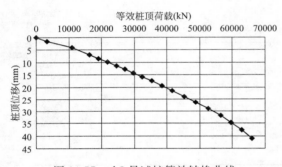

图 14-57　zh8 号试桩等效转换曲线

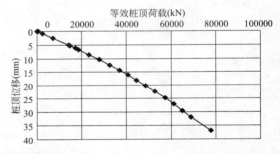

图 14-58　zh12 号试桩等效转换曲线

zh6 号，zh8 号，zh12 号三根试桩的等效转换曲线为缓变型，取最大位移对应的荷载值为极限承载力。zh7 号试桩的等效转换曲线为陡变型，陡变的前一级荷载为极限承载力。

zh6 号试桩：整桩极限承载力为 37920kN，相应的位移为 89.08mm；

zh7 号试桩：整桩极限承载力为 55230kN，相应的位移为 103.07mm；

zh8 号试桩：整桩极限承载力为 65950kN，相应的位移为 40.91mm；

zh12 号试桩：整桩极限承载力为 77750kN，相应的位移为 36.80mm。

2. 桩端承载力

zh6 号试桩桩端阻力-位移曲线如图 14-59 所示，实测桩端最大阻力为 20530kN，相应位移为 76.53mm。

zh7 号试桩桩端阻力-位移曲线如图 14-60 所示，实测桩端最大阻力为 24680kN，相应位移为 91.81mm。

zh8 号试桩桩端阻力-位移曲线如图 14-61 所示。实测桩端最大阻力为 30000kN，相应位移为 22.11mm。

zh12 号试桩桩端阻力-位移曲线如图 14-62 所示。实测桩端最大阻力为 1100kN，相应位移为 6.53mm。

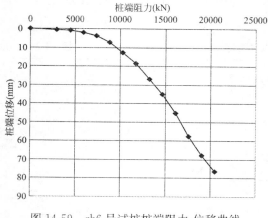

图 14-59 zh6 号试桩桩端阻力-位移曲线

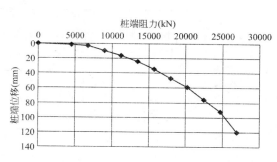

图 14-60 zh7 号试桩桩端阻力-位移曲线

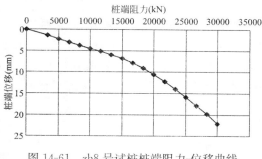

图 14-61 zh8 号试桩桩端阻力-位移曲线

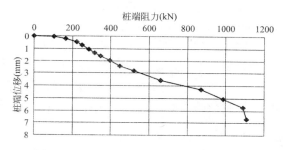

图 14-62 zh12 号试桩桩端阻力-位移曲线

14.7 上海长江大桥

14.7.1 工程概况

崇明越江通道工程位于上海市东部，工程范围南起上海市浦东新区外高桥东的五号沟，规划五洲大道—远东大道立交，跨越长江口的南港，经长兴岛中部新开港及陆域，跨越长江口的北港，至崇明陈家镇奚家港西，全长约 25.5km，其中南港水域宽度约 6.87km，长兴岛陆域宽度约 3.946km，北港水域宽度约 8.451km，崇明岛陆域接线长 4.8027km。

上海长江大桥工程范围从长兴岛桩号 E8+770.00 至崇明岛桩号 E25+320.016，全长 16.55km(跨江部分约长 8.5km)，长兴岛大堤至崇明岛大堤之间水域全长 8.5km，非通航孔总长约 6.62km，占全部水上段的 78%，两侧引桥陆上段总长约 1.1km，全桥设一个主通航孔和一个辅通航孔。

本次试验采用自平衡静载荷试桩法，选取了位于主桥的 F 组 61 号试桩、62 号试桩，位于崇明岛大堤外，非通航孔 50m 跨预应力混凝土连续梁与堡镇砂浅水段 60m 跨节段拼装区段的 D 组试桩和位于副通航孔主墩 G 组试桩，为得到试桩的极限承载力、桩端阻力

213

以及桩侧各土层的极限摩阻力，本次试验每根试桩均采用双荷载箱，且在各土层截面位置埋设了钢筋计。各试桩主要参数见表 14-23。

自平衡试桩有关参数 表 14-23

试桩编号	桩径(cm)	桩顶标高(m)	桩长(m)	最大压力(MPa)	压浆量(m³)	持力层	压浆前承载力(kN)	压浆后承载力(kN)	提高百分比(%)
61 号试桩	250～300	−2.00	107.85	7.5	8.0	含砾粉细砂	55260	109937	98.9
62 号试桩	250～300	−2.00	104.85	3.7	8.2	含砾粉细砂	57170	98919	73.0
PM120 号	160	1.60	81.96	8.0	3.66	含砾粉细砂	16393	32695	99.4
PM114 号	250～320	−14.70	95.15	6.0	8.0	含砾粉细砂	49225	84338	71.3
C 组试桩	160	1.65	86.40	3.6	5.6	含砾粉细砂	20448	46128	126
D 组 2 号试桩	180	1.65	77.00	3.0	3.8	含砾粉细砂	21430	44460	107

试桩场地各土层性质依次如下：①₁ 层填土；①₂ 层江底淤泥；②₃ 层灰黄—灰色砂质粉土批；④层，灰色淤泥质黏土；⑤₁₋₁ 层，灰色黏土；⑤₁₋₂ 层，灰色粉质黏土夹粉土；⑤₂ 层，灰色黏质粉土；⑦₁ 层，灰色砂质粉土；⑦ₜ 层，灰色粉质黏土夹粉土；⑦₂ 层，灰色粉砂；⑨₁ 层灰色砂质粉土与粉质黏土互层；⑨₂ 层，灰黄—灰色含砾粉细砂；⑨₂ₜ 层，灰—灰绿色粉质黏土；⑩层，灰褐—蓝灰色粉质黏土；⑪层，灰色含砾粉砂；⑪ₜ 层，灰褐色粉质黏土；⑫层灰绿—草黄色粉质黏土。

14.7.2　压浆效果分析

1. 等效转换对比分析

等效转换法是通过桩的应变和断面刚度计算出轴向力分布，进而求出不同深度的桩侧摩阻力，利用荷载传递解析方法，将桩侧摩阻力与变位量的关系、荷载箱荷载与向下变位量的关系，换算成桩顶荷载对应的荷载—沉降关系，按精确等效转换方法计算，等效转换总承载力、桩侧摩阻力和桩端阻力的构成及其分布关系如表 14-24～表 14-27 所示。

61 号试桩承载力及构成比例 表 14-24

工况	压浆前		压浆后	
	数值	比例	数值	比例
桩侧阻力(kN)	50535	91.4%	66737	60.7%
桩端阻力(kN)	4725	8.6%	43200	39.3%
桩顶荷载(kN)	55260	—	109937	—

62 号试桩承载力及构成比例 表 14-25

工况	压浆前		压浆	
	数值	比例	数值	比例
桩侧阻力(kN)	42320	74.0%	61119	61.8%
桩端阻力(kN)	14850	26.0%	37800	38.2%
桩顶荷载(kN)	57170	—	98919	—

D 组试桩承载力及构成比例　　　　　　表 14-26

工况	压浆前		压浆后	
	数值	比例	数值	比例
桩侧阻力(kN)	9693	59.13%	19295	59.02%
桩端阻力(kN)	6700	40.87%	13400	40.98%
桩顶荷载(kN)	16393	—	32695	—

G 组试桩承载力及构成比例　　　　　　表 14-27

工况	压浆前		压浆后	
	数值	比例	数值	比例
桩侧阻力(kN)	34375	69.83%	46538	55.18%
桩端阻力(kN)	14850	30.17%	37800	44.82%
桩顶荷载(kN)	49225	—	84338	—

各试桩压浆前后等效转换对比曲线如图 14-63～图 14-66 所示。

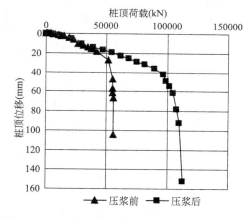

图 14-63　61 号试桩压浆前后等效转换对比曲线

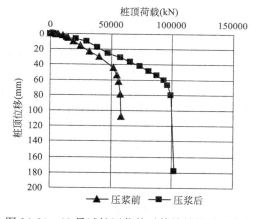

图 14-64　62 号试桩压浆前后等效转换对比曲线

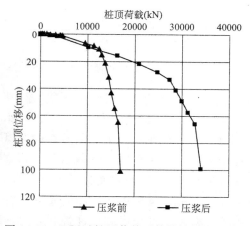

图 14-65　D 组试桩压浆前后等效转换对比曲线

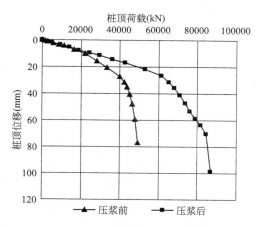

图 14-66　G 组试桩压浆前后等效转换对比曲线

由上图可知，F 组 61 号试桩压浆后总承载力提高了 98.9％，F 组 62 号试桩压浆后总承载力提高了 73.0％，D 组试桩压浆后总承载力提高了 99.4％，G 组试桩压浆后总承载力提高了 71.3％，且压浆后等效转换曲线比压浆前等效转换曲线平缓，后压浆工艺对提高桩承载力及桩身荷载传递性状效果显著。

2. 桩端阻力对比分析

各试桩压浆前、后桩端阻力-位移对比曲线如图 14-67～图 14-70 所示。

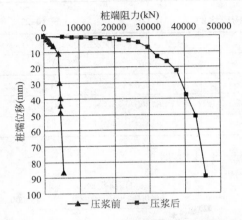

图 14-67　61 号试桩压浆前后桩端阻力-位移曲线

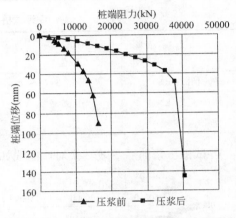

图 14-68　62 号试桩压浆前后桩端阻力-位移曲线

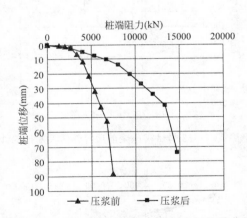

图 14-69　D 组试桩压浆前后桩端阻力-位移曲线

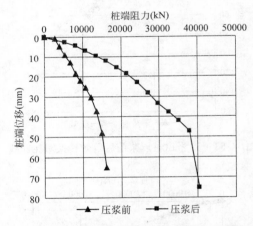

图 14-70　G 组试桩压浆前后桩端阻力-位移曲线

F 组 61 号试桩压浆后桩端阻力比压浆前提高了 814.3％，F 组 62 号试桩压浆后桩端阻力比压浆前提高了 154.5％，D 组试桩压浆后桩端阻力比压浆前提高了 101.9％，G 组试桩压浆后桩端阻力比压浆前提高了 154.5％。在 F 组 61 号试桩压浆前下荷载箱的测试中，当加载到第 3 级荷载 2×5400kN 时，向下位移较大，且无法稳定，这是由于这根试桩在成孔完毕后 70 多个小时才开始浇注混凝土，泥浆的长时间浸泡致使桩底沉渣过厚，从而导致桩端阻力很小。桩端压浆后水泥浆与各试桩桩底沉渣及桩周土发生物理化学作用，形成强度较高的水泥土，在一定程度上减小沉渣的影响，桩身荷载传递性状得到改善，且随着水泥土强度的逐步提高，可以推断桩端阻力还会得到进一步的提高。

3. 桩侧摩阻力对比分析

各试桩压浆前、后平均桩侧摩阻力-位移曲线如图 14-71~图 14-74 所示。

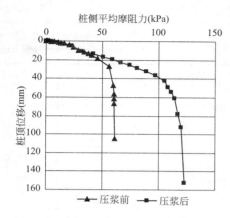

图 14-71　61 号试桩压浆前后桩侧平均
极限摩阻力-桩顶位移对比曲线

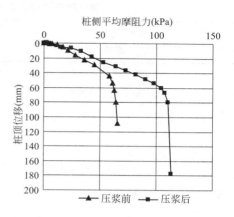

图 14-72　62 号试桩压浆前后桩侧平均
极限摩阻力-桩顶位移对比曲线

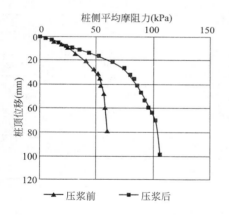

图 14-73　D 组试桩压浆前后桩侧平均
极限摩阻力-桩顶位移对比曲线

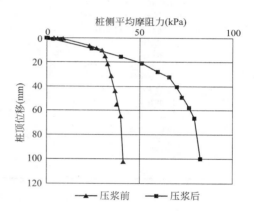

图 14-74　G 组试桩压浆前后桩侧平均
极限摩阻力-桩顶位移对比曲线

由上述各图可见，各试桩压浆后桩身平均侧摩阻力较压浆前也有了很大提高，这是由于水泥浆沿着桩身向上渗透，对桩侧泥皮及桩周土进行了置换、劈裂、挤密等作用，消除了一定范围内泥皮的影响，提高了桩周土性状，且根据预埋钢筋计读数可计算出各土层极限摩阻力，桩端以上附近土层压浆前、后极限摩阻力如表 14-28 所示。

由于水泥浆上渗作用，桩土接触界面性状得到改善，在水泥土上渗范围内，桩侧土体极限摩阻力均有提高，但在桩端后压浆工艺的效果中，除了 D 组试桩外，在总承载力提高值中端阻提高还是占主要部分的，由最后等效转换结果可知：压浆后，F 组 61 号试桩总承载力提高了 54676kN，其中端阻提高了 38475kN，占总承载力提高值的 70.4%，桩侧摩阻力提高了 16201kN，占总承载力提高值的 29.6%；F 组 62 号试桩总承载力提高了 41749kN，其中端阻提高了 22950kN，占总承载力提高值的 55.0%，桩侧摩阻力提高了 18799kN，占总承载力提高值的 45.0%；G 试桩总承载力提高了 35113kN，其中端阻提高了 22950kN，占总承载力提高值的 65.4%，桩侧摩阻力提高了 12163kN，占总承载力提高值的 34.6%。

各试桩压浆前、后桩端处各土层极限摩阻力   表 14-28

试桩编号	土(岩)层名称	标高(m)	压浆前实测最大侧阻力(kPa)	压浆后实测最大侧阻力(kPa)
F 组 61 号试桩	灰—灰绿色粉质黏土	−75.5～−78.0	97.85	103.75
	灰—灰绿色粉质黏土	−78.0～−86.0	103.75	165.22
	灰—灰绿色粉质黏土	−86.0～−96.5	102.85	161.42
	灰色含砾粉砂	−96.5～−106.85	114.41	171.31
F 组 62 号试桩	灰褐—蓝灰色粉质黏土	−76.0～−81	109.64	180.58
	灰褐色粉质黏土	−81～−90.2	106.75	182.01
	灰褐色粉质黏土	−90.2～−98.2	110.54	188.00
	灰褐色粉质黏土	−98.2～−103.85	120.24	190.30
D 组试桩	灰色砂质粉土	−55～−56.89	30.88	97.55
	灰色粉质黏土夹粉土	−56.89～−64.89	28.39	73.56
	灰色砂质粉土互粉质黏土互层	−64.89～−75.69	29.78	105.75
	灰黄—灰色含砾粉细砂	−75.69～−77.855	50.38	107.93
G 组试桩	灰色粉砂/灰色砂质粉土互粉质黏土互层	−73.2～−79	40.88	83.76
	灰黄—灰色含砾粉细砂	−79～−89.7	32.28	79.56
	灰黄—灰色含砾粉细砂	−89.7～−99.7	32.58	80.86
	灰色含砾粉砂	−99.7～−106.85	65.28	84.55

14.8 沪通长江大桥

14.8.1 概述

沪通铁路是我国铁路网沿海通道中的重要组成部分，是鲁东、苏北与上海、苏南、浙东地区间最便捷的铁路运输通道，也是长三角地区快速轨道交通网的重要组成部分。沪通铁路上海（安亭）至南通段北起江苏省南通市南通西站，向南越长江经过张家港、常熟，经太仓后，接入京沪铁路安亭站。建设为 4 线铁路，六车道高速公路。主航道桥采用 142＋462＋1092＋462＋142＝2300m 两塔五跨斜拉桥方案，天生港航道桥采用 2×112＋140＋336＋140＝840m 变高连续钢桁梁方案，跨横港沙区段桥梁采用 112m 简支钢桁梁，正桥总长 5.838km。南、北引桥采用跨径 48m 简支混凝土箱梁，跨节点桥梁采用 80m 跨连续梁（图 14-75）。

沪通大桥北岸正桥范围专用航道桥 336m 钢拱桥桩基础采用 $\phi2.5$m 钻孔灌注桩，水中联络孔 112m 简支钢桁梁桥桩基础采用 $\phi2.2$m、$\phi2.5$m 钻孔灌注桩，0 号正引桥交接墩桩

基础采用 $\phi 2.0m$ 钻孔灌注桩。北引桥桩基采用 $\phi 1.5m$、$\phi 1.8m$、$\phi 2.0m$ 钻孔灌注桩。

根据设计要求，结合本桥桥梁结构形式、地质条件及现场施工条件等实际情况，北岸引桥在 N39 号墩附近做 1 组共 3 根试桩。试桩参考地质钻孔为 DZN30，孔口高程＋2.61m。北岸正桥在 1 号墩附近做 1 组共 3 根试桩，本次试桩选择 $\phi 2.0m$ 钻孔灌注桩。试桩参考地质钻孔为 DZ1-5，试桩与对应地质孔距离约 5m。

图 14-75 沪通长江大桥效果图

14.8.2 地质条件

沪通长江大桥位于长江下游冲积三角洲平原地貌区，长江由西向东流过桥址区。区内地势低平，具南高北低、西高东低的基本特征，海拔高度一般在 2.0～6.5m 之间变化。依据地貌形态、成因及组成物质，可将近场区划分为流水地貌、湖成地貌及构造剥蚀地貌三大类。

桥址处长江呈东西向，水流方向自西向东，桥址江面宽约 5.7km，河床断面呈 W 形双槽形态，北槽为天生港水道，南槽为长江主槽浏海沙水道，中间为横港沙暗沙。北槽天生港水道宽约 200～300m，最大水深约 18m。横港沙暗沙宽度约 2300m，水深 1～3m。长江主槽浏海沙水道宽约 2700m，最大水深约 35m。

桥址处长江大堤堤顶高程 6.2～7.5m，两岸大堤相距 5.7km。北岸大堤内主要为农田、村落，地形平坦，地面高程 2.4～4m，大堤外滩地宽约 150m，现已经过吹填整治，地面高程 2.5～2.8m。南岸长江大堤迎水面有宽约 120m 的滩地，现已吹填为大堤人工保护边坡。南岸大堤内主要为农田、鱼塘、厂房仓库及村落，地面高程 1.8～2.5m，在里程 K22＋700～K22＋800 处跨越三干河及 G204 国道。

14.8.3 试验过程

在进行静载(自平衡)试验前先进行桩身完整性检测，检测结果见表 14-29。

声波透射法成果汇总 表 14-29

序号	桩号	设计桩长 (m)	桩径(mm)	可测管深(m)				桩身完整性描述	类别
				1管	2管	3管	4管		
1	北引桥试桩1	71.8	1500	71.8	71.8	71.8	71.8	完整	I
2	北引桥试桩2	71.8	1500	71.8	71.8	71.8	71.8	完整	I
3	北引桥试桩3	71.8	1500	71.8	71.8	71.8	71.8	完整	I
4	北岸正桥试桩1	118	2000	118	118	118	118	完整	I
5	北岸正桥试桩2	118	2000	118	118	118	118	完整	I
6	北岸正桥试桩3	118	2000	118	118	118	118	完整	I

注：北引桥试桩1～3在桩顶以下 54.8～55.2m，北岸正桥试桩1～3在桩顶以下 80.4～80.8m 荷载箱放置位置声速、波幅、PSD 曲线存在不同程度异常，桩身其余位置声速、波幅、PSD 曲线正常，无声速低于限值异常。

试桩试验结果见表 14-30。

试桩试验结果　　　　　　　　　　　　　　　　表 14-30

试桩编号	北引桥			北岸正桥		
	试桩 1	试桩 2	试桩 3	试桩 1	试桩 2	试桩 3
预定加载值(kN)	2×9600	2×9600	2×9600	2×28800	2×28800	2×28800
最终加载值(kN)	2×10880	2×10240	2×10240	2×23040	2×23040	2×26880
荷载箱处最大向上位移(mm)	50.26	44.40	25.35	88.49	75.97	89.76
荷载箱处最大向下位移(mm)	98.43	75.37	111.02	70.20	65.28	119.67
桩顶向上位移(mm)	28.63	21.92	14.85	44.26	52.77	57.97
上段桩压缩变形(mm)	21.63	22.48	10.50	44.23	23.20	31.79
荷载箱处向上残余位移(mm)	32.06	27.52	15.67	54.42	44.56	52.86
荷载箱处向下残余位移(mm)	57.15	−43.55	74.13	45.15	47.65	74.87

14.8.4　静载数据汇总与分析

根据《铁路工程基桩检测技术规程》TB 10218—2008 和《基桩静载试验 自平衡法》JT/T 738—2009 综合分析确定如表 14-31。

试桩自平衡规程分析结果　　　　　　　　　　　表 14-31

试桩编号		上部桩的极限加载值 Q_{uu}(kN)	荷载箱上部桩长度(m)	荷载箱上段桩自重 W(kN)	下部桩的极限加载值 Q_{lu}(kN)	单桩竖向抗压承载力 P_u(kN)
北引桥	试桩 1	10240	54.8	1403	10240	(10240−1403)/0.8+10240＝21286
	试桩 2	9600	54.8	1403	9600	(9600−1403)/0.8+9600＝19846
	试桩 3	10240	54.8	1403	9600	(10240−1403)/0.8+9600＝20646
北岸正桥	试桩 1	21120	81	3688	23040	(21120−3688)/0.8+23040＝44830
	试桩 2	21120	81	3688	23040	(21120−3688)/0.8+23040＝44830
	试桩 3	24960	81	3688	24960	(24960−3688)/0.8+24960＝51550

14.8.5　结论

1. 实测承载力

采用等效转换方法，根据已测得的各土层摩阻力-位移曲线，转换至桩顶，得到试桩等效转换曲线。

北引桥试桩等效转换曲线如图 14-76～图 14-78 所示。试桩实测承载力取规程计算结果，对应位移从等效转换曲线中求得(表 14-32)，试桩承载力均能够满足设计要求。

北引桥试桩等效转换数据比对　　　　　　　　　表 14-32

编号		设计容许承载力(kN)	对应位移(mm)	极限承载力(kN)	对应位移(mm)
北引桥	试桩 1	7657	8.29	21286	49.23
	试桩 2	7657	8.30	19846	43.98
	试桩 3	7657	9.10	20646	44.26

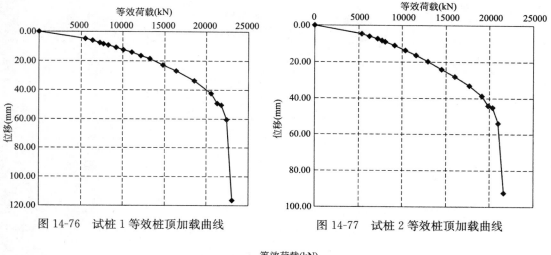

图 14-76　试桩 1 等效桩顶加载曲线　　　　图 14-77　试桩 2 等效桩顶加载曲线

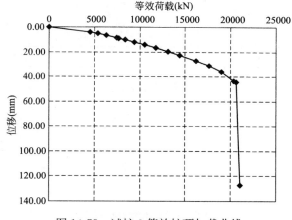

图 14-78　试桩 3 等效桩顶加载曲线

　　北岸正桥试桩等效转换曲线如图 14-79～图 14-81 所示。试桩实测承载力取规程计算结果，对应位移从等效转换曲线中求得(表 14-33)，试桩承载力均能够满足设计要求。

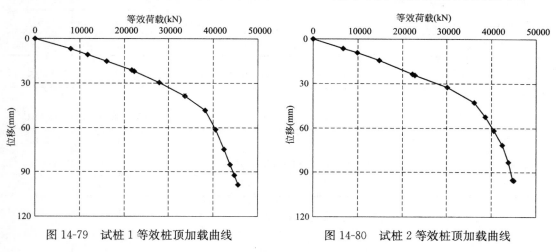

图 14-79　试桩 1 等效桩顶加载曲线　　　　图 14-80　试桩 2 等效桩顶加载曲线

221

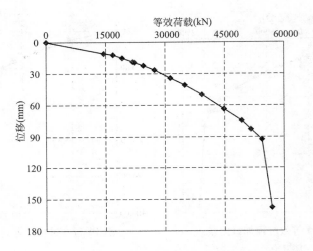

图 14-81　试桩 3 等效桩顶加载曲线

北岸正桥试桩等效转换数据比对 表 14-33

编号		设计容许承载力(kN)	对应位移(mm)	极限承载力(kN)	对应位移(mm)
北岸正桥	试桩 1	22300	21.98	44830	92.20
	试桩 2	22300	23.80	44830	95.01
	试桩 3	22300	19.07	51550	83.28

2. 承载特性

北引桥试桩承载力及端阻力、侧阻力构成见表 14-34，北岸正桥试桩承载力及端阻力、侧阻力构成见表 14-35。

北引桥试桩承载力构成表 表 14-34

工况	试桩 1		试桩 2		试桩 3	
	数值	比例	数值	比例	数值	比例
桩侧阻力(kN)	19209	90.24%	17693	89.15%	18657	90.37%
桩端阻力(kN)	2077	9.76%	2153	10.85%	1989	9.63%
桩顶荷载(kN)	21286	—	19846	—	20646	—

北岸正桥试桩承载力构成表 表 14-35

工况	试桩 1		试桩 2		试桩 3	
	数值	比例	数值	比例	数值	比例
桩侧阻力(kN)	42087	93.88%	42023	93.74%	48680	94.43%
桩端阻力(kN)	2743	6.12%	2807	6.26%	2870	5.57%
桩顶荷载(kN)	44830	—	44830	—	51550	—

北引桥试桩承载力构成表分布图见图 14-82～图 14-84。

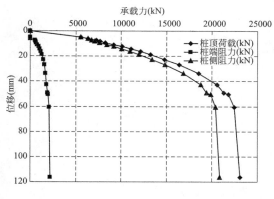

图 14-82 北引桥试桩 1 承载力构成表分布图

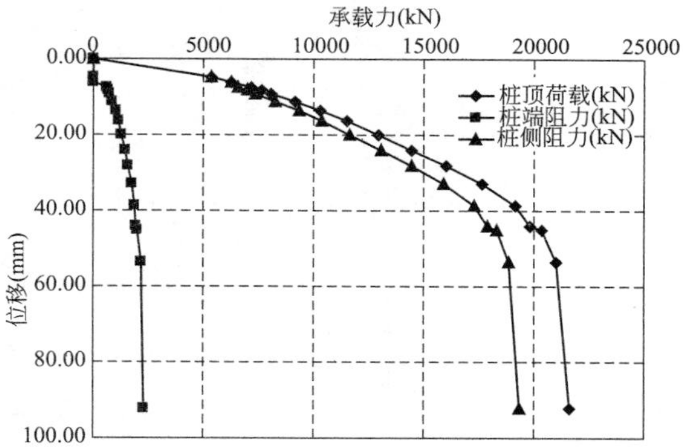

图 14-83 北引桥试桩 2 承载力构成表分布图

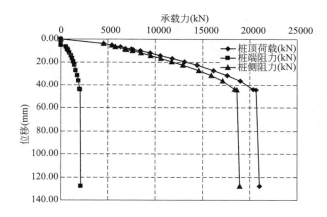

图 14-84 北引桥试桩 3 承载力构成表分布图

北岸正桥试桩承载力构成表分布图见图 14-85～图 14-87。

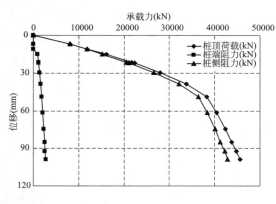

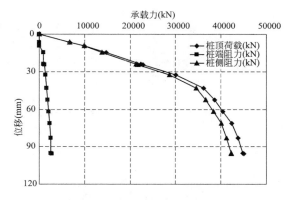

图 14-85 北岸正桥试桩 1 承载力构成表分布图

图 14-86 北岸正桥试桩 2 承载力构成表分布图

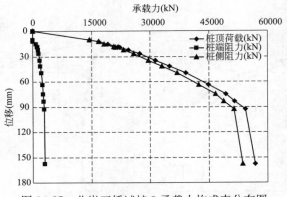

图 14-87　北岸正桥试桩 3 承载力构成表分布图

3. 桩端承载力(表 14-36)

两组试桩桩端阻力及对应位移表　　　　　　　　　　　　　　　　　　　表 14-36

	北引桥			北岸正桥		
	试桩 1	试桩 2	试桩 3	试桩 1	试桩 2	试桩 3
桩端阻力(kN)	2077	2153	1989	2743	2807	2768
位移(mm)	41.20	35.51	35.87	65.52	60.58	51.29

两组试桩端阻力-位移曲线如图 14-88～图 14-93 所示。

北引桥试桩

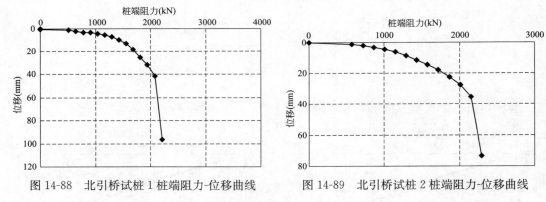

图 14-88　北引桥试桩 1 桩端阻力-位移曲线　　　　图 14-89　北引桥试桩 2 桩端阻力-位移曲线

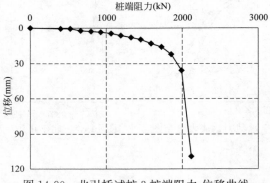

图 14-90　北引桥试桩 3 桩端阻力-位移曲线

北岸正桥试桩

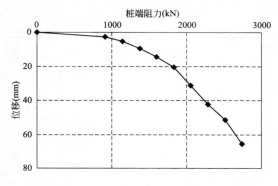

图 14-91　北岸正桥试桩 1 桩端阻力-位移曲线

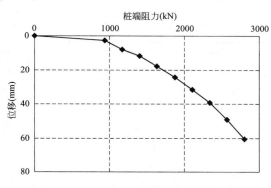

图 14-92　北岸正桥试桩 2 桩端阻力-位移曲线

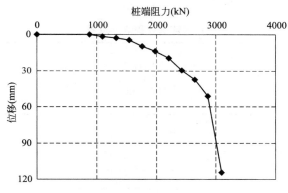

图 14-93　北岸正桥试桩 3 桩端阻力-位移曲线

4. 桩施工工艺结论

上述测试结果表明，6 根试桩采用的施工工艺能够满足设计要求。

14.9　石首长江大桥

14.9.1　前言

石首长江大桥地处长江中游荆江河段，是规划中潜江至石首高速公路的过江通道，衔接江汉平原和洞庭湖平原，连接沪渝高速公路、襄荆高速公路、汉荆高速公路、杭瑞高速公路、京珠高速公路、107 国道、207 国道、318 国道、江南江北一级公路和众多的省道和县道，是我国承东启西的最佳捷径。该高速总体上在二广高速公路和随岳高速公路之间布设，北可连接二广高速（襄樊至荆州高速）公路、沪渝高速公路，南可通过江南高速公路（岳阳至宜昌高速公路）连接杭瑞高速公路、随州至岳阳高速公路。采用双荷载箱技术，对该桥段共 6 根桩压浆前及压浆后分别进行了自平衡承载力测试试验，相关参数如表 14-37 所示。

试 桩 参 数　　　　　　　　　　　　　　表 14-37

试桩编号	桩径（mm）	桩长（m）	压浆前极限承载力估算值(kN)	压浆后极限承载力估算值(kN)
SSSZ-01	2200	90	43582	64116
SSSZ-02	2200	95	45827	66444
SSSZ-03	2200	115	57847	80159
SSSZ-04 SSSZ-03	2200	120	60576	82570
SSSZ-05 SSSZ-03	2000	110	49888	69450
SSSZ-06	2000	115	51929	71491

相关地层概况如表 14-38 所示。

岩土体设计参数一览表　　　　　　　　表 14-38

层号	地层名称	密度或状态	承载力基本容许值 f_{a0}（kPa）	钻孔桩桩端土承载力容许值 q_r（kPa）	钻孔桩桩侧土摩阻力标准值 q_{ik}（kPa）	沉桩桩端土承载力标准值 q_{rk}（kPa）	沉桩桩侧土摩阻力标准值 q_{ik}（kPa）	土石工程等级
①₁	黏土	可塑	140		40		45	Ⅰ
①₂	粉质黏土	软塑	100		35		40	Ⅰ
②	粉土	稍密	125		35		40	Ⅰ
③	粉细砂	松散	100		30		35	Ⅰ
③₁	淤泥质粉质黏土	流塑	80		20		25	Ⅰ
④	粉细砂	稍密	135		45		50	Ⅰ
⑤	粉细砂	中密	175		50		55	Ⅰ
⑤₁	黏土	可塑	170		50		55	Ⅰ
⑥	粉细砂	密实	230		60		65	Ⅰ
⑥₁	粉质黏土	可塑	175		55		60	Ⅰ
⑦	粉细砂	密实	240	1050	65	6000	70	Ⅰ
⑦₁	粉质黏土	可塑	200		50	1600	55	Ⅱ
⑦₂	圆砾	密实	450	2100	130	7000	140	Ⅱ
⑦₃	卵石	密实	500	2750	150	8000	160	Ⅱ
⑧₁	卵石	密实	550	2750	155	8000	165	Ⅱ
⑧₂	黏土	可—硬塑	250	1500	70	2500	75	Ⅱ
⑧₃	粉细砂	密实	250	1050	65	6500	70	Ⅰ
⑧₃₋₁	含砾黏土	硬塑	260	1600	70		75	Ⅱ
⑧₃₋₂	卵石	密实	550	2750	155		165	Ⅱ
⑨	黏土	硬塑	260	1500	70		75	Ⅱ
⑩	粉细砂	密实	260	1100	70		75	Ⅰ
⑩₁	黏土	硬塑	300		75		80	Ⅱ

为测得 6 根试桩的桩身轴力分布及侧摩阻力分布情况，在每根桩身布上钢筋计，6 根桩的钢筋计及荷载箱位置图如图 14-94 所示。

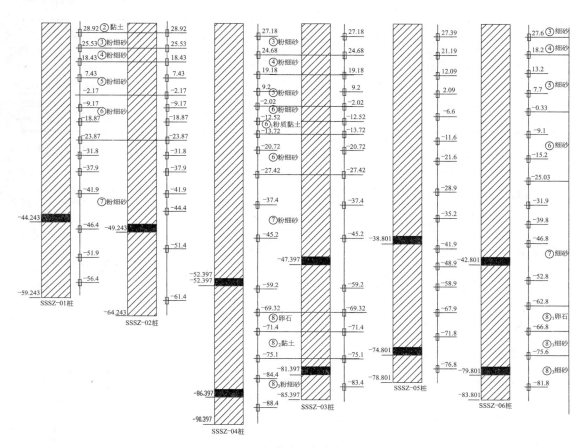

图 14-94　钢筋计及荷载箱位置图

14.9.2　自平衡规范计算结果

6 根试桩的试验顺序为：先采用自平衡法试验测得压浆前的抗压承载力，然后对桩底与桩侧进行双侧注浆，再对 SSSZ-03～06 号桩采用自平衡法测得压浆后的抗压承载力。测得结果如表 14-39、表 14-40 所示。

按自平衡法规范公式各试桩抗压承载力计算结果（压浆前）　　　表 14-39

试桩编号	Q_{us}(kN)	Q_{uz}(kN)	Q_{ux}(kN)	W_s(kN)	γ_i	$p_{ui}=\dfrac{Q_{usi}-W_{si}}{\gamma_i}+Q_{uzi}+Q_{uxi}=$(kN)
SSSZ-03	22400	16000	4000	4424	0.7	(22400−4424)/0.7+16000+4000=45680
SSSZ-04	25600	16000	11000	4520	0.7	(25600−4520)/0.7+16000+11000=57114
SSSZ-05	23000	15923	8000	3343	0.7	(23000−3343)/0.7+15923+8000=52004
SSSZ-06	23000	15923	7000	3469	0.7	(23000−3469)/0.7+15923+7000=50824

按自平衡法规范公式各试桩抗压承载力计算结果（压浆后）　　　　　表 14-40

试桩编号	Q_{us}(kN)	Q_{uz}(kN)	Q_{ux}(kN)	W_s(kN)	γ_i	$p_{ui}=\dfrac{Q_{usi}-W_{si}}{\gamma_i}+Q_{uzi}+Q_{uxi}$(kN)
SSSZ-01	36000	—	34000	4134	0.7	(36000−4134)/0.7+34000=79523
SSSZ-02	40000	—	40000	4410	0.7	(40000−4410)/0.7+40000=90843
SSSZ-03	42000	42000	19600	4424	0.7	(42000−4424)/0.7+42000+19600=115280
SSSZ-04	42000	42000	22400	4520	0.7	(42000−4520)/0.7+42000+22400=117942
SSSZ-05	35000	35000	21000	3343	0.7	(35000−3343)/0.7+35000+21000=101224
SSSZ-06	35000	35000	19000	3469	0.7	(35000−3469)/0.7+35000+19000=99044

由上表可以看出，SSSZ-03～SSSZ-06 号桩压浆的抗压后承载力与压浆前相比提高了 95％～152％，表明压浆效果良好。

通过桩身钢筋计读数算得桩底桩侧承载力分布情况如图 14-95～图 14-100 所示。

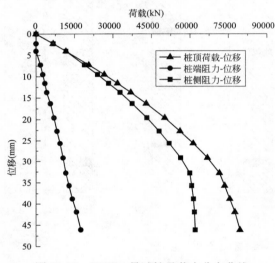

图 14-95　SSSZ-1 号试桩承载力分布曲线

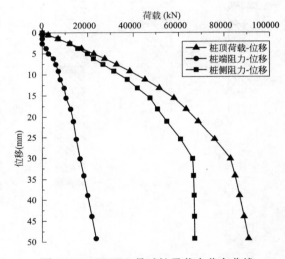

图 14-96　SSSZ-2 号试桩承载力分布曲线

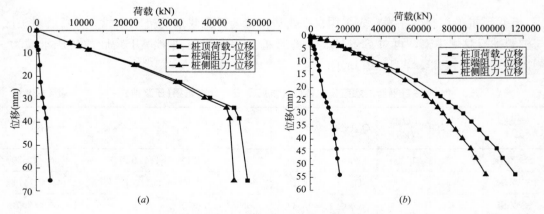

图 14-97　SSSZ-3 号试桩承载力分布曲线

(a)SSSZ-3 号压浆前；(b)SSSZ-3 号压浆后

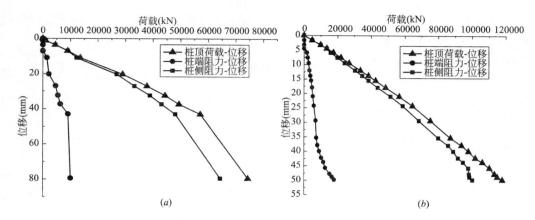

图 14-98　SSSZ-4 号试桩承载力分布曲线

（a)SSSZ-4 号压浆前；（b)SSSZ-4 号压浆后

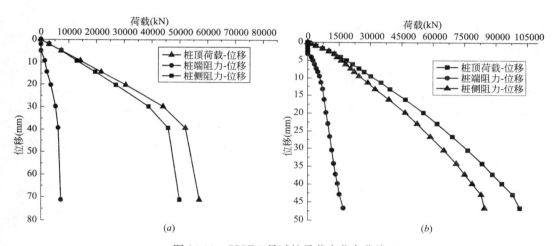

图 14-99　SSSZ-5 号试桩承载力分布曲线

（a) SSSZ-5 号压浆前；（b) SSSZ-5 号压浆后

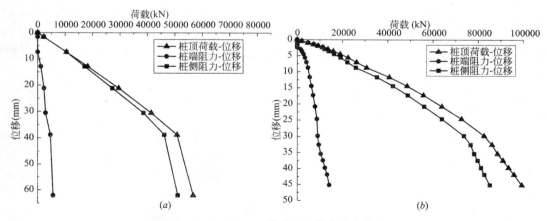

图 14-100　SSSZ-6 号试桩承载力分布曲线

（a) SSSZ-6 号压浆前；（b) SSSZ-6 号压浆后

229

根据以上对四根试桩测试结果统计，可得到不同土层的侧摩阻力大小，各土层侧摩阻力建议取值如表 14-41 所示。

土层侧摩阻力建议取值(压浆前)   表 14-41

地层名称	钻孔桩桩侧土摩阻力标准值 q_{ik}(kPa)	SSSZ-03 实测摩阻力 q_{ik} (kPa)	SSSZ-04 实测摩阻力 q_{ik} (kPa)	SSSZ-05 实测摩阻力 q_{ik} (kPa)	SSSZ-06 实测摩阻力 q_{ik} (kPa)
③粉细砂	30	23～25	23～26	27	25
④粉细砂	45	31	35	43	40
⑤粉细砂	50	33～34	41～44	59～61	49～57
⑥粉细砂	60	46～59	53～62	70～71	68～69
⑥-1粉细砂	55	41	49	—	—
⑦粉细砂	65	70～74	65～73	76～78	72～74
⑧-1卵石	155	138	152	—	135
⑧-2黏土	70	75	81	—	—
⑧-3粉细砂	65	76	72～77	78～80	—
⑧-3-1含砾黏土	70	—	—	—	78～82
桩端极限承载力		808kPa(出现桩底沉渣较厚)	2392kPa	1967kPa	1793kPa

14.10 越南大瓮桥和芹玉桥

本节介绍自平衡试桩法在典型国外工程中的应用。越南胡志明市西贡开发区大瓮桥、芹玉桥四根试桩采用自平衡法进行了静载荷试验。四根试桩均为钻孔灌注桩，且其中两根试桩采用了桩端后压浆技术。

14.10.1 前言

大瓮桥和芹玉桥位于南西贡开发区阮文灵大道上，本期工程包括 NF 线和 NM 线两座并行桥。两桥桥长分别为 395.1m 和 430.5m，桥宽分别为 15.85m(其中主跨钢管混凝土拱桥宽 18.25m)和 10.6m。除 NF 线主跨采用 99.1m 跨径的钢管混凝土拱桥外，其余跨均设计为预应力工字梁简支结构。

东南大学土木工程学院于 2004 年 12 月至 2005 年 1 月采用自平衡法分别对大瓮桥、芹玉桥两根试桩进行了静载试验。

大瓮桥桥梁基础采用钻孔灌注桩，共计 102 根。大瓮桥主桥墩及大部分引桥桩径均为 1.5m。试桩选择 NF 线引桥的两根桩，桩位编号分别为 OL-NF-T3-2 和 OL-NF-T5-2，桩径 1.5m，桩长 47.8m(桩顶标高−1.2m，桩底标高根据主桥墩确定为−49.0m)，设计承载力 510t。

芹玉桥桥梁基础采用钻孔灌注桩，共计 92 根，引桥大部分桩径为 2.0m。试桩选择 NF 线引桥的两根桩，桩位编号分别为 CC-NF-T7-2 和 CC-NF-T9-2，桩径 2.0m，桩长 48.5m(桩顶标高−1.5m，桩底标高−50.0m)，设计承载力 600t。试桩参数如表 14-41 所示。

试桩主要参数表　　　　　　　表 14-42

试桩编号	直径(m)	桩顶标高(m)	桩底标高(m)	桩长(m)	预估加载值(kN)
OL-NF-T5-2	1.50	−1.20	−49.0	47.8	12000
OL-NF-T3-2(压浆)	1.50	−1.20	−49.0	47.8	12000
CC-NF-T7-2	2.0	−1.50	−50.0	48.5	14000
CC-NF-T9-2(压浆)	2.0	−1.50	−50.0	48.5	14000

地层概况如表 14-43 和表 14-44 所示。

试桩 OL-NF-T3-2 和试桩 OL-NF-T5-2 主要地层概况　　　　　　　表 14-43

层　　号	土层名称	层厚(m)
①	黏土	11.80
②b	黏土	3.5
②c	黏土/粉质黏土	7.8
③	黏质砂土	4.1
④	砂土	6.7
⑤	粉质黏土/砂土	12.3
⑥	砂土	2.8
⑦	黏土	6.2

试桩 CC-NF-T7-2 和试桩 CC-NF-T9-2 主要地层概况　　　　　　　表 14-44

层　　号	土层名称	层厚(m)
①	黏土	14.0
②	黏土	8.0
③	粉质黏土	6.0
④	黏质砂土	25.0
⑤a	砂土	3.4
⑤b	淤泥质砂土	16.0
⑥	黏土	2.8

14.10.2　试验情况

1. 试桩施工情况

本工程由 CSCEC-SPCC J.O 公司施工，试桩荷载箱埋设工作从 2004 年 12 月 25 日开始至 12 月 29 日结束，施工过程正常。2.0m 直径的试桩荷载箱距离桩端 4m；1.5m 直径的试桩荷载箱距离桩端 6m。

在钻孔灌注施工结束后，OL-NF-T3-2 和 CC-NF-T9-2 两根试桩进行了桩端注浆，压浆装置布置在声测管端部。1 月 8 日 OL-NF-T3-2 试桩底灌了 2t 水泥浆，水灰比 0.65；1 月 6日 CC-NF-T9-2 试桩底灌了 3t 水泥浆，水灰比 0.65(注浆最大压力约为 1.5MPa 左右)。

2. 试验情况

试桩采用慢速维持加载法进行加载。加载时分级进行，每级加载值为预估值的 1/15，第 1 级加载值为两倍荷载分级。每级加载后在第 1h 内由计算机采集系统在 5、15、30、

45、60min 测读一次，以后每隔 30min 测读一次。每级加载下沉量，在 1 小时内如不大于 0.1mm，即可认为稳定。

CC-NF-T7-2 试桩于 2005 年 1 月 18 日上午开始测试，2005 年 1 月 20 日凌晨测试结束。试桩在加载至 5600kN 时，下位移超过 4cm，且突变较大；故 $Q_{u下}$ 取上一级 5130kN 为极限承载力值。由于上位移较小，继续加载至 8000kN 向上位移较小，且曲线属缓变型，故向上取 8000kN 为极限承载力值。测试曲线如图 14-101 所示。

CC-NF-T9-2 试桩于 2005 年 1 月 21 日上午开始测试，2005 年 1 月 22 日测试结束。试桩在加载至 9500kN 时，向上、向下位移均较小，且曲线属缓变型，故向上、向下均取 9500kN 为极限承载力值。测试曲线如图 14-102 所示。

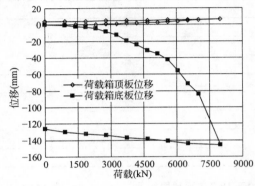

图 14-101　CC-NF-T7-2 试桩测试 $Q\text{-}s$ 曲线

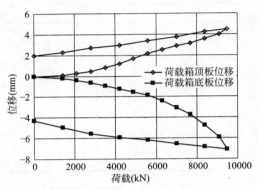

图 14-102　CC-NF-T9-2 试桩测试 $Q\text{-}s$ 曲线

OL-NF-T5-2 试桩于 2005 年 1 月 25 日上午开始测试，2005 年 1 月 26 日测试结束。试桩在加载至 4200kN 时，下位移超过 4cm 且突变较大，故 Q_{ud} 取上一级 3600kN 为极限承载力值。由于上位移较小，继续加载至 6000kN，向上位移仍较小，且曲线属缓变型，故向上取 6000kN 为极限承载力值。测试曲线如图 14-103 所示。

OL-NF-T3-2 试桩于 2005 年 1 月 27 日上午开始测试，2005 年 1 月 28 日测试结束。试桩在加载至 7200kN 时，下位移超过 4cm 且突变较大，故 Q_{ud} 取上一级 6600kN 为极限承载力值。由于上位移较小且曲线属缓变型，故向上取 7200kN 为极限承载力值。测试曲线如图 14-104 所示。

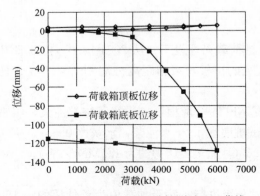

图 14-103　OL-NF-T5-2 试桩测试 $Q\text{-}s$ 曲线

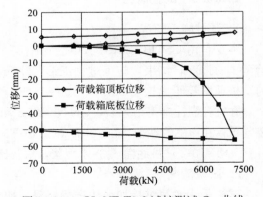

图 14-104　OL-NF-T3-2 试桩测试 $Q\text{-}s$ 曲线

试桩测试结果见表14-45。

试桩测试结果

表 14-45

试桩编号	最终加载值(kN)	荷载箱处向上最大位移(mm)	荷载箱处向上残余位移(mm)	上部桩土体系弹性变形(mm)	荷载箱处向下最大位移(mm)	荷载箱处向下残余位移(mm)	下部桩土体系弹性变形(mm)	桩顶向上最大位移(mm)	桩顶向上残余位移(mm)	上段桩压缩变形(mm)
CC-NF-T7-2	2×8000	6.73	3.91	2.82	145.81	126.06	19.75	6.39	3.08	0.34
CC-NF-T9-2	2×9500	4.46	2.00	2.46	7.11	4.31	2.80	3.93	1.71	0.53
OL-NF-T5-2	2×6000	5.57	3.43	2.14	128.61	115.42	13.19	4.39	2.37	2.02
OL-NF-T3-2	2×7200	7.48	5.16	2.32	56.84	50.45	6.39	6.49	3.55	0.99

14.10.3 试验结果分析

1. 按规程确定竖向抗压极限承载力

根据《桩承载力自平衡测试技术规程》DB32/T 291—1999，桩竖向抗压极限承载力 Q_{uk} 确定分别为：12597kN、18842kN、9761kN、14262kN。

2. 向传统静载荷试验结果的等效转换

按简化等效转换方法对试桩的测试 Q-s 曲线进行转换得试桩的等效桩顶 Q-s 曲线如图 14-105～图 14-108 所示。

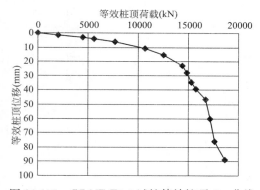

图 14-105 CC-NF-T7-2 试桩等效桩顶 Q-s 曲线

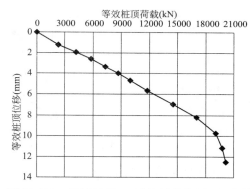

图 14-106 CC-NF-T9-2 试桩等效桩顶 Q-s 曲线

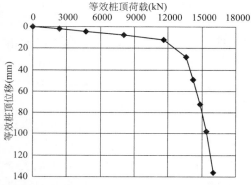

图 14-107 OL-NF-T5-2 试桩等效桩顶 Q-s 曲线

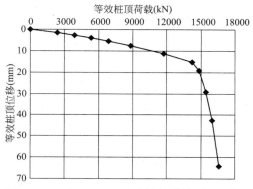

图 14-108 OL-NF-T3-2 试桩等效桩顶 Q-s 曲线

3. 桩端后压浆桩与非压浆桩承载性能对比

根据等效转换曲线，分别计算各试桩设计承载力和极限承载力的相应位移，结果见表14-46。

各试桩在不同工况下承载力-位移表 表 14-46

工况 试桩	设计承载力(kN)	位移(mm)	极限承载力(kN)	位移(mm)
OL-NF-T5-2	5100	4.61	13607	28.21
OL-NF-T3-2(压浆)	5100	3.79	15422	29.26
CC-NF-T7-2	6000	4.35	15776	39.08
CC-NF-T9-2(压浆)	6000	2.78	20171	12.50

由表 14-45 可以看出，各试桩在设计承载力状态下位移的最大值为 4.61mm，均满足要求。对于试桩 OL-NF-T5-2 和试桩 OL-NF-T3-2(压浆)，当达到极限承载力时位移几乎相同，但后者极限承载力较前者提高 13.3%。对于试桩 CC-NF-T7-2 和试桩 CC-NF-T9-2(压浆)，后者的极限承载力较前者提高 27.9%，但后者的等效桩顶位移仅为前者的 32%；且从等效转换曲线可以看出，试桩 CC-NF-T9-2 远未达到其极限承载力。如图 14-109 所示，对其等效桩顶 Q-s 曲线采用 6 阶多项式拟合，得到其对应于 40mm 时的极限承载力约为 23700kN，较试桩 CC-NF-T7-2 提高了 50.2%。可见，桩端后压浆改善了桩的承载性能，对试桩 CC-NF-T9-2 的效果尤其显著。

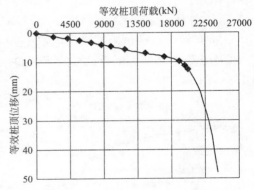

图 14-109 CC-NF-T9-2 试桩实际极限承载力

14.11 印尼苏拉马都大桥

14.11.1 工程概况

苏拉马都(SURAMADU)大桥位于印度尼西亚东爪哇省 Madura 海峡上，连接泗水市和马都拉岛，作为东南亚第一大跨海大桥，全长 5.4km，主塔高 140m，是中国企业在海外实施的第一座大跨径跨海斜拉桥项目。大桥桥跨组成为堤道桥(40.25m+35×40.5m)+引桥(40m+7×80m+72m)+主桥(192m+434m+192m)+引桥(Approach 72m+7×80m+40m)+堤道桥(44×40.5m+40.25m)，全桥共 103 个墩位和两个桥台。桥面纵坡设有 0.5%、1%、2%、3%、4%，其中引桥最大桥面纵坡为 4%，主桥最大纵坡为 1%。

为取得可靠的工艺参数和设计参数，根据国家规范和设计部有关文件，委托东南大学土木工程学院采用自平衡法对主桥、引桥共 11 根试桩进行了自平衡试验，其中 9 根桩进行了桩端后压浆处理，压浆方式为桩端四直管压浆。本节针对这 9 根试桩进行研究，相关试桩参数见表 14-47。

场区地质条件概况如下：

地层按其岩性、地质时代、成因类型和物理性质指标上的差异，大体自上而下可以分为：①细—粗粒，含微量粉土，少量生物碎片，未固结，中密到密实，厚度 0～11m；②灰及杂细—粗粒，含一些粉土，未固结，密实，厚度 11～14m；③细—粗粒，含微量粉土，少量生物碎片，未固结，密实，厚度 14～16.4m；④黏土，高塑，层间被细砂充填，坚硬，厚度 16.4～20.4m；⑤细—中粒，未固结，密实，厚度 20.4～24.5m；⑥黏土，高塑，含微量细颗粒砂，坚硬，厚度 24.5～25.5m；⑦细—中粒，含微量粉土，未固结，密实到非常密实，厚度 25.5～43.5m；⑧粉质砂土，细—中粒，非常密实，厚度 43.5～45.9m；⑨含少量粉土，高塑，高干强度，层间充填细砂，坚硬，厚度 45.9～49m；⑩砂质黏土，高塑，细—中粒，含生物碎片，极坚硬，49m 以下。

试桩参数 表 14-47

桩号	桩径(m)	桩长(m)	桩顶标高(m)	桩底标高(m)	上荷载箱标高(m)	下荷载箱标高(m)	试验方法
P46-19	2.4	97	−0.99	−97.99	−53.99	−93.99	测试、压浆、再测试
P47-31	2.4	104	−0.99	−104.99	−60.99	−100.99	测试、压浆、再测试
P40-06	1.8	81.057	−0.99	−82.047	−51	−77	测试、压浆、再测试
P43-06	1.8	88.061	−0.99	−89.051	−56	−83	测试、压浆、再测试
P45-12	2.2	80.708	−0.99	−81.698	−50	−77	测试、压浆、再测试
P48-18	2.2	86.224	−0.99	−87.214	−53.5	−83	测试、压浆、再测试
P52-06	1.8	92	−0.99	−92.99	−58	−89	测试、压浆、再测试
P55-13	1.8	77	−0.99	−77.99	−47	−74	测试、压浆、再测试
P56-05	1.8	73.16	−0.99	−74.15	−44	−70	测试、压浆、再测试

14.11.2 静载荷试验

本节现对试桩 P46-19 的试验情况作详细说明。由于试验过程大致相同，其余试桩仅给出测试后得到的等效转换曲线。

(1) 压浆前静载荷测试情况

试桩 P46-19 于 2006 年 10 月 9 号开始进行压浆前承载力测试，当下荷载箱荷载加至 14 级时(2×11200kN)，下部位移陡然增大，而上部位移较小，加载终止。依据相关规程下段桩极限承载力为 13 级荷载值(10400kN)。

上荷载箱于 2006 年 10 月 11 号进行压浆前承载力测试，打开下荷载箱，当上荷载箱加载至 8 级荷载(2×12800kN)时，下部位移陡然增大。然后关闭下荷载箱，继续加载上荷载箱至 14 级荷载(2×22400kN)，上部位移仍然较小而下部位移已经非常大(超出荷载箱行程)，加载终止。依据相关规程中段桩极限承载力为 7 级荷载值(11200kN)，上段桩极限承载力为 14 级荷载值(22400kN)。

(2) 压浆后静载荷测试情况

进行桩端压浆后，试桩 P46-19 于 2006 年 11 月 9 日开始进行承载力测试，当下荷载箱荷载加至容许极限 19 级时(2×15200kN)，而上部位移仍然非常小，加载终止。依据相关规程下段桩极限承载力为 13 级荷载值(15200kN)。

上荷载箱于 2006 年 11 月 11 号进行压浆前承载力测试，打开下荷载箱，当上荷载箱加载至 10 级荷载(2×16000kN)时，下部位移陡然增大。然后关闭下荷载箱，继续加载上荷载箱至 15 级荷载(2×24000kN)，上部位移陡然增大，加载终止。依据相关规程中段桩极限承载力为 9 级荷载值(14400kN)，上段桩极限承载力为 14 级荷载值(22400kN)。

（3）自平衡静载荷试验的转换曲线

根据图 14-110，经转换得到桩顶承载力、桩端承载力转换曲线，见图 14-111。P46-19 试桩压浆前等效转换曲线为陡变型，取曲线转折点处对应的荷载为极限承载力；桩的极限承载力为 41873kN，相应的位移为 55.40mm。压浆后等效转换曲线为陡变型，取最大位移处对应的荷载为极限承载力；桩的极限承载力为 48828kN，相应的位移为 26.84mm。

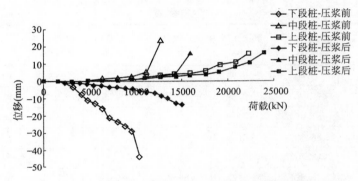

图 14-110　压浆前及压浆后的 P46-19 自平衡静载荷试验曲线

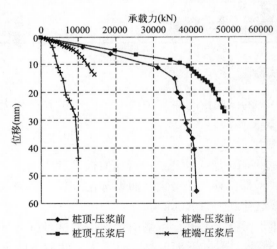

图 14-111　P46-19 试桩桩端与桩顶等效转换曲线

根据自平衡测试结果，等效转换得到其他试桩的桩顶、桩端的承载力与位移曲线如图 14-112 所示，其中 P40-06 与 P43-06 的端阻力压浆前几乎无发挥，故只给出压浆后端阻力与位移关系。

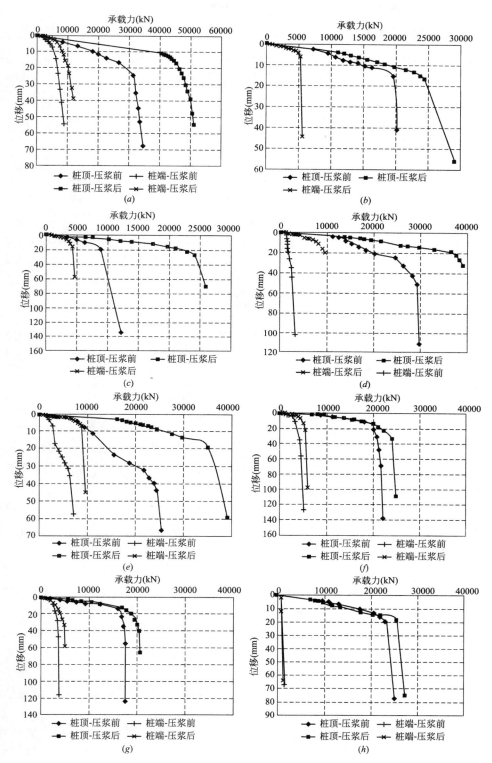

图 14-112　试桩桩端与桩顶压浆前后等效转换曲线

(*a*) P47-31；(*b*) P40-06；(*c*) P43-06；(*d*) P45-12；(*e*) P48-18；(*f*) P52-06；(*g*) P55-13；(*h*) P56-05

14.11.3　压浆效果分析

由等效转换曲线可以发现，压浆后较压浆前试桩的桩顶、端阻力位移曲线普遍显得更平缓一些。通过试桩等效转换得到极限承载力、端阻力和桩侧摩阻力的数值，进行相关统计得到表 14-48。根据试验数据可以发现压浆后桩极限承载力测试值提高幅度为 10.32%～170%，主要提高幅度为 10%～40%，桩端压浆效果较为明显。特别是 P43-06 试桩的极限承载力增幅达到了 170%。

试桩压浆量、承载力、桩侧阻、桩端阻　　　　表 14-48

桩号	注浆压力(MPa)	压浆量(t)	压浆前承载力(kN)	压浆后承载力(kN)	提高百分比(%)	压浆前总侧阻(kN)	压浆后总侧阻(kN)	提高百分比(%)	压浆前桩端阻力(kN)	压浆后桩端阻力(kN)	提高百分比(%)
P46-19	2	14	41873	48828	16.61	32072	35011	9.16	9801	13817	40.98
P47-31	2	14	34626	45592	31.67	25713	33525	30.38	8913	12067	26.14
P40-06	4	9.7	19568	27648	40.37	19568	21946	12.15	—	5504	—
P43-06	4	22.82	8763	23663	170.0	8763	19340	120.7	—	4323	—
P45-12	4	7.09	29717	39717	33.65	26603	30137	13.28	3114	9580	207.6
P48-18	3	7.36	25593	33859	32.29	18422	24340	32.12	7171	9519	24.66
P52-06	5	9.8	21719	24108	11.00	17198	18629	8.32	4521	5479	21.19
P55-13	5	9.1	17779	20913	17.62	13859	15948	15.07	3811.0	4965	30.28
P56-05	4.5	11.2	23254	25655	10.32	22344	24868	11.30	910	987	8.46

由表 14-47 可知：与压浆前的数据相比，试桩的桩端阻力得到了很大的提高，提高幅度为 8.46%～207.6%，P40-06 和 P43-06 压浆前端阻力几乎没有发挥，压浆后端阻力发挥到 4323kN 和 5504kN；压浆前试桩端阻占总承载力的比例最大为 28%，其中大部分为 0～10%，基本属摩擦桩，压浆后端阻力得到较好发挥，提高到 20%～30%，由摩擦桩向端承摩擦桩转变。这是由于浆液固结了桩端沉渣，提高桩端沉渣的强度和变形模量，同时通过渗透、挤密等作用，改善了持力土层物理力学性质。

桩端压浆对整个桩身摩阻力的发挥也影响明显，桩极限侧摩阻力提高幅度为 8.32%～120%。虽然侧摩阻力所占承载力的比值有所下降，但是绝对数值还是得到较大幅度增长。显然桩端压浆并不是单独作用于桩端，而是改善整个桩土体系的承载特性。由于本区域地层可灌性较差，桩端压浆时，扩散距离有限，而桩土界面附着的泥皮由于强度低，成为水泥浆液扩散的通道，一部分浆液往上渗透，在向上运动的过程中破坏泥皮结构，充填于桩土界面并有一定的挤密作用，从而改善桩土界面及桩周一定范围内土的性质，提高了桩侧摩阻力。另外，也有部分观点认为桩端土层强度的提高，同样会使桩侧摩阻力的数值相应提高。

钻孔桩的压浆效果受诸多因素的影响，如压浆量、压力、桩径、桩长和土层条件等。桩越长、直径越大，压浆效果越差。在其他条件相似时，压浆效果将受压浆参数的影响，在一定范围内，承载力随压浆量、压力增大而增大。在此同时，压浆量存在一个合理的数值，并不是越大越好。例如 P56-05 试桩压浆量比 P55-13 试桩大，其承载特性的提高却并不比 P55-13 试桩好。

表 14-49 为部分试桩在使用荷载下，压浆前后的桩顶位移对比。不难发现桩端的压浆处理使大部分试桩的承载能力都得到了提升，减少了使用荷载作用下的桩顶位移。特别是 P43-06 试桩在使用荷载作用下会发生破坏，当实施了桩端压浆处理后该试桩可以正常使用。此外 P56-05 试桩压浆后出现了桩顶位移小幅增大的情况，可能是压浆对持力层造成了扰动，减弱了部分承载力。因此对于桩端压浆一定要基于实际的地质情况来设计，不能盲目实施。

部分试桩使用荷载作用下的桩顶位移　　　　　　　　表 14-49

桩号	压浆前		压浆后	
	桩顶荷载(kN)	桩顶位移(mm)	桩顶荷载(kN)	桩顶位移(mm)
P40-06	12310	8.02	12310	5.16
P43-06	13380	164.96(预测值)	13380	8.23
P45-12	15410	5.44	15410	5.00
P48-18	14400	20.14	14400	7.09
P56-05	10180	4.34	10180	5.61

注：预测值由实测数据通过双曲线拟合后外推得到。

14.11.4　结论

（1）采用自平衡静载荷测试法，对印尼 SURAMADU 大桥 9 根试桩压浆前后的极限承载力进行了测试，得到了端阻力、侧摩阻力、极限承载力等数据。根据试验数据对比发现，压浆后桩极限承载力测试值提高幅度为 10.32%～170%，桩端阻力提高幅度为 8.46%～207.6%，侧摩阻力提高幅度为 8.32%～120%，压浆效果明显。

（2）经桩端压浆后，并不是单独作用于桩端，而是改善了整个桩土体系，使得侧摩阻力也得到大幅增长。但总的来说桩端阻力所占桩承载力的比值有所增加，试桩由压浆前的摩擦桩，向端承摩擦桩过渡。

（3）压浆效果受诸多因素的影响，需要根据实际地质条件进行压浆设计。盲目增加压浆量并不一定会提升承载力，甚至产生会负面影响。

第 5 篇
在特殊岩土中的应用

第 15 章 在特殊岩土中的应用

15.1 多年冻土地区

我国多年冻土面积占陆地面积的 25%，主要分布在青藏高原和东北大小兴安岭地区。在这广阔的多年冻土地区，蕴藏着丰富的矿藏、森林和土地资源。由于资源开发的需要，多年冻土区已成为人类生产和生活的场所，因而寒区工程（道路工程、水利工程、房建工程、矿山工程、能源工程等）应运而起。由于冰的存在，冻土区别于融土的特殊性决定了寒区工程建设独有的特点，如不采取特殊措施和方法，则既可能引起永久冻土上建筑物运行遭受冻害威胁，也可能造成严重的经济浪费。以冻土作为建筑物地基是寒区工程的主要特点和难点。大量的工程实践表明，以多年冻土为地基的寒区建筑物的破坏主要来自建筑物运营中对冻土地基放热而引起的冻土地基融化下沉。

桩基础因其埋置较深，锚固长度大，相对于浅基础而言，不仅能提供较大的锚固力，而且受施工和外界气候变化的影响较小，能将所受力传至深处稳定的持力层内，受地表处季节活动层的影响较小，从而得到较高的承载力和较小的地温场变化，当设计中考虑了冻胀力等项验算满足冻土地区设计要求时，能够保证建筑物的安全可靠性。

为了保护多年冻土地基的稳定性，越来越多的工程都采用"保护冻土"的原则进行设计。桩基础恰恰可以成为采用"保护冻土"原则设计时最适宜的基础形式之一。因它向下传力可以不受深度影响，施工方便，避免大面积开挖地基而向冻土内传入热量；实现架空通风构造上也不太繁杂，采用高桩承台即可完成，从而可尽量减少使用时由房屋传入地基的热量，以保护多年冻土的稳定性。因此，《冻土地区建筑地基基础设计规范》规定：当按保持地基土冻结状态设计时，基础的类型宜采用桩基础。交通部开展"多年冻土地区公路桥涵工程技术研究"课题，重点研究基桩回冻过程、冻结力的形成过程、桩侧温度场变化规律等桩基技术研究。结合青藏铁路建设，东南大学配合课题组选择在格尔木多年冻土地区进行桩基静载试验，由于传统试桩法无法在此类高原冻土地区进行，课题组研究讨论采用桩承载力自平衡法进行。

作为一种静载试验方法，将桩承载力自平衡测试技术推广应用到冻土地区工程桩基检测中是非常有必要的。

15.1.1 试验目的

多年冻土地基的承载力会随地温的变化而周期性的变化，且混凝土的浇注会给地基土引入附加热量而导致桩侧冻土融化，承载力下降；随后冻土回冻，承载力逐渐恢复。冻结力随着地温的降低而增大，因此基桩的竖向承载力也应该随地温的变化而有所变化。课题组考虑到冻土地基的这种复杂性，为了检验基桩在地基土回冻过程中不同时期的承载力，本次试桩工程共分两次进行：第一次测试时间安排在桩基还未完全回冻之前，此时地温相对较高；第二次测试时间安排在桩基回冻之后，此时地温较低。通过这两次的测试来探求灌注桩的承载力随时间的变化规律，试桩目的如下：

（1）确定单桩极限承载力、桩身轴向应力、分层冻土摩擦力、极限端阻力；

（2）了解基桩随回冻过程其承载力的变化特点；

（3）验证基桩在回冻期间能否提供可靠的承载力及灌注桩施工工艺的可靠性。

15.1.2　测试方法

考虑到多年冻土地区桩基试验的特殊性，静载试验一般需掌握以下原则：

（1）桩应充分回冻，已产生一定的冻结力后才能进行试验；

（2）桩身混凝土已达到规定的强度，可以承载；

（3）基桩应不受冻胀力的作用；

（4）试桩工程应在桩的最不利工作条件下进行，亦即在地温最高，季节融化深度最深时进行，但这一要求一般很难做到，因此，在测试期间应该准确测试地温；

（5）试桩需要考虑到冻土的流变特性，即每级加载需持续一定的时间，尽可能反映出桩基的长期极限承载力。这一点做到也较难，因为试验必须考虑到工程的实际需要以及试验条件的限制，所以必须选择切实可行的试验方法。

本次基桩静载试验前四个条件基本上都满足，采用的测试方法是基桩承载力的自平衡测试方法，整个测试时间相对较短，测试结果应属于短期承载力范畴，必须经过折减换算成长期极限承载力。

15.1.3　试桩工程概况

根据设计图纸和工程地质情况，确定试桩的尺寸、编号等有关参数见表 15-1。

试桩参数一览表　　　　　　表 15-1

试桩编号	桩身直径（mm）	实际桩长（m）	有效桩长(m)	荷载箱距桩端位置(m)	成桩方法
1 号	1200	16	15	1.5	人工挖孔灌注桩
钢筋计埋设深度		5.7m、7.6m、8.9m、12m、15m			
2 号	1200	16	15	1.5	人工挖孔灌注桩
钢筋计埋设深度		5.5m、7.3m、8.9m、12m、15m			

该试桩工程位于昆仑山垭口附近，青藏公路 K2896＋150 右侧，现场距格尔木市 200km，海拔高度 4600m 左右。地处大片连续多年冻土地区，年平均地温 $-2.0℃$～$-2.5℃$，地温分区是Ⅲ区（基本稳定区），工程地质分类为综合Ⅲ类（一般）和综合Ⅳ类（较好）。多年冻土上限 -1.5～$-2.5m$。该地区的地质条件为简单的二元体结构，上部土层为粉质黏土，下面大部分为粉砂夹碎石层，其中夹有少量薄冰层，开挖时未见地下水，土层具体分布情况见图 15-1。

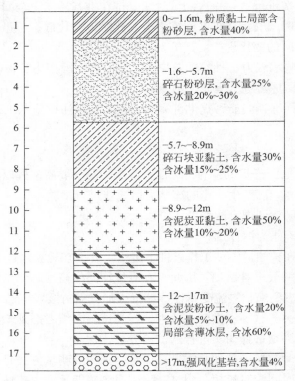

图 15-1　土层分布情况

为了判断桩周土的回冻状况，必须测试桩周冻土的原始地温，混凝土浇注前天然孔和桩周孔的初始地温状态如图 15-2 和图 15-3 所示。

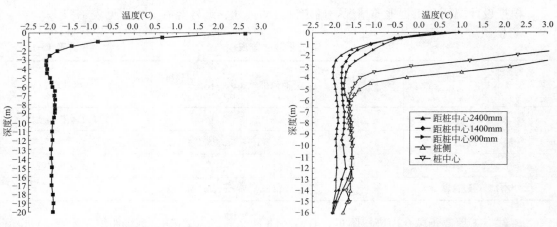

图 15-2　浇注前天然孔地温状况图　　　图 15-3　浇注前 1 号桩及桩周土地温状况图

基桩的开挖引起孔内温度上升 0.5℃ 左右，桩侧土温 −1.6℃ 左右；近桩土层的温度也有所升高，随着与桩中心距离的加大，地温逐渐接近于天然状态。

试桩地点的环境及试桩现场情况分别如图 15-4～图 15-7 所示。

图 15-4　试桩现场环境(一)

图 15-5　试桩现场环境(二)

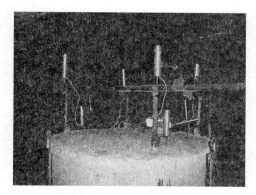

图 15-6　试桩现场情况(一)

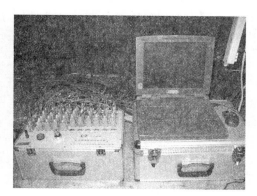

图 15-7　试桩现场情况(二)

15.1.4　第一次静载试验结果及分析

由于两根试桩的试验结果相似，为减少篇幅，仅列出其中一根桩的试验结果。

1. 试桩时的地温状况

第一次静载试验于基桩浇注后 40 天(2004 年 7 月 21 日)进行，此时的地温状态如图 15-8、图 15-9 所示。

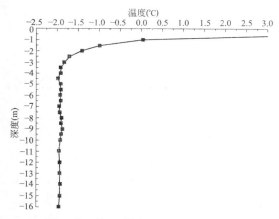

图 15-8　第一次测试时天然地温状况

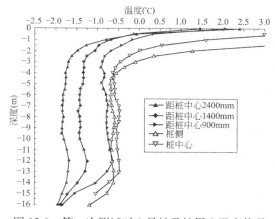

图 15-9　第一次测试时 1 号桩及桩周土温度状况

第一次静载试验时试桩中心混凝土的温度及桩侧土的温度在$-0.5\sim-0.7℃$，桩底温度$-1.1\sim-1.2℃$，既没有回冻至天然孔的地温状态，也没有恢复到其在浇注混凝土前的温度状态，且近桩土层仍处于缓慢升温的趋势，此时桩整体的温度虽已降至$0℃$以下，但仍属于回冻过程的中期。

2. 试桩前承载力估算

为了对基桩承载力有一定的了解，试桩前按《铁路桥涵地基与基础设计规范》对承载力进行了估算。试桩的桩径$d=1.2m$，$A=1.13m^2$；桩长15m，由于测试时表层季节活动层已经融化，因此冻结面积从地表下1.5m处开始算起，$F_i=\pi dh=\pi\times1.2\times(15-1.5)=50.89m^2$；由于土层中绝大部分为亚黏土，为简便起见，$\tau_i$、$[\sigma]$统一按亚黏土取值，误差不会太大。由《铁路桥涵地基与基础设计规范》查表得，$-0.6℃$时亚黏土的τ_i为80kPa，$[\sigma]$为400kPa；由于桩成孔条件较好，因此m''取1.4，m'_0取0.8；这样算得桩的容许承载力为：

$$[P]=0.5\times80\times50.89\times1.4+0.8\times1.13\times400=3211.4kN$$

桩的极限承载力为：

$$3211.4\times2=6422.8kN\approx643t$$

3. 分级加载及位移情况

按$2\times4500kN$进行分级加载。每级加载值为预估极限加载值的1/15，第1级按两倍分级荷载进行加载，共分14级加载，加载位移曲线和位移实测结果如图15-10和表15-2所示。

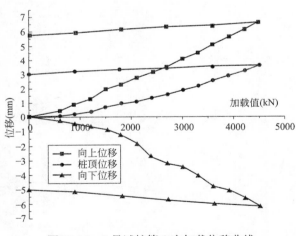

图15-10　1号试桩第1次加载位移曲线

1号试桩第一次加载位移实测结果汇总

表15-2

试桩号	1号
预定加载值(kN)	2×4500
最终加载值(kN)	2×4500
荷载箱处最大向上位移(mm)	6.58
向上残余位移(mm)	5.71
上部桩土体系弹性变形(mm)	0.87
荷载箱处最大向下位移(mm)	6.14
向下残余位移(mm)	5.49
下部桩土体系弹性变形(mm)	0.65
桩顶位移(mm)	3.62
上段桩压缩变形(mm)	2.96

试验结果显示，试桩在450t双向荷载作用下，向上位移、向下位移均只有6mm左右，位移曲线呈现缓变型，试桩没有破坏，也没有发生塑性流动，已经具备了一定的承载力。

自平衡法测出的上段桩的摩阻力方向是向下的，与常规摩阻力方向相反。传统加载时，侧阻力将使土层压密，而该法加载时，上段桩侧阻力将使土层减压松散，故该法测出的摩阻力小于常规摩阻力，故需除以修正系数。针对本工程，由于缺乏在冻土地区的相关试验资料，因此取$\gamma=1.0$，偏于安全。第一次试桩自平衡规程分析结果如表15-3所示。

第一次试桩自平衡规程分析结果

表 15-3

试桩编号	上段桩的实测极限承载力 Q_{uu} (kN)	下段桩的实测极限承载力 Q_{ud} (kN)	上部桩段长度 (m)	上部桩有效自重 (kN)	上部桩侧摩阻力修正系数 γ	单桩竖向抗压极限承载力 Q_u (kN)
1 号	>4500	>4500	14.5	410	1	>(4500−410)/1.0+4500=8590

4. 分层冻结摩阻力

桩侧冻结摩阻力-深度分布图和摩阻力-位移曲线如图 15-11 和图 15-12 所示。

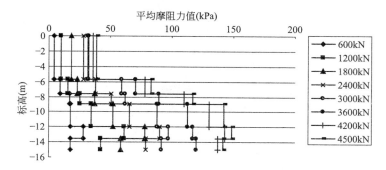

图 15-11　第一次测试桩侧摩阻力-深度分布图

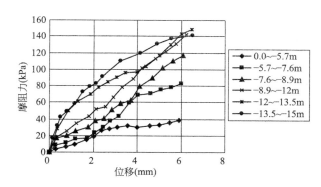

图 15-12　第一次测试桩侧摩阻力-位移曲线

从图中实测结果可以看出，冻土层的最大冻结摩阻力为 148.69kPa，相应位移为 6.48mm。上段桩桩侧平均侧摩阻力为 80.3 kPa。

随着荷载值的加大，桩土间相对位移逐渐加大，桩侧冻结力逐渐发挥出来，靠近荷载箱处的土层的冻结力发挥得最充分，数值也最大。由于试桩较短，所以荷载传递较快，但上部土层冻结力增长缓慢。

5. 等效转换曲线和极限荷载

第一次试桩的等效转换曲线如图 15-13 和图 15-14 所示。

转换后的荷载-位移曲线仍然是缓变型，说明桩侧摩阻、端阻没有充分发挥，当然这与冻土的短期承载力非常大有关。根据桩顶荷载-位移转换曲线可求得：极限承载力为 8796kN，相应的桩顶位移为 9.29mm；根据桩端阻力-位移转换曲线可求得：桩端承载力 3701kN，相应位移为 5.95mm。

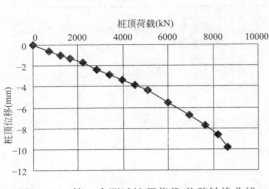

图 15-13　第一次测试桩顶荷载-位移转换曲线

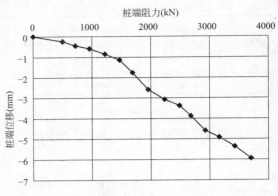

图 15-14　第一次测试桩端阻力-位移转换曲线

由实测的极限承载力可看出，按规范预估的极限承载力明显偏小。这是因为多年冻土中基桩的承载力大部分是由冻结力组成的，冻结力的数值虽然十分大，但却具有蠕变性质。设计时只能取其长期极限强度，而长期极限强度远小于短期强度，导致估算的承载力不能太高。

此次测试采用的是常规的慢速维持荷载法，未能充分反映出冻结力的蠕变特性所引起的承载力降低，其与长期极限承载力之间的关系还有待进一步研究。

15.1.5　第二次静载试验结果及分析

1. 试桩时的地温状况

第二次静载荷试验时（2004 年 9 月 4 日，浇注后 90 天）的地温状态如图 15-15 和图 15-16 所示。

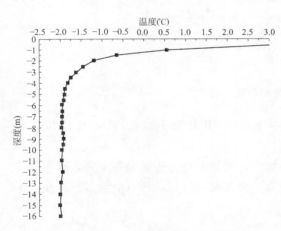

图 15-15　第二次测试时天然孔地温状况

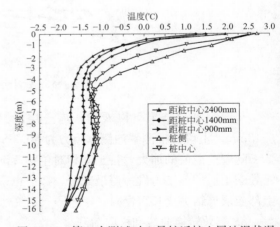

图 15-16　第二次测试时 1 号桩近桩土层地温状况

第二次静载试验时，桩中心混凝土的温度及桩侧的土温在 $-1.2 \sim -1.3$℃左右，距桩中心 2400mm 处的土温为 $-1.7 \sim -1.8$℃；桩底温度为 $-1.8 \sim -1.9$℃，离天然孔的地温状态仍有一些差距，也没有完全恢复到其在浇注混凝土前的温度状态，但差距已很小，可以认为此时已接近完全回冻。

2. 分级加载及位移情况

按 2×5000kN 进行分级加载。每级加载值为预估极限加载值的 1/15，第 1 级按两倍分级荷载进行加载，共分 14 级加载，加载位移曲线和位移实测结果图 15-17 和表 15-4 所示。

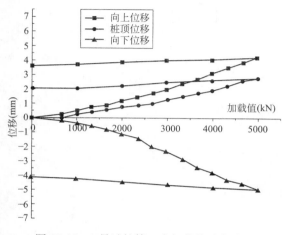

图 15-17　1 号试桩第 2 次加载位移曲线图

1 号试桩第 2 次位移实测结果汇总

表 15-4

试桩号	1 号
预定加载值（kN）	2×5000
最终加载值（kN）	2×5000
荷载箱处最大向上位移（mm）	4.27
向上残余位移（mm）	3.55
上部桩土体系弹性变形（mm）	0.72
荷载箱处最大向下位移（mm）	4.97
向下残余位移（mm）	4.07
下部桩土体系弹性变形（mm）	0.90
桩顶位移（mm）	2.79
上段桩压缩变形（mm）	1.48

第二次加载 5000kN 已达荷载箱极限加载值，最大加载值大于上一次，但向上、向下位移比第一次加载时减少 2mm 左右，说明桩基的承载能力进一步加大，桩侧的冻结力又有一定的增加。根据《桩承载力自平衡测试技术规程》求得第二次极限承载力如表 15-5 所示。

第二次试桩试桩自平衡规程分析结果　　表 15-5

试桩编号	上段桩的实测极限承载力 Q_{uu}（kN）	下段桩的实测极限承载力 Q_{ud}（kN）	上部桩段长度（m）	上部桩有效自重（kN）	上部桩侧摩阻力修正系数 γ	单桩竖向抗压极限承载力 Q_u（kN）
1 号	>5000	>5000	14.5	410	1	>（5000−410）/1.0＋5000＝9590

3. 分层冻结摩阻力

桩侧冻结摩阻力-深度分布图和摩阻力-位移曲线如图 15-18 和图 15-19 所示。

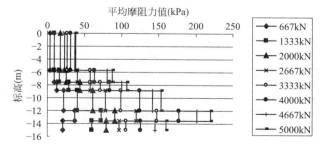

图 15-18　第二次测试桩侧摩阻力-深度分布图

根据实测结果，桩侧土最大冻结摩阻力为 220.5kPa，相应位移为 4.16mm。上段桩桩

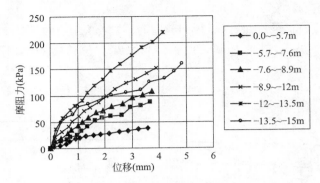

图 15-19　第二次测试桩侧摩阻力-位移曲线

侧平均冻结摩阻力为 90.2kPa。

与第一次测试相比，每级荷载作用下桩侧冻结力均增大，相对位移减小。

4. 等效转换曲线和极限荷载

第二次测试的等效转换曲线如图 15-20 和图 15-21 所示。

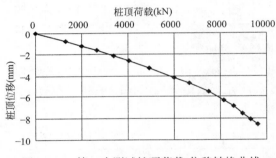

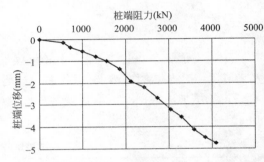

图 15-20　第二次测试桩顶荷载-位移转换曲线　　　　图 15-21　第二次测试桩端阻力-位移转换曲线

根据转换曲线可求得：极限承载力为 9784kN，相应的位移为 8.53mm；根据桩端阻力－位移转化曲线可求得：桩端承载力 4094kN，相应位移为 4.75mm。

15.1.6　两次测试结果对比

根据两次试桩的测试结果，可将主要测试结果作一对比，见表 15-6。

两次测试结果对比表　　　　　　　　　　　　　表 15-6

项目	1 号试桩		2 号试桩	
	第 1 次测试	第 2 次测试	第 1 次测试	第 2 次测试
加载值(kN)	2×4500	2×5000	2×4500	2×5000
向上位移(mm)	6.58	4.27	6.77	4.13
向下位移(mm)	6.14	4.97	6.46	4.42
转换后极限承载力(kN)	8796	9784	8816	9676

续表

项目	1 号试桩		2 号试桩	
	第 1 次测试	第 2 次测试	第 1 次测试	第 2 次测试
转换后位移(mm)	9.29	8.53	10.75	7.97
最大摩阻力(kPa)	149	220	167	243
端阻力(kPa)	3178	3619	3272	3547
桩侧土温(℃)	−0.5	−1.2	−0.5	−1.3

从两次试桩测试结果的对比分析可看出，随着桩周冻土地基温度的进一步降低，在荷载作用下桩的向上和向下位移都有减小的趋势，说明桩基的承载力随着回冻过程而不断增大，冻结摩阻力及端阻力均随着温度的降低而增大。

自平衡静载荷测试方法可以应用于多年冻土地区的桩基静载荷测试，可节省大量人力、物力，能很大改善高原地区恶劣的气候环境中的工作条件，但其测试持续时间以及与传统承载力的转换关系有待进一步研究。

由于试验条件和其他因素的限制，本次静载测试的加载时间较短，基本在 1 天左右，因此本次试验结果属于短期承载力。由前述可知，冻土中桩基的承载能力受控于长期强度和蠕变沉降，在无法测得长期蠕变强度时，需要对短期强度进行折减，折减系数一般取 1/5～1/10。

根据此次桩基回冻过程中对冻土地温变化情况的监测结果和基桩承载力的测试结果，可以看出，当桩土体系的温度下降至 0℃ 以下后，基桩确实已具备了相当的承载力，随着地温的进一步降低，基桩的承载能力还有上升的趋势。而上部结构的施工荷载又不属于长期荷载，因此这样的承载力对于承受一定的施工荷载应该是没有问题的，所以不必等到基桩完全回冻后再施工上部结构。但此次静载试验又有其特殊性：一是试验地点属于大片连续的多年冻土区，稳定性较好；二是成孔方法是人工挖孔灌注桩，相对来说热扰动小一些，而且是在寒季施工，因此可以说此次回冻效果比较好，所以承载力恢复较快。

15.2　岩溶地区

岩溶，又名喀斯特(karst)，是指可溶性碳酸盐岩在一定的地理条件(地质、地形、气候等)影响下，受地质营力(地表水、地下水等)的长期作用，所形成的特殊地貌形态和水文地质现象及作用的总称。岩溶在中国的广西、贵州、云南、四川等地最多，其余湖南、广东、浙江、江苏、山东、山西等省均有规模大小不同的岩溶地区(图 15-22)，而西南地区是我国岩溶分布最为集中和典型的区域，岩溶类型以裸露型、覆盖型为主，其次为埋藏型，岩层大部分出露地表，地表水与地下水连通密切，低洼地带分布有厚度较薄的第四系覆盖层，土层呈现高含水量，具胀缩性的特点，整个地表岩溶景观显露，主要表现为可溶性岩被溶蚀后产生的溶沟、溶槽、石芽、漏斗、洞穴、洼地、峰林等不同类型的岩溶形态(图 15-23)；覆盖在岩溶形态之上的土层经过岩溶水体的潜蚀作用而形成洞隙、土洞直至地面塌陷等。另一方面，因岩溶形成特点所决定和多年的工程实践证明，岩溶环境具有易损坏而较难恢复的特性，致使岩溶环境存在脆弱性，其脆弱性给工程建设带来了相当特殊的岩土工程问题。

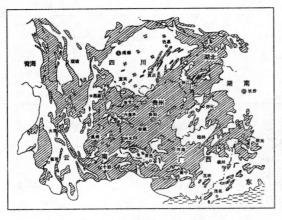

图 15-22　中国西南岩溶区岩溶分布图

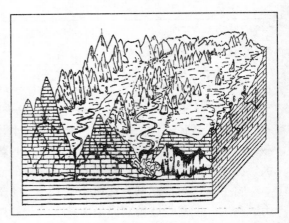

图 15-23　岩溶地区的典型地貌

岩溶作为一种特殊的地形、地貌、地质条件的反应，在工程领域就其对工程的影响，国内外已经做了大量的工作。早在 20 世纪 60 年代，我国就岩溶地区的选线原则、工程勘测、路基填筑、桥基开挖、隧道掘进与支护等因素，在规范、规程中作了大量的规定，而后，每一次修订标准规范、规程都对岩溶问题进行比较仔细的研究，提出了若干准则，以之执行并取得了良好效果。近年来，随着我国工程建设发展的需要，有关岩溶地区桩基工程的试验和研究内容越来越丰富，包括室内实验室试验、现场试验、理论分析以及数值模拟计算分析等，研究成果提高了我国岩溶地区桩基工程的设计和施工技术水平，同时也促进了我国高速公路建设中桥梁工程的施工技术的发展。

大直径嵌岩灌注桩是用人工挖孔或机械钻孔并深入基岩使桩身嵌固岩体中的一种灌注桩。嵌岩桩的特点是能充分发挥桩身强度和岩体承载力，适应性强，承载力高，且能大幅度地降低基础工程费用，受到国内外工程界的普遍应用。国内外许多专家学者对嵌岩桩的研究已做了大量的工作，但对岩溶发育地区嵌岩灌注桩的承载性状研究报道极少。主要因为岩溶地区多属于山区，采用传统静载荷试验方法存在许多弊端。交通部西部交通建设科技项目"岩溶地区公路修筑成套技术"专门对"岩溶地区公路地基承载特性研究"子项进行研究。

本节主要介绍自平衡试桩法在岩溶地区工程中的应用情况，并以此为研究手段，对合理确定岩溶地区单桩承载力进行了一些探讨。

15.2.1　工程概况

云南南盘江特大桥为 120＋220＋120＋4×40m 预应力钢构连续桥。1、2 号墩为桩基，由桩距 5m(平行桥轴线)和 6m(垂直桥轴线)9 根桩群桩及承台组成。

本工程选取南盘江 1 号墩 2 号桩、2 号墩 1 号桩(无溶洞)进行静载试验。试桩参数如表 15-7 所示。

试桩参数一览表　　　　　　　　　　　　　　　表 15-7

编号	桩径(m)	桩顶标高(m)	桩底标高(m)	有效桩长(m)	成桩形式	极限承载力(kN)
1 号墩 2 号桩 (Z1)	$\phi2.5$	1549.08	1500.08	49	人工挖孔灌注桩	39800
2 号墩 1 号桩 (Z2)	$\phi2.5$	1552.08	1512.08	40	人工挖孔灌注桩	39000

15.2.2　工程地质

场地岩土分布特征如下：

①第四系松散层（人工填土、红黏土）：分布于坡面上，褐红色、黄灰色，由碎石土及块石土组成，结构松散，是泥石流物质来源，厚 0.50～3.50m，为散体结构岩体。

②$_1$ 溶洞堆积碎石土、红黏土：褐红色、黄灰色。地下水位以上坚硬状，地下水位以下为松散状，由强风化硅质白云岩碎石夹黏土、砾砂、粉砂组成，局部为纯红黏土，局部呈近水平分布，层厚变化大，无规律分布。为散体结构岩体。

②$_2$ 强风化硅质白云岩：灰黄色。风化裂隙及卸荷裂隙发育，局部岩石风化成砂状、碎石状。沿坡面及裂隙带分布。为散体结构岩体。

②$_3$ 构造碎裂岩及碎裂石英岩：褐红色，灰白色。性脆，易受压碎裂，节理裂隙发育，与硅质白云岩接触层面附近常见溶蚀空洞。如不扰动，具有较高的强度。是硅质白云岩中的夹层。为碎裂结构岩体。

②$_4$ 中风化硅质白云岩及石英岩：褐红色，灰白色、青灰色。为较坚硬中层状—厚层状岩体，泥晶结构，节理较发育。

②$_5$ 弱风化硅质白云岩：浅灰、青灰色，为坚硬厚层状—块状构造，细晶结构为主，节理较发育。

根据人工挖孔桩施工及施工阶段勘察钻探揭露，1 号墩存在不良地质现象，其中 2 号桩在 1502.8m 以下有溶洞，约占桩底面积的 40%，东南方向延伸 18.4m，宽 9m，高 20 余米，垂直发育，黏土、碎石土充填，结构松散，黏土为软塑状，1502.8～1497.58m 无充填物。该桩处理方式为用碎石将溶洞填出一个出水平台，再分层压浆，然后在平台上用砂浆砌筑片石桩壁，浇筑混凝土至设计标高。

Z1、Z2 桩的地层剖面见图 15-24。

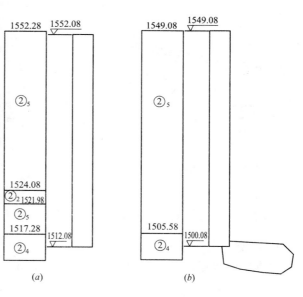

图 15-24　Z1、Z2 桩的地层剖面
(a)Z2 桩的地层剖面；(b)Z1 桩的地层剖面

15.2.3 试验情况

本次试验采用桩承载力自平衡试桩法。加载采用慢速维持法，按交通部标准及江苏省地方标准《桩承载力自平衡测试技术规程》进行。沿桩身选择了四个截面，每个截面对称布置四个钢筋应力计，布置见图 15-25。

由于试桩为工程桩，Z1 桩要求最大加载为 39800kN、Z2 桩最大加载为 39000kN，每级加载为极限承载力的 1/15，第一级按两倍荷载分级加载，卸载仍分 5 级进行。试桩参数见表 15-8。

根据静载荷试验结果，各桩上段桩（荷载箱上部）及下段桩（荷载箱下部）的荷载—位移关系曲线见图 15-26。经过数据处理，得到的各桩桩顶荷载—沉降关系曲线见图 15-27。

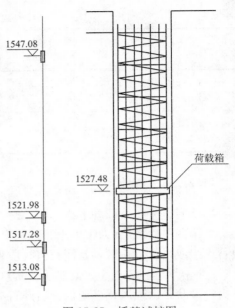

图 15-25 桥基试桩图

试 桩 参 数				表 15-8
桩号	直径(mm)	桩长(m)	荷载箱离桩底距离(m)	持力层
Z1	2500	49	12	②-4
Z2	2500	40	15	②-4

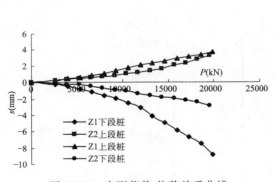

图 15-26 实测荷载-位移关系曲线

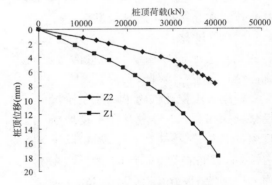

图 15-27 桩顶转换 Q-s 曲线

15.2.4 桩的承载特性研究

1. 桩侧摩阻力分析

根据实测数据，Z2 桩桩侧总阻力占总荷载的 91.69%。根据 Z2 桩各截面应力计所测轴力计算出的各测试桩段摩阻力-位移关系见图 15-28（其中，B 桩段为 1547.08～1527.48m；C 桩段为 1527.48～1521.98m；D 桩段为 1521.48～1517.28m；E 桩段为 1517.28～1513.08m）。由于桩在轴向荷载作用下，桩身会产生压缩，各截面处桩岩的相对位移不同，摩阻力的发挥程度就不同。为比较各桩段的摩阻力极限值及了解摩阻力的分布规律，采用双曲线传递函数 $\tau(z) = \dfrac{a \cdot s(z)}{b + s(z)}$ 对摩阻力与位移关系进行拟合，见图 15-28，计算结果表明，相关性很好，相关系数皆 >0.99。

由图 15-28，各桩段发挥极限摩阻力所需位移在 4～6mm 之间，各桩段的极限摩阻力分别为：B 段，181 kPa；C 段，306 kPa；D 段，191 kPa；E 段，197kPa。

2. 桩端阻力分析

Z2 桩桩端阻力占总荷载的 8.31%，所占比例很小，属典型的摩擦桩。实测的端阻力-位移关系见图 15-29，随位移增大，端阻力基本呈线性增长，由于发挥端阻力需要一定的位移，桩底位移一般较小，所以很难发挥其极限值。

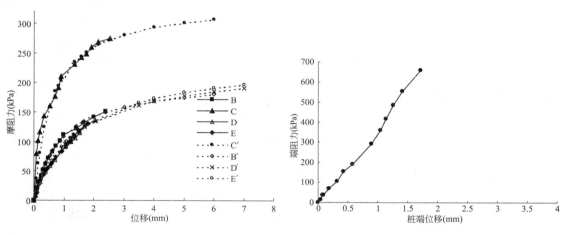

图 15-28　各测试土层的摩阻力-位移关系
（图中实线为实测数据曲线，虚线为拟合曲线）

图 15-29　Z2 桩端阻力-位移关系

3. 岩溶对桩承载特性的影响

由图 15-27，Z1 桩的 Q-s 曲线明显比 Z2 桩要陡，在相同荷载作用下，Z1 桩的沉降远大于 Z2。为便于比较 Z1、Z2 承载特性的差别，分别取上段桩和下段桩进行分析。图 15-30 为 Z1、Z2 上段桩的平均摩阻力与相对位移的关系，并采用双曲线对其进行拟合。由实测结果，Z2 桩的平均摩阻力大于 Z1 桩。由拟合结果，Z2 桩发挥极限摩阻力所需临界位移约为 4mm，Z1 桩发挥极限摩阻力所需位移约为 8mm，但两者极限摩阻力基本相同。对下段桩，荷载箱产生的荷载由桩侧摩阻力和桩端阻力承担，考虑到端阻力所占比例很小，特别是 Z1 桩受溶洞影响，所占比例更小，因此，近似以为 Z1 下段桩荷载全部由摩阻力承担，得到下段桩的平均摩阻力与相对位移的关系曲线及其拟合曲线，见图 15-31。

由图 15-31，Z2 下段桩平均摩阻力实测值及极限值大于 Z1，Z1 发挥极限摩阻力所需位移比 Z2 要大。

由上述试验结果，岩溶对桩承载特性的影响，主要集中为对桩侧摩阻力的影响，且对整个桩身都有影响，对上段桩主要影响其临界位移，对下段桩的临界位移和极限摩阻力皆有影响。根据有关试验和研究成果，桩端岩土的应力状态对桩周摩阻力的发挥会产生较大的影响，当桩端岩土强度较低时，不仅使桩侧摩阻力降低，并使桩土临界位移增大。本次

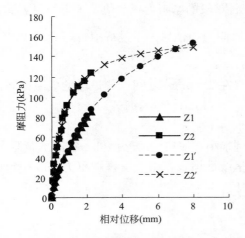

图 15-30　上段桩平均摩阻力与相对位移关系
（图中虚线为拟合曲线）

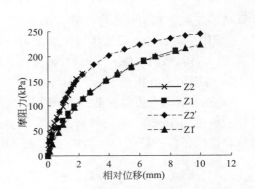

图 15-31　下段桩平均摩阻力与相对位移关系
（图中虚线为拟合曲线）

试验的两根桩，桩侧岩土的特性差别很小，主要的差别在于 Z1 桩的桩端存在溶洞，溶洞无充填部分虽经处理，溶洞下部充填物强度较低，降低了持力层的强度，不利于摩阻力的发挥，越靠近桩端影响越明显。另外，溶洞在桩底附近形成一个临空面，与 Z2 桩相比，其岩土体的整体强度降低。桩身轴力通过桩侧摩阻力由上而下逐渐向桩周岩土扩散，使裂隙发育的岩体在扩散应力的作用下，趋于松弛，变形增大，且越往下表现越明显，因此导致 Z1 桩的下部摩阻力低于 Z2 桩，发挥极限摩阻力所需位移也比 Z2 要大，而 Z1 桩的上段，因距溶洞有一定距离，其摩阻力所受影响不大，但发挥极限摩阻力所需位移增大。

15.2.5　结论

① 根据静载试验得到的 Q-s 曲线，在相同荷载作用下，Z1 桩的沉降远大于 Z2。

② 由 Z2 桩钢筋计实测数据，Z2 桩桩侧总阻力占总荷载的 91.69%，桩端阻力占总荷载的 8.31%，具有典型的摩擦桩特性。

③ 岩溶对桩承载特性的影响，主要集中为对桩侧摩阻力的影响，且对整个桩身都有影响，对上段桩主要影响其临界位移，对下段桩的临界位移和极限摩阻力皆有影响。

15.3　黄 土 地 区

我国是世界上黄土分布最广泛的国家之一，其中约占四分之三的黄土为湿陷性黄土。

随着高层建筑与大型工业建筑的发展，在湿陷性黄土地区采用桩基础的工程日益增多。桩基础具有承载力高，受力明确，施工方便等优点，同时也具有很高的可靠性，即使上部土层浸水，也可完全避免因上部土层湿陷而造成的危害。但是浸水湿陷使桩侧表面产生负摩阻力，由于它对桩产生的下曳荷载，成为附加于桩侧表面的荷载。如何考虑桩基表面负摩阻力对桩基础的作用是桩基设计中长期存在的问题之一。

由于桩的负摩阻力原位试验耗资大、试验周期长，故对桩的负摩阻力的研究仍不够深入。考虑到负摩阻力的计算过程中，由于中性点的位置与随后的负摩阻力的计算、分布等有直接的关系，而负摩阻力大小又会影响桩基的沉降，桩基沉降的增加反过来又会使中性点上移，如此相互影响，最终达到平衡点，这种平衡是一种动态平衡。因此，桩基负摩阻力的计算是个十分复杂的问题，到目前为止，尚没有很完善的理论方法和经验公式进行计算。最可靠的方法是现场测试，但限于时间、资金等，并非每项工程设计前都能如此。况且，由于室内土工试验存在误差及软土取土困难等，室内测试的试验指标并不能够完全真实地反映土样原位受力状况，再加上桩土界面效应及几何尺寸等影响，所以单纯依靠室内土工试验参数公式来计算桩基负摩阻力不可避免会带来较大误差。

所以，将桩基自平衡测试法应用到黄土特殊地质工程中，开展湿陷性黄土地区桩基承载力性能的研究非常有必要。本节主要介绍传统试桩法和桩基自平衡法在黄土地区的对比试验以及桩基自平衡测试法在黄土特殊地质工程中的适用性。

15.3.1　试验概况

1. 场地概况

（1）场地的地形地貌

焦芦厂址位于芮城县风陵渡以西 1.0km，地处三门峡盆地西北端，中条山为中高山区，相对高差一千余米。焦芦厂址地貌上属黄河 II 级阶地。

根据芮城气象站资料，焦芦厂址土壤最大冻结深度为 0.31m。

厂区地势东北高西南低，厂址区地面标高 366.2～371.3m。整个厂址区地形平坦开阔。根据已有资料，厂区第四系松散层厚度一般大于 200m。松散层以冲洪积沉积为主，岩性多为粉土、粉质黏土、砂、卵砾石等。

根据厂区工程地质钻探、井探和原位测试(标贯、静力触探、波速测试)情况，将场地地基土 43.5m 深度范围内岩土层划分为 3 个大层 4 个亚层。各地基土层性质叙述如下：

① 层，黄土状粉土（Q_4^{al+pl}），稍密，稍湿，发育虫孔及针状孔隙，见少量生物螺壳，上部植物根系发育，含有少量粉细砂，土质较均匀，为高压缩性土层，该层分布于整个场地，层底埋深 2.5～7.3m，层底标高 360.87～366.57m。由北向南缓倾。

②₁ 层，黄土（粉土）（Q_3^{al+pl}），稍密，稍湿，发育虫孔及针状孔隙，见少量白色钙质条纹，个别地段含少量小姜石，含生物螺壳，土质较均匀，为中等压缩性土层，该层分布于整个场地，厚度一般为 6.0～12.0m，层底埋深 12.0～16.8m，层底标高 350.78～357.71m。由北向南缓倾。

②₂ 层，黄土（粉土）（Q_3^{al+pl}），底部为棕黄色，中密，稍湿，发育虫孔及针状孔隙，含少量小姜石，见少量白色钙质菌丝，含生物螺壳，土质较均匀。为中等压缩性土层，该层分布于整个场地，厚度一般为 9.4～15.0m，层底埋深 23.8～28.6m，层底标高 341.57～344.20m。

③层，细砂（Q_3^{al+pl}），密实，矿物成分主要为长石，其次为石英，颗粒均匀，局部地段可相变为中砂。该层分布于整个场地，本次勘探未揭穿，最大揭露厚度为 17.30m，其顶板埋深 23.8～28.6m，层顶标高 341.57～344.20m。

本次勘测在勘探深度范围内未见地下水位，厂址的地下水位埋深大于 50m，地下水对钢筋混凝土无腐蚀性。

以上各土层主要物理力学指标见表 15-9。

各层土主要物理力学性质指标推荐值表　　　表 15-9

层号	天然含水量（%）	天然重度（kN/m³）	天然孔隙比	饱和度（%）	液限（%）	塑限（%）	压缩系数（MPa⁻¹）	压缩模量（MPa）	抗剪强度	
									黏聚力 c（kPa）	内摩擦角（°）
①	19.3	16.3	0.970	53.2	25.6	18.5	0.81	3.99	26.7	12.2
②₁	12.9	15.6	0.950	36.7	25.2	18.4	0.33	9.29	14.2	5.2
②₂	15.2	16.3	0.900	46.0	26.2	18.9	0.22	10.00	38.9	29.0

（2）场地的湿陷性评价

通过勘探和试验可知，焦芦厂址勘测场地①层黄土状粉土和②₁层黄土（粉土）及②₂层黄土（粉土）具有湿陷性，自重湿陷系数为 0.015～0.097。

根据《湿陷性黄土地区建筑规范》GBJ 25—90，计算自重湿陷量及总湿陷量结果见表 15-10。

焦芦厂址黄土湿陷性计算表　　　表 15-10

孔号	自重湿陷量（cm）	200kPa 总湿陷量（cm）	300kPa 总湿陷量（cm）	计算湿陷性黄土厚度（m）	湿陷性黄土层底标高（m）	湿陷等级
F2	53.23	43.94	52.82	27.8	342.72	Ⅲ级自重
F3	32.97	91.33	116.25	20.5	未揭穿	Ⅲ级自重
F5	78.04	126.05	162.91	27.0	342.07	Ⅳ级自重
F7	62.60	55.73	60.90	25.6	342.73	Ⅳ级自重
F9	47.53	83.60	107.60	20.0	未揭穿	Ⅳ级自重
F16	44.98	52.92	55.78	24.0	342.21	Ⅲ级自重

由表 15-10 可以看出，焦芦厂址勘测场地为Ⅲ～Ⅳ级自重湿陷性黄土场地。根据已有资料，勘测场地内①层黄土状粉土、②₁层黄土（粉土）和②₂层黄土（粉土）具有湿陷性，湿陷性黄土厚度 23.8～28.6m。

2. 试验概述

（1）试验方案

大唐运城发电厂新建工程拟建装机容量为 4×600MW 机组，本期建设 2×600MW。本厂区地层在垂直及水平方向变化不大，上部黄土具有自重湿陷性。对于 600MW 机组来讲，由于荷载较大，天然地基难以满足建筑物要求，需进行人工处理。根据《湿陷性黄土地区建筑规范》GBJ 25—90 中要求，对Ⅲ级自重湿陷性黄土，甲类建筑应消除地基湿陷性或穿透全部湿陷性土层。由于该场区分布的Ⅲ级自重湿陷性黄土，厚度约达 30m，采用强夯法，目前国内最大的夯击能量也无法达到要求。而采用常规的桩基形式，由于湿陷性造成的负摩阻力，要满足设计要求，势必需要一定的桩长，给施工带来很大困难。经充分分析论证，该地区进行地基处理，在满足设计要求的前提下要取得最佳效果和经济效益，首先应消除该地区的湿陷性，但考虑到该地区普遍均匀地分布着一层较好的砂层作为桩端持力层，对于单桩承载力将起到良好作用，所以主厂房地区采用天然土人工挖孔灌注桩、孔内深层强夯（DDC）素土桩处理后再进行挖孔的灌注桩两种桩型进行对比试验。

（2）试桩参数

主厂房两种桩型的持力层均为砂层，扩大端为锅底形，进入砂层深度为 1.0m。DDC 素土挤密后灌注桩，先进行 DDC 素土挤密桩的施工，成孔直径 400mm，夯后直径 600mm，桩间距 1.20m，桩长 20mm。有关试锚桩的布置如图 15-32、图 15-33 所示，试锚桩的设计尺寸见表 15-11 和表 15-12。

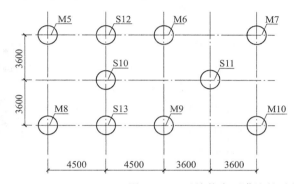

图 15-32 天然状态下灌注桩试桩布置图

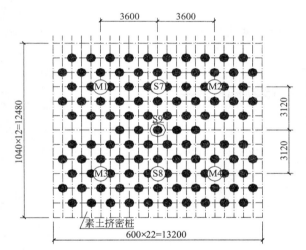

图 15-33 复合地基灌注桩试桩布置图

试桩设计施工参数一览表　　　　　　　　　　　表 15-11

桩号	桩型	桩径(mm)	扩底径(mm)	桩长(m)	荷载箱距桩端距离(m)	试验方法
S7	挖孔灌注桩(天然状态)	1000	1400	20	1.8	自平衡法
S8	挖孔灌注桩(天然状态)	1000	1800	20	0，1.8	自平衡法
S9	挖孔灌注桩(DDC)	1000	2200	20		钢梁锚桩法
S10	挖孔灌注桩(天然状态)	1200	2400	20		钢梁锚桩法
S11	挖孔灌注桩(天然状态)	1200	2400	20		钢梁锚桩法
S12	挖孔灌注桩(DDC)	1200	无扩底	20	0	自平衡法
S13	挖孔灌注桩(DDC)	1200	无扩底	20	0	自平衡法

锚桩设计施工参数一览表

表 15-12

桩号	桩型	桩径(mm)	扩底径(mm)	桩长(m)
M1、M2、M3、M4	挖孔灌注桩(DDC)	1000	2200	20
M5、M6、M7	挖孔灌注桩(天然状态)	1200	2400	20
M8、M9、M10	挖孔灌注桩(天然状态)	1200	2400	20

（3）试验内容及方法

通过桩基试验达到了解天然土及浸水后的单桩承载力、桩侧摩阻力、负摩阻力、端阻力的分布规律以及 DDC 挤密后单桩极限承载力的变化及地基土湿陷性消除情况的目的。

（a）静载荷试验

本次静载试验采用传统的钢梁锚桩反力法与自平衡测试技术两种方法进行对比试验。自平衡法在黄土地区的应用尚属首次，湿陷性黄土浸水后产生的负摩阻力的存在对该项技术的应用原理存在一定的影响。因此，采用钢梁锚桩反力装置和桩基静载试验自平衡两种测试方法进行对比试验。

（b）桩身内力测试

应变测试采用瑞士 20 世纪 90 年代末期生产的滑动测微计。结合静载荷试验，通过桩身埋设测试管内的固定点（间距 1.0m），由仪器测出在荷载作用下桩身的应力应变情况，从而确定桩侧摩阻力、负摩阻力、端阻力的分布及中性点的位置。

在钢筋笼的对称部位平行埋设了两条测管，测管中每隔 1m 安装一个锥形测环。采用相应测段的平均应变进行分析计算，从而避免加载时的偏心影响。

（c）土压力计

在桩底埋设一定数量的土压力计。土压力计埋设在 S10、S11 桩端下，沿桩底直径尺方向"一字形"均匀分布 5 只，通过载荷试验的加荷过程同步测读其变化情况。

15.3.2　钢梁锚桩反力法静载荷试验

1. 概述

本次共完成三根桩的钢梁锚桩法单桩静力载荷试验，包括天然状态下试桩 S10、S11，DDC 素土挤密处理的 S9。试桩由 4 根锚桩提供反力，2 根主梁、2 根副梁组成反力装置。加载设备采用 4 台 5000kN 千斤顶并联，一台加压油泵供油。测读及记录数据由全自动沉降观测仪完成。

为了解浸水过程桩周土的变化情况，我们对 S10、S11 进行了不同条件下单桩静力载荷试验。S10 桩先加压 1.2 倍设计荷载（7200kN）后恒压并浸水，同时 S11 桩在无荷载条件下浸水。

试验中采用慢速维持荷载法分级加载，具体操作按《建筑桩基技术规范》进行。在试桩 S10、S11 中埋设了滑动测微计用来测试桩身各截面的轴力以及各土层的侧摩阻力和端阻力，计算桩身平均弹性模量及弹性模量随荷载量级的变化规律，指出桩身混凝土的缺陷及其准确部位。桩身应变的测试与静载荷试验同步进行，加载前自上而下及自下而上二次测定每条试管中的初始读数，以保证测试精度，每级荷载稳定后测定相应读数，其差值即为各级荷载下每一测段的应变值。

2. 试验结果及分析

静载荷试验中，桩顶荷载沿桩身向下传递，又以剪应力的形式传递给桩周土体，最终将扩散分布于桩端持力层。桩身受荷压缩，持力层也因受到桩端荷载和桩侧荷载而压缩，因而在桩顶产生沉降。所得的 Q-s 曲线是单桩工作状态的宏观反映。

分析整理两种桩型的静载荷试验的数据，得经 DDC 素土挤密后的试桩 S9 的 Q-s 曲线、s-$\lg t$ 曲线如图 15-34 所示。

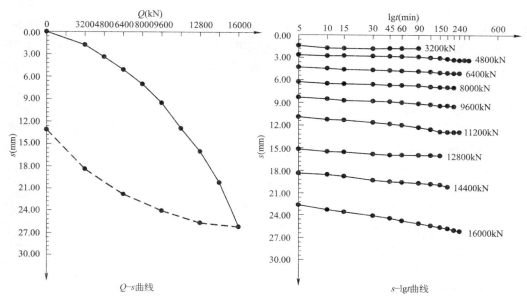

图 15-34　试桩 S9 加载曲线

天然土地基上的挖孔灌注桩 S10、S11 进行了不同条件下的浸水试验。从浸水观测过程中反映 S10 桩在浸水期间沉降量逐渐增加，最高达 5.6mm。而 S11 桩则在开始浸水后的 5 天内达到 3.1mm 后基本不再沉降。S10、S11 两根桩的终止荷载分别为 14400kN、17600kN，所对应的沉降量分别为 27.31mm、33.53mm。S9 试桩终止荷载 16000kN 时沉降量为 26.19mm。两根桩的 Q-s 曲线如图 15-35 所示。

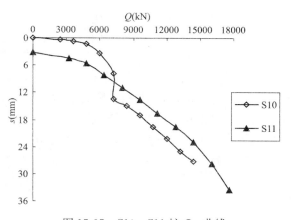

图 15-35　S10、S11 桩 Q-s 曲线

从图上可以看出：

（1）除浸水过程引起桩沉降量增加外，三根桩的 Q-s 曲线均呈缓变型无明显拐点。从沉降量上看没有达到有关单桩极限承载力的要求。

（2）从 S9 与 S10、S11 的加载曲线可以看出，在相同的位移条件下 S9 的荷载大于天然状态下灌注桩 S10、S11，说明经素土挤密后桩承载力提高。

（3）单桩竖向荷载下的破坏有两种可能性，地基土强度破坏或桩身材料强度破坏。自重湿陷性黄土地区也不例外，但也有其特殊性。S10、S11 桩由于浸水的影响，Q-s 曲线出现了明显的陡降（图 15-35），桩顶沉降量相当可观，除了一小部分桩身压缩外，主要是桩端下土层产生以压缩为主的渐进破坏，当桩顶沉降值相当大时，基本上应视作破坏。

（4）自重湿陷性黄土中的大直径桩的破坏主要是以桩端下土层压缩性起主导作用的渐进性破坏。在确定单桩竖向承载力时，一般宜根据变形控制。

（5）浸水前后 S10、S11 桩沉降量的增长过程如表 15-13 所示。浸水期间试桩 S10 在垂直荷载（7200kN）与负摩阻力的共同作用下，土层相对稳定时的累计沉降量为 13.52mm。S11 桩在负摩阻力作用下，土层稳定时累计沉降量为 3.1mm。说明浸水期间桩的沉降与桩顶有无垂直荷载有关。桩顶施加荷载垂直荷载的桩，其沉降量要比无垂直荷载的桩大得多。

（6）由图 15-35 可见，S10 桩浸水后静载荷试验所得的 Q-s 曲线起始段（从 7200kN 开始）斜率反而小于浸水前静载试验的 Q-s 曲线斜率。说明本场地桩的承载力有"浸水增强效应"，至少说明浸水对桩的垂直承载力影响不大。这可能是由于浸水期间桩有较大沉降，引起桩底土压缩，提高了端阻力；停水后土层固结压密，也使桩单位侧阻力有所提高。

试桩沉降量增长过程
表 15-13

桩号	累计沉降量（mm）			
	浸水前静载试验后	停水后土层稳定时	浸水后静载试验最大加载时	静载试验卸载回零后
S10	7.92	13.52	27.31	10.54
S11		3.1	33.53	18.77

15.3.3　桩承载力自平衡法在湿陷性黄土地区的应用

1. 自平衡规程法确定承载力

本次试验场地，上部黄土具有自重湿陷性。自重湿陷性黄土受水浸湿后产生湿陷变形，当土层的下沉速率大于桩的下沉速率时，则土对桩侧表面就会产生向下作用的摩擦力，即负摩阻力（Q_f）。对于自平衡试桩，在荷载箱加载时，上段桩身在荷载作用下产生相对于土体的向上位移，由此桩侧表面产生向下的负摩阻力。该负摩阻力与浸水湿陷产生的负摩阻力方向相同，但产生的机理不同。浸水湿陷产生的负摩阻力相当于在桩侧表面产生的下拉荷载，与上段桩身自重方向一致。故在判定桩侧阻力时浸水湿陷负摩阻力和桩身自重一样都应当扣除。在湿陷性黄土地区，浸水湿陷后抗压桩极限承载力公式为：

$$Q_u = \frac{Q_{uu} - W - Q_f}{\gamma} + Q_{ud} \quad （荷载箱位于桩身） \tag{15-1}$$

$$Q_u = \frac{Q_{uu} - W - Q_f}{\gamma} + q_{pk} \cdot A_p \cdot \psi_D \quad （荷载箱位于桩底） \tag{15-2}$$

$$q_{pk} = \frac{Q_{ud}}{A\psi_p} \tag{15-3}$$

$$\psi_p = (0.8/d)^{1/3} \tag{15-4}$$

$$\psi_D = (0.8/D)^{1/3} \tag{15-5}$$

式中　d——荷载箱底板直径；

D——桩底直径(含扩大头)；

W——桩身自重。

对于扩大头上部和桩底均设荷载箱的情况，Q_u 仍可按式(15-2)确定，Q_{uu} 取扩大头上部荷载箱向上实测极限值。

2. 简化转换法在本次试验过程中的应用

在本次试验过程中，由于试验场地的特殊性，浸水湿陷后产生的负摩阻力对自平衡法测试原理产生一定的影响。因此有必要寻求一种简便可行的方法，找出两种结果之间的换算关系，提供一种简化转换方法以便工程设计人员使用。

1) 简化转换法基本原理

为将传统静载桩的荷载变位与自平衡桩对比，作下列假定：

(1) 可将等效受压桩以自平衡点 a 点为界分上下段桩进行分析，分别取上下段桩作为隔离体，受力简图如图 15-36 所示；

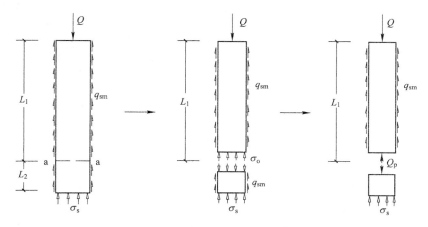

图 15-36　等效受压桩受力简图

(2) 假设等效受压桩下段与自平衡下段桩的变位相同，假设此时截面位移 $s_a = s_d$(s_a 为 a 点处的截面位移)，轴力为 Q_p；

(3) 桩侧摩阻力沿桩身均匀分布。

图 15-37 为等效受压桩和自平衡桩上下桩段受力情况比较。

等效受压桩，桩顶受轴向荷载 Q，桩顶荷载由桩侧摩阻力和桩端阻力共同承担。设桩顶荷载为上段桩总摩阻力 Q_s 与下段桩总端阻力 Q_p 之和：

$$Q = Q_s + Q_p \tag{15-6}$$

$$Q_s = \int_{l1} q_{sm} \mathrm{d}F \tag{15-7}$$

$$Q_p = \int_{l2} q_{sm} \mathrm{d}F + \sigma_s A \tag{15-8}$$

自平衡桩由一对自平衡荷载($Q_u = Q_d$)施加于单桩自平衡点的下段桩和上段桩底，自平衡上段桩桩底的托力由桩侧负摩阻力与桩自重来平衡，下段桩桩顶荷载由桩端阻力和小部分的桩侧阻力提供。

浸水前：

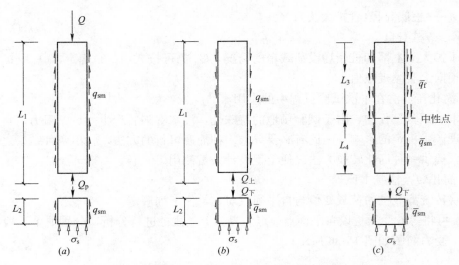

图 15-37　等效受压桩和自平衡桩上下段受力情况比较

（a）等效受压桩；（b）自平衡桩（浸水前）；（c）自平衡桩（浸水后）

$$Q_u = \overline{Q_s} + G_p \tag{15-9}$$

$$\overline{Q_s} = \int\limits_{l1} \overline{q}_{sm} dF \tag{15-10}$$

浸水后：

① 中性点以上：

$$\overline{Q}_{su} = \int\limits_{l3} \overline{q}_{sm} dF + \int\limits_{l3} \overline{q}_f dF \tag{15-11}$$

$$Q_f = \int\limits_{l3} \overline{q}_f dF \tag{15-12}$$

② 中性点以下：

$$\overline{Q}_{sd} = \int\limits_{l4} \overline{q}_{sm} dF \tag{15-13}$$

所以：

$$\overline{Q}'_s = \overline{Q}_{su} + \overline{Q}_{sd} = \int\limits_{l3} \overline{q}_{sm} dF + \int\limits_{l3} \overline{q}_f dF + \int\limits_{l4} \overline{q}_{sm} dF \tag{15-14}$$

$$Q_u = \int\limits_{l3} \overline{q}_{sm} dF + \int\limits_{l3} \overline{q}_f dF + \int\limits_{l4} \overline{q}_{sm} dF + G_p = \overline{Q_s} + Q_f + G_p \tag{15-15}$$

$$Q_d = \int\limits_{l2} \overline{q}_{sm} dF + \overline{\sigma}_s A \tag{15-16}$$

为实现自平衡上下桩段荷载向传统静压桩的转换，引入侧摩阻力系数 γ，则等效受压桩上段桩的总摩阻力 Q_s 与下段桩总端阻力 Q_p 可分别表示为：

$$Q_s = \frac{\overline{Q_s}}{\gamma} = \frac{Q_u - G_p}{\gamma} \qquad （浸水前） \tag{15-17}$$

$$Q_s = \frac{\overline{Q_s}}{\gamma} = \frac{Q_u - G_p - Q_f}{\gamma} \qquad （浸水后） \tag{15-18}$$

$$Q_p = Q_d \tag{15-19}$$

则桩顶荷载可表示为：

$$Q = Q_s + Q_p = \frac{Q_u - G_p}{\gamma} + Q_d \quad （浸水前） \tag{15-20}$$

$$Q = Q_s + Q_p = \frac{Q_u - G_p - Q_f}{\gamma} + Q_d （浸水后） \tag{15-21}$$

通过上式可实现受压桩承载力用自平衡桩承载力表达的转换问题。由于自平衡测试方法在湿陷性黄土地区浸水试验中首次使用，对于 γ 值的确定，安全起见，浸水前取 1.0，浸水后取 0.8。

承载力的转换之后还需要位移的转换。

根据假定(2)等效受压下段桩与自平衡下段桩的变位相同，因此，只需分析等效受压桩上段的荷载变位情况。其受力简图如图 15-38 所示，等效受压桩上段桩桩顶荷载可表示为图 15-38(b)桩端阻力和图 15-38(c) 桩侧摩阻力相叠加。根据前面推导：

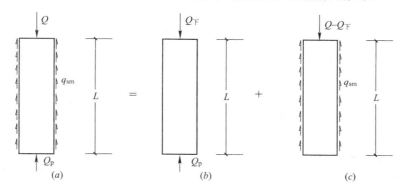

图 15-38　等效受压桩上段桩受力分析

上段桩桩底位移等于下段桩桩顶位移 $s_a = s_d$，桩端阻力为 $Q_p = Q_d$。

在竖向工作荷载作用下，单桩沉降 s 由桩身压缩量 s_s 和桩端沉降 s_b 组成，

即

$$s = s_s + s_b \tag{15-22}$$

如分别考虑桩侧摩阻力和桩端阻力对 s_s 的作用，s_s 表示为：

$$s_s = s_{ss} + s_{sb} \tag{15-23}$$

式中　s_{ss}——桩侧负摩阻力引起的桩身压缩量；

s_{sb}——桩端阻力引起的桩身压缩量。

通常情况下，根据假定(2)，可近似认为 $s_b = s_d$。所以，等效受压桩上段桩桩顶位移 s 应等于桩底位移 s_d 与上段桩的弹性压缩量 s_s 之和。

$$s = s_d + s_s \tag{15-24}$$

等效受压桩上段的桩身弹性压缩量 s_s 为图 15-38 所示桩端及桩侧荷载两部分引起的弹性压缩变形之和，根据假定(3)，用 DAS 简化方法计算可得：

$$s_{ss} = \frac{Q_d L}{E_p A_p} \tag{15-25}$$

浸水前：

① 中性点以上：

$$s_{sb1} = \frac{\left(\int_{l3} \bar{q}_{sm} dF\right) L_3}{2E_p A_p \gamma} \tag{15-26}$$

② 中性点以下：

$$s_{sb2} = \frac{\left(\int_{l4} \bar{q}_{sm} dF\right) L_4}{2E_p A_p \gamma} \tag{15-27}$$

$$s_{sb} = \frac{\left(\int_{l3} \bar{q}_{sm} dF\right) L_3}{2E_p A_p \gamma} + \frac{\left(\int_{l4} \bar{q}_{sm} dF\right) L_4}{2E_p A_p \gamma} = \frac{Q_u - Q_f - G_p}{2E_p A_p \gamma} \tag{15-28}$$

式中 L 为上段桩长度，E_p 为桩身的弹性模量，A_p 为桩身截面面积；

此时，对应的受压桩桩顶等效荷载为：

$$Q = Q_s + Q_p = \frac{Q_u - G_p}{\gamma} + Q_d \quad （浸水前）$$

$$Q = Q_s + Q_p = \frac{Q_u - G_p - Q_f}{\gamma} + Q_d （浸水后）$$

与等效桩顶荷载 Q 相对应的桩顶位移为：

$$s = s_d + \frac{Q_d L}{E_p A_p} + \frac{(Q_u - G_p)L}{2E_p A_p \gamma} \quad （浸水前） \tag{15-29}$$

$$s = s_d + \frac{Q_d L}{E_p A_p} + \frac{(Q_u - G_p - Q_f)L}{2E_p A_p \gamma} \quad （浸水后） \tag{15-30}$$

2）简化转换法在本次试验中的特殊应用

本次共完成 S7、S8、S12、S13 四根桩的自平衡法试验。其中 S7、S8 为经 DDC 素土挤密处理后的挖孔灌注桩；S12、S13 为天然土挖孔灌注桩。对 S12、S13 进行相同条件下浸水载荷试验，两试桩均在加载至第六级（3000kN）时，开始浸水恒压。

各试桩荷载箱布置及加载过程见图 15-39。

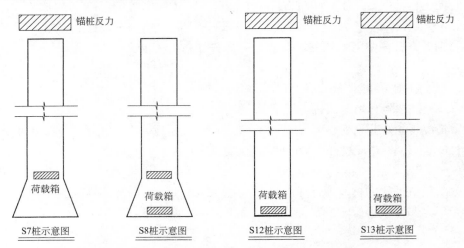

图 15-39　试桩荷载箱布置及加载过程示意图

加载采用慢速维持荷载法，各试桩加载测试曲线如图 15-40。

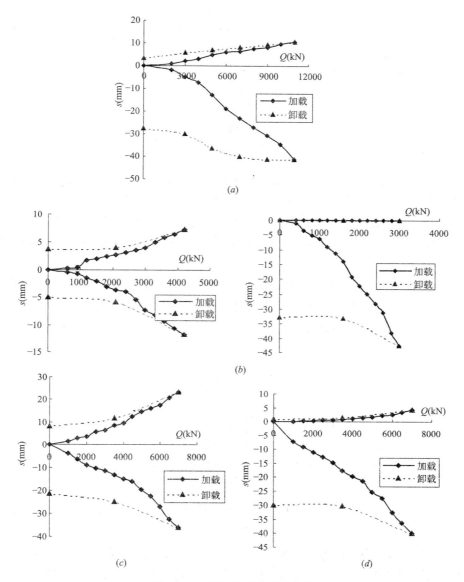

图 15-40　试桩自平衡测试曲线

(a)试桩 S7；(b)试桩 S8；(c)试桩 S12；(d)试桩 S13

整个测试过程正常。根据中华人民共和国交通部标准《公路桥涵施工技术规范》附录 B"试桩试验办法"和江苏省地方标准《桩承载力自平衡测试规程》综合分析确定自平衡试桩法各试桩结果如表 15-14 所示。

自平衡试桩法成果分析表　　　　　　　　　　　　　　　　　　　　表 15-14

试验结果	试桩编号			
	S7	S8	S12	S13
荷载箱上部桩的实测极限承载力 $Q_{u上}$（kN）	5650	5396	4220	4220
荷载箱下部桩的实测极限承载力 $Q_{u下}$（kN）	10000	11587	6934	6356

267

续表

试验结果	试桩编号			
	S7	S8	S12	S13
荷载箱上部桩长度(m)	18.2	18.2	20	20
荷载箱上部桩自重(kN)	214	214	339	339
荷载箱上部桩侧阻力修正系数 γ	0.8	0.8	1	1
单桩竖向受压极限承载力 Q_u(kN)	16795	18065	9411	8836

加载过程中，试桩 S7、S12、S13 由于侧摩阻力较小，在上段桩的侧摩阻力充分发挥时，桩端阻力只发挥了一部分。为了使桩端阻力进一步发挥，继续向荷载箱施加荷载，这时上段桩底所受的力已不能靠上段桩身的侧摩阻力来平衡，通过周围的锚桩对桩顶施加反力来平衡这部分荷载。此时 Q_u-s_u 曲线达极限状态，因此，转换过程中曲线分两段进行转换。

(1)在上段桩身侧阻力完全发挥之前，Q_u、s_u 即自平衡上段桩桩顶荷载与位移，可直接测定。每一加载等级由荷载箱产生的向上、向下的力是相等的，但所产生的位移量是不相等的。因此，Q_d 应该是对应于 Q-s_d 曲线上使 $s_u = s_d$ 时所对应的荷载。计算公式如下：

$$Q = Q_s + Q_p = \frac{Q_u - W}{\gamma} + Q_d \qquad （浸水前）$$

$$Q = Q_s + Q_p = \frac{Q_u - W - Q_f}{\gamma} + Q_d \qquad （浸水后）$$

$$s = s_u + \frac{(Q_u - W)L + 2\gamma Q_d L}{2E_p A_p \gamma} \qquad （浸水前） \tag{15-31}$$

$$s = s_u + \frac{(Q_u - W - Q_f)L + 2\gamma Q_d L}{2E_p A_p \gamma} \qquad （浸水后） \tag{15-32}$$

(2) 当上段桩身侧阻力发挥至极限时 Q_d 不变，再根据相应的 Q-s_d 曲线测定 Q 和 s_d（此时 Q_u 不变，为极限值）。等效荷载 Q 的计算公式与上相同，对应的桩顶位移 s 的计算公式如下：

$$s = s_d + \frac{(Q_u - W)L + 2\gamma Q_d L}{2E_p A_p \gamma} \qquad （浸水前） \tag{15-33}$$

$$s = s_d + \frac{(Q_u - W - Q_f)L + 2\gamma Q_d L}{2E_p A_p \gamma} \qquad （浸水后） \tag{15-34}$$

由此得到传统的静载荷试验的一系列点(Q_i，s_i)，$i = 1，2，\cdots\cdots n$，从而得到等效的桩顶荷载-位移曲线。

对于负摩阻力 Q_f 的取值，采用试验过程中实测值，若无实测值可取《湿陷性黄土地区建筑规范》GBJ 25—90 附表中参考值。

采用上述理论计算得各试桩转换后所得的 Q-s 曲线如图 15-41。

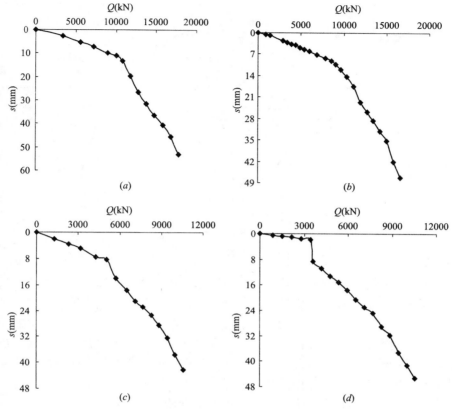

图 15-41　试桩转换曲线

(a)试桩 S7；(b)试桩 S8；(c)试桩 S12；(d)试桩 S13

15.3.4　两种测试方法的对比分析

由于 S9、S10、S11 桩的沉降量在终止荷载时较小，最大也只有 30mm，无法判定极限荷载和端阻力，因此只能通过自平衡法试验结果来推算。两种试验成果是否存在差异只能通过对比。由于自平衡法与锚桩法扩底尺寸不同，首先将自平衡法试验结果换算成同一桩端扩底尺寸，两种试验成果对比是在同一桩端尺寸和沉降量下进行。对比结果见表 15-15 和图 15-42。

不同静载试验成果对比　　　　　　　　　　　表 15-15

指标	S7 平衡法	S8 平衡法	S9 锚桩法	S10 锚桩法	S11 锚桩法	S12 平衡法	S13 平衡法
位移（mm）	26.19	26.19	26.19	21.71	21.71	21.71	21.71
荷载（kN）	18364	15733	16000	14400	15000	17857	16167

从图 15-42 和表 15-15 可以看出，同一条件下，对于经 DDC 素土挤密后的灌注桩，两种测试方法在相同的位移下所对应的荷载非常接近，自平衡法所推算的荷载略大于钢梁锚桩法。但对于天然状态下挖孔灌注桩，经浸水载荷试验，在同一位移条件下，自平衡法

269

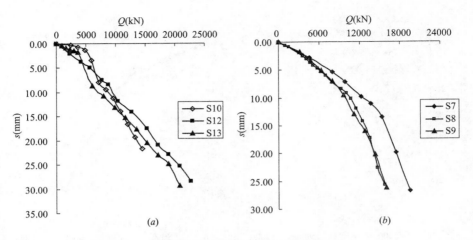

图 15-42　两种测试方法对比曲线

(a)试桩 S10、S12 与 S13 对比曲线；(b)试桩 S7、S8 与 S9 的对比曲线

所推算的荷载大于钢梁锚桩法实测荷载。分析其原因我们认为与浸水过程中两种试验在荷载作用下桩周土的受力方向有一定关系。在测试过程中，荷载箱置于桩底，加压时，使荷载箱分别产生向上、向下的位移，荷载箱上部桩身产生向下的摩阻力，该摩阻力与浸水后土体对桩身产生的附加力方向相同，且在整个湿陷性土层范围内都有分布。这与在桩顶加载情况下，只沿中性点以上部分分布有所不同，从而影响了负摩阻力的判断，造成桩周土强度降低和负摩阻力在测试数据中反映不明显，而钢梁锚桩法及滑动测微计均有不同程度的反映。同时换算过程也存在一定的误差，再加上开始浸水时所对应的恒压值不同（S12、S13 桩是在加荷至第六级时开始浸水恒压，此时荷载为 3000kN；S10 桩先加压至 1.2 倍设计荷载 7200kN 后恒压并浸水；S11 桩在无荷载条件下浸水），所以在浸水过程中两种测试方法所得结果存在误差。但本次试验也显示自平衡法在大直径扩底桩中应用的优势，对于判定单桩极限承载力和端承力有一定的独特性及优越性。

由于该项技术在湿陷性黄土地区首次使用，对于 γ 取值无经验值可参考，且浸水过程、负摩阻力的产生对桩基荷载传递特性产生一定影响，因此对于 γ 的取值，通过对两种测试方法数据的分析计算，由最小二乘法拟合得到。天然土地基上的挖孔灌注桩 γ 的确定，分浸水前和浸水后两种状态来考虑，进行最小二乘法拟合，得到：

天然状态挖孔灌注桩，经浸水试验后，$\gamma=0.86$；

对经 DDC 素土挤密处理后的灌注桩，经拟合 $\gamma=0.71$。

工程应用中，为安全起见，认为天然状态下挖孔灌注桩，浸水后 γ 取 1.0，DDC 素土挤密处理后的灌注桩取 0.8 可达到工程应用要求。

15.3.5　浸水试验

负摩阻力对桩产生下拉作用，致使桩基的荷载增加，荷载抗力减少，沉降增大，严重的还会影响到建（构）筑物的正常使用甚至结构安全。结合湿陷性黄土地区浸水试验对负摩阻力的发生与发展过程以及负摩阻力对桩基性能的影响等一些问题做比较全面的分析讨论，以期搞清浸水湿陷产生的负摩阻力的变化过程以及对桩基的不利影响，为今后的工程实践提供有价值的参考。

1. 试验方案

天然土挖孔灌注桩单桩允许承载力的确定,需进行浸水载荷试验。根据以往单桩浸水载荷试验的成果,由于浸水量小,难以真实地反映负摩阻力产生的过程。本次浸水载荷试验,采取整个试锚桩范围内开挖进行浸水。为加快坑内地基土浸水饱和,坑内布置 ϕ300mm、深 17m 的渗水孔 26 个,其中每个试桩桩周 1m 处对称布置渗水孔 4 个,其余在坑内均匀布置。孔内填充细砂。为测量坑内地基土浸水后的变形,共埋设浅标点 7 个,地面标点 1 个。浅标点中水泥桩标点 3 个,机械标点 4 个。水泥标点埋深 50cm,其构造为 150mm×150mm×500mm 的混凝土长方体,顶部预埋 ϕ16 钢筋。机械标点埋深 80cm,其构造为 ϕ18,$L=$ 800mm 的螺纹圆钢,底部焊一块 150mm× 150mm×5mm 的钢板,标点埋设前将底部填一层细砂并夯实。有关浸水坑及标点位置见图 15-43 和图 15-44。

图 15-43　浸水试验

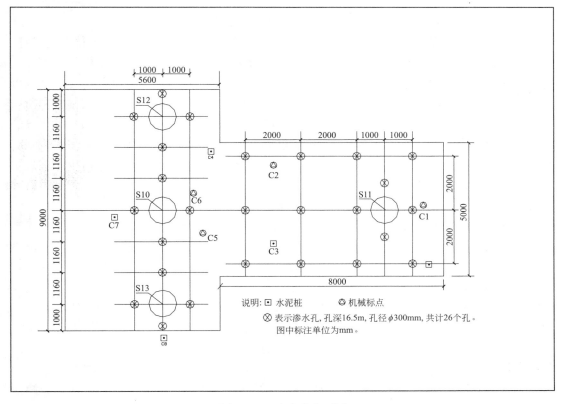

说明:□ 水泥桩　　◎ 机械标点
⊗ 表示渗水孔,孔深16.5m,孔径ϕ300mm,共计26个孔。
图中标注单位为mm。

图 15-44　渗水孔布置图

2. 浸水试验过程

2004 年 1 月 5 日开始注水，1 月 13 日下午停水。第二天便进行钻探取土，从取土的土样肉眼判断 11m 以上已达饱和，而 11～14m 土样含水量较低，14m 以上土样相比仍未饱和。决定继续注水。1 月 18 日下午再次停水。从有关文献资料反映，湿陷性黄土浸水试验实测土的沉降量主要在停水后由于土的重新固结而产生，所以停水 9 天。本次共注水约 1300m³。

在浸水过程中每天按固定时间分上午、下午分别观测二次。停水期间每天观测一次。观测成果见表 15-16。

浸水试验观测点沉降量表　　　　　　　　　　　　表 15-16

标点	C1	C2	C3	C4	C5	C6	C7	C8	S10	S11
沉降(mm)	受损	2.0	1.5	2.5	3.3	2.3	0.5	−1.5	5.6	3.1

本次浸水试验观测成果反映，浸水与停水期间各类标点沉降量较小，地面标点（C8）基本无变化甚至还有所上升，说明地基土和地面在浸水作用下变形不大。这与本次试坑尺寸、浸水时间、浸水量有一定关系。同时由于土层渗透率低，最后一次监测时水位尚未降到桩端以下，土层亦未充分沉降，钻探取土也反映 11m 以下土层未达到充分饱和。说明湿陷性黄土的充分湿陷需要一个较长的时间过程。

为了确定浸水期间的负摩阻力，对 S10、S11 两根试桩进行桩身应变测试。

3. 桩身内力测试

试桩情况：先对 S10 加压至 1.2 倍设计荷载（7200kN），然后浸水 9 天，9 天后停水继续观测 S10 和 S11 的轴应变，浸水坑为 13×7m²，共浸水 1200t；停水期历时一个多月。停水期结束后将 S10 压至极限荷载，然后将反力大梁移至 S11，将 S11 压至极限荷载。

浸水和加载过程中用滑动式测微计测量桩身应变，再计算桩身轴力及侧阻力，桩端阻力用钢弦式压力盒及滑动式测微计共同测量。两试桩均采用千斤顶—反力梁—锚桩加荷体系，用慢速维持荷载法进行试验。根据结果可以得出，由于浸水的影响试桩出现了明显的陡降，桩顶沉降量相当可观。因此，在确定桩竖向承载力时，一般宜根据桩身变形控制确定。对自重湿陷性黄土中的桩，在桩身强度满足要求的前提下，负摩阻力的产生主要是附加沉降问题，其次才是承载力问题。因此，在自重湿陷性黄土中的桩，应着重考虑由负摩阻力引起的沉降量和差异沉降对建筑物的影响。

（1）滑动测微计测试

应变测试采用 20 世纪 90 年代末期瑞士生产的滑动测微计。它是根据线法监测原理设计的，其测试原理及精度均大大优于传统的钢筋计，根据测试结果，不仅可提供摩阻力、端阻力等静力试桩所需的全部参数，还可全面地评估混凝土质量、等级，计算桩身平均弹性模量及任何部位的弹性模量，弹性模量随荷载量级的变化规律，指出桩身混凝土的缺陷及其准确部位。其主体为一个标距 1m、两端带有球状测头的探头，内装一个 LVTD 位移计和 NTC 温度计，为了测定测线上的应变及温度分布，测线上每隔 1m 安置一个具有高精度定位功能的锥形环，环间用 HPV 管相连，测微计可依次测量相邻锥形之间的相对位移，每根试桩埋设 2 根滑动测微管，2 测微管连线与水平力处于同一平面内，根据实测应变 ε_a、ε_b 及间距 d，即可推算出桩身每一点的变形及位移，包括平均应变 ε、曲率 k、水

平位移 w 及垂直位移 u 等。取得上述测试数据后，根据桩身弹性模量计算桩的轴向力、侧摩阻力、桩端阻力等参数。

测试方法：静载试验开始前进行一次量测，作为初读数，以后每增加一级荷载量测一次，直到静载试验结束。试坑浸水前测量一次，浸水期间，根据土层湿陷情况，决定测试次数。

（2）压力盒测试

土压力盒埋设在 S10、S11 桩端下，沿桩底直径方向"一字形"均匀分布 5 只，通过荷载试验的加荷过程同步测读其变化情况。桩底铺设 10cm 厚水泥砂浆垫层（压力盒保护层）。将 5 根引线捆扎在一起置于一根软塑料管中，用钢筋制成的 U 形卡固定在桩孔壁上引出地面。

测试方法：灌注混凝土前量测一次，静载试验前量测一次，竖向静载试验时，每级加、卸前测读一次，直至试验结束；浸水期间根据桩底端压力变化情况确定测读次数。

4. 试验成果分析

1）桩身弹性模量

采用滑动测微计通过量测桩身应变值推算桩身轴力与桩侧摩阻力曲线时，桩身弹性模量值 E_s 是根据各级荷载及桩顶部应变值所求出来的 E_s 值随应变量级的变化关系，按桩身的不同应变水平来采用的。试桩 S10 及 S11 的 E_s 值变化曲线如图 15-45 所示。

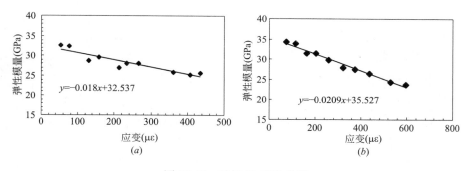

图 15-45　试桩 E_s 变化曲线
(a)试桩 S10；(b)试桩 S11

图 15-46 为浸水前后各级荷载下的平均应变曲线（经断面修正后），8400kN 以上的应变曲线已扣除了 7200kN 荷载下浸水期的应变。图 15-47 为用拟合法进行磨光处理后的应变曲线，根据各级荷载下拟合曲线零点处的应变、平均直径及实际荷载，可计算各级荷载（即不同应变水平下）桩身的平均弹性模量，利用线性回归方程，可得到弹性模量和应变量级的关系曲线。

2）负摩阻力的发生与发展

图 15-48 给出了试桩两种情况在浸水期间桩的应变、轴力、负摩阻力发展过程及侧阻力变化规律。从图中可以看出：

（1）对于在试坑浸水前桩顶已施加荷载的 S10 桩，随着桩顶加载，桩周正摩阻力逐渐增大，浸水前 7200kN 的荷载已在桩侧产生了最大达 90kPa 的正摩阻力。试坑浸水，自重湿陷开始发生后，桩周土相对于桩的向下位移很快就超过了浸水前桩相对于土的向下位移，负摩阻力随之产生，并不断加大，桩的上部 1~3.8m 深度范围内出现了负摩阻力，

273

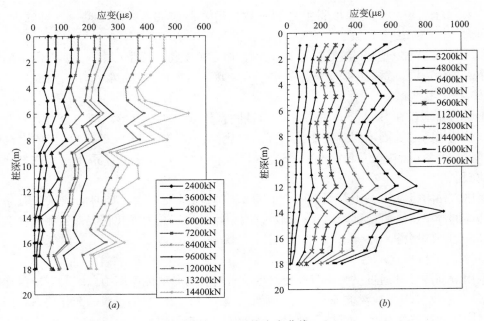

图 15-46　平均应变曲线

(a)试桩 S10；(b)试桩 S11

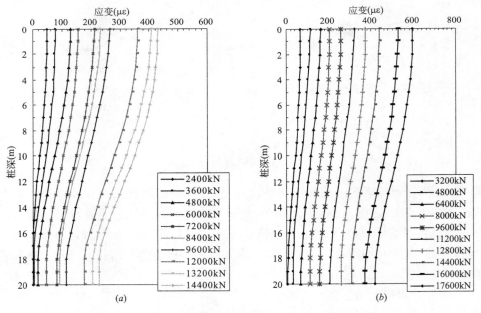

图 15-47　回归应变曲线

(a)S10；(b)S11

中性点深度为 3.8m，最大负摩阻力增至 94kPa；之后，随着黄土湿陷变形的增大，桩上部负摩阻力的增加速度较快，到浸水后的第 22 天，中性点下移至 5.5m，随后负摩阻力的增加速度放慢，黄土的湿陷变形已趋稳定。经数据处理后，得到最大负摩阻力为1089kN，平均单位负摩阻力为 53.2kPa，中性点位于 5.5m 深处。

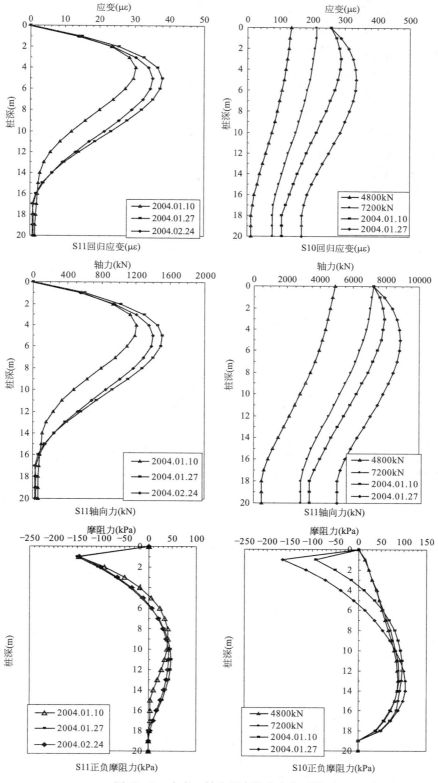

图 15-48　应变、轴力及摩阻力变化过程

（2）对于桩顶无荷载的 S11 桩（图 15-48），桩的负摩阻力首先出现在桩的中上部 1～4.8m 深度范围内，中性点深度为 4.8m；随着时间的推移，湿陷变形的增大，桩上部的负摩阻力略有增加，但增加幅度不大，到 1 月 27 日，即浸水后的第 22 天，桩上部 5m 范围内均分布有负摩阻力，最大负摩阻力出现在桩顶下 1.2m 左右，最大值达 150kPa。中性点深度下移至 5.5m，由于负摩阻力产生的下拉荷载作用在中性点以下的桩侧产生了一定的正摩阻力；在之后的湿陷变形中，桩的负摩阻力的增加速率趋缓，黄土的湿陷变形已经基本稳定，中性点的最大深度为 5.5m，最大负摩阻力增加到 150kPa。经数据处理后，得到最大负摩阻力为 1401kN，平均单位负摩阻力为 72.3kPa。略高于桩顶有荷载的 S10 桩的负摩阻力，这是合理的。

（3）从本次测试成果反映，浸水期间两根桩的摩阻力不同程度地受到影响，使摩阻力大大降低。两根桩的中性点均位于 5.5m 处，位置显然高于理论正常值。湿陷性黄土在浸水期间桩的负摩阻力大小，与桩顶有无荷载有关，桩顶无荷载时，浸水期间桩的附加沉降小，由黄土自重湿陷引起的桩土间相对位移则大，桩上部的负摩阻力得以充分发挥，其数值较高。桩顶有荷载时，浸水期间桩的附加沉降大，由黄土自重湿陷引起的桩土间的相对位移小，桩的负摩阻力难以充分发挥，其数值较低。

虽然本次浸水试验不论在试坑尺寸、浸水时间等方面都大于有关单桩浸水载荷试验中的要求，但通过取出的土样观察，仍有部分桩周土未能达到饱和，因此，负摩阻力未达到最高值，中性点位置高于理论正常值。从理论上分析中性点位置的高低也与桩顶有无荷载有关。桩顶无荷载时，由黄土湿陷引起的桩土间相对位移比桩顶有荷载时要大，因此桩上部负摩阻力得以充分发挥，中性点位置较深。一般认为，桩顶无荷载时，自重湿陷稳定时的中性点埋深约为自重湿陷土层厚度的 2/3。在 1.2 倍设计荷载作用下的桩，自重湿陷稳定时中性点埋深约为自重湿陷土层厚度的 1/3。

当浸水稳定后继续加载时，由于桩身相对于桩周土向下位移，负摩阻力将逐渐降低，中性点的位置逐渐上移，桩身从原中性点向上将重新产生正摩阻力，随着桩顶荷载继续增加，整个桩长范围的负摩阻力将完全消失。本次试验 S10、S11 桩在桩顶荷载分别为 2400kN、3200kN 时，负摩阻力消失。当桩侧负摩阻力完全消失后，桩侧正摩阻力将承担一大部分桩顶荷载，桩顶沉降量有所降低，Q-s 曲线趋于平缓。对自重湿陷性黄土中的桩，在桩身强度满足要求的前提下，负摩阻力的产生主要是附加沉降问题，其次才是承载力的问题。因此，在自重湿陷性黄土中的桩，应着重考虑由负摩阻力引起的沉降量和沉降差异对建筑物的影响。

3）桩端阻力的发挥性状

埋设在 S10、S11 桩端下的土压力计（压力盒布置见图 15-49），通过载荷试验的加荷过程同步测读其变化情况。试桩 S10、S11 的土反力分布曲线如图 15-50 所示。

根据桩底埋设的压力盒测试结果，经计算分析得到桩端阻力随桩顶荷载的发挥曲线，图 15-51 给出了 S10、S11 两根试桩的摩阻力和端阻力随桩顶荷载的增长关系曲线，从中可以得出在不同情况下挖孔灌注桩端阻力的发挥特征。

对于试验场区的 S10、S11 桩，不同的浸水和加荷次序，使桩端阻力的发挥过程有显著的不同。S10 桩在初始加荷阶段，荷载主要由侧阻力承担，在 3600kN 荷载下桩端阻力仅发挥 115kN，占总荷载的 3%，随着荷载的增加，端阻力继续增长，摩阻力增长缓慢，

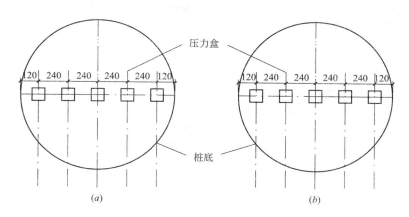

图 15-49　压力盒布置示意图
(a)试桩 S10；(b)试桩 S11

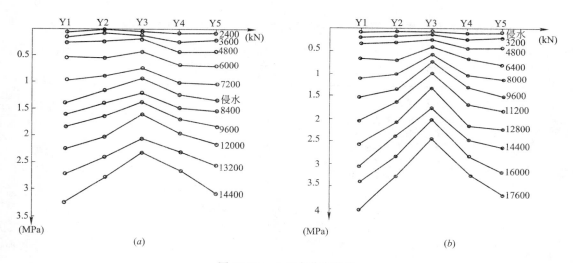

图 15-50　土压力分布曲线
(a)试桩 S10；(b)试桩 S11

加载到 4800kN 时，摩阻力已接近极限值，端阻力达到 669kN，占荷载的 14%。浸水期间，在桩顶荷载及桩身负摩阻力引起的下拉荷载的共同作用下，桩端阻力迅速增加，湿陷变形稳定时，桩端阻力达到 3026kN，占荷载的 63%，之后随着荷载的增加，最大端阻力为 8567kN，占总荷载的 60%。可见，在天然状态下加荷，端阻力最小，而浸水期间，端阻力增幅最大，占总荷载的比例最高，极限荷载作用下端阻力占总荷载的比例有所降低。

S11 桩在浸水期间，由于桩身负摩阻力引起的下拉荷载的作用，使桩端阻力有所增加，但增加较少。随着桩顶荷载的增加，负摩阻力逐渐消失，正摩阻力不断发挥，桩端阻力也随之增大。从 3200kN 起，摩阻力达到极限值，约 3000kN，低于天然状态下 S10 桩的摩阻力，以后的荷载全部由端阻力承担。最大荷载 17600kN 下，桩端阻力达 14620kN，占总荷载的 83%，单位端阻力高达 2954kPa，且有增长潜势。

4) 湿陷性黄土中桩的荷载传递机理综述

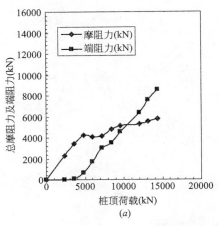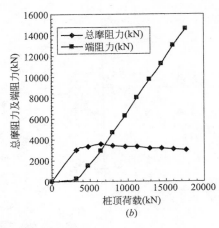

图 15-51　总摩阻力和端阻力随荷载的增长曲线

(a)试桩 S10；(b)试桩 S11

自重湿陷性黄土中 S10 桩和 S11 桩的荷载传递机理分别如表 15-17 和表 15-18 所示。

自重湿陷性黄土中 S10 桩的荷载传递机理　　　　　　　　　表 15-17

时期	桩侧正摩阻力	桩侧负摩阻力	端阻力
浸水前静载试验	随着荷载的增加，整个桩长范围内的摩阻力都逐渐得到发挥。加载到 4800kN 时，摩阻力增长缓慢，表明已接近极限值。最大单位摩阻力为 134.2kPa，位于 14m 桩身处	无	加载到 4800kN 时，端阻力达到 669kN，占荷载的 14%。未完全发挥，最大值 3026kN，占荷载的 42%
浸水期间至地面沉降相对稳定时	浸水后，桩身上部侧摩阻力逐渐减小，以至消失，进而出现负摩阻力，桩身上部荷载逐渐向下半部转移。较浸水前静载试验桩身下部侧摩阻力出现较大增长	浸水后，随着桩周土相对于桩侧发生向下的湿陷，原来桩身上半部正摩阻力逐渐消失，并向负摩阻力转化。中性点随湿陷的发展逐步下移，负摩阻力逐渐增大，达到 53.2kPa	随着正摩阻力的消失，负摩阻力的出现，荷载向桩端转移，稳定时达 3026kN，占荷载的 63%
浸水后静载试验	加载至 8400kN 时，负摩阻力消失，正摩阻力逐渐恢复	随着荷载增加，桩沉降量加大，负摩阻力逐渐减小，加载至 8400kN 时全部消失	随着荷载的增加而增加，在最大荷载 14400kN 时，端阻力为 8567kN，占总荷载的 60%

自重湿陷性黄土中 S11 桩的荷载传递机理　　　　　　　　　表 15-18

时期	桩侧正摩阻力	桩侧负摩阻力	端阻力
浸水期间至地面沉降相对稳定时	无	浸水后，随着黄土的湿陷，桩身相对于桩侧土产生向上的位移，进而出现负摩阻力。随着湿陷变形的增大，负摩阻力继续增加。最大负摩阻力达 1401kN，单位值为 72.3kPa	由于桩身负摩阻力引起的下拉荷载的作用，使端阻力略有发挥

时期	桩侧正摩阻力	桩侧负摩阻力	端阻力
浸水后静载试验	加载至 3200kN 时，负摩阻力消失，正摩阻力逐渐恢复，并达到极限值	随着荷载增加，桩沉降量加大，负摩阻力逐渐减小，加载至 3200kN 时全部消失	随着荷载的增加而增加，在最大荷载 17600kN 时，端阻力为 14620kN，占总荷载的 83%

15.3.6 小结

（1）自重湿陷性黄土中的大直径桩的破坏主要是桩端下土层压缩性起主导作用的渐进性破坏。在确定单桩竖向承载力时，一般宜根据变形控制。

（2）试桩半浸水状态下，浸水后静载荷试验所得的 Q-s 曲线起始段（从 7200kN 开始）斜率反而小于浸水前静载荷试验的 Q-s 曲线斜率。说明本场地桩的承载力有"浸水增强效应"，至少说明浸水对桩的垂直承载力影响不大。这可能是由于浸水期间桩有较大沉降，引起桩底土压缩，提高了端阻力；停水后土层固结压密，也使桩单位侧阻力有所提高。

（3）湿陷性黄土的浸水湿陷特性，对该法测试原理产生一定的影响，但通过与传统静载荷试验结果的比较分析，证明该法在湿陷性黄土地区是适用的。

（4）负摩阻力的发展存在时间效应。它与桩周土在浸水湿陷重新固结后强度增大和桩土相对位移的发展有关。随着负摩阻力的产生和增大，桩身的压缩和桩端处轴力增大，桩的沉降随之增大，这就使桩土相对位移减小和负摩阻力降低，并逐渐趋于稳定。中性点位置在浸水过程中发生由浅到深的变化，最后稳定在一个深度上。

（5）湿陷性黄土中桩的负摩阻力与浸水时桩顶有无荷载有关，桩顶无荷时，浸水湿陷引起的负摩阻力大，中性点低；桩顶在荷载作用下，浸水湿陷引起的负摩阻力小，中性点高。研究还表明，黄土自重湿陷产生负摩阻力所需的桩土相对位移明显高于加荷过程中消除负摩阻力并产生正摩阻力的相对位移。湿陷性黄土中桩负摩阻力产生的关键是浸水自重湿陷性能形成一定的桩土相对位移，而与场地湿陷类型并无直接关系。

（6）判别负摩阻力是否产生的重要条件是桩土相对位移，负摩阻力在一定条件下会完全消失，浸水对桩的最终竖向承载力的影响不大，但对设计承载力有较大影响。负摩阻力问题首先是一个浸水附加沉降问题，其次才是承载力问题。可以认为在保证桩身强度的前提下，只要控制桩的沉降，即可保证桩基的正常工作，负摩阻力的影响可以通过对桩顶沉降的影响以及桩身强度验算得以解决。

（7）端阻力的发挥受成孔工艺、荷载条件及土层结构的影响，对于湿陷性黄土中干作业挖孔扩底灌注桩，天然状态下加荷，端阻力较小，浸水期间，端阻力增幅最大，占总荷载的比例最高，在极限荷载下，端阻力占总荷载比例降低。

15.4 在井筒式地下连续墙基础中的应用

15.4.1 工程概况

"黄土地区大跨度桥梁地下连续墙和箱形基础的应用研究"是交通部西部交通建设科

技项目之一，是受交通部西部科技项目管理中心资助，由中交公路规划设计院主持，山西省公路局、西南交通大学、东南大学等单位参加的研究项目。项目研究的目的是针对黄土地区巨厚层的黄土地层中没有良好的桩端持力层，只能作摩擦桩设计(摩擦桩的桩长往往会很长)的特殊地质条件，提出可以采用地下连续墙或箱形基础等相对埋深较浅的基础形式代替现有的深大基础。随着基础底板标高的抬升以及采用集"挡土、承重和防水"于一身的"三合一"地下连续墙的基础形式，将会对桥梁的安全、经济、施工等带来明显的效益。

采用晋陕边界黄土高原上国道 209 线河津～临猗一级公路的一座跨线桥梁作为依托工程。天桥位于河津至临猗段 K23＋385m 处，该桥上部拟采用斜腿钢架拱桥，跨度约为 50m，基础拟采用地下连续墙基础。

地下连续墙基础作为桥梁的锚碇基础，在我国的应用才刚起步不久，作为黄土地区桥梁承受竖向力的基础类型，在工程中还未有应用的报道。目前还没有一套成熟的地下连续墙基础的应用方案和分析计算方法。

现场载荷试验研究是"黄土地区大跨度桥梁地下连续墙和箱形基础的应用研究"的主要内容之一，本节主要介绍自平衡试桩法在湿陷性黄土地区地下连续墙的竖向承载性能研究中的应用。

场地土层分布情况如表 15-19 所示。

场地土层分布

表 15-19

层号	层底深度（m）	分层厚度（m）	层底标高（m）	工程地质描述
①	0.20	0.20	729.00	耕土
②	8.60	8.40	720.60	黄土：以亚黏土为主，黄灰色，稍湿，稍密，含植物根系
③	15.60	7.00	713.60	黄土：以亚黏土为主，黄红色，稍湿，稍密，含黑色斑点，零星钙质结核，偶见蜗牛壳
④	19.80	4.20	709.40	黄土：以亚黏土为主，黄灰色，稍湿，稍密—中密状态，含云母，钙质结核，偶见蜗牛壳
⑤	25.60	5.80	703.60	黄土：以亚黏土为主，灰黄色，稍湿，稍密—中密状态，含云母及零星钙质结核
⑥	31.40	5.80	697.80	黄土：以亚黏土为主，浅红色，稍湿，稍密—中密状态，含白色条纹及钙质结核
⑦	37.80	6.40	691.40	黄土：以亚黏土为主，黄灰色，稍湿，中密状态，含钙质结核，夹薄层细砂
⑧	50.00	12.20	679.20	黄土：以亚黏土为主，红黄色、黄红色，稍湿，稍密—中密状态，含云母及钙质结核

试验场地位于桥址区，地层主要为第四系上更新统风积黄土，以亚黏土为主。主要地层概况见表 15-20。

主要地层物理力学指标　　　　　　　　　表 15-20

层号	土 层 名 称	层 厚 (m)	天然含水量 w(%)	天然密度 ρ(g/cm³)	极限侧阻力 $[\tau_i]$ (kPa)	容许承载力 $[\sigma_0]$ (kPa)
②	黄土(以亚黏土为主)	8.0	19.1	1.72	30	120
③	黄土(以亚黏土为主)	6.85	21.8	1.73	50	200
④	黄土(以亚黏土为主)	4.2	18.6	1.74	50	200

该井筒式地下连续墙基础断面尺寸为 3.4m×3.4m，墙厚 0.8m，墙高 15.6m，其中埋深 15m，墙顶露出地面 0.6m，如图 15-52 所示。墙身混凝土强度等级为 C25，实测弹性模量为 34.0GPa。采用洛阳铲成槽。由于井筒式地下连续墙基础通常断面尺寸较大，极限承载力高，竖向受荷机理复杂，采用传统加载方法在墙顶加载比较困难，故采用自平衡法进行加载。

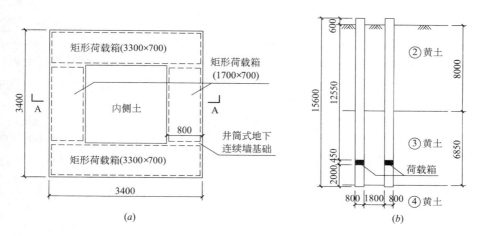

图 15-52　井筒式地下连续墙基础示意图(单位：mm)
(a)平面图；(b)A-A

15.4.2　试验情况

1. 加载装置及量测元件布设情况

在墙身中距端部 2m 处埋设 4 个矩形荷载箱，2 个尺寸为 3300mm×700mm，另 2 个尺寸为 1700mm×700mm，高均为 450mm，布置见图 15-52，单个矩形荷载箱见图 15-53。为保证 4 个荷载箱的位移同步，在地面处将对应的 4 根油管并作 1 根，利用高压油泵通过 1 根油管同时向 4 个荷载箱加压。

在地下连续墙墙顶布置 16 只位移传感器，通过磁性表座固定在基准钢梁上。4 只用于量测荷载箱顶板的向上位移，4 只用于量测荷载箱底板的向下位移，通过伸至地面的位移杆量测；4 只用于量测墙顶向上位移；2 只用于量测墙体内侧土的位移，2 只用于量测墙体外侧土的位移，通过埋入土中的钢管量测。在地下连续墙墙身中布置钢筋应变计，用于量测墙身截面应变，得到墙身轴力，以推算分层侧摩阻力。共布置 7 个量测断面，间隔 2m，每个断面埋设 4 只，共 28 只。测试现场如图 15-54 所示。

图 15-53　矩形荷载箱

图 15-54　测试现场

2. 试验过程

根据《公路桥涵施工技术规范》，预估地下连续墙竖向承载力为 20000kN。为确保测出真实的承载力，课题组决定将加载值放大 2.5 倍，取预估最大加载值为 50000kN，每级加载值为预估极限加载值的 1/15，第 1 级加载值为 2 倍荷载分级。加载时采用慢速维持荷载法，每级加载后第 1h 内在 5、15、30、45、60min 时测读一次，以后每隔 30min 测读一次。每级加载下沉量，在 1h 内如不大于 0.1mm 即可认为稳定。

试验过程中，加载至第 9 级荷载（2×16670kN）时，下位移急剧增大，很难稳定，且该级的位移量远远大于上一级位移量的 5 倍，根据《桩承载力自平衡测试技术规程》，取前一级加载值（2×15000kN）为下段墙的极限承载力。随后测试仅以上段墙位移是否稳定进行加载判断。加载至第 11 级荷载（2×20000kN）时，荷载箱行程已达 200mm 极限，故终止加载。上段墙取前一级加载值（2×18330kN）为极限承载力。

15.4.3　试验数据分析

1. 测试结果分析

根据位移传感器采集的数据，绘出测试 Q-s 曲线及土位移曲线如图 15-55、图 15-56 所示。

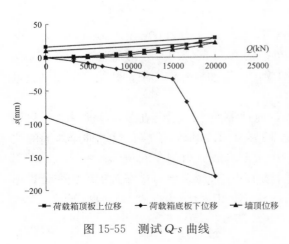

图 15-55　测试 Q-s 曲线

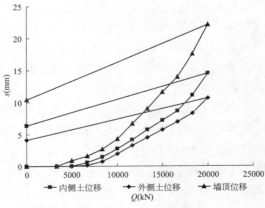

图 15-56　土位移曲线

由图 15-55 可知，下段墙加载曲线呈陡变型，而上段墙加载曲线呈缓变型，表明下段墙侧摩阻力及端阻力已发挥至极限，而上段墙侧摩阻力尚未完全发挥。由图 15-56 可知，墙体内、外侧上部土层在加载过程中均有所上抬，但位移均比墙顶位移小，且内侧土上抬量大于外侧土。

轴力分布曲线、侧摩阻力分布曲线、侧摩阻力-变位曲线、端阻力-变位曲线，分别见图 15-57～图 15-60。由图 15-58、图 15-59 可知，实测侧摩阻力远远大于地质报告值。

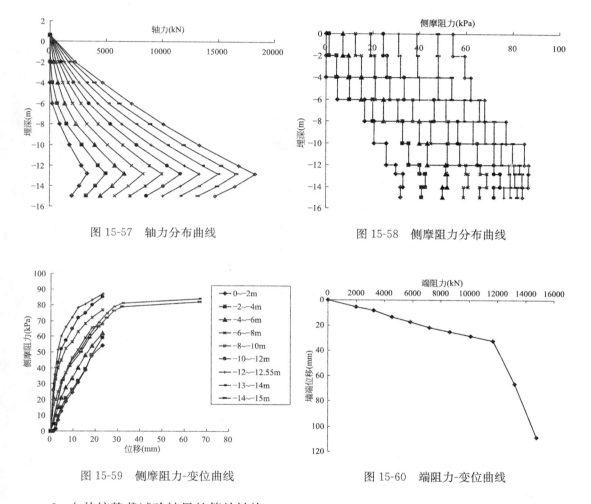

图 15-57　轴力分布曲线　　　　　　　　图 15-58　侧摩阻力分布曲线

图 15-59　侧摩阻力-变位曲线　　　　　　图 15-60　端阻力-变位曲线

2. 向传统静载试验结果的等效转换

根据前面得到的轴力和侧摩阻力的分布曲线，利用侧摩阻力与变位量的关系、荷载箱荷载与向下变位量的关系，通过荷载传递解析方法，可求得墙顶荷载对应的荷载-沉降关系。等效转换的墙顶 Q-s 曲线见图 15-61。

等效转换 Q-s 曲线呈陡变型，据其可确定地下连续墙基础的竖向抗压极限承载力为 35229kN。

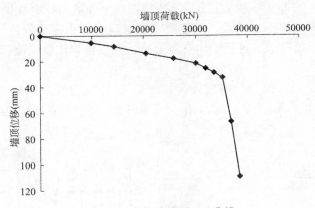

图 15-61　等效墙顶 $Q\text{-}s$ 曲线

15.4.4　结语

（1）本次静载试验是为了研究某一实际桥梁工程井筒式地下连续墙基础的竖向承载特性而进行的，采用自平衡法进行加载。这是国内首次采用自平衡法对井筒式地下连续墙基础进行现场载荷试验研究。试验过程较为顺利，实测数据为设计提供了重要资料。

（2）通过试验，得到地下连续墙基础的极限承载力约为预估承载力的 1.7 倍，满足了设计的要求，研究结果表明，地下连续墙基础侧摩阻力较大，极限承载力较高，在黄土地区较为适用，适于作为桥梁的基础形式。

第 6 篇
总结与展望

第16章 自平衡法与传统静载法对比分析

本书第 1 章与第 3 章已对自平衡法的理论基础及 2005 年以前的相关工程实例进行了讨论,提出了相应转换系数 γ 的取值方法,但由于工程较少,导致 γ 的数理统计结果不明显。经过近 10 年来的实践及工程积累,编者取得大量的工程对比数据。本章主要通过对同一场地同时采用了自平衡法与传统静载法两种工艺的工程进行研究,选择土层条件、桩径、施工工艺、现场条件等相似或相同的桩基,分别讨论了土性、施工工艺、桩身几何尺寸等因素对自平衡法转换系数 γ 取值的影响。

16.1 研究背景

传统静载桩在荷载传递、桩土作用机理上与单桩的实际受荷情况基本一致,是目前国内外应用最多,也是最基本可靠的测试方法。而自平衡方法在狭窄场地、坡地、基坑底、水(海)上以及超大吨位桩等情况下,即使在传统的静载试验法(堆载法和锚桩法)受到场地和加载能力等因素的约束时,也能发挥巨大的作用,故在工程中广泛运用。

自平衡法测试结果有向上、向下两个方向的荷载—位移曲线,而传统静载桩只有向下的荷载—位移曲线。一般认为自平衡向上的荷载位移曲线反映了桩侧土的受力特性,向下的荷载位移曲线反映了桩端土的受力特性,而静载桩的 Q-s 曲线是桩侧与桩端土受力特性的综合体现。因此分析自平衡法桩上、下桩段的受力特性,将自平衡法测试结果转换成传统静载荷结果,是该项技术得以推广应用的一个重要问题。

我国采用将上段曲线实测值除以小于 1 的系数来进行转换。总体思路是将向上、向下摩阻力根据土性划分。对于黏土层,向下摩阻力为(0.6~0.8)倍向上摩阻力;对于砂土层,向下摩阻力为(0.5~0.7)倍向上摩阻力。

目前我国已有多个省市编写了自平衡相关规程。1999 年江苏省制定了《桩承载力自平衡测试技术规程》DB32/T 291—1999[1],2009 年新编了江苏省《基桩自平衡法静载试验技术规程》DGJ32/TJ 77—2009[2] 和交通行业标准《基桩静载试验自平衡法》JT/T 738—2009[3]、《基桩自平衡法静载试验用荷载箱荷载箱规程》JT/T 875—2013。自 2006 年起,其他省市在江苏省标准的基础上,相继编制了自平衡相关规程,如安徽省《桩承载力自平衡法深层平板载荷测试技术规程》DB34/T 648—2006[4]、江西省《桩身自反力平衡静载试验技术规程》DB 36/J 002—2006[5]、广西《桩承载力自平衡法测试技术规程》DB45/T 564—2009[6]、山东省《基桩承载力自平衡检测技术规程》DBJ/T 14—055—2009[7]、河北省《基桩自平衡静载试验法检测技术规程》DB 13J/T 136—2012[8]、浙江省《基桩承载力自平衡检测技术规程》DB33/T 1087—2012[9]、福建省《基桩竖向承载力自平衡法静载试验技术规程》DBJ/T 13—183—2014[10],甘肃省《基桩承载力自平衡检测技术规程》DB62/T 25—3065—2013[11]、前铁道部《铁路工程基桩检测技术规程》TB

10218—2008[12]、港口部门《港口工程桩基规范》JTS 167—4—2012[13]、重庆市《建筑地基基础检测技术规范》DBJ 50/T—136—2012[14]也相继把该法纳入相关规范，广东省《基桩自反力静载试验技术规程》也正在编制中。

交通部《桩基静载试验自平衡法》JT/T 738—2009[3]中建议的承载力计算公式如下：

抗压：

$$P_{ui} = \frac{Q_{uu} - W_i}{\gamma} + Q_{lui} \tag{16-1}$$

抗拔：

$$p_{ui} = Q_{uui} \tag{16-2}$$

式中　W_i——荷载箱上部桩自重；

　　　γ——系数，其中关于 γ 的取值，上述规范所规定基本为：对于黏土、粉土，γ 取值为 0.8，对于砂土，γ 取值为 0.7，岩石 $\gamma=1$，若荷载箱上部有不同类型的土层，γ 取加权平均值。

Q_{uui}、Q_{lui}——荷载箱上、下段桩极限承载力。

广东省《基桩自反力静载试验技术规程》中建议的竖向抗压承载力计算公式为：

抗压：

$$Q_u = \frac{Q_{us} - W_s}{\bar{\lambda}} + Q_{ux} \tag{16-3}$$

抗拔：

$$Q_u = Q_{us} \tag{16-4}$$

式中　$\bar{\lambda}$——加权抗拔系数，权重为上部桩侧各土层厚度 l_i 与勘察资料中给出的该土层抗压侧摩阻力 q_{si} 的乘积，可按 $\lambda = \sum q_{si} l_i \lambda_i / A$ 求取，其中 $A = \sum q_{si} l_i$。

广西《桩承载力自平衡法测试技术规程》[6]中建议的竖向抗压承载力计算公式为：

抗压：

$$Q_u = \frac{Q_{u\perp} - W - W_p}{\gamma} + Q_{u\top} \tag{16-5}$$

抗拔：

$$Q_u = Q_{u\perp} \tag{16-6}$$

式中　γ——系数，其中关于 γ 的取值，上述规范所规定基本为：对于黏土、粉土，γ 取值为 0.8；对于砂土，γ 取值为 0.7。

山东省《基桩承载力自平衡检测技术规程》[7]单桩竖向抗压极限承载力：

$$Q_u = \frac{Q_u^u - G}{\gamma} + Q_u^d \tag{16-7}$$

对于黏性土、粉土 $\gamma=0.8$；

对于砂土 $\gamma=0.7$；

对于岩石 $\gamma=1.0$。

河北省《基桩自平衡静载试验法检测技术规程》DB 13J/T 136—2012[8]、江苏省《基桩自平衡法静载试验技术规程》[1,2]按下式确定试桩 i 的极限承载力：

（1）抗压

$$Q_{ui} = \frac{Q_{usi} - W_i}{\gamma_i} + Q_{uxi} \tag{16-8}$$

（2）抗拔

$$Q_{ui} = Q_{usi} \tag{16-9}$$

式中 Q_{ui}——试桩 i 的单桩承载力极限值；

Q_{usi}——试桩 i 上段桩的最终加载值；

Q_{uxi}——试桩 i 下段桩的最终加载值；

W_i——试桩 i 荷载箱上部桩自重；

γ_i——试桩 i 的修正系数，根据荷载箱上部土的类型确定：黏性土、粉土 $\gamma_i=0.8$；砂土 $\gamma_i=0.7$；岩石 $\gamma_i=1$，若上部有不同类型的土层，γ_i 取加权平均值。

福建省《基桩竖向承载力自平衡法静载试验技术规程》[10] 试桩单桩竖向抗压极限承载力：

抗压：

$$Q_u = \frac{Q_{su} - W}{\gamma} + Q_{xu} \tag{16-10}$$

抗拔：

$$U_u = U_{su} \tag{16-11}$$

式中 Q_u——试桩的单桩竖向抗压极限承载力；

Q_{su}——试桩上段桩的极限承载力；

Q_{xu}——试桩下段桩的极限承载力；

W——试桩荷载箱上部桩自重；

γ——试桩的向下、向上摩阻力转换系数，根据荷载箱上部土的类型确定：黏性土、粉土 $\gamma=0.8$；砂土 $\gamma=0.7$；岩石 $\gamma=1$，若上部有不同类型的土层，γ 取加权平均值。

天津市《基桩自平衡法静载荷试验检测技术规程》单桩竖向抗压极限承载力按下式计算：

$$Q_u = \frac{Q_{uu} - G_1 - G_2}{\gamma} + Q_{ud} \tag{16-12}$$

单桩竖向抗拔极限承载力按下式确定：

$$Q_u = Q_{uu} \tag{16-13}$$

式中 Q_u——单桩竖向抗压极限承载力（kN）；

Q_{uu}——上段桩竖向抗拔极限承载力（kN）；

Q_{ud}——下段桩竖向抗压极限承载力（kN）；

G_1——荷载箱上部桩自重（kN）；

G_2——上段桩有效桩顶以上空桩段泥浆或回填砂自重（kN）；

γ——上段桩抗拔极限侧摩阻力换算成抗压极限侧摩阻力的转算系数；对于黏性土、粉土 $\gamma=0.8$；对于砂土 $\gamma=0.7$。

浙江省《基桩承载力自平衡检测技术规程》[9] 中建议的竖向抗压承载力计算公式为：

$$Q_u = \frac{Q_u^+ - W - W_p}{\gamma} + Q_u^-$$ （16-14）

单桩竖向抗拔极限承载力按下式确定：

$$Q_t = Q_u^+$$ （16-15）

式中　γ——桩侧抗拔与抗压阻力比；$\gamma = \dfrac{\displaystyle\sum_{i=1}^{n} \gamma_i h_i}{\displaystyle\sum_{i=1}^{n} h_i}$（其中 γ_i，h_i 分别为第 i 层桩侧土的桩侧

抗拔与抗压阻尼比和土层厚度），对于桩侧土主要为粉土、黏性土 $\gamma = 0.85$，对于砂土 $\gamma = 0.75$，对于桩侧土为多层土时采用按土层厚度的加权平均值；当无当地经验时，可取 1.0。

由于规程计算公式没有给出相应桩顶荷载作用下位移，因此，对于重要工程，一般由等效转换曲线来确定承载力。

以上对已有的各省市相关自平衡规范承载力计算及转换系数取值原则进行了介绍。结果表明各省市在运用自平衡检测技术时处理方法较为统一，而对于转换系数 γ 的取值原则少数省市存在一定差别。

然而，在实际运用过程中，由于一直未对足够的工程对比实例进行系统性论证，在 γ 的取值上一直存在较大分歧。部分省份为了保证安全性，将 γ 直接取为 1.0，这样很大程度上造成一定的浪费。由于桩基承载力受施工、地质条件等因素影响，同一场地试桩承载力有时相差也非常大，甚至达 1 倍左右。我们统计的转换系数也有一个离散范围，因此必须采取一定的数学统计方法，排除明显受施工影响非常大的数据再进行统计。另外，由于传统方法是从上往下发挥，而自平衡法是从下往上发挥。而且许多检测为验证性检测，仅按 2 倍设计值加载，所测位移较小，未达到真正的极限，土层承载力没有完全发挥，也会影响转换系数的取值。转换系数取 1 是非常保守的，对于重要重大工程可以这样采用。对于全国其他的特殊土质情况使用该简化转换法时必须进行对比试验。

为此，东南大学整理了全国各地相关工程资料，选取了(1)原桩上先后进行自平衡法和堆载法试验的基桩；(2)在同一场地同时采用了自平衡法与传统静载法两种工艺的工程，其土层条件、桩径、施工工艺、现场条件等相似或相同。将采用自平衡法测得的承载力结果与传统静载法测得的结果进行对比，并使用 MATLAB 编程进行曲线拟合，取使自平衡法等效曲线与一般静载方法所得曲线拟合最接近时转换系数 γ 值，并进行了分析，以形成正确导向，使有关 γ 取值不当、概念不清造成的问题能在全国范围内尽快得到纠正。

16.2　黏性土中转换系数 γ 取值分析

国内类似的研究中[16-40]，在对自平衡和传统静载法承载力检测对比验证时，对于侧摩阻力的研究，由于采用传统静载方法均难加载到桩身达到理想的极限破坏状态，其极限侧摩阻力随着桩长自上而下发挥的充分性逐渐减小。而自平衡法中靠近平衡点位置的侧摩阻力先发挥，再随着进一步加载，荷载向上、向下传递，故一般传统静载法容易测出桩身

上部极限侧摩阻力，而自平衡法易测得桩身下部的极限侧摩阻力，故向下和向上极限侧摩阻力转换情况难以进行有效的对比分析。目前的对比工程试验绝大多数采用的是不同桩之间的对比，其间存在施工、土体条件、桩身的差异性等干扰因素，会对对比结果产生一定影响；而少数的原桩对比试验中，也未分析各土层的转换系数取值情况。对于这一点，选取3根桩，先进行自平衡测试，再于原桩上进行堆载法检测，然后收集了相似工程的3根试桩，对各土层向下向上侧摩阻力比值情况结果进行综合分析，从而得到转换系数的取值。

16.2.1 台州湾大桥工程

对台州湾大桥 SZ4、SZ5、SZ6 桩进行承载力检测，3 根桩均为混凝土灌注桩，位于同一主塔处(图 16-1)，经勘察桩侧土层分布较均匀，荷载箱上部桩侧主要分布土层为粉质黏土、淤泥质黏土、黏土等，桩侧各土层分布情况如图 16-2 所示，本试验采用自平衡法和堆载法进行测试，试桩相关参数如表 16-1 所示。

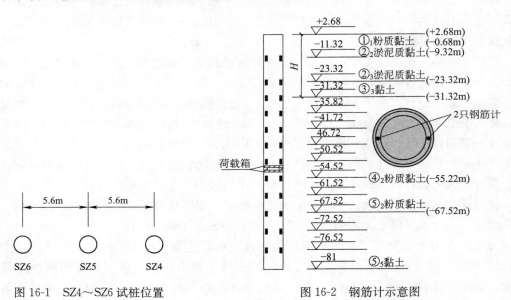

图 16-1　SZ4~SZ6 试桩位置　　　　　图 16-2　钢筋计示意图

试 桩 参 数　　　　　　　　　　　　　　　　　表 16-1

试桩编号	桩径(mm)	桩顶标高(m)	设计桩长(m)	桩端持力层	预估容许承载力(kN)	伞形架堆载加载值(kN)	荷载箱预估加载值(kN)	荷载箱标高(m)
SZ4~SZ6	1500	+2.50	83.50	⑤₅黏土	5360	15000	2×10050	−51.00

1. 试验方法介绍

本次试验在原桩上分别进行自平衡试验和堆载试验，从而排除地层的不均匀性、桩身粗糙程度、施工质量的离散型等因素对试验结果的影响。两试验间隔近 4 个月，以尽量减小前一次试验对后一次试验的干扰。

　　检测前均采用声波透射法检测混凝土灌注桩桩身混凝土的完整性，判断桩身情况，排除桩身缺陷等因素对桩基侧摩阻力的检测产生的影响。检测结果显示，3 根桩均为Ⅰ类桩，成桩状况理想。

　　本试验针对向下和向上极限侧摩阻力转换情况难以进行有效分析的情况，先对 3 根试桩进行自平衡静载试验，其荷载箱上下板在加载后脱开，加载完毕后，间隔 4 个月，使扰动土体得以充分恢复，再进行堆载试验，加载至荷载箱上下板闭合，此时上段桩所受各层土的极限侧摩阻力充分发挥，由此可将自平衡与堆载法测出的侧摩阻力值进行对比，从而确定转换系数的取值，试验方法见图 16-3。

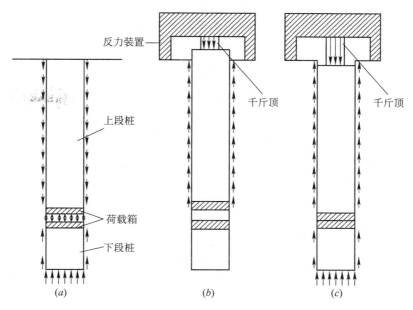

图 16-3　试验方法简图

（a）自平衡加载初期；（b）伞状堆载加载；（c）伞状堆载加载至荷载箱闭合后

　　为得到桩身侧摩阻力值，在试桩主筋上焊接一定数量的钢筋计，3 根桩的钢筋计布置情况如图 16-2 所示。钢筋计的位置按土层分布进行确定，间隔尽量均匀。

　　在进行自平衡检测时，每根试桩均采用环形荷载箱，每根桩采用 6 个位移计，分为 3 组，分别测得荷载箱顶板的向上位移、荷载箱底板的向下位移和桩顶向上位移。

　　在进行堆载试验时，由于试桩吨位较大，故采用伞状堆载法进行加载，其试验设备如图 16-4 所示。

　　2. 试验结果与分析

　　1）自平衡检测法

　　3 根试桩的自平衡法所测得向上向下的位移-荷载曲线如图 16-5 所示，由图分析可得，3 根桩下段桩曲线出现明显的下降，上段桩加载曲线为缓变性，未出现明显上升状态。卸载完毕后，SZ4、SZ5、SZ6 荷载箱上下顶板最终距离分别为：82.46mm、72.84mm、78.16mm。

　　2）伞形架堆载试桩测试

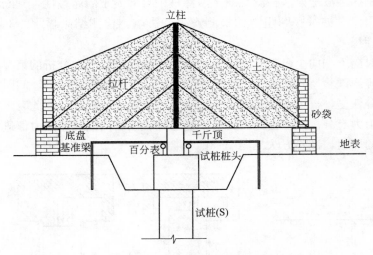

图 16-4 堆载法加载装置

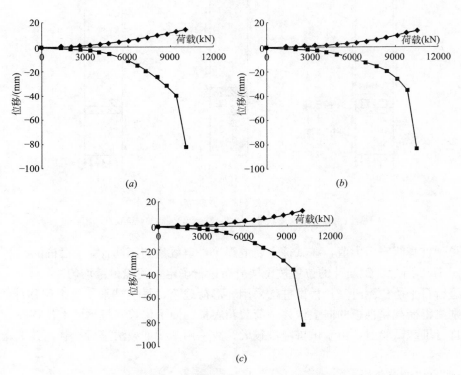

图 16-5 SZ4~SZ6 试桩自平衡试验加载分级及位移量
(a)SZ4 试桩；(b)SZ5 试桩；(c)SZ6 试桩

堆载法所测得的位移-荷载曲线如图 16-6 所示。

由图 16-6 可得，在伞状堆载法加载至第 6~7 级（对应加载值为 10500~12000kN）时，桩顶向下位移增大出现陡降，位移迅速增加，并出现突变，说明荷载箱上段桩的侧摩阻力发挥到极限，荷载箱闭合，其中 SZ4、SZ5 和 SZ6 前后一级的突变量分别为 47.54mm、

45.09mm 和 43.04mm，累计下沉量分别为 58.86mm、57.64mm、52.70mm，比自平衡法中测得的加载结束后的荷载箱打开的距离偏小，原因是 4 个月内土体变形逐渐恢复以及桩体弹性变形恢复继续加载至第 10 级（对应加载值为 15000kN)时，伞形架堆载达到最大加载值。SZ4～SZ6 试桩荷载箱上段桩极限承载力取第 6 级加载值 $Q_{us} = 10500kN$，由于平衡该荷载完全由上段桩桩侧摩阻力承担（加载时上段桩自重对加载位移未产生贡献，加载值与摩阻力平衡），故可认为上段桩桩侧摩阻力极限值为 10500kN。

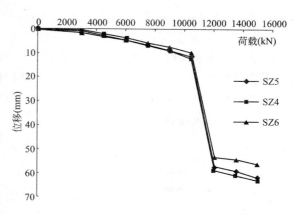

图 16-6　SZ4～SZ6 试桩伞形架堆载
试验加卸载分级及位移量

3）两种方法侧摩阻力对比

由自平衡法和堆载法得到的 SZ4～SZ6 试桩侧摩阻力-位移曲线图分别如图 16-7 和图 16-8 所示。

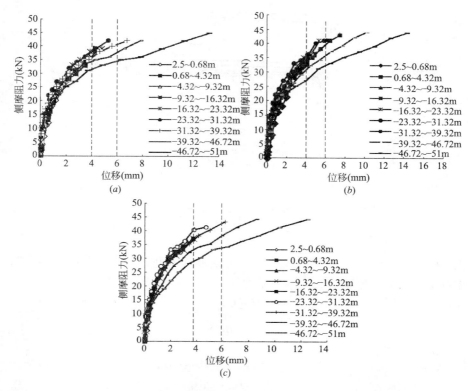

图 16-7　自平衡法所得上段桩各土层侧摩阻力-位移曲线
(a)SZ4 试桩；(b)SZ5 试桩；(c)SZ6 试桩

由图 16-7 可得，随着加载的不断增大，3 根桩侧摩阻力随位移的发展规律比较接近，其中在标高为 2.5～－23.32m 范围内，土层靠近桩顶，桩体位移较小；在标高为－23.32～51m 范围内，土层靠近荷载箱位置，桩体位移较大。根据位移－侧摩阻力传递函数关系，黏性土相对位移达到 4～6mm 时桩侧摩阻力充分发挥，由图 16-7 可得各土层范围内桩身相对位移基本达到 4～6mm，故可判断加载后期各土层侧摩阻力发挥较充分。但部分土层侧摩阻力值随位移变化仍有所增长，故各土层侧摩阻力取位移最大时所对应的值。

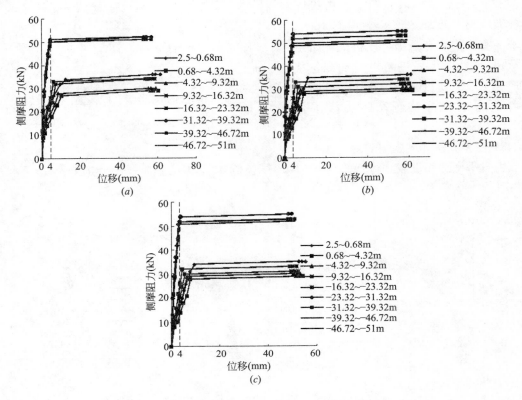

图 16-8　堆载法所得上段桩各土层侧摩阻力-位移曲线

(a)SZ4 试桩；(b)SZ5 试桩；(c)SZ6 试桩

堆载法中，由侧摩阻力-位移曲线可得，从 10050kN 开始上段桩各层土侧摩阻力值已稳定，相对位移已远远超过 4mm，说明侧摩阻力已充分发挥。

将转换系数 γ 计算结果列于表 16-2，公式为：

$$\gamma_i = \frac{q_{si}}{q'_{si}} \tag{16-16}$$

式中，i 为土层数；q_{si} 为自平衡法测得的第 i 层土的桩侧摩阻力；q'_{si} 为伞状堆载法测得的第 i 层土的桩侧摩阻力。表 16-2 中，对两种方法侧摩阻力取值时对应位移应尽量接近。

SZ4-SZ6 上段桩所得各土(岩)层摩阻力及 γ 值对比　　　　　表 16-2

土(岩)层名称	标高(m)	自平衡法最大侧阻力 q_{si}(kPa)			堆载法最大侧阻力 q'_{si}(kPa)			各土层转换系数 γ_i		
		SZ4	SZ5	SZ6	SZ4	SZ5	SZ6	SZ4	SZ5	SZ6
粉质黏土①₁	2.50～0.68	23	25	23	34	33	32	0.68	0.76	0.72
淤泥质黏土②₂	0.68～-4.32	26	25	25	35	34	35	0.74	0.73	0.71
	-4.32～-9.32	26	27	27	36	35	36	0.72	0.77	0.75
淤泥质黏土②₂	-9.32～-16.32	27	29	28	42	42	38	0.64	0.69	0.74
	-16.32～-23.32	32	30	31	43	43	41	0.74	0.70	0.76
黏土③₃	-23.32～-31.32	32	33	32	43	43	46	0.74	0.77	0.70
粉质黏土④₂	-31.32～-39.32	34	33	34	44	45	45	0.77	0.73	0.76
	-39.32～-46.72	35	33	34	44	45	46	0.80	0.76	0.76
	-46.72～-51.00	35	36	35	45	45	45	0.78	0.80	0.78

　　由表 16-2 可以看出，3 根试桩的测试结果和数据变化规律比较相似。在自平衡法中，对于单根桩，侧摩阻力沿着桩长随深度的增加而增大；对于同一土层，3 根桩所测得的侧摩阻力相对一致。在堆载法中，单根桩的侧摩阻力随桩长分布规律与自平衡法相似，且同一土层 3 根桩所得侧摩阻力值较为一致。由图 16-8 分析得出，在第 6 级加载(10500kN)下，各土层侧摩阻力已充分发挥，可判断为极限侧摩阻力值。综上表明，在自平衡法和堆载法试验中，3 根桩的上段桩侧摩阻力沿桩侧均发挥充分，且试验方法能较为准确反映桩侧摩阻力情况。

　　由表 16-2 可以看出，对于转换系数的值，3 根桩所反映的规律较为相似，除 SZ4 桩对应标高为 2.50～0.68m、-9.32～-16.32m 和 SZ5 桩对应标高为 -9.32～-16.32m 处的转换系数值偏小外，其余取值均在 0.7～0.8 范围内。

　　对于 3 根试桩，综合考虑整体土层影响，采用规程中对上段桩的向下侧摩阻力转换为向上侧摩阻力的等效方法，推出整体转换系数 γ 值。再根据表 16-2 数据对各土层厚度进行加权平均求得 γ 的平均值，两组结果进行对比，其值很好吻合，进一步证明了检测与对比结果的正确性。如表 16-3 所示。

整体转换系数计算　　　　　表 16-3

试桩编号	自平衡荷载箱向上极限荷载 Q_{us}(kN)	桩身自重 W_s(kN)	堆载法得到上段桩极限侧摩阻力(kN)	γ	各土层转换系数沿厚度加权平均值 $\gamma = \dfrac{\sum \gamma_i \times L_i}{L}$
SZ4	10050	2268	10500	(10050-2268)/10500＝0.74	0.74
SZ5	10050	2268	10500	(10050-2268)/10500＝0.74	0.74
SZ6	10050	2268	10500	(10050-2268)/10500＝0.74	0.74

　　由表 16-3 可知，γ 系数取值为 0.74，与理论和以往经验所得黏性土取值范围很好地符合。

16.2.2 其他工程实例分析

本章收集了三个类似工程共两根桩的检测数据[42-44]，3 试桩均为混凝土灌注桩，其中两根桩周土层主要为黏性土，一根试桩桩周土层主要为砂性土。均于原桩上先采用自平衡法后采用传统静载法。相关参数如表 16-4 和表 16-5 所示。

试 桩 参 数

表 16-4

工程名称	试桩编号	桩径(mm)	桩顶标高(m)	设计桩长(m)	桩端持力层	预估容许承载力(kN)	堆载/锚桩法加载值(kN)	荷载箱预估加载值(kN)	荷载箱标高(m)
苏州防暴大队综合楼	SZ1	600	38.0	24	粉质黏土	750	1500	2×800	25.0
鞍辽特大桥	SZ2	1000	14.53	43	粉砂	4816	9632	2×5400	−13.97
佛山平胜桥	N40-2 号	1500	−1.5	25.0	粉砂质泥灰岩	6000	6000	2×5000	−23.0

ZK245 的地质条件

表 16-5

土层名称	层底标高(m)	厚度(m)	极限摩阻力 τ(kPa)	容许承载力 $[\sigma_0]$ (kPa)
细砂	−4.47	3.10	40	120
淤泥质亚黏土	−10.57	6.10	20	60
中砂	−12.97	2.40	50	180
细砂	−17.17	4.20	40	120
粉砂质泥灰岩(全风化)	−20.37	3.20	50	150
粉砂质泥灰岩(强风化)	−22.27	1.90	80	250
粉砂质泥灰岩(弱风化)	−29.37	7.10	—	800

两根试桩的自平衡法及堆载法所测得的位移-荷载曲线分别如图 16-9、图 16-10 所示。

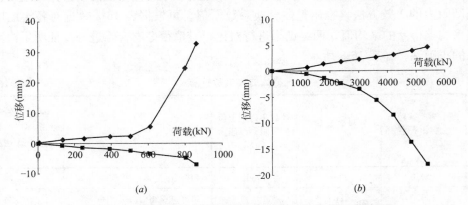

图 16-9 两根试桩自平衡法测得向上向下位移-荷载曲线图

(a)苏州防暴大队综合楼 SZ1；(b)鞍辽特大桥 SZ2

由图 16-9(a)分析可得，SZ1 试桩荷载箱上段桩的位移-荷载曲线出现明显上升，说明上段桩已加载至极限状态，桩侧摩阻力发挥较充分，由图 16-9(b)可得，SZ2 试桩上段桩

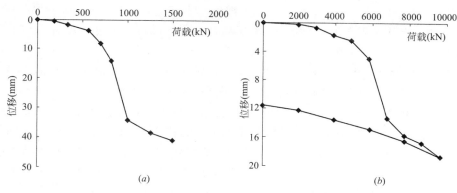

图 16-10　两根试桩传统静载法测得桩顶位移-荷载曲线图
(a)苏州防暴大队综合楼 SZ1；(b)鞍辽特大桥 SZ2

的位移-荷载曲线为缓变型，说明未加载至极限状态。图 16-10 中两根试桩在加载至一定级数时，桩身均出现突然下沉现象，说明荷载箱均被压至闭合，两根桩可判断荷载箱上段桩的侧摩阻力发挥到极限。

对于苏州市防暴大队综合楼工程，SZ1 试桩的土层情况自上而下分别为杂填土 2.5m，素填土 1.2m，淤泥 3m，黏土 2m，粉质黏土 16m。由于未安装钢筋计，无法得到各土层侧摩阻力值。自平衡测试时，当加载至 800kN 时，上段桩位移量突增，加载完毕后两桩段脱开 27.14mm；间隔 24 天进行堆载试验，加至 1000kN 时，桩顶下沉 20mm，可判断上、下两段桩重新接触。故对于上段桩，向下总侧摩阻力为 800kN，向上总侧摩阻力值约为 1000kN，扣除桩身自重 70kN，最后得出自平衡转换系数值为 0.73。

对于鞍辽特大桥的 SZ2 试桩[107]，当加载至 6400kN 时，下段桩位移-荷载曲线下沉趋势较明显，加载完毕后，两桩段脱开 26.14mm；间隔约 3 个月进行锚桩试验，加载至 6720kN 时，桩顶下沉 13.30mm，可判断上、下两段桩重新接触。故对于上段桩，向上总侧摩阻力为 6720kN，向下总侧摩阻力值约为 4852kN(扣除桩身自重 548kN)，最后得出整体自平衡转换系数值为 0.72。由于土层靠近荷载箱处存在 6m 左右粉土层，故 γ 整体值为黏性土与粉土的综合反映。各土层两种方法所得侧摩阻力及相应位移、各土层的转换系数值如表 16-6 所示。

SZ2 上段桩各土(岩)层摩阻力及 γ 值对比　　　　　　　　表 16-6

岩(土)层名称	标高(m)	自平衡法最大侧阻力 q_{si}(kPa)	堆载法最大侧阻力 q'_{si}(kPa)	转换系数 γ
粉质黏土	14.53m～13.53m	27.69	54.39	0.51
黏土	13.53m～8.03m	36.98	55.26	0.67
粉质黏土	8.03m～4.63m	43.95	58.36	0.75
粉质黏土	4.63m～-4.57m	48.6	63.75	0.76
粉质黏土	-4.57m～-7.57m	54.4	69.87	0.78
粉土夹粉砂	-7.57m～-10.97m	55.57	68.55	0.81
粉土	-10.97m～-12.97m	54.89	69.41	0.79
粉砂	-12.97m～-13.97m	54.84	64.37	0.85

由表 16-5 可以得出，黏性土土层 γ 系数取值基本在 0.5-0.8 左右，而桩顶部位 γ 值偏小，原因是桩侧向下摩阻力未完全发挥。对于靠近荷载箱部位的黏性土土层，γ 均在 0.7～0.8 范围内。

对于佛山平胜桥的 N40-2 号，在进行自平衡测试的时候，荷载箱上段桩承载力取为 2670kN，扣除桩身自重以后，则荷载箱上段桩的平均负摩阻力为 17.18kPa。在进行堆载的时候，根据测试报告的 s-lgt 曲线，实际上从开始加压到 2400kN 这个阶段是荷载箱位移被压缩回至 0 的过程，也就是说，只有荷载箱的上段桩向下移动，而荷载箱下段桩没有位移，荷载全部加在上段桩上，由桩侧的正摩阻力来承担。因此荷载箱上段桩的平均正摩阻力为 23.7kPa。自平衡测试反映的上段桩的平均负摩阻力在计算时考虑了去除桩的自重，而堆载测试反映的上段桩的平均正摩阻力计算时没有考虑上段桩的自重，这是因为在未加载的时候，上段桩的自重已经产生位移，在加载时并不产生位移，所有的加载值都来产生正摩阻力。故上段桩的平均负摩阻力与平均正摩阻力的比值为：$17.18/23.7 = 0.72$。试桩的等效转换桩顶荷载-位移曲线如图 16-11 所示。将堆载试验结果也一同列于图 16-11 中。

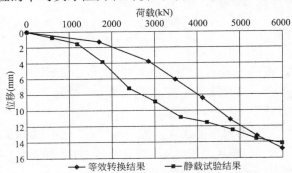

图 16-11　N40-2 号等效转换结果与静载试验结果

根据表 16-5 可知，该基桩上段桩桩侧的土层主要由砂性土和粉黏性土构成，其黏性土含量比率 $\alpha=0.284$，即砂性土：粉黏性土 $=0.397$，若按"对于黏土、粉土，γ 取值为 0.75～0.85，对于砂土，γ 取值为 0.65-0.7，岩石 $\gamma=1$，若荷载箱上部有不同类型的土层，γ 取加权平均值"，计算所得 $0.75+0.1×0.397≈0.79$，略大于上述实际值 0.72，说明以上计算方法较为保守。

从比较中可以看出，堆载试验荷载-位移曲线与等效转换曲线的最终沉降值是比较接近的，都接近 14mm 之多，但是在加载过程中两者相差较大，尤其是荷载较小时，这与两种试验方法加载的本质区别造成的。自平衡法加载时，靠近荷载箱处摩阻力先发挥，而进行堆载试验时，靠近桩顶处的摩阻力先发挥，但靠近荷载箱处的摩阻力显然大于桩顶处的摩阻力，导致荷载较小时，堆载产生的位移较自平衡要大一些。

16.2.3　小结

对自平衡中转换系数的问题，在原桩上分别进行了自平衡法试验和传统静载试验，主要结论如下：

（1）在同一根桩上分别进行自平衡法和堆载法对比试验，避免了因地质条件、施工条件、桩身条件等各类因素对试验结果造成干扰，所得结果具有一定的代表性。

（2）针对台州湾大桥 3 根试桩和 2 根相似工程的试桩数据进行了分析，将各土层的向下、向上侧摩阻力值进行对比，获得各土层的转换系数取值，结果表明钻孔灌注桩在黏性土中自平衡转换系数取值为 0.7～0.8。

（3）对收集的主要为砂性土的 1 根桩进行分析，结果表明，其上段桩的向下向上侧摩阻力平均值之比为 0.72。

（4）本试验利用钢筋计测得桩身各截面处的轴力，再由平衡条件推得桩侧摩阻力，由于计算模型会存在误差，对侧摩阻力结果存在一定的影响。在自平衡法试验中，由于荷载箱平衡点很难准确确定，难以保证上段桩完全达到极限破坏状态，而且只对 6 根桩的试验结果进行了讨论，对于转换系数的研究，还需要进行大量的工程和试验数据论证和数理统计分析，从而使转换系数的取值更加可靠。

16.3　砂性土中转换系数 γ 取值分析

16.3.1　转换系数取值对等效转换的影响研究

自平衡规范[3]中采用的抗压承载力计算简化公式为：

$$Q=\frac{(Q_u-W)}{\gamma}+Q_d \tag{16-17}$$

$$s=s_d+\frac{\left[(Q_u-W)/\gamma+2Q_d\right]L}{2E_pA_p} \tag{16-18}$$

式中，Q_u 为上段桩位移荷载曲线中 $s_d=s_u$ 时所得向上加载值；Q_d 为下段桩各级加载值；s_d 为下段桩各级加载对应的位移；γ 为转换系数值；W 为上段桩自重；L 为上段桩桩长；E_p 为桩身弹性模量；A_p 为桩身横截面面积。

公式（16-17）中包括了上段桩侧摩阻力 Q_u 与下段桩承载力 Q_d 的作用，公式（16-18）中包括了上段桩侧摩阻力引起的弹性压缩量 s_{ss} 与下段桩沉降与桩身压缩量。其中 γ 取值主要影响部分为 Q_u 与 s_{ss}。

为分析 γ 取值对 Q_u 与 s_{ss} 的影响程度，已知等效受压桩上段桩总摩阻力 Q_s 为：

$$Q_s=\frac{Q_u-W}{\gamma} \tag{16-19}$$

上段桩桩侧荷载引起的弹性压缩量公式为：

$$s_{ss}=\frac{Q_u-W}{2\gamma E_pA_p} \tag{16-20}$$

设公式（16-19）和公式（16-20）中 γ 为真实值，工程实际取值为 $\gamma-\Delta\gamma$，$\Delta\gamma$ 为实际取值与真实值之差。则由 γ 取值产生的等效荷载和等效位移绝对误差为：

$$\begin{aligned}e(Q_s)&=(Q_s)_{实际}-(Q_s)_{真实}\\&=\frac{Q_u-W}{\gamma-\Delta\gamma}-\frac{Q_u-W}{\gamma}\\&=\frac{Q_s\Delta\gamma}{\gamma-\Delta\gamma}\end{aligned} \tag{16-21}$$

$$\begin{aligned}e(s_{ss})&=(s_{ss})_{实际}-(s_{ss})_{真实}\\&=\frac{Q_u-W}{2E_pA_p(\gamma-\Delta\gamma)}-\frac{Q_u-W}{2E_pA_p\gamma}\\&=\frac{s_{ss}\Delta\gamma}{\gamma-\Delta\gamma}\end{aligned} \tag{16-22}$$

式中，$e(Q_s)$为γ实际取值时产生的等效受压桩上段桩总摩阻力绝对误差；$e(s_{ss})$为γ实际取值时产生的上段桩桩侧荷载引起的弹性压缩量绝对误差；

将式(16-21)和式(16-22)变形可得到对应的相对误差为：

$$e_r(Q_s)=e_r(s_{ss})=\frac{\Delta\gamma}{\gamma-\Delta\gamma} \tag{16-23}$$

式中，$e_r(Q_s)$为γ工程取值产生的等效受压桩上段桩总摩阻力相对误差；$e_r(s_{ss})$为γ工程取值产生的上段桩桩侧荷载引起的弹性压缩量相对误差。由此可衡量砂性土中转换系数γ取值对Q_u与s_{ss}的影响程度，因此，如何准确确定γ系数的真实值十分重要。

1. 转换系数真实值的确定

为确定砂性土中γ系数的真实值范围，本节选取了3个典型工程，其场地主要土层为砂性土，且同一场地均进行了自平衡法和传统静载试验。在每个工程中，选取采用自平衡检测的基桩与传统静载的基桩为对比组，其地质条件、施工工艺、桩的几何尺寸、桩顶和桩顶标高相近或一致，以传统静载法测得结果为依据，采用MATLAB编程对自平衡法测得等效位移-荷载曲线进行拟合，得到与传统静载法测得结果拟合度最佳的γ取值，则该拟合值为γ真实值，并代入简化转换方法计算中，得到相应的等效位移-荷载曲线。MATLAB处理步骤如图16-12所示。

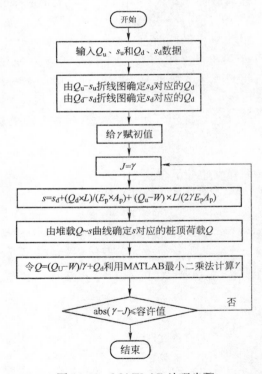

图16-12　MATLAB处理步骤

其中，在由上段桩的位移-荷载曲线上确定$s_d=s_u$时对应的Q_u时，为确保等效转换方法的一致性，与二次曲线拟合不同的是，本节采用工程中常用的处理方法对曲线进行延伸，一般分为两种情况进行处理：

（1）s_d的最大值大于s_u的最大值

当$(s_d)_{max}>(s_u)_{max}$时，可将上段桩的位移-荷载曲线进行如图 16-13(a)所示延伸，即表示上段桩此时加载达到极限破坏状态，荷载不变，位移无限增大，由此求得各级加载下s_d对应的Q_u值。

（2）s_d的最大值小于s_u的最大值

当$(s_d)_{max}<(s_u)_{max}$时，可将下段桩的位移-荷载曲线进行如图 16-13(b)所示延伸，即表示上段桩此时加载达到极限破坏状态，荷载不变，位移无限增大，由此求得各级加载下s_d对应的Q_u值。

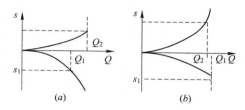

图 16-13　数据处理示意图

$(a)(s_d)_{max}>(s_u)_{max}$；$(b)(s_d)_{max}<(s_u)_{max}$

自平衡法与锚桩法测得桩顶位移-荷载曲线的拟合精确度采用位移相同时传统方法各级加载值与自平衡拟合曲线对应的荷载值误差比进行衡量，其公式如下：

$$e_m=\frac{|Q_1-Q_2|}{Q_1}\times100\%\qquad(16-24)$$

其中，Q_1为锚桩法各级加载值，Q_2为自平衡拟合曲线中与锚桩法相同位移时对应的荷载值。e_m为自平衡法与传统静载法各级加载对应的拟合误差，其最大值即为最大拟合误差。根据e_m的最大值即可判断曲线的拟合效果。

2. 转换系数的不同取值与传统静载的比较

将 3 个工程所得γ真实值与工程实际γ取值进行比较，进一步求得γ工程取值产生的等效受压桩上段桩总摩阻力绝对误差$e_r(Q_s)$和弹性压缩量绝对误差$e_r(s_{ss})$的值，从而判断实际取值偏差的影响程度。并与传统静载方法测得曲线进行对比，验证实际γ取值对转换结果的影响较大，导致测试结论较保守。

3. 砂性土中转换系数取值范围研究

为进一步砂性土中转换系数γ的合理取值范围，将 3 个工程中γ分别取 0.6 和 0.7 与γ真实值、工程实际γ取值所得结果进行比较，求得$\gamma=0.6$和 0.7 产生的等效受压桩上段桩总摩阻力绝对误差$e_r(Q_s)$和弹性压缩量绝对误差$e_r(s_{ss})$的值，从而判断偏差的影响程度，并将所得等效曲线与γ工程实际取值和真实值所得等效曲线、传统静载方法测得曲线进行对比，讨论砂性土中γ取值范围为 0.6～0.7 的合理性。

16.3.2　工程实例对比分析

1. 沈阳宝能环球金融中心基桩对比试验

（1）工程概况

沈阳宝能环球金融中心项目同时采用了自平衡法和锚桩法试验进行桩基的承载力测试。试验桩全部为钻孔灌注桩，桩长 50～52m，桩径 1m。该场地土质主要为砂性土，且土层较为单一。选取桩长、桩径、施工工艺、桩侧土层地质条件一致的自平衡桩基，以锚桩法所得桩顶位移-荷载曲线为参考，采用本节所介绍的方法进行 MATLAB 拟合，得到与锚桩法测得桩顶位移-荷载曲线最为接近的转换系数γ取值。对比桩基地质情况如图 16-14 所示，对比组各参数如表 16-7 所示。

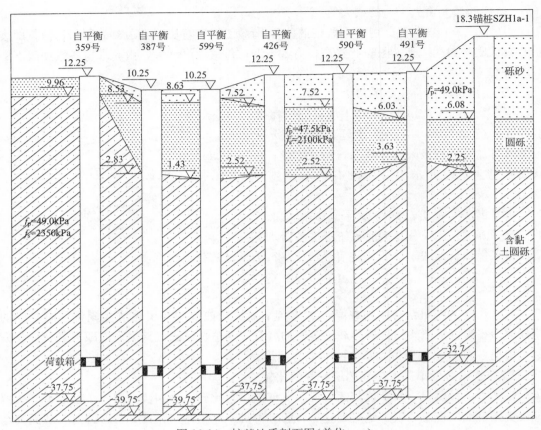

图 16-14　桩基地质剖面图(单位：m)

<table>
<tr><td colspan="6" align="right">表 16-7</td></tr>
</table>

对比组相关参数　　　　　　　　　　　　　　　　　　　　　表 16-7

对比组	对比桩	桩长(m)	桩径(m)	荷载箱上段桩长(m)	混凝土等级
1	自平衡 359 号	50	1.0	45	C50
	锚桩 SZH1a-1	51		—	
2	自平衡 387 号	50	1.0	45	C50
	锚桩 SZH1a-1	51		—	
3	自平衡 599 号	50	1.0	46	C50
	锚桩 SZH1a-1	51		—	
4	自平衡 426 号	50	1.0	45	C50
	锚桩 SZH1a-1	51		—	
5	自平衡 491 号	52	1.0	46	C50
	锚桩 SZH1a-1	51		—	
6	自平衡 590 号	52	1.0	45	C50
	锚桩 SZH1a-1	51		—	

（2）对比结果分析

根据前面所介绍的分析方法，将各组对比数据输入 MATLAB 程序中进行计算，

MATLAB 同时可以算出出锚桩法与自平衡拟合曲线的拟合误差和拟合 γ 值，选取拟合误差 e_m 的最大值进行分析。由公式 (16-23) 进一步可算得工程上 γ 取值产生的等效受压桩上段桩总摩阻力 Q_s 和上段桩桩侧荷载引起的弹性压缩量 s_{ss} 的相对误差 e_r。所得各结果在表 16-8 中列出。

对 比 结 果　　　　　　　　　　　　　　　　　　　　　表 16-8

对比桩	拟合 γ 值	工程 γ 取值	e_m 最大值	$e_r(Q_s)$ 和 $e_r(s_{ss})$
自平衡 359 号	0.56	0.8	9.6%	−30%
锚桩 SZH1a-1				
自平衡 387 号	0.61	0.8	7.6%	−23.8%
锚桩 SZH1a-1				
自平衡 599 号	0.61	0.8	2.84%	−23.8%
锚桩 SZH1a-1				
自平衡 426 号	0.47	0.8	0.47%	−41.3%
锚桩 SZH1a-1				
自平衡 491 号	0.54	0.8	4.5%	−32.5%
锚桩 SZH1a-1				
自平衡 590 号	0.53	0.8	1.5%	−33.8%
锚桩 SZH1a-1				

由表 16-8 分析可得，γ 拟合值取值范围在 0.47～0.61 之间，均小于工程中的取值；6 个对比组中自平衡法得到的位移-荷载曲线与锚桩法测得的结果拟合度较好，其最大拟合误差均未超过 10%，故可将 MATLAB 拟合所得 γ 值作为转换系数真实值。由表中数据分析可知，Q_s 和 s_{ss} 相对误差在 −41.3%～−23.8% 之间，表明工程取值会造成 Q_s 和 s_{ss} 值偏小，且影响程度十分明显。

根据前面所介绍的分析方法，计算 γ 分别取 0.6 和 0.7 时等效受压桩上段桩总摩阻力 Q_s 和上段桩桩侧荷载引起的弹性压缩量 s_{ss} 的相对误差 e_r，所得结果列于表 16-8。

对比结果 (γ=0.6 和 0.7)　　　　　　　　　　　　　表 16-9

γ 取值	相对误差	359 号	387 号	599 号	426 号	491 号	590 号
0.6	$e_r(Q_s)$ 和 $e_r(s_{ss})$	−6.7%	1.7%	1.7%	−21.7%	−10%	−11.7%
0.7	$e_r(Q_s)$ 和 $e_r(s_{ss})$	−20%	−12.9%	−12.9%	−32.9%	−22.9%	−24.3%

由表 16-7、表 16-8 对比得出，当 γ 取 0.6 和 0.7 时，所得 Q_s 和 s_{ss} 的相对误差 e_r 的绝对值与 γ 工程取值相比均有明显的减小，表明相对于 γ 工程取值，取值为 0.6～0.7 能有效减小 Q_s 和 s_{ss} 的误差。其中当 γ=0.6 时 e_r 取值范围为 −21.7%～1.7%；当 γ=0.7 时 e_r 取值范围为 −32.9%～−12.9%。

进一步将转换系数 γ 取 0.6、0.7，拟合值和工程实际取值反代入自平衡法等效荷载-位移简化方法中进行计算，对测得的向上向下位移荷载曲线进行等效转换，所得等效位移-荷载曲线与锚桩法测得结果对比情况如图 16-15 所示。

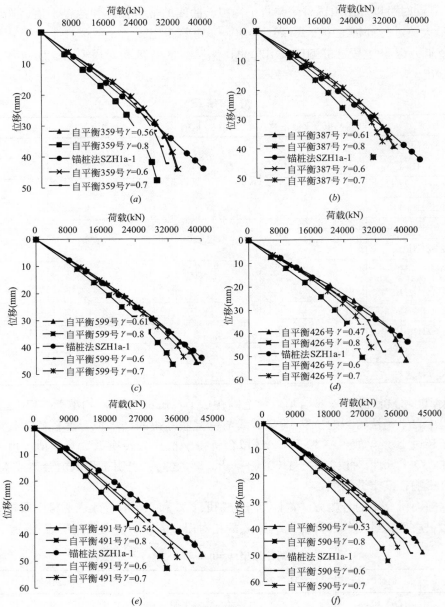

图 16-15　不同 γ 取值下等效位移-荷载曲线与锚桩结果的对比

(a) 自平衡法桩 359 号与锚桩 SZH1a-1；(b) 自平衡法桩 387 号与锚桩 SZH1a-1；
(c) 自平衡法桩 599 号与锚桩 SZH1a-1；(d) 自平衡法桩 426 号与锚桩 SZH1a-1；
(e) 自平衡法桩 491 号与锚桩 SZH1a-1；(f) 自平衡法桩 590 号与锚桩 SZH1a-1

　　由图 16-15 所示，当 γ 取值为各拟合值时，各桩等效位移-荷载曲线与锚桩法测得曲线趋势基本一致，表明了该工程砂性土中转换系数 γ 的合理取值在 0.47～0.61 之间；当 γ 取值为 0.8 时，各桩等效位移-荷载曲线均在锚桩法测得曲线的下方，表示工程取值十分保守；当 γ 取值为 0.6 和 0.7 时，等效位移-荷载曲线在拟合值和工程取值所对应的曲线之间，其中 $\gamma=0.6$ 与拟合值较为接近，故对应的曲线与 $\gamma=0.7$ 相比更接近锚桩法对应的曲线。以上证明了在砂性土中 γ 取值为 0.8 时会使桩基承载力计算结果过于保守，导致一定的工程浪费，取值为 0.6～0.7 是较为合理的范围。

2. 顾乡堤大桥工程基桩对比试验

顾乡堤大桥工程试桩地点位于哈尔滨市道里区松花江南岸的顾乡堤北段和松花江公路大桥西侧九站附近，场地地质条件较为单一，土质主要为砂性土。试验桩全部为钻孔灌注桩，桩长 58m，桩径 1.5m，群桩布置。本工程在同一场地分别进行了自平衡法与锚桩法两种桩基检测方式，试桩编号分别为 1-1 号、1-3 号、2-2 号（自平衡法），1 号（静压法）。试桩施工工艺、桩长、场地条件等相似，具有可比性。将自平衡法测得 3 根桩与锚桩法测得 1 根桩的结果进行对比分析，各桩的工程地质情况如表 16-10 所示，各参数如表 16-11 所示。

对比桩工程地质情况　　　　　　　　　　　表 16-10

层号	层名	锚桩 1 号		层名	自平衡 1-1 号 自平衡 1-3 号 自平衡 2-2 号	
		层底深度标高 （m）	层厚 L_i（m）		层底深度标高 （m）	层厚 L_i（m）
1	粉质黏土	114.27	2.73	细砂	106.5	8.97
2	细砂	108.17	6.10	中砂	104.8	1.7
3	粗砂	99.87	8.30	粗砂	102.7	2.1
4	细砂	94.87	5.00	粉质黏土	101.6	1.1
5	中砂	92.07	2.80	中砂	100.9	0.7
6	粗砂	88.37	3.70	粗砂	97.2	3.7
7	粉质黏土	82.87	5.50	中砂	92.4	4.8
8	粗砂	77.87	5.00	细砂	87.9	4.5
9	细砂	71.97	10.90	砾砂	85.9	2.0
10	砾砂	64.97	7.00	粉质黏土	84.2	1.7
11	粉砂质泥岩	59.0	5.97	粗砂	83.1	1.1
12	—	—	—	细砂	77.4	5.7
13	—	—	—	砾砂	73.17	4.23
14	—	—	—	粉砂质泥岩	62.1	25.97

对比组相关参数　　　　　　　　　　　表 16-11

对比组	对比桩	桩径（m）	桩长（m）	混凝土等级	荷载箱上段桩长 （m）	桩顶标高（m）	桩底标高（m）
1	自平衡 1-1 号	1.5	58	C25	42	115.472	57.172
	锚桩 1 号				—	117.000	59.000
2	自平衡 1-3 号	1.5	58	C25	42	115.472	57.172
	锚桩 1 号				—	117.000	59.000
3	自平衡 2-2 号	1.5	58	C25	42	115.011	57.011
	锚桩 1 号				—	117.000	59.000

根据前面所介绍的分析方法，将各组对比数据输入 MATLAB 程序中，采用与沈阳宝能环球中心工程相同的方法进行 MATLAB 拟合，可得到拟合最大误差及工程上 γ 取值引起的 Q_s 和 s_{ss} 的相对误差，将所得结果列于表 16-12。

对　比　结　果　　　　　　　　　　表 16-12

对比桩	拟合 γ 值	工程 γ 取值	e_m 最大值	$e_r(Q_s)$ 和 $e_r(s_{ss})$
自平衡 1-1 号 试桩 1	0.61	0.77	6.6%	−20.8%
自平衡 1-3 号 试桩 1	0.58	0.77	6.5%	−24.7%
自平衡 2-2 号 试桩 1	0.59	0.77	6.4%	−23.4%

由表 16-11 可得，转换系数 γ 拟合值在 $0.58\sim0.61$ 之间，3 个对比组中自平衡法得到的位移-荷载曲线与锚桩法测得的结果拟合度较好，其最大拟合误差均未超过 10%，满足工程精度要求。故可将 MATLAB 拟合所得 γ 值作为转换系数真实值，虽然实际工程中对 γ 相应取了较小值 0.77，但与 γ 真实值范围 $0.58\sim0.61$ 相比仍偏大；得出 Q_s 和 s_{ss} 相对误差在 $-24.7\%\sim-20.8\%$ 之间，表明工程取值会造成 Q_s 和 s_{ss} 值偏小，且影响程度十分明显。说明工程取值对转换结果的准确程度影响较大。

根据前面所介绍的分析方法，计算 γ 分别取 0.6 和 0.7 时 Q_s 和 s_{ss} 的相对误差 e_r，所得结果列于表 16-13。

对比结果($\gamma=0.6$ 和 0.7)　　　　　　　　表 16-13

γ 取值	相对误差	1-1 号	1-3 号	2-2 号
0.6	$e_r(Q_s)$ 和 $e_r(s_{ss})$	1.7%	−3.3%	−1.7%
0.7	$e_r(Q_s)$ 和 $e_r(s_{ss})$	−12.9%	−17.1%	−15.7%

由表 16-12、表 16-13 对比得出，当 γ 取 0.6 和 0.7 时，所得 Q_s 和 s_{ss} 的相对误差 e_r 绝对值与 γ 工程取值相比均有明显的减小，表明相对于 γ 的工程取值，取值为 $0.6\sim0.7$ 能有效减小 Q_s 和 s_{ss} 的误差。其中当 $\gamma=0.6$ 时 e_r 取值范围为 $-1.7\%\sim1.7\%$；当 $\gamma=0.7$ 时 e_r 取值范围为 $-17.1\%\sim-12.9\%$。

进一步将转换系数 γ 取 0.6、0.7、拟合值和工程实际取值反代入式(16-17)和式(16-18)，将求得的等效位移-荷载曲线与锚桩法测得的结果进行对比，其效果如图 16-16 所示。

由图 16-16 所示，当 γ 取值为各拟合值时，各桩等效位移-荷载曲线与锚桩法测得曲线十分接近，表明了该工程砂性土中转换系数 γ 的合理取值在 $0.58\sim0.61$ 之间；当 γ 取值为 0.77 时，各桩等效位移-荷载曲线均在锚桩法测得曲线的下方，表示工程取值十分保守，证明在砂性土中 γ 取值为 0.77 时会使桩基承载力计算结果过于保守，导致一定的工程浪费；当 γ 取值为 0.6 和 0.7 时，等效位移-荷载曲线在拟合值和工程取值所对应的曲线之间，其中 $\gamma=0.6$ 与拟合值较为接近，故对应的曲线与 $\gamma=0.7$ 相比更接近锚桩法对应的曲线。以上证明了在砂性土中 γ 取值为 0.77 时会使桩基承载力计算结果过于保守，导

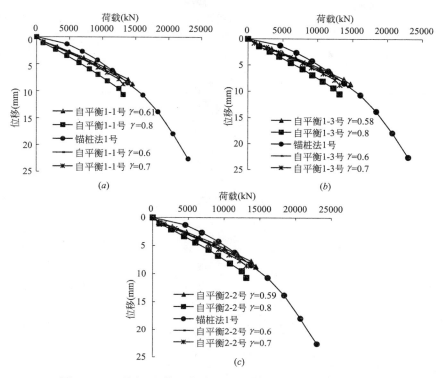

图 16-16　不同 γ 取值下等效位移-荷载曲线与锚桩结果的对比

(a)自平衡 1-1 号与试桩 1；(b)自平衡 1-3 号与试桩 1；(c)自平衡 2-2 号与试桩 1

致一定的工程浪费，取值为 $0.6 \sim 0.7$ 是较为合理的范围。

3. 河南省桃花峪黄河大桥工程基桩对比试验

（1）工程概况

工程现场位于黄河北岸，武陟县嘉应观乡御坝村的黄河滩地，在 ZK34-010 钻孔附近施工 5 根基桩进行试验，试验桩全部为钻孔灌注桩，桩长 90m，桩径 1.8m。试桩编号分别为 TSZ1-TSZ4（自平衡法），TSZ5（静压法），试桩与钻孔间距在 1m～15m，现场布置如图 16-17 所示，地质情况如表 16-14 所示。由于 TSZ2 通过检测表明为 I 类桩，其余均为 II 类桩，为保证对比桩的桩长、桩径、施工工艺、桩侧土层地质条件一致性，选取如表 16-15 所示对比组进行分析。

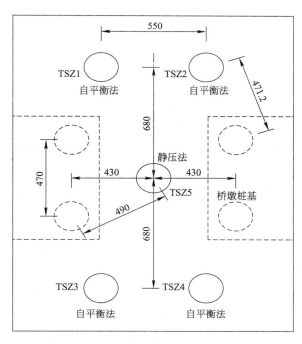

图 16-17　对比桩现场布置图（单位：m）

对比桩工程地质情况　　　　　　　　　　　　表 16-14

层号	层名	自平衡 TSZ1、TSZ3、TSZ4 堆载 TSZ5	
		层底深度标高（m）	层厚 L_i（m）
①	粉土	95.62	1.1
②	粉砂	94.62	1.0
③	粉土	91.72	2.9
④	粉砂	87.02	4.7
⑤	细砂	77.72	9.3
⑥	粉砂	69.72	8.0
⑧	细砂	49.12	20.6
⑨	粉质黏土	45.72	3.4
⑩	粉土	42.42	3.3
⑫	粉质黏土	25.52	16.9
⑬	细砂	22.52	3.0
⑯	粉质黏土	12.32	10.2
⑰	黏土	6.52	5.8

对比组相关参数　　　　　　　　　　　　表 16-15

对比组	对比桩	桩径（m）	桩长（m）	混凝土等级	荷载箱上段桩长（m）	桩顶标高（m）	桩底标高（m）
1	自平衡 TSZ1	1.8	89.5	C40	59	93.505	4.005
	堆载 TSZ5				—	97.216	7.716
2	自平衡 TSZ3	1.8	89.5	C40	59	93.516	4.016
	堆载 TSZ5				—	97.216	7.716
3	自平衡 TSZ4	1.8	89.5	C40	59	93.516	4.016
	堆载 TSZ5				—	97.216	7.716

（2）对比结果分析

根据前面所介绍的分析方法，将各组对比数据采用与沈阳宝能环球中心工程相同的方法进行 MATLAB 拟合，可得到拟合最大误差及工程上 γ 取值引起的 Q_s 和 s_{ss} 的相对误差，其计算结果如表 16-16 所示。

对　比　结　果　　　　　　　　　　　　表 16-16

对比桩	拟合 γ 值	工程 γ 取值	e_m最大值	$e_r(Q_s)$ 和 $e_r(s_{ss})$
自平衡 TSZ1	0.42	0.71	5.2%	−40.8%
堆载 TSZ5				
自平衡 TSZ3	0.54	0.74	1.7%	−27%
堆载 TSZ5				
自平衡 TSZ4	0.71	0.80	12.7%	−11.3%
堆载 TSZ5				

由表 16-15 可得，拟合 γ 值范围在 $0.42\sim0.71$ 之间，取值范围变化较大。原因是 TSZ4 在施工过程中沉渣的清除未满足要求，加载过程中向下位移-荷载曲线出现一定范围的突变下沉后保持稳定，影响到上段桩的向上位移-荷载曲线出现一定的波动，桩侧摩阻力的发挥受到一定影响，曲线走势与前两根桩相比有所差别。故导致整体转换系数拟合值与前两组对比桩相比偏大。

3 个对比组中自平衡法得到的位移-荷载曲线与锚桩法测得的结果拟合度较好，除第 3 组外，其余两组最大拟合误差均未超过 10%，满足工程精度要求。故可将 MATLAB 拟合所得 γ 值作为转换系数真实值。除第三组的相对误差较小外，其余两组的 Q_s 和 s_{ss} 相对误差分别为 -40.8% 和 -27%，说明工程中 TSZ1 桩与 TSZ3 桩在计算时虽对转换系数值相应取了低值，但仍较保守，对转换结果的准确程度影响较大。

根据前面所介绍的分析方法，计算 γ 分别取 0.6 和 0.7 时 Q_s 和 s_{ss} 的相对误差 e_r，所得结果列于表 16-17。

对比结果（$\gamma=0.6$ 和 0.7）　　　　　　　　　　　表 16-17

γ 取值	相对误差	TSZ1	TSZ3	TSZ4
0.6	$e_r(Q_s)$ 和 $e_r(s_{ss})$	-30%	-10%	18.3%
0.7	$e_r(Q_s)$ 和 $e_r(s_{ss})$	-40%	-22.9%	-14.3%

由表 16-16、表 16-17 对比得出，除 TSZ4 外，当 γ 取 0.6 和 0.7 时，所得 Q_s 和 s_{ss} 的相对误差 e_r 绝对值与 γ 工程取值相比均有减小，表明相对 γ 的工程取值，取值为 $0.6\sim0.7$ 能减小 Q_s 和 s_{ss} 的误差。其中当 $\gamma=0.6$ 时 e_r 取值范围为 -30% 和 -10%；当 $\gamma=0.7$ 时 e_r 取值范围为 -40% 和 -22.9%。

将转换系数 γ 取 0.6、0.7、拟合值和工程实际取值分别代入式（16-17）和式（16-18），将求得的等效位移-荷载曲线与锚桩法测得的结果进行对比，其效果如图 16-18 所示。

由图 16-18(a)、(b) 所示，对于 TSZ1 和 TSZ3，当 γ 取值为拟合值 0.42 和 0.54 时，各桩等效位移-荷载曲线与锚桩法测得曲线趋势十分接近；当 γ 取值分别为 0.71 和 0.74 时，各桩等效位移-荷载曲线均在锚桩法测得曲线的下方，且变化趋势随着荷载的增大差别更为明显，表示工程取值十分保守；而对于 TSZ4，$\gamma=0.8$ 与 $\gamma=0.71$ 所得曲线的变化趋势较为一致；其中 $\gamma=0.8$ 是曲线位于堆载法所得曲线的下方，表示工程取值较保守，但与实际情况相差相对较小；而当 γ 取值为各拟合值 0.71 时，等效位移-荷载曲线与锚桩法测得曲线趋势十分接近；当 γ 取值为 0.6 和 0.7 时，等效位移-荷载曲线在堆载所得结果和工程取值所对应的曲线之间。以上证明了在砂性土中 γ 取值为 $0.6\sim0.7$ 是较为合理的范围。

16.3.3　结论与建议

为研究砂性土中转换系数 γ 的合理取值范围及工程中取值的准确性，本节选取了 3 个典型工程，其同一场地均进行了自平衡法和传统静载试验。在每个工程中，采用自平衡检测的基桩与传统静载的基桩为对比组，其地质条件、施工工艺、桩的几何尺寸、桩顶和桩顶标高相近或一致，以传统静载法测得结果为依据，采用 MATLAB 对自平衡法测得等效

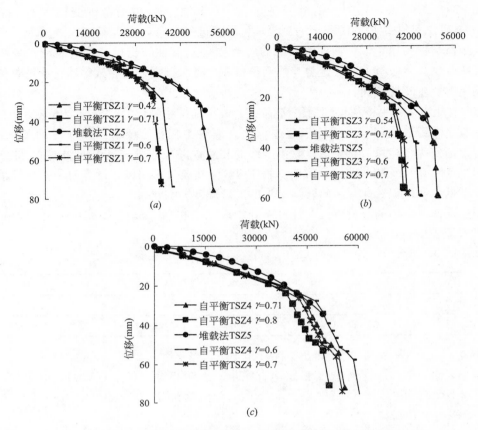

图 16-18　不同 γ 取值下等效位移-荷载曲线与锚桩结果的对比

（a）TSZ1 自平衡-TSZ5 堆载；（b）TSZ3 自平衡-TSZ5 堆载；（c）TSZ4 自平衡-TSZ5 堆载

位移-荷载曲线进行拟合，所得结果为：

（1）各对比组曲线拟合效果较好，所得转换系数 γ 拟合值范围在 0.42～0.71 之间，拟合最大误差未超过 10％，故可将 γ 拟合值视为真实值。

（2）将拟合所得 γ 值与工程实际取值分别代入简化等效公式，将算得的桩顶等效位移-荷载曲线与传统静载试验结果作对比，结果表明 γ 拟合值所得的等效位移-荷载曲线与传统静载法结果一致，而工程实际 γ 取值均过于保守。

（3）转换系数 γ 取值的准确程度直接影响到等效转换中的等效受压桩上段桩总摩阻力 Q_s 和上段桩桩侧荷载引起的弹性压缩量，且影响效果十分明显。

（4）转换系数 γ 取 0.6、0.7、拟合值和工程实际取值分别代入简化等效公式，将算得的桩顶等效位移-荷载曲线与传统静载试验结果作对比，结果表明，对于场地主要为砂性土的工程转换系数 γ 建议取值在 0.6～0.7 左右能有效减小对 Q_s 和 s_{ss} 造成的误差，故较为合理。

本节为砂性土场地 γ 的取值提供了一定参考，但工程实际中由于施工和地质条件等干扰因素较大，使结果存在一定的离散性，故需结合实际条件考虑。在全国范围内也需进行更多的工程实践积累，从而进一步得到转换系数 γ 的合理取值范围。

16.4　自平衡法与传统静载对比拟合

本章通过几个典型工程实例对黏性土和砂性土场地的 γ 值进行了分析。但转换系数取值是一个统计概念，有一个离散范围，因此必须采取一定的数学统计方法，排除明显受施工影响非常大的数据再进行统计的工程依据，但目前很少存在系统性统计研究[45-94]，为此，本节选取了 35 个在同一场地同时采用了自平衡法与传统静载法两种工艺的工程，选择土层条件、桩径、施工工艺、现场条件等相似或相同的桩基，共 132 组对比试验，将采用自平衡法测得的承载力结果与传统静载法测得的结果进行对比，并使用 MATLAB 编程进行曲线拟合，对使自平衡法等效曲线与一般静载方法所得曲线拟合最接近时转换系数 γ 取值进行系统分析。

自平衡规范中抗压承载力试验简化公式为：

桩身的弹性压缩量为：

$$s = s_d + \frac{\left[(Q_{uu} - W)/\gamma + 2Q_{ud} \right] L_u}{2E_p A_P} \qquad (16\text{-}25)$$

桩顶等效荷载为：

$$Q = \frac{Q_{uu} - W}{\gamma} + Q_{ud} \qquad (16\text{-}26)$$

式中，Q_{uu} 为检测桩上段桩的极限加载值，Q_{ud} 为检测桩下段桩的极限加载值；转换系数 γ 的取值根据荷载箱上部土的类型确定，对于黏性土、粉土 $\gamma = 0.8$；砂土 $\gamma = 0.7$；岩石 $\gamma = 1$，若荷载箱上部有不同类型的土层，γ 取加权平均值。

为研究抗压承载力计算方法的科学性及 γ 取值的合理性，本节收集了同一场地使用了平衡法试验桩和传统静载两种方法的工程，共得到 35 个对比工程。其中江苏省 18 个，上海市 1 个，浙江省 3 个，黑龙江省 1 个，吉林省 1 个，辽宁省 2 个，河北省 2 个，天津市 1 个，广东省 1 个，河南省 2 个，湖北省 2 个，云南省 1 个。选取地质条件、桩径、桩长、桩型相似或相同的平衡法试验桩和传统静载方法试验桩，每两根桩为一组（部分工程为原桩上同时进行了两种试验），共得到 132 个对比组。

由于传统静载方法与桩基正常工作状态十分相似，工程上一般对传统方法结果较为认可，故每个对比组以传统静载法所测位移-荷载曲线为对比标准，采用 MATLAB 将自平衡法所得向上向下位移-荷载曲线进行拟合，找出使等效位移-荷载曲线与传统静载法结果拟合度最好的 γ 值。其拟合方法参考本章 16.3 节砂性土场地转换系数的分析方法。

16.4.1　转换系数拟合典型工程分析

1. 哈大客运专线

哈大客运专线为我国重点工程，对工程质量的要求极为严格。桩基承载力的准确检测对铁路桥的安全运营意义重大，根据要求：在营海特大桥 DK429＋541.11 处作试桩，参数如表 16-18 和表 16-19 所示。

自平衡法试桩参数一览表　　　　　表 16-18

试桩编号	桩身直径(mm)	桩长(m)	荷载箱离桩端位置(m)	试验类型	加载值(kN)
S1	1000	63.9	14.4	抗压	2×3750
S2	1000	63.9	14.4	抗压	2×3750
S3	1000	63.9	14.4	抗压	2×3750

堆载法试桩参数一览表　　　　　表 16-19

编号	桩径(mm)	数量(根)	桩尖标高(m)	桩长(m)	单桩容许承载力(kN)	设计加载能力(kN)
试桩 S1	φ1000	1	14.40	49.50	3669	2×3750

　　由于采用自平衡法检测的 S1、S2、S3 三根桩与采用堆载检测的 S1 桩的桩型、桩径、桩长一致，所在位置比较靠近，桩周土层相似，故可以采用上节介绍的对比方法进行计算，将自平衡法检测的 4 根桩的向上向下位移与相对应的加载值输入 MATLAB 中，采用图所介绍的程序与堆载法测得的数据进行拟合，求出转换系数 γ 的取值，其结果为：对于 S1 桩，与 S1 相比 $\gamma=0.767$，位移-荷载曲线最大拟合误差 10%；对于 S2 桩，与 S1 相比 $\gamma=0.828$，最大误差 6.5%；对于 S3 桩，与 S1 相比 $\gamma=0.818$，最大误差 5.3%。各桩拟合曲线如图 16-19～图 16-21 所示。

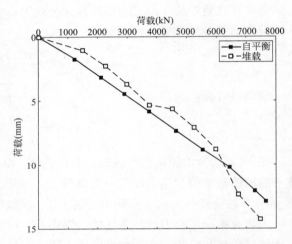

图 16-19　S1 堆载法与自平衡法曲线拟合结果

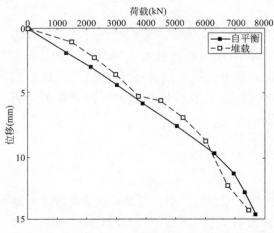

图 16-20　S1 堆载法与 S2 自平衡法曲线拟合结果

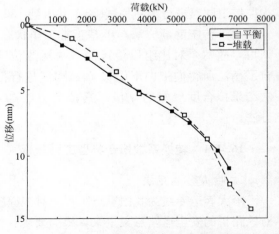

图 16-21　S1 堆载法与 S3 自平衡法曲线拟合结果

经分析可得，将自平衡法所测得的数据与堆载法进行曲线拟合时，转换系数 γ 的取值在 0.76～0.82 之间波动，以上 5 根桩荷载箱上段桩周土层为粉质黏土。由图 16-21 分析可知，以上 3 根桩与堆载法的两根桩拟合规律相似。在加载初期，自平衡法等效位移-荷载曲线与堆载法相比相对拟合误差相对偏大，相同位移下自平衡法所得桩顶荷载比堆载法要小，随着荷载的增加，当桩基临近极限破坏时，自平衡法与堆载法所得位移-荷载曲线变化规律趋于一致，这是因为，在加载初期，自平衡法检测时桩土界面产生的抗力与堆载法检测时产生的抗力发挥方式不一样，自平衡法桩首先是荷载箱附近土体侧摩阻力发挥作用，再随着加载沿桩长向上向下发展，堆载法是由桩顶附近土层侧摩阻力发挥作用，再随着桩顶加载沿桩长向下发展，而到临近极限破坏状态时，其侧摩阻力和端阻力均分发挥作用，故随着荷载的增加自平衡法和堆载法的变位趋势逐渐保持一致。

2. 和会街经典花园

和会经典花园 02 栋高层住宅位于和会街 90 号，建筑面积 7919m³，该工程基础采用灌注桩，地质条件较均匀，主要土层为粉、黏性土层。东南大学建筑结构与材料试验中心受其委托，对 02 栋 1 根钻孔灌注桩采用自平衡加载法进行了静载试验。该场地有两根桩进行了堆载试验，参数如表 16-20、表 16-21 所示。

自平衡法试桩参数一览表　　　　　　　　　　　　　　表 16-20

试桩编号	桩身直径(mm)	桩长(m)	荷载箱离桩端位置(m)	试验类型	加载值(kN)
SZ1	800	48	13.8	抗压	2×2600

堆载法试桩参数一览表　　　　　　　　　　　　　　表 16-21

编号	桩径(mm)	数量(根)	桩长(m)	单桩容许承载力(kN)	设计加载能力(kN)
1 号	800	1	50	4500	9000
2 号	800	1	50.5	4500	9000

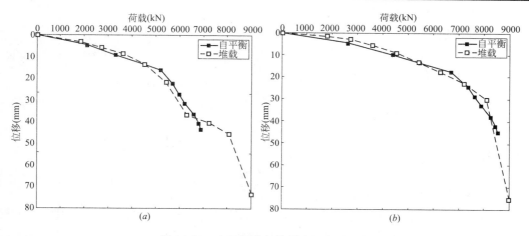

图 16-22　自平衡法与堆载法拟合效果图

(a)SZ1 与 1 号；(b)SZ1 与 2 号

3. 常州时代广场

常州天宁广场试桩工程位于沪宁城际铁路常州站北广场。由于桩长较长，桩基承载力的准确检测对该工程意义重大，故在该工程同时采用了自平衡法和堆载法对工程桩的承载力进行检检测。

根据表 16-22 和表 16-23 可知，采用自平衡法试验基桩的桩长为 63m，而采用堆载法的基桩长在 76m 左右，虽然两组桩基的长度不同，但施工工艺相同，直径相同，各桩桩尖标高一致，且根据地勘报告可确定所在区域地质较均匀。据此两组基桩可作为对比试验，将进行自平衡法试验的每根桩基与堆载法的 6 根桩基进行对比。各组基桩进行对比时，根据桩侧摩阻力的发挥和桩侧土层情况，堆载法的基桩所测得各级荷载要扣除比自平衡桩顶多出的桩长部分的侧摩阻力发挥值；其各级荷载对应的桩顶位移应根据桩身弹性压缩量计算两对比桩桩长差所产生的桩身弹性压缩量，其处理方法如图 16-23 所示。将所得处理结果输入 MATLAB 程序进行最小二乘法拟合。

自平衡法试桩参数　　　　　　　　　　　　　　　　　　　表 16-22

试桩编号	桩径(mm)	桩长(m)	荷载箱离桩端位置(m)	桩尖标高(m)	试验类型	加载值(kN)
1142 号	1000	63	−51.3	−76.3	抗压	2×9000
1136 号	1000	63	−51.9	−76.9	抗压	2×9000
1154 号	1000	63	−50.1	−75.1	抗压	2×9000

堆载法试桩参数　　　　　　　　　　　　　　　　　　　表 16-23

编号	桩径(mm)	桩尖标高(m)	桩长(m)	单桩容许承载力(kN)	设计加载能力(kN)
336 号	1000	−76.0	80.8	20000	10000
827 号	1000	−76.3	74.5	20000	10000

采用自平衡法检测的 1142 号、1136 号、1154 号三根桩与采用堆载测得的 2 根桩所得结果进行处理后输入 MATLAB 中，采用图 16-12 和图 16-13 所介绍的程序与堆载法测得的数据进行拟合，求出转换系数 γ 的取值，其结果为：对于 1142 号桩，与 336 号相比 $\gamma= 0.72$，位移-荷载曲线最大拟合误差 10.44%，与 827 号相比 $\gamma=0.57$，位移-荷载曲线最大拟合误差 9.41%；对于 1136 号桩，与 336 号相比 $\gamma=0.74$，位移-荷载曲线最大拟合误差 13.7%，与 827 号相比 $\gamma=$

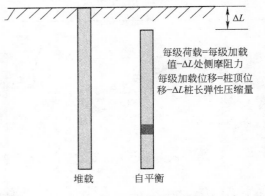

每级荷载=每级加载值−ΔL 处侧摩阻力

每级加载位移=桩顶位移−ΔL 桩长弹性压缩量

图 16-23　自平衡法与堆载法检测结果处理方法

0.59，位移-荷载曲线最大拟合误差 −7.78%；对于 1154 号桩，与 336 号相比 $\gamma=0.85$，位移-荷载曲线最大拟合误差 7.37%，与 827 号相比 $\gamma=0.60$，位移-荷载曲线最大拟合误差 −6.06%。各桩拟合曲线如图 16-24 所示：

综上所述，以上 3 例典型工程采用 MATLAB 拟合所得 γ 取值范围为 0.59～0.85 之间，大于原规范所建议的最大值为 0.8 的规定，故可考虑扩大 γ 取值范围。

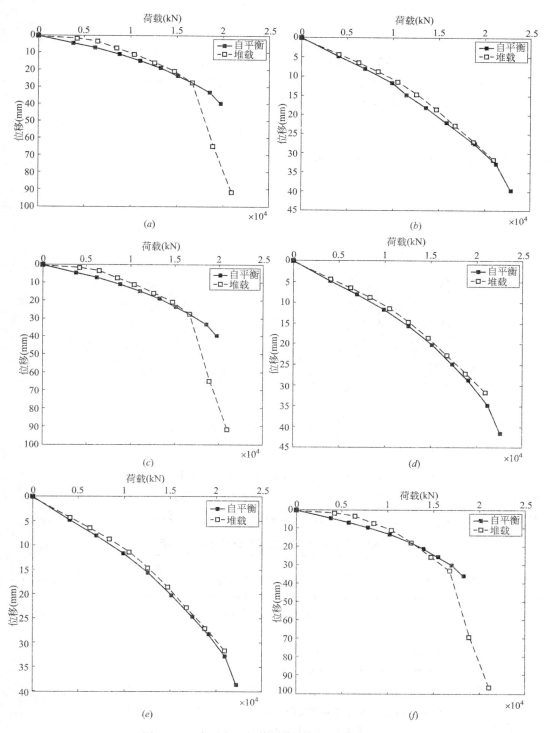

图 16-24　自平衡法与传统静载法曲线拟合效果图

(a)1142 号与 336 号；(b)1142 号与 827 号；(c)1136 号与 336 号；

(d)1136 号与 827 号；(e)1154 号与 827 号；(f) 1154 号与 336 号

16.4.2 数理统计分析

按以上采用 MATLAB 拟合得到 132 个对比 γ 值。将所有数据进行统计，使用 SPSS 软件对 γ 值和其拟合值与工程取值误差度 e_γ 分布进行判断，结果表明 γ 取值分布符合正态曲线分布，所得图形如图 16-25 所示：其中 e_γ 的计算公式为：

$$e_\gamma = \frac{\gamma_m - \gamma_r}{\gamma_r} \times 100\% \tag{16-27}$$

式中，γ_m 为 MATLAB 拟合所得值；γ_r 为同一对比桩组的工程实际取值。

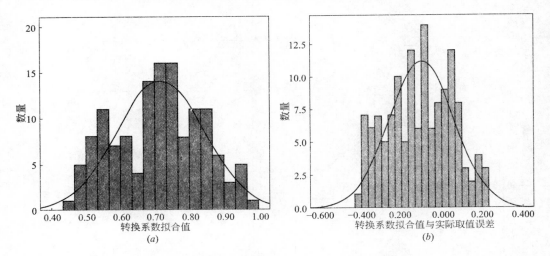

图 16-25 SPSS 软件对 γ 及其误差统计分析结果
$(a)\gamma$ 取值统计直方图及正态分布曲线；(b) e_γ 取值统计直方图及正态分布曲线

图 16-25(a) 为 SPSS 软件生成的 γ 取值统计直方图和拟合所得的正态分布曲线，图 16-25(b) 为同一对比组 MATLAB 拟合所得 γ 取值与工程统计取值之间的误差值统计直方图和拟合所得的正态分布曲线。将所得数据列于表 16-24 可得。

SPSS 软件对 γ 与 e_γ 的正态分布各参数分析　　　　表 16-24

系数	均值	中值	众数	标准差	方差	偏度	偏度误差	是否接受正态分布	正态分布概率密度函数公式
γ	0.713	0.722	0.7	0.128	0.016	0.015	0.209	接受	$f_y = \dfrac{1}{\sqrt{2p} \times 0.128} e^{-\frac{(g-0.713)^2}{2 \times 0.128^2}}$
e_γ	−0.108	−0.099	0	0.160	0.026	−0.007	0.209	接受	$f_y = \dfrac{1}{\sqrt{2p} \times 0.16} e^{-\frac{(g+0.102)^2}{2 \times 0.16^2}}$

对于粉土、黏土、砂土等地层，γ 值取值越大，承载力计算结果越保守，但取值过大会造成一定的浪费，因此，如何确定合理的 γ 取值十分重要。根据表 16-23 可知，$\gamma \leqslant 0.8$ 的概率为 72.6%，$\gamma \leqslant 0.85$ 的概率为则达到 84.4%，$0.65 \leqslant \gamma \leqslant 0.85$ 的概率为 53.3%，其达到 95% 的置信度区间为：

$$\gamma_{\min} = \gamma_m - 1.645\sigma = 0.502$$
$$\gamma_{\max} = \gamma_m + 1.645\sigma = 0.923 \tag{16-28}$$

故 95％的置信区间为(0.5，0.92)，中值为 0.71。

e_γ 的取值情况反映了实际中对 γ 取值的准确程度，当 $e_\gamma \leqslant 0$ 时表明实际取值较为保守，$e_\gamma \geqslant 0$ 则相反。根据上述图表可得，$e_\gamma \leqslant 0$ 的概率为 70.4％，$e_\gamma \leqslant 11\%$ 的概率为 92％，且达到 95％的置信度区间为(−37％，16％)。说明实际工程中的取值情况是较为准确的。

为进一步研究桩土的类型对 γ 取值的影响，将 132 个 γ 取值随 α 因取值的变化规律散点列于图 16-26。

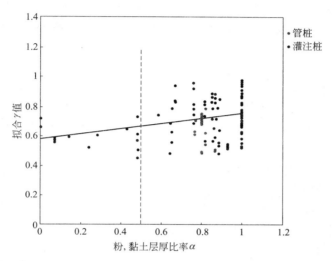

图 16-26　γ 拟合值随粉、黏性土层厚比率 α 值的变化规律

图 16-26 显示了 γ 取值随 α 取值的变化规律。结果表明，γ 分布比较离散，但从整体上存在一定规律。其中蓝色虚线表示 $\alpha=0.5$ 的分界线，虚线左侧表示上段桩土层主要为砂性土，虚线右侧表示主要为粉、黏性土；由图可得，在虚线左侧，当主要土层为砂性土时，γ 拟合值整体偏小，取值在 0.5～0.7 范围内。γ 取值随着 α 取值的增大而呈上升趋势，其中由于钢管桩拟合所得 γ 取值较灌注桩偏小，且数据较少，其值集中分布在一定区域内趋势线靠下位置。所有 γ 值最佳拟合趋势线为一条上倾直线，且该线斜率为 0.134，即 $\alpha=0$ 与 $\alpha=1$ 分别对应的 γ 平均值相差 0.134。在所收集的 35 个工程的地质条件中，采用自平衡法检测的试验桩上段桩桩侧土层按规范方法均可分为粉、黏性土和砂土(部分工程包括含卵石)两大类；α 值越大，表明土层中粉、黏性土厚度所占比重(α)越大，砂土(部分工程包括含卵石)所含比重越小，而研究已知桩侧负正侧摩阻力之比(即 γ)与土体性质有关，图 16-26 的趋势线表明 γ 取值与 α 存在正的线性相关性。

由于工程中极少存在桩侧土均为砂性土的情况，为区分出砂性土与黏性土的 γ 取值的变化规律，现将数据采用如下方式进行处理：

已知本章中的所有 γ 均为上段桩的整体转换系数，且所有工程上段桩侧土层为砂性土或粉、黏性土，少数存在卵石或碎石层也计入砂性土，则：

$$\gamma = \frac{\gamma_a h_1 + \gamma_s h_2}{h_1 + h_2} \tag{16-29}$$

式中，γ 为转换系数工程拟合值；γ_a 为粉、黏性土的转换系数取值；γ_s 为粉、黏性土的转换系数取值；h_1 为上段桩粉、黏性土的层厚；h_2 为上段桩砂土的层厚。式(16-29)表

明 γ 值实际为砂性土和粉、黏性土按土层厚度加权平均所得的值。

已知 $\alpha = \dfrac{h_1}{h_1 + h_2}$，将式（16-29）进行变形：

$$\gamma = \gamma_s + a(\gamma_a - \gamma_s) \tag{16-30}$$

采用 MATLAB 对 α、γ 进行最小二乘法拟合，最终得到 γ_a 的均值为 0.7401，95% 的保证率区间为（0.64535，0.8349）；γ_s 的均值为 0.5755，95% 的保证率区间为（0.4937，0.6572）。同时也证明了本章第 2 小节中对于黏性土和砂性土的讨论的合理性。

为保证工程安全，建议粉、黏性土取值范围为 0.75~0.85，砂土取值范围为 0.65~0.75，对于两者都存在的土层按厚度取加权平均。

16.5 抗拔桩转换系数 γ 对比分析

采用自平衡法法确定基桩的抗拔承载力时，一般采用的公式为：

$$p_{ui} = Q_{uui} \tag{16-31}$$

即将测得的上段桩极限承载力直接作为桩的抗拔承载力，此时转换系数 $\gamma = 1.0$。但由于采用传统静载方法极限侧摩阻力随着桩长至上而下发挥的充分性逐渐减弱，而自平衡法中靠近平衡点位置的侧摩阻力先发挥，再随着进一步加载荷载向上、向下传递，两种方法的受力机理不同，故很多专家对此种转换形式表示了质疑。

清华大学李广信教授于 1991 年发表的《不同加载方式下桩的摩阻力的试验研究》[94] 一文中通过室内单桩的渗水力模型试验结果表明，不同的加载部位和加载方向对于桩的侧阻力的大小、分布和发展过程有重要的影响。室内试验主要采用的是饱和粉砂，模型桩是空心圆柱钢管桩，进行了以下五种试验：（1）在桩顶的常规压桩试验；（2）在桩顶的拔桩试验；（3）在桩底的向上托桩试验；（4）单独压桩头的试验；（5）单独压桩身的试验。试验结果表；试验（2）（顶拔桩）侧阻力的完全发挥需要较大的位移，并且其极限侧阻力也小得多；对于试验（3）（底托桩），其侧阻力的完全发挥所需要的位移最小，但与试验（1）比较，它的极限侧阻力也小得多，但是比试验（2）还稍大些，如图 16-27 所示；图 16-28 表示了前三种加载情况下，在极限荷载时的单位摩阻力 f 沿桩深度 z 的分布曲线，证实三种加载条件下侧摩阻力的发挥情况相差较大。综合结果表明，$Q_{s2}/Q_{s1} = 0.42$；$Q_{s3}/Q_{s1} = 0.47$，故该试验中底托桩与顶拔桩的侧摩阻力之比为 $Q_{s3}/Q_{s1} = 1.12$，即 γ 取值可为 1.12。

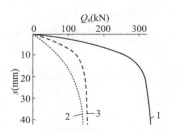

图 16-27 侧摩阻力 Q_s 与加载点位移 s
间的关系曲线

1—桩顶压桩；2—桩顶拔桩；3—桩底托桩

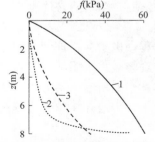

图 16-28 单位摩阻力沿桩的分布

1—桩顶压桩；2—桩顶拔桩；3—桩底托桩

翟晋在论文《自平衡测桩法的应用研究》[95]中对桩顶拔桩和桩底托桩进行了数值模拟，所得结果与李广信教授所得试验结果规律较一致，并指出正侧阻与负侧阻间和对应的位移的比例关系主要与桩端土桩周土刚度比 E_b/E_s 和桩侧土层间刚度比 E_{sb}/E_{st} 有关。在相同土层条件下，静载桩的摩阻力＞桩顶拔桩的摩阻力＞自平衡桩的摩阻力，其结果如图16-29 所示。

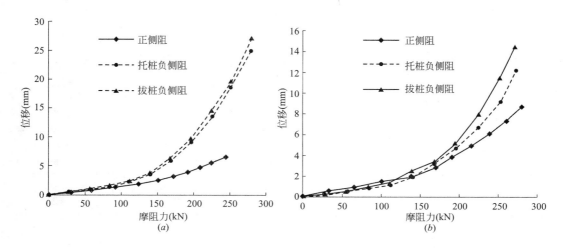

图 16-29　不同桩端桩侧土层刚度比下桩侧摩阻力位移图

$(a) E_b/E_s = 20$；$(b) E_b/E_s = 4$

由图 16-29 可得，托桩摩阻力大于拔桩摩阻力，而当 E_b/E_s 由 4 增加到 20 时，压桩摩阻力和托桩摩阻力的比值变大。由 $Q\text{-}s$ 曲线，$s = 10\text{mm}$ 时，对应荷载值如表 16-25 所示。

$Q\text{-}s$ 曲线上荷载值(kN)　　　　　　　　　　　　　　　　　　　表 16-25

	正侧阻	托桩负侧阻	拔桩负侧阻	托桩负侧阻/拔桩负侧阻	托桩负侧阻/正侧阻
$E_b/E_s = 4$	302	250	242	1.03	0.83
$E_b/E_s = 20$	280	203	198	1.03	0.73

由图 16-30 可以看出，当上下土层刚度一致时，托桩负摩阻力与拔桩负摩阻力值随位移的变化趋势重合，当上下土层刚度差别较大时，托桩负摩阻力与拔桩负摩阻力值随位移变化差异较大，其中托桩负摩阻力稍大于拔桩负摩阻力。这是由于桩侧土层间刚度比 E_{sb}/E_{st} 主要影响两种测试方法的相应位移的比例关系。下层与上层土刚度比 E_{sb}/E_{st} 对土层间摩阻力分配起重要作用，摩阻力的分布又影响到对桩身的轴力分布。两种测试方法的侧阻力主要集中于下部，当上层土刚度不变，对于较小的下层与上层土刚度比，例如均质土，总的摩阻力降低，由于桩端土层对下部土的约束加强作用，压桩时摩阻力下降较小；而临空面的存在使托桩的摩阻力下降较多，从而使得两种方法的摩阻力测试结果差别增大，如图 16-30(a)。土层刚度比较大时，总的摩阻力变大，由于此时 E_b/E_s 下降，桩端土层对下层土的约束作用减小，结果是测试结果的差别减小如图 16-30(b)。由 $Q\text{-}s$ 曲线，$s = 10\text{mm}$ 时，位移值如表 16-26 亦可看出。

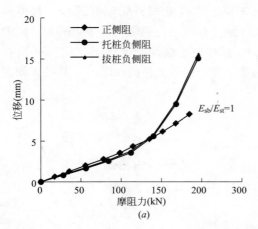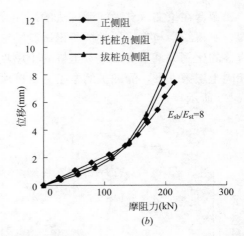

图 16-30　不同土层刚度比的摩阻力位移图

Q-s 曲线上荷载值（kN）　　　　　　　　　　　　表 16-26

	正侧阻	托桩负侧阻	拔桩负侧阻	托桩负侧阻/拔桩负侧阻	托桩负侧阻/正侧阻
$E_{sb}/E_{st}=1$	209	170	170	1.00	0.81
$E_{sb}/E_{st}=8$	262	223	215	1.04	0.85

　　为进一步验证以上结论的正确性，选取了昆明南站站房试桩工程，该工程在同一场地上分别做了（1）桩顶常规压桩、（2）桩顶拔桩、（3）桩底上托桩足尺试验，三种试验，选取自平衡上段桩长与拔桩桩长相似的 2 根桩，与该抗拔桩做对比，3 桩相关参数如表 16-27 所示，试验桩的现场布置大致如图 16-31 所示

对比桩相关参数　　　　　　　　　　　　表 16-27

桩号	桩长（m）	桩径（m）	桩顶标高（m）	桩底标高（m）	桩侧主要土层	加载方式
KSYF-2	38	1.2	1927.1	1889.1	黏土	桩顶抗拔
KSY 主-7	41	1.2	1932	1891	黏土	自平衡
KSY 主-8	37	1.2	1924	1887	黏土	自平衡

注：其中采用自平衡法的桩基对应的桩长指荷载箱以上部分的桩长。

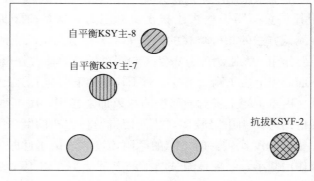

图 16-31　试桩位置概况

将所得桩侧摩阻力与桩位移表示如图 16-32 所示。

由图 16-32 可以看出，抗压、抗拔与自平衡所测得的桩侧摩阻力随位移的变化的分布趋势与上述室内试验和数值模拟所得结果较为一致，其中在加载初期，两种方法所得趋势较为接近，但随着位移的增大，桩顶拔桩的摩阻力＜自平衡桩的摩阻力的趋势较为明显，根据李广信教授和翟晋的结果得出的结论，取 $\gamma=1.1$，将自平衡法所得荷载除以 1.1 后与桩顶抗拔所得结果列于图 16-33。

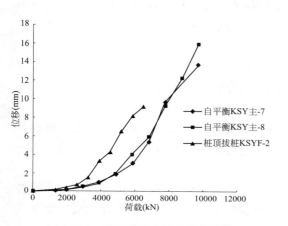

图 16-32　两种承载力试验所得桩侧
摩阻力与位移图

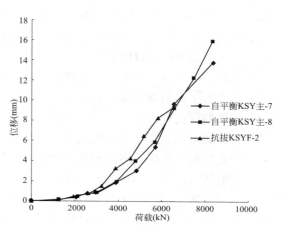

图 16-33　转换后的两种方法所得桩
侧摩阻力与位移图

由图 16-33 可以得出，将自平衡法所测得的两根桩的侧摩阻力除以 1.1 后与堆载法所测得的曲线拟合较好，进一步证明了抗拔转换系数 γ_2 的取值为 1.1 的正确性。

综上所述，从图 16-29～图 16-33 可以看出，在桩顶压桩、桩底托桩、桩顶拔桩这三种受载方式中，压桩摩阻力最大，拔桩最小。由于拔桩时桩身轴向是伸长的，会引起桩径的收缩，这和压桩和托桩相反，引起与上面讨论的相反的桩周土体应力场的变化，摩阻力 $f=c+\sigma_r\tan\delta$ 增加较小；从表 16-24 和表 16-25 可以看出，托桩负摩阻力与拔桩负摩阻力之比在 1.0～1.10 之间，昆明南站试桩试验也证实了这点。故对于抗拔桩的极限承载力确定，可采用公式：

$$p_{ui}=\frac{Q_{uui}}{\gamma} \tag{16-32}$$

式中，$\gamma=1.1$ 较为合理。

16.6　结　　论

当前，建（构）筑物向高、重、大方向发展，各种大直径、大吨位桩基础应用越来越普遍，确定桩基础承载力最可靠的方法是静载试验。静载荷试验法测试基桩承载力，成果直观、可靠，通常认为是一种标准试验方法，它可作为其他检测方法的比较依据。然而在狭窄场地、坡地、基坑底、水（海）上及超大吨位桩等情况下，传统的静载试验法（堆载法和锚桩法）受到场地和加载能力等因素的约束，以致许多大吨位和特殊场地的桩基础承载力得不到可靠的数据。基桩自平衡法是基桩静载试验的一种新方法。其主要装置是一种特制的荷载箱，它与钢筋笼连接而安置于桩身下部。试验时，从桩顶通过输压管对荷载箱内腔施加压力，箱盖与箱底被推开，从而调动桩周土的摩阻力与端阻力，直至破坏。将桩侧土摩阻力与桩底土阻力迭加而得到单桩抗压承载力。

自平衡法技术实用性强，成功应用于灌注桩、管桩、沉井、地下连续墙等工程。其加载方式与桩基正常工作状态受力不一致，上段桩桩身侧摩阻力与正常状态相反，为得到桩基承载力规范中引入了转换系数 γ，通过 γ 系数的取值，将上段桩向下的侧摩阻力转换为向上的侧摩阻力值。因此，如何准确判定各种地质条件下转换系数 γ 的取值成为自平衡法检测桩基承载力的关键问题之一。

为此，本章将自平衡法与传统静载法所得数据进行对比的方法，并采用 MATLAB 编程将两类方法曲线进行拟合，求出与传统方法曲线拟合度最佳的转换系数 γ 的取值，与规范中建议的取值进行比较，从而验证规范中取值方法的正确性。

由结果可知，除少数几根桩外，绝大部分桩基承载力均与传统静载方法一致，转换系数 γ 的取值均在自平衡规范所规定的取值范围内。充分说明了规范中承载力计算公式和转换系数取值方法的正确性。

本章选取了 4 个工程共 6 根原桩上同时进行自平衡法与传统静载法的工程实例，对各土层同一土层处的向下向上侧摩阻力进行对比，所得结果表明，工程中粉、黏性土转换系数 γ 的取值在 0.70～0.82 之间。

本章选取了全国范围内 132 根自平衡桩的对比数据进行分析，采用自平衡承载力计算公式进行计算，其中关于 γ 的取值 95% 的置信区间为 (0.5, 0.92)，中值为 0.71。为保证工程安全可将转换系数 γ 取值范围扩大为 0.65～0.85。

本章选取了全国范围内 132 根自平衡桩的对比数据进行分析，土层性质对转换系数 γ 的影响。通过分析可得，γ 取值随着 α 取值的增大而呈上升趋势，对于粉、黏性土的 γ 取值均值为 0.74，95% 的保证率区间为 (0.64, 0.83)；砂性土的均值为 0.58，95% 的保证率区间为 (0.49, 0.66)。

本章分析了 107 个灌注桩和 25 个管桩的转换系数的取值范围，通过数理统计软件得出管桩的 γ 取值与灌注桩的相比偏小。故在实际中，可根据实际情况适当考虑桩型对 γ 取值的影响，对于管桩可适当取较小值。

本章论述了桩顶压桩、桩底托桩、桩顶拔桩这三种受载方式的室内试验和有限元模拟，结果表明托桩负摩阻力与拔桩负摩阻力之比在 1.0～1.10 之间，故对自平衡所得值除以转换系数 1.10，即得到抗拔极限承载力。

综合上述，本章研究结论表明，需将自平衡规范中关于 γ 的取值范围定义为："对于黏土、粉土，γ 取值为 0.75～0.85 之间，对于砂土，γ 取值为 0.6～0.75 之间，岩石 $\gamma=1$，若荷载箱上部有不同类型的土层，γ 取加权平均值，对于抗拔桩 γ 取 1.1"。

参 考 文 献

[1]　江苏省工程建设标准. DB32/T 291—1999 基桩自平衡法静载试验技术规程 [S]. 南京：江苏科技出版社，1999.

［2］ 江苏省工程建设标准. DGJ32/T J77—2009 基桩自平衡法静载试验技术规程［S］. 南京：江苏科技出版社，2009.

［3］ 中华人民共和国行业标准. JT/T 875—2013 基桩静载试验自平衡法［S］. 北京：人民交通出版社出版.

［4］ 安徽省工程建设标准. DB34/T 648—2006 桩承载力自平衡法深层平板载荷测试技术规程［S］. 合肥.

［5］ 江西省工程建设标准. DB 36/J002—2006 桩身自反力平衡静载试验技术规程［S］. 南昌.

［6］ 广西壮族自治区工程建设标准. DB32/T 291—2008 桩承载力自平衡法测试技术规程［S］. 南宁.

［7］ 山东省工程建设标准. DBJ50/T 14—005—2009. 桩基承载力自平衡检测技术规程［S］.

［8］ 河北省工程建设标准. DB 13(J)/T 136—2012 基桩自平衡静载试验法检测技术规程［S］. 石家庄.

［9］ 浙江省工程建设标准. DB33/T 1087—2012 基桩承载力自平衡检测技术规程［S］. 杭州.

［10］ 天津市工程建设标准. 基桩承载力自平衡静载荷试验检测技术规程［S］. 天津.

［11］ 甘肃省工程建设标准. DB62/T 25—3065—2013 基桩承载力自平衡检测技术规程［S］. 兰州.

［12］ 中华人民共和国行业标准. JGJ 94—2008 建筑桩基技术规范［S］. 北京：中国建筑工业出版社，2008.

［13］ 中华人民共和国行业标准. JGJ 106—2014 建筑基桩检测技术规范［S］. 北京：中国建筑工业出版社，2014.

［14］ 重庆市工程建设标准. DBJ/T 13—183—2014. 基桩竖向承载力自平衡法静载试验技术规程［S］. 重庆.

［15］ Nakayama J，Fujiseki Y. A Pile Load Testing Method. Japanese Patent No. 1973～27007(in Japanese)

［16］ Toyokazu Fujioka and Kiyoomi Yamada. The Development of A New Pile Load Testing System.

［17］ Jori Osterberg. New device for load testing driven piles and drilled shaft separates friction and end bearing. Piling and Deep Foundations. 1989，421-427.

［18］ John H. Schmertmann and John A. Hayes. The Osterberg Cell and Bored Pile Testing. (M). The Third International Geotechnical Engineering Conference. Jan，1997.

［19］ 前田良刀. における壁の工，1996(5)：60-66.

［20］ Bengt H. Fellenius，RichardKulesza，jack Hayes. O-Cell Testing and FE Analysis of 28-m-deep Barrette in Manila，Philippines. Journal of Geotechnical and Geoenvironmental Engineering，Vol. 125，No. 7，July，1999，ASCE，566-575.

［21］ 2001 Edition Construction Manual Bureau of Construction. Alabama Department of Transportation.

［22］ 2000. Edition Standard specifications for loads and bridges Louisiana.

［23］ The Osterberg Load Cell as a Research Tool［J］. TheXVth International Conference on Soil Mechanics and Geotechnical Engineering［C］. Istanbul，2001.

［24］ John H. Schmertmann，John A. Hayes，Thomas Molnit，Jorj O. O-cell Testing Case Histories Demonstrate the Importance of Bored Pile Construction Technique.

［25］ M. England. World record bi-directional testing of CFA Piles.

［26］ 史佩栋，黄勤. 桩的静载荷试验新技术//桩基工程技术［M］. 北京：中国建筑工业出版社，1996，400-409.

［27］ 刘朝钢，方磊，黄锋，李广信. OSTERBERG 测桩法模型试验研究［J］. 铀矿地质，1996，12(6)：369-374.

［28］ 陈根泉，吴立行，龚维明. 桩承载力自平衡测试法初探［J］. 江苏建筑，1998，(2)：31-33.

［29］ 黄锋，李广信，郑继勤. 单桩在压与拔荷载下桩侧摩阻力的有限元计算研究［J］. 工程力学，

1999，16(6)：97-101.

[30] 李广信，黄锋，帅志杰. 不同加载方式下桩的摩阻力的试验研究 [J]. 工业建筑，1999，29(12)：19-21.

[31] 史佩栋，陆怡. Osterberg 静载荷试桩法 10 年的发展 [J]. 工业建筑，1999，29(13)：17-18.

[32] 杜广印，黄锋，李广信. 抗压桩与抗拔桩侧阻的研究 [J]. 工程地质学报，2000，8(1)：91-93.

[33] 龚维明，蒋永生，翟晋. 桩承载力自平衡测试法 [J]. 岩土工程学报 2000，22(5)：532-536.

[34] 温庆博，阿拉特，李广信. Osterberg-Cell 现场试验研究//桩基设计施工与检测 [M]. 北京：中国建材工业出版社，2001，453-458.

[35] 戴国亮，程伟刚，龚维明. 新三汊河大桥桩基静载试验研究 [J]. 桥梁建设，2001，(2)：19-21.

[36] 戴国亮，龚维明，蒋永生. 桥梁大吨位钻孔灌注桩静载试验研究 [J]. 特种结构，2001，18(2)：38-41.

[37] 梅国雄，宰金珉，戴国亮等. 主动土压力折减系数的研究 [J]. 工业建筑，2001，31(3)：5-6.

[38] 戴国亮，龚维明，蒋永生. 桥梁大吨位桩基新静载试验方法的工程应用 [J]. 东南大学学报，2001，31(4)：54-57.

[39] 戴国亮，游庆仲，龚维明等. 120000kN 钻孔灌注桩静载荷试验 [J]. 铁道建筑技术，2001，(5)：40-44.

[40] 龚维明，戴国亮，刁爱国等. 自平衡试桩法测试技术 [J]. 岩土工程界，2001，4(8)：51-52.

[41] 龚维明，戴国亮，蒋永生等. 桩承载力自平衡测试理论与实践 [J]. 建筑结构学报，2002，23(1)：82-88.

[42] 戴国亮，龚维明. 压桩和托桩摩阻力的原位试验研究 [J]. 建筑结构，2009，39(2)：58-60.

[43] 穆保岗，龚维明，高芬芬. 自平衡法与锚桩法的原位对比试验研究 [J]. 交通科学与工程，2009，25(3)：41-45.

[44] 穆保岗，肖强，龚维明. 自平衡法和锚桩法在高铁工程中的对比试验分析 [J]. 解放军理工大学学报(自然科学版)，2012，13(4)：414-418.

[45] 戴国亮，龚维明，梅国雄. 基于桩-土-岩共同作用的自平衡法试桩分析方法 [J]. 四川建筑科学研究，2002，28(2)：30-32.

[46] 戴国亮，吉林，龚维明等. 自平衡试桩法在桥梁大吨位桩基中的应用与研究 [J]. 公路交通科技，2002，19(2)：63-66.

[47] 戴国亮，龚维明，耿建飚等. 大直径后压浆桩压浆效果试验研究 [J]. 桥梁建设，2002，(5)：5-9.

[48] 吉林，王峻，龚维明，戴国亮. 特大吨位桥桩承载力试验研究 [J]. 公路，2002，(8)：34-39.

[49] 戴国亮. 桩承载力自平衡测试法的理论与实践 [D] [博士学位论文]. 东南大学，2003.

[50] 戴国亮，龚维明，刘欣良. 自平衡试桩法桩土荷载传递机理原位测试 [J]. 岩土力学，2003，24(6)：1065-1069.

[51] 龚维明，戴国亮，薛国亚，程晔. 东海大桥超长钻孔灌注桩自平衡试验研究 [J]. 岩土工程界，2004，7(2)：40-43.

[52] 李昌驭，龚维明，戴国亮，黄生根等. 大直径钻孔灌注桩桩端后压浆试验研究 [J]. 公路，2004，(5)：55-59.

[53] 龚维明. 关于"桩承载力自平衡法的可靠性之质疑"讨论的答复 [J]. 公路，2004，(10)：81-85.

[54] 戴国亮，龚维明，薛国亚等. 自平衡测试技术在国内桥梁桩基检测中的应用实例 [J]. 公路 2004，(12)：11-16.

[55] 戴国亮，龚维明，童小东. 桩端后压浆桩压浆效果检测技术 [J]. 施工技术，2005，34(1)：74-77.

[56] 程晔，龚维明，戴国亮. 南京地铁桩基试验研究 [J]. 施工技术，2005，34(1)：48-50.

[57] 戴国亮，龚维明，程晔，薛国亚. 自平衡测试技术及桩端后压浆工艺在大直径超长桩的应用

[J]. 岩土工程学报，2005，27(6)：690-694.

[58]　龚维明，戴国亮. 桩承载力自平衡法的几个关键问题讨论 [J]. 公路，2005(8)：24-27.

[59]　马晔，王陶. 超长钻孔桩自平衡法荷载试验研究 [J]. 岩土工程学报，2005，27 (3)：275-278.

[60]　桩吴鹏，龚维明，梁书亭. 桩基自平衡测试的可靠性分析 [J]. 岩土工程学报，2005，27 (5)：545-548.

[61]　王伯惠. 评桩基测试自平衡法//中国公路学会桥梁和结构工程分会 2005 年全国桥梁学术会议论文集 2005：1176-1187.

[62]　吴鹏，龚维明，薛国亚，戴国亮. 桩基承载力测试 O-Cell 法与自平衡法对比研究 [J]. 建筑科学，2005，21(6)：64-68.

[63]　戴国亮，龚维明，童小东. 托桩的荷载传递机理分析及实例验证 [J]. 地下空间与工程学报，2005. 12，1(7)：1150-1153.

[64]　邓友生，龚维明，韩金生，戴国亮. 挤扩支盘灌注桩承载特性试验研究 [J]. 铁道学报，2005，27(6)：122-127.

[65]　邓友生，龚维明，戴国亮，韩金生. 多级支盘桩与等截面直孔桩承载力对比试验 [J]，重庆建筑大学学报. 2005，27(5)：52-56.

[66]　李涛，龚维明，戴国亮. 昆明地区桩承载力自平衡法测试的应用及研究 [J]. 工程勘察，2005，(6)：35-39.

[67]　林志欣，薛国亚，戴国亮. 特大吨位嵌岩桩的承载力特性研究 [J]. 广东建材，2006，(12)：14-16.

[68]　李辉，龚维明，戴国亮. 桩底压浆桩竖向承载性状试验研究 [J]. 广东建材，2007，(2)：99-101.

[69]　张浩文，龚维明，戴国亮，卢波. 上海长江大桥主塔桩基静载试验研究 [J]. 广东建材，2006，(12)：19-21.

[70]　卢波，龚维明，戴国亮. 双荷载箱自平衡测试技术在工程中的巧妙应用//第 15 届全国结构工程学术会议论文集(第 II 册)2006：289-293.

[71]　张帆，龚维明，戴国亮. 大直径超长灌注桩荷载传递机理的自平衡试验研究 [J]. 岩土工程学报，2006，28 (4)：464-469.

[72]　黄生根，龚维明. 桩端压浆对超长大直径桩侧阻力的影响研究 [J]. 岩土力学，2006，27 (5)：711-716.

[73]　戴国亮，龚维明，薛国亚，童小东. 超长钻孔灌注桩桩端后压浆效果检测 [J]. 岩土力学 2006，27(5)：849-852.

[74]　蒋益平，杨敏，熊巨华. 自平衡试桩荷载 - 沉降曲线的解析算法 [J]. 岩石力学与工程学报，2006，25(Supp. 1)：3258-3264.

[75]　程晔，龚维明，艾军，戴国亮. 南宁泥岩扩底桩承载性能研究 [J]. 建筑结构，2006，36(10)：32-34.

[76]　齐静静，徐日庆，龚维明，王涛. 湿陷性黄土地区自平衡测试结果转换方法研究 [J]. 浙江大学学报(工学版)，2006，40 (12)：2196-2199.

[77]　邓友生，龚维明，戴国亮. 同场地支盘桩与直孔桩抗拔特性的对比试验 [J]. 建筑科学，2006，22(1)：31-34.

[78]　饶金兰. 滩涂区钻孔灌注桩桩底注浆技术的研究和应用. [D] [硕士学位论文]. 同济大学. 2006.

[79]　龚维明，戴国亮. 桩承载力自平衡测试技术及工程应用 [M]. 北京：中国建筑工业出版社，2006.

[80]　刘屠梅，赵竹占，吴慧明，戴国亮等. 基桩检测技术与实例 [M]. 北京：中国建筑工业出版社，2006.

[81]　戴国亮，龚维明，童小东. 某交通枢纽自平衡试验方案的优化设计 [J]. 施工技术，2007，36 (9)：58-60.

[82]　卢波，龚维明，蒋永生，戴国亮，薛国亚. 自平衡法在预应力管桩承载力测试中的应用和对比分析 [J]. 建筑技术，2007，38(3)：166-169.

[83]　熊巨华，蒋益平，杨敏. 自平衡试桩结果的解析转换法 [J]. 同济大学学报(自然科学版)，2007，35(2)：161-165.

[84]　李志博. 大桥桩基设计与承载力检测研究. [D] [硕士学位论文]. 吉林大学. 2007.

[85]　白国艳. 自平衡测试技术在松花江大桥桩基检测中的应用 [J]. 国防交通工程与技术 2007，(2)：56-60.

[86]　程晔，龚维明，戴国亮，季杰. 超长大直径钻孔灌注桩桩端承载力研究 [J]. 南京航空航天大学学报，2007，39 (3)：407-411.

[87]　杨军. 自平衡试桩法的关键技术及工程应用研究 [D] [硕士学位论文]. 中国地质大学，2007.

[88]　姚金彦，余昆，马远刚. 哈尔滨松花江大桥基桩承载力自平衡测试. [J] 桥梁建设，2007，(增1)：135-137.

[89]　龚维明，戴国亮，张浩文. 桩端后压浆技术在特大桥梁桩基中的试验与研究 [J]. 东南大学学报(自然科学版)，2007，37(6)：1066-1070.

[90]　史佩栋，虞兴福，曹建民，杨桦. Osteberg 试桩法在国内外的应用及当前存在问题 [J]. 建筑施工，2007，29(8)：573-576.

[91]　张天光，孙东海，付明翔，敖清诚. 500kV 线路黄河大跨越桩基自平衡检测试验 [J]. 电力建设，2007，28(1)：20-22.

[92]　王建国，汪爱兵. 长大嵌岩灌注桩自平衡静载试验研究 [J]. 桥梁建设，2008. (4)

[93]　邱凌. 沙田赣江特大桥钻孔灌注桩自平衡试验研究 [J]. 长沙铁道学院学报，2008，9(2)：39-42.

[94]　李广信，黄锋. 不同加载方式下桩的摩阻力的试验研究 [J]. 工业建筑，1999，29(12)：19-21.

[95]　翟晋. 自平衡测桩法的应用研究 [M]. 南京：东南大学出版社，2000.

[96]　穆保岗，龚维明，黄思勇. 天津滨海新区超长钻孔灌注桩原位试验研究 [J]. 岩土工程学报，2008，30 (2)：268-271.

[97]　冯五一. 重庆渝东地区大直径公路桥梁桩基工作性状研究 [D] [硕士学位论文]. 重庆交通大学，2008.

[98]　穆保岗，龚维明，高芬芬等. 自平衡法与锚桩法的原位对比试验研究 [J]. 交通科学与工程，2009，25(3)：41-45.

[99]　马远刚，杨春和. 极限状态及变形量控制下自平衡试桩承载力分析 [J]. 岩土力学，2009，30 (9)：2787-2791.

[100]　奚笑舟. 陈龙珠. 自平衡法试验上段桩荷载-位移曲线的解析拟合算法 [J]. 上海交通大学学报. 2011 年 10 月. 第 45 卷第 10 期.

[101]　Bengt H. Fellenius1，M. ASCE and TanSiew Ann2，Combination of O-cell test and conventional head-down test [C]. The Art of Foundation Engineering Practice Congress 2010.

[102]　龚成中，龚维明，何春林，戴国亮. 基于双荷载箱技术的深长嵌岩桩基承载特性试验研究 [J]. 岩土工程学报，2010，32(S2)：501-504.

[103]　胡柏学，袁铜森，杨春林. 静载试验与自平衡法在岩溶地区应用对比分析 [J]. 公路工程，2009，34(5).

[104]　龚平，廖辉煌，周栋梁. 岩溶地质桩基自平衡静载试验研究 [J]. 中外公路，2012，32(3).

[105]　王中文，刘志峰，罗永传. 港珠澳大桥大直径钻孔灌注桩自平衡法实验研究 [J]. 岩土工程学报，2013，35(增刊 2).

[106]　王树兵，朱小军. 桩基自平衡法与传统法试验对比分析 [J]. 工业建筑，2013 年，43(增刊).

[107]　魏琼. 自平衡测试所得桩侧摩阻力与勘察结果的对比 [A]. 岩土工程. 2009.

［108］ Gong Cheng-zhong，He Chun-Lin，She Yue-xin，Sun Wen-bin. Study on bearing characteristics of large diameter and long rock-socket pile of Beipan River Bridge ［C］ . Advanced Materials Research，2011.

［109］ KISHIDA H，TSUBAKIHARA Y，OGURA S. Pile Testing inOska Amenity Park Project ［C］. 2nd international conference on DEEP FOUND ATION PRACTICE incorporating PILETALK，1992.

［110］ OGURA S，KISHIDA Y. Application of the Pile Toe Test to Cast-In-Place and Precast Piles ［J］. Translated by Karkee，Foundation Drilling Magazine，1996.

［111］ ULRICH Vollenweder. Pr ufung nach dem pfahfusspresserfahren Zurich ［J］. Journey of ETH，1997.

［112］ HYEONG J K，JOSE L C M. Improved Evaluation of Equivalent Top-DownLoad-Displacement Curve from a Bottom-UpPile Load Test ［C］. Geotech Geoenviron Eng，ASCE，2010：1943-1955.

［113］ JOSE L C M ，HYEONG-JOO K. Design charts for elastic pile shortening in the equivalent top-down load － settlement curve from a bidirectional load test ［J］. Computers and Geotechnics，2011，38 （2）：167-177.

［114］ 张广彬，姬同庚，李志斌. 超大吨位自平衡法与静压法荷载试验结果比对研究 ［J］. 岩土工程学报，2011，33(sup2)：471-474.

［115］ 聂玉东，周儒夏. 富绥松花江大桥桩基静载对比试验研究 ［J］. 岩土力学，2012，33(5)：1327-1332.

第17章 国内外自平衡试桩法的比较

17.1 概　　述

自平衡试桩法在国外称为 Osterberg-Cell 载荷试验或 O-Cell 载荷试验，在国内称为自平衡试桩法。美国 Loadtest 国际有限公司承担了苏通大桥试桩 C2-SZ5 和杭州湾大桥南岸滩涂区试桩 SZ1 共二根静载荷试验，有关参数见表 17-1。本节将具体讨论 Loadtest 公司所承担的两根试桩的测试过程以及结论。最后将国内自平衡试桩法与 Loadtest 公司的测试方法及结果进行对比。

试桩有关参数　　　　　　　　　表 17-1

位置	编号	直径（m）	顶标高（m）	底标高（m）	桩长（m）	压浆方法	测试方法
苏通大桥	SZ5	2.8～2.5	5.0	−121.0	126	6 回路 U 形管	先测试，后压浆，再测试
杭州湾跨海大桥	SZ1	1.5	5.0	−85.0	90	4 回路 U 形管	先测试，后压浆，再测试

17.2 苏通大桥试桩测试成果

1. 测试情况

为测出试桩 C2-SZ5 桩底压浆前、后桩端极限承载力和桩侧摩阻力以及桩总承载力，试桩 C2-SZ5 设置两层压力盒，压力盒有关参数见表 17-2，安装有 3 组振弦式位移传感器（每组 2 支），分别测量埋入到桩身内压缩应变杆的位移量。同时在压浆后的第二阶段测试也使用 1 组振弦式位移传感器（每组 2 支）来监测连接到桩顶的应变杆的位移变化。整个桩身内部安装 4 组埋入式应变杆，测试期间分别监测整个桩身的变形量。在主要土层分界面安装有 8 组振弦应变计。从每层压力盒底板至桩顶安装有 2 根塑料管，在测试期间，通过保持管内水位，从而平衡压力盒打开时产生的负压。

压力盒有关参数　　　　　　　　　表 17-2

	数量	直径	最大行程	标定极限加载量	安装位置
上层压力盒	2	870mm	150mm	54.7MN	离桩底 28.0m
下层压力盒	2	660mm	300mm	32.1MN	离桩底 1.50m

加载方式采用快速加载法，加载分级为 300psi（上层压力盒 1.6/1.7 MN 为一个加载等级；下层压力盒 0.9/1.0 MN 为一个加载等级），每级荷载持荷时间为 30 分钟。

测试分两个阶段，压浆前和压浆后。压浆前对下层压力盒加压，来评价桩端承载力和压力盒以下一段桩身的侧摩阻力。0.9/1.0 MN 为一个加载等级，其中第一级加载量为 1.1 MN，当加载到 17 级时，即加载量为 16.5MN 时，此时压力盒总张开量达 93mm，停止加载。

压浆后又分为二步，第一步，对下层压力盒加压，0.9/1.0 MN 为一个加载等级，来评价压浆后桩端承载力和压力盒以下一段桩身的侧摩阻力，当加载到 28 级时，即加载量为 27.0MN 时，桩端承载力达到极限，停止加载，接着分 4 级卸载到零；第二步，对上层压力盒加压，1.6/1.7 MN 为一个加载等级，主要评价桩身侧摩阻力，此时下层压力盒为自由状态（压力不向桩端传递），当上层压力盒加载到 21 级时，即加载量为 33.7 MN，此时压力盒总张开量为 106.0mm，压力盒以上部分桩身侧摩阻力达到极限。随后分 5 级卸载到零。部分测试 Q-s 曲线分别见图 17-1、图 17-2。

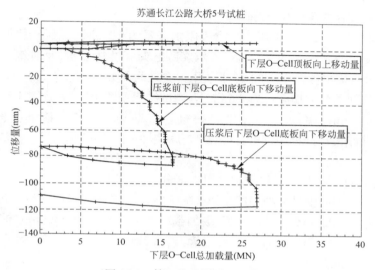

图 17-1 第一阶段测试 Q-s 曲线

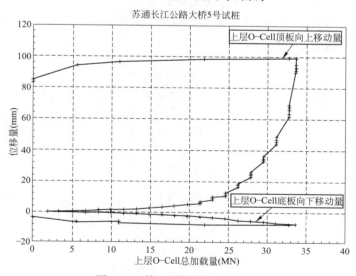

图 17-2 第二阶段测试 Q-s 曲线

测试情况汇总见表 17-3。

测试情况汇总表　　　　　　　　　　　　　表 17-3

阶段		加载等级	上层压力盒			下层压力盒		
			最大加载量 (MN)	O-Cell 压力系统	总张开量 (mm)	最大加载量 (MN)	O-Cell 压力系统	总张开量 (mm)
压浆前		1L-1～1L-17	0	关闭	−1.7	16.5	加压	+93.0
压浆后	1	2L-1～2L-28	0	关闭	−1.4	27.0	加压	+118.5
	2	3L-1～3L-21	33.7	加压	+106.0	0	自由	+113.7
	3	4L-1～4L-3	21.9	加压	+94.2	12.9	加压	+120.0

2. 测试结果

(1) 压浆前、后桩端承载力对比

压浆前加载到 17 级时,下层压力盒极限加载量为 16.5MN。压浆后加载到 28 级时,下层压力盒极限加载量为 27MN,这样,压浆后桩头承载力比压浆前提高 64%。

(2) 中部桩身极限侧摩阻力(上、下层压力盒之间部分)

第二阶段施加的最大加载量为 33.7MN(测试结果见图 17-2),此时上层压力盒底板向下移动量为 9.0mm,中段 26.5m 桩身按桩径 2500mm 计算,该部分侧摩阻力值为 162kPa。按双曲线模型外推中部桩身侧摩阻力极限值为 216kPa,此时对应的极限加载量是 45MN。

(3) 上部桩身侧摩阻力(上层压力盒以上部分)

第二阶段施加的向上最大净加载量为 24.1MN(测试结果见图 17-2),此时上层压力盒顶板向上移动量为 99.2mm,根据第 21 级加载量和 2850mm 至 2500mm 桩径部分自重计算,上段 76.4m 桩身平均侧壁摩阻力极限值为 37.5kPa。

(4) 等效顶部加载

图 17-3 表示压浆前、后等效的桩顶加载 Q-s 曲线,是根据实测的上层压力盒向上、向下移动量和下层压力盒向下移动量以及上层压力盒向下外推生成的,等效 Q-s 曲线同时对桩身附加的弹性压缩进行了调整。

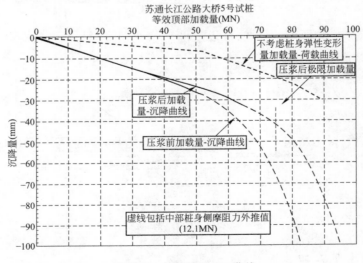

图 17-3　等效桩顶 Q-s 曲线

该桩的等效顶部极限加载量为 96.8MN。当桩顶施加 52.2MN 荷载时，桩顶沉降量约 25mm，其中 18.2mm 为桩身弹性压缩。当桩顶施加 79.7MN 荷载时，此时桩顶沉降量约 50mm，其中 26.5mm 为桩身弹性压缩。

17.3　杭州湾大桥试桩测试成果

1. 测试仪器

试桩 SZ1 设置两层 O-Cell，下层 O-Cell 盒距桩端 2.3m，上层 O-Cell 盒距桩端 15.7m。每个 O-Cell 上安装有 3 组振弦式位移传感器（每组 2 支），分别放到 O-Cell 的上下底板用来测试 O-Cell 的张开量，在上下 O-Cell 盒之间设置埋入式应变杆用来测试中间桩身的压缩，在上 O-Cell 盒之上，同样设置埋入式应变杆并放一组传统位移杆。埋入式应变杆有附在其上的电子采集仪监测，传统位移杆由电子位移计监测，电子位移计放在基准梁上。基准梁的两端支撑要离试桩中心至少 3 倍桩径，并且还有一台数字水平监测仪监测基准梁的竖向位移。在桩身，埋设应变计用来测试桩侧摩阻力分布。

2. 测试过程

加载方式采用快速加载法，每级荷载持荷时间为 30 分钟。

测试分三个阶段：

第一步，先加载下 O-Cell 盒直到第 14 级（41.37MPa），下 O-Cell 盒的下部桩侧和桩端均达到极限荷载，停止加载，并卸载 4 级。

第二步，在第一步卸载之后，加载上 O-Cell 盒，直到两个 O-Cell 盒之间桩侧摩阻力达到极限值，此时，下 O-Cell 保持自由变形。即此时没有荷载传递到下 O-Cell 盒的下面。上 O-Cell 盒一直加载到第 18 级（49.64MPa），在这个过程中，加载到第 12 级时，水压系统漏水，为堵漏，先减少压力，之后继续加载。记前 12 级为 2L-1～2L-12，后面的加载为 3L，其中 3L-2 相当于 2L-12 的荷载，在加载到 3L-8 时，下 O-Cell 盒关闭，即荷载可以传递到下 O-Cell 盒之下的桩侧及桩端，在加载到 3L-10 之后继续加载下一级时，由于上 O-Cell 盒之下的桩侧阻和端阻均达到极限，位移过大，无法实现，继而上 O-Cell 盒卸载 6 级。

第三步，两个 O-Cell 盒同时加载用来测试中段桩的压缩，加载到第 6 级的时候，即 O-Cell 盒的荷载达到 9.4MN 时，荷载不能再上，并卸载了 4 级，因此结束了加载过程。

3. 测试结果

1）直接测试结果

部分测试 Q-s 曲线分别如图 17-4～图 17-9 所示。

2）测试结果分析

（1）下 O-Cell 下部桩侧以及桩端承载力：在第一步中，最大加载值为 6.9MN，即第 14 级荷载，此时下位移为 108.8mm（图 17-4），很明显，从图可以看出，下 O-Cell 下部桩侧摩阻力在第 4 级荷载（2.3MN）时达到极限摩阻力，按桩径 1530mm 计算，得该桩段极限摩阻力为 211kPa；显然，桩端极限阻力为 4.5MN，算得极限端阻力为 2472kPa。

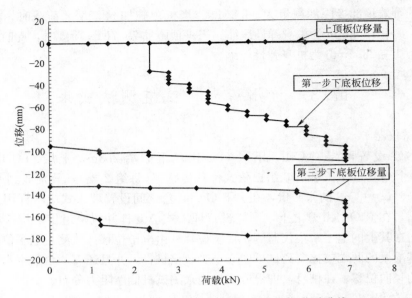

图 17-4 下 O-Cell 测试第一步和第三步荷载-位移曲线

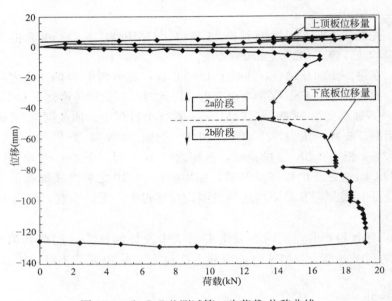

图 17-5 上 O-Cell 测试第二步荷载-位移曲线

（2）两个 O-Cell 之间桩段摩阻力：在第二步中，当加载值为 16.5MN，即第 3L-8 级荷载时，上 O-Cell 底板向下位移为 8.1mm，由图 17-5 可以看出，中间桩段桩侧阻力达到极限，由此算得中间桩段极限摩阻力为 256kPa。

（3）上 O-Cell 上段桩摩阻力：在第二步加载中，向上最大荷载为 19.2MN，即第 3L-11 级荷载，此时，上 O-Cell 的顶板位移为 6.9mm，但由于 3L-11 级荷载时下段桩体承载力已超过极限，荷载未能加上，故取第 3L-10 级荷载计算桩侧摩阻力，算得上 O-Cell 上段桩侧摩阻力为 54.2kPa。

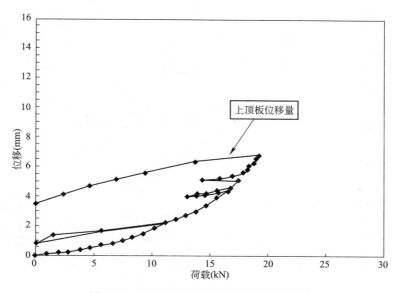

图 17-6　上 O-Cell 上部桩段荷载-位移曲线

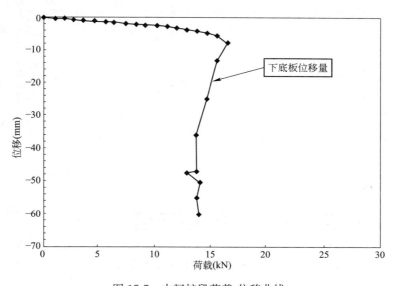

图 17-7　中间桩段荷载-位移曲线

（4）应变计测试结果：根据测试报告，该桩的 70 天混凝土的单轴抗压强度为 72.6MPa，根据 ACI 规范（$E_c = 57000 \sqrt{f'_c}$）计算得出弹性模量，并考虑钢筋的影响，最后得出计算桩侧阻力的综合弹性模量 75100MPa。最后计算得出各桩段的桩侧摩阻力。

（5）等效桩顶荷载：在考虑了桩身压缩之后，得出等效到桩顶的荷载位移曲线见图 17-9。

（6）桩身压缩量：在第 1L-14 级荷载中，两个 O-Cell 之间的平均压缩量为 1.0mm，而用上述弹模计算值为 1.4mm。在第 3L-10 级荷载中，测得该段的平均压缩量为 4.7mm，而计算值为 4.3mm。由此看出测试值与计算值非常吻合，弹模取值比较合理。

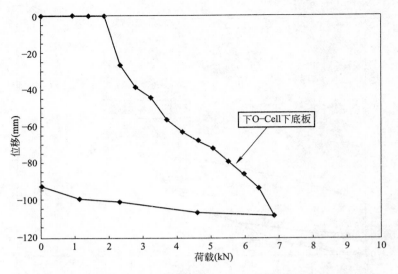

图 17-8　下 O-Cell 下部桩段和桩端荷载-位移曲线

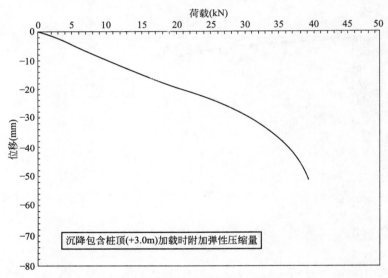

图 17-9　等效转换桩顶荷载-位移曲线

17.4　对 比 分 析

1. 苏通大桥试桩 SZ5

SZ5 试桩和 SZ6 试桩桩长与桩径相同，对应同一地质钻孔，分别由 Loadtest 公司采用 Osterberg 方法、东南大学土木工程学院采用自平衡法进行测试。

SZ5 试桩采用双层荷载箱，下荷载箱距离桩端 1.5m，上荷载箱距桩端 28m。压浆前进行下荷载箱加载测试，压浆后进行下荷载箱、上荷载箱以及下上荷载箱的同时加载测试。

SZ6 试桩采用单荷载箱，荷载箱距离桩端 16m，压浆后进行测试。

两根试桩的测试对比分析如下：

① SZ5 试桩和 SZ6 试桩采用的压浆工艺有所区别：

SZ5 试桩采用 6 回路 U 形管压浆，压浆量 11t，压浆压力 5.5MPa。

SZ6 试桩采用 4 回路 U 形管压浆，压浆量 12t，压浆压力 4.5MPa。

根据超声波检测结果，两根试桩施工的质量也所差别：SZ5 试桩桩身存在局部小缺陷；SZ6 试桩桩身完整。

② 两者的测试加载方法和标准不同：

SZ5 试桩采用美国标准，为快速加载法，每级荷载持荷时间为 30 分钟。

SZ6 试桩采用慢速维持加载法，每级荷载持荷时间根据稳定判别标准确定。

③ 压浆后 SZ5 试桩桩端极限承载力（包括荷载箱下 1.5m 桩侧阻力）为 27.0MN；压浆后 SZ6 试桩桩端极限承载力（包括荷载箱下 1.5m 桩侧阻力）为 34.4MN。

④ SZ5 试桩测试分层摩阻力的应变计布置 8 组，每组 2 只；SZ6 试桩测试分层摩阻力的应变计布置 10 组，每组 3 只。两根试桩的应变计布置位置不同，且测试时荷载箱位移情况不同，无可比性。

⑤ SZ5 试桩采用双层荷载箱，SZ6 试桩采用单层荷载箱。SZ5 压浆后进行下荷载箱加载，对上部桩身土层略有影响，立即加载上荷载箱，上层土可能没有恢复。

SZ5 试桩极限承载力为 96.8MN，SZ6 试桩极限承载力为 111.3MN，两者基本接近，因为试桩 SZ5 测试中段摩阻力发挥得不够充分，故测得极限承载力偏小。但两试桩测试结果均满足设计要求。

2. 杭州湾大桥 SZ1

SZ1 试桩和 SZ2 试桩桩长与桩径相同，对应同一地质钻孔，分别由 Loadtest 公司和东南大学土木工程学院采用自平衡法进行测试。

SZ1 试桩采用双层荷载箱，下荷载箱距离桩端 2.3m，上荷载箱距桩端 15.7m。先后依次进行下荷载箱、上荷载箱、下上荷载箱同时加载测试。

SZ2 试桩也采用双荷载箱，下荷载箱距离桩端 1.5m，上荷载箱距桩端 13.5m。也是先后依次进行下荷载箱、上荷载箱、下上荷载箱同时加载测试。两试桩测试结果均满足设计要求。两根试桩测试过程或结论不同点主要有：

（1）两者的测试加载方法和标准不同：

SZ1 试桩采用美国标准，为快速加载法，每级荷载持荷时间为 30 分钟，并且采用了循环加载的方式。

SZ2 试桩采用慢速维持加载法，每级荷载持荷时间根据稳定判别标准确定，采用单调加载方式。

（2）SZ1 试桩桩端极限承载力（包括荷载箱下 2.3m 桩侧阻力）为 6.9MN，其试桩报告还分别给出了下 O-Cell 以下桩段的桩侧摩阻力和静端阻力分别为 211kPa、2472kPa；SZ2 试桩桩端极限承载力（包括荷载箱下 1.5m 桩侧阻力）为 6.58MN。

（3）SZ1 试桩测试分层摩阻力的应变计布置 7 组；SZ2 试桩测试分层摩阻力的应变计布置 10 组。两根试桩的应变计布置位置不同，且测试时荷载箱位移情况并不一致。

（4）SZ1 试桩加载过程分为三步，第三步进行两荷载箱同时加载测试桩身压缩量，SZ2 试桩未进行第三步。

（5）在等效转换过程中，SZ1 试桩存在将荷载位移曲线外推的过程，而 SZ2 试桩则没有这个过程。

（6）SZ1 试桩极限承载力为 42.6MN，SZ2 试桩极限承载力为 42.57MN，两者非常接近，但两者的极限承载力对应的位移不一致。东南大学的自平衡法得出的位移稍大，更偏于保守。

17.5　结　　论

（1）通过桩基自平衡测试，得到了单桩承载力，桩尖阻力，桩侧摩阻力等，为钻孔桩的设计提供了依据，达到了试桩的目的；

（2）国内外的自平衡测试方法虽然有些不同，但是最后结果比较接近；

（3）由对比分析可以看出桩基自平衡测试方法是一种稳定可靠的方法。

第18章 桩承载力自平衡法的几个关键问题讨论

18.1 概　述

自平衡试桩法从 1996 年开始在江苏使用以来，目前该法在北京、上海、天津、重庆、广东、广西、浙江、江西、安徽、福建、河南、河北、云南、贵州、四川、辽宁、吉林、黑龙江、湖南、湖北、山西、山东、青海、新疆等 27 省市应用。经过多年努力，全国多次专家论证，自平衡法成为建设部、科技部 2002 年重点推广项目，并于 2003 年纳入中华人民共和国行业标准《建筑基桩检测技术规范》JGJ 106—2003 和 2004 年纳入《公路工程基桩动测技术规程》JTG/T F81-01—2004。

东南大学土木工程学院在实际应用过程中经常遇到有关方面提出的各种各样问题，可主要归纳为 3 个主要问题：(1)上、下两段桩的平衡点确定问题；(2)承载力的确定问题（包括自平衡试桩等效转换问题）；(3)自平衡法用于工程桩问题。

18.2 上、下两段桩的平衡点确定问题

自平衡试桩法提出了"平衡点"概念，即：上段桩的负摩阻力＋上段桩自重＝下段桩摩阻力＋端阻力。荷载箱应摆放在"平衡点"维持加载才能测出最终极限承载力。对于持力层非常好的情况，桩底实际上也就是桩的平衡点。将荷载箱置于"平衡点"，技术上应该是合理的，投入上也是经济的。有些工程人员认为平衡点要同时满足上、下两段试桩的反力和位移互相平衡，即认为："各级加载工况下，上下两段桩在加载面处的位移相等"。这其实是一个误解，我们只要求上、下两段试桩的反力平衡，而不要求同时存在位移相等的平衡。整个过程得到荷载箱上段桩及下段桩两条 Q-s 曲线。

"平衡点"的位置确定是一个困难而复杂的问题。在试验之前根据已有资料和试桩经验来确定的所谓"平衡点"，存在一定的偏差是完全可能的，偏差的存在就会造成上、下两段桩很少同时达到我们预先拟定的极限条件，即可能是其中一段达到极限承载力，另一段可能还没有达到，从而导致上、下两段桩的极限承载力不相等。由此判定的极限承载力小于真实的极限承载力，故结果偏于保守。实际工程中可以进一步加载以达到我们预设的极限状态。

我们已完成 1000 多根试桩，测试结果都满足了设计加载要求。承载力的判断完全按照相应部门规范制定的条件进行，判断依据不存在随意性和不准确性。

也有人认为自平衡点"人为地强化了桩端支承力的贡献"。此问题必须区别使用荷载

和极限荷载下桩端承载力的发挥程度。对于长桩而言，使用荷载较小，仅摩擦力发挥作用，桩端阻力一般不发挥作用。但作为工程安全考虑，必须测试出极限承载力，才能知道桩的安全度有多大。对于桩顶 Q-s 陡变型曲线，桩端极限值和极限摩阻力都可以发挥出来，桩端阻力贡献大。对于缓变型曲线，表明整个桩未达到极限值，故桩端阻力没有完全发挥。桩端阻力占总承载力的比例与测试方法无关。

18.3　承载力的确定问题

目前国外对该法如何由测试值得出抗压桩承载力的方法也不相同。有些国家将上、下两段实测值相叠加而得抗压极限承载力，这样偏于安全、保守。有些国家将上段桩摩阻力乘以大于 1 的系数再与下段桩叠加而得抗压极限承载力。

我国则将向上、向下摩阻力根据土性划分。对于黏土层，向下摩阻力为(0.6~0.8)倍向上摩阻力；对于砂土层，向下摩阻力为(0.5~0.7)倍向上摩阻力。清华大学也开展过类似研究，探讨了上托力与下压力的关系，成果很丰富，发表了多篇文章。

作者在同一场地做了 60 多根静载与自平衡法的对比试验，其中有几根是在同一根桩上进行两种试验对比的。如某桩是先进行自平衡法试验，加载到两段桩脱开后，经过一定间隔期，再进行堆载试验，测出向下摩阻力约为向上摩阻力的 0.73 倍。偏于保守，因此文献中给出的计算公式如下：

$$Q_\mathrm{u} = \frac{Q_\mathrm{u}^+ - G_\mathrm{p}}{\lambda} + Q_\mathrm{u}^- \tag{18-1}$$

式中　G_p——荷载箱上部桩自重；

　　　λ——系数，对于黏土、粉土，$\lambda = 0.8$，对于砂土，$\lambda = 0.7$。

Q_u^+、Q_u^-——荷载箱上、下段桩极限承载力。

由于规程计算公式没有给出相应桩顶荷载作用下位移，因此，对于重要工程，一般由等效转换曲线来确定承载力。目前自平衡法测试曲线向传统静载曲线转换有两种方法：精确转换法和简化转换法。

在精确转换法中，利用荷载传递解析方法，将每层土实测的 τ-s 曲线(图 18-1)、荷载箱处向下 Q-s 曲线推导出桩顶静载 Q-s 曲线，具有较高的精度。

简化转换法公式是基于现场对比试验统计得出的，一般适用于在桩身中仅埋设荷载箱测试承载力的情况。由于桩承载力受施工、地质条件等因素影响，同一场地试桩承载力有时相差也非常大，甚至达 1 倍左右。我们统计的转换系数也有一个离散范围，因此必须采取一定的数学统计方法，排除明显受施工影响非常大的数据再进行统计。另外，由于传统方法是从上往下发挥，而自平衡法是从下往上发挥，如图 18-12 所示。由于许多检测为验证性检测，仅按 2 倍设计值加载，所测位移较小，未达到真正的极限，土层承载力没有完全发挥，也会影响转换系数的取值。转换系数取 1 是非常保守的，对于重要重大工程可以这样采用。当然我们所进行的现场对比试验主要集中在江苏省。对于全国其他的特殊土，使用该简化转换法时必须进行对比试验。

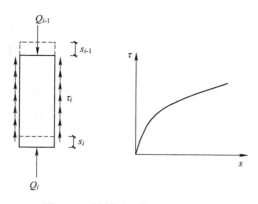

图 18-1　桩单元及每层土 τ-s 曲线

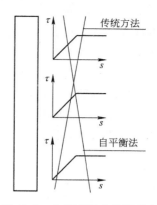

图 18-2　土层摩阻力发挥示意

我们认为自平衡位移转换仍需做大量的理论和试验研究。日本、美国及东南大学仍在进行大量对比试验，以期转换曲线尽量逼近传统静载试验曲线。

18.4　自平衡法用于工程桩问题

自平衡试桩法可以在工程桩上直接使用。国外许多工程实例证明，试验后通过预埋管对荷载箱处进行压力灌浆。

1997 年，美国佛罗里达州阿巴拉契可乐河的试桩在工程桩上进行。该试桩桩径 2.7m，桩身总长在河底以下 31m，水深 6.1m。用了三只荷载箱，放置于距桩底 2.1m 的同一平面，试验总承载力为 133MN。试验后对荷载箱处通过预埋管进行了高压注浆。

国外已有上百座桥梁、上百栋高层建筑已安全使用多年，证明了此法的可靠性。

自平衡法试桩加载到极限状态，上下段桩分别施加的力约为总极限承载力的一半，故桩身材料不会发生破坏。桩周土层承载力随时间是可以恢复的，因此采用注浆填充荷载箱处试验断层，使该处强度稍大于于桩身强度即可。因此，注浆量与注浆材料强度应根据具体试桩确定，高压注浆不仅可以填充荷载箱处断层，还可以根据要求在该处形成一个扩大头。浆液也可沿桩周上下渗透，提高该处承载力，如图 18-3 所示。因此不会影响其承载性能。

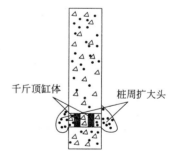

千斤顶缸体　　桩周扩大头

图 18-3　荷载箱处压浆示意图

也有人问及"压浆后可以恢复其抗压承载性能，但是会影响起其水平承载力"。实际工程中，桩身平衡点（荷载箱的埋设位置）基本都远处于反弯点以下，其承受的水平承载力几乎为零，因此，可认为其对水平承载力也是没有影响的。

18.5　结　　论

自平衡试桩法的起源是针对传统试桩法难以在大吨位以及特殊场地的试桩应用难题而

出现的，也是一种静载荷试验方法。不可否认，每种方法都有其自身的优缺点。任何新生事物的出现到其全部被接受必然有一个发展的过程。

自平衡试桩法从 1996 年在中国开始试用以来，已在全国已有 27 省市开始推广应用，已完成 300 多个实际工程，积累了大量的实践经验，测试结果验证和优化了设计，许多工程在测试结果的基础上，缩短了桩长，优化了设计，取得了巨大的社会和经济效益。

由于自平衡试桩法本身固有的加载特点，理论上仍然有许多问题进行研究，但可以满足工程精度的要求，而且所测结果是偏于保守的。

第 19 章 自平衡法在基桩
研究领域的广泛应用

自平衡试桩法对研究桩侧摩阻力、桩端阻力的发挥很有用处，该测试法也可以用来研究桩侧摩阻力的时间效应、施工方法对桩端承载力的影响、循环加载对不同深度桩侧摩阻力的影响，而且，该测试法是唯一能够对基桩指定区段进行水平载荷试验和桩侧摩阻力测试的试验方法。

19.1 概 述

自平衡试桩法是放置在桩端或桩端上一定位置的一种千斤顶式的液压设备。当荷载箱施加压力时，就对桩身产生大小相等的向上和向下作用力，荷载的大小通过荷载-油压标定曲线确定。

典型的自平衡试验结果如图 19-1 所示。从图中可以看出，在桩侧摩阻力达到极限之前，随着荷载的施加，向上的位移量非常小，而反映桩端土压缩的向下位移量远大于向上位移量。这种激发桩侧摩阻力所需位移比激发端承力所需位移小的特性，在自平衡试验中可清楚地观察到。图 19-1 还显示了由于桩底沉渣过厚导致较大的初始向下位移的典型荷载-向下位移曲线。

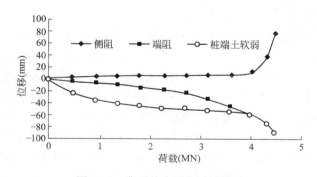

图 19-1 典型的自平衡试验结果

19.2 自平衡试桩法作为研究工具

在 15 个以上国家，已在不同的土层、岩层条件下进行了大约 800 项自平衡试验，最大的试验荷载是对于极限承载能力为 151 MN 的钻孔灌注桩。随着经验和试验资料的积累，自平衡试验法已成为一种研究桩基工作性能的有力工具。自平衡试验法特有的特点使各种研究成为可能：

（1）分别测量桩侧摩阻力和桩端阻力；

（2）试验荷载能保持任意长时间；

（3）能对桩施加水平荷载；

（4）能无限的循环加载；

（5）能测试任意角度的斜桩；

（6）单独测试嵌岩段，而不包括覆盖层；

（7）荷载能施加在任一指定的区段。

19.3　应 用 实 例

1. 干扰因素对桩侧摩阻力和桩端阻力分布的影响

Osterberg 于 2000 年报道了桩清底不充分对荷载-向下位移曲线的影响。图 19-2 显示了一个桩底无明显沉渣的典型 O-Cell 试验等效曲线和桩底沉渣过厚的桩顶加载试验曲线。在加载到 3.6MN 时，因为全部荷载实际上由小位移激发的桩侧摩阻力承担，桩底沉渣对桩顶荷载曲线基本无影响。然而当荷载仅再少量增加时，桩侧摩阻力就达到极限值，荷载增量由桩端阻力承担。由于桩底沉渣在增量荷载作用下沉降

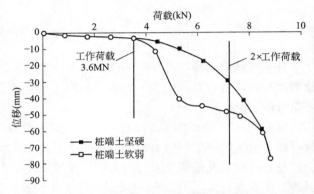

图 19-2　自平衡试验等效转换曲线与桩顶加载曲线

迅速增加，直至沉渣被充分压密。在工作荷载（3.6MN）作用下，桩底有沉渣和无沉渣的桩顶沉降皆为 3.8mm。当荷载达到 1.5 倍的工作荷载时，桩顶沉降分别为 10mm 和 40mm。由此可见桩底有沉渣的情况，安全系数远小于 2。因此对桩底无沉渣的基桩进行桩顶加载试验就会显示此桩为合格桩，对桩底有类似图 19-2 中所示情况的基桩进行桩顶加载试验就会显示此桩为不合格桩，但不能判断缺陷特征。然而自平衡试验就能清楚地判断此种情况的缺陷是由于施工技术原因而非地基土的固有缺陷。充分清底的重要性往往被低估，需进行研究以确定最合适的清孔方法、流程和更合理的孔底沉渣测量方法。

钻孔灌注桩的孔壁泥皮能使桩侧摩阻力显著降低。许多自平衡试验表明当钻孔、清孔后，混凝土灌注前钻孔暴露时间太久会大大降低桩侧摩阻力。需要研究以确定合适的施工方法以减小泥皮厚度。

2. 桩侧摩阻力的时间效应

众所周知，对于许多土体，打入桩的桩侧摩阻力随时间增加而增加。使用自平衡试桩法能单独测量桩侧极限摩阻力，并且能长期重复测试，而无须重新安装反力架或堆载。Bullock 于 1999 年分别在密砂、软土和半坚硬淤泥质黏土互层等不同土层进行了 5 根打入桩试验，所有试桩都在荷载箱底部预先浇筑 457mm 厚的预应力混凝土。每个试桩沉桩后

立即加载以测量桩侧极限摩阻力，并以 2 倍于前次试验间隔的间隔时间重复测试，将结果绘制在半对数坐标中。图 19-3 以试桩任意时间的桩侧摩阻力与 1d 后桩侧摩阻力的比值（初始比），给出了 5 根试桩的试验结果。A 表示一次循环的初始比增量，例如将 1～10d、10～100d 等作为一次循环。注意到在 1 年内密砂强增加 25%，而软土和半坚硬淤泥质黏土互层增加高达 75%。沿桩长进行的孔隙水压力测量结果表明，即使沉桩引起的孔隙水压力已经消散，桩侧摩阻力仍随时间继续线性增加。

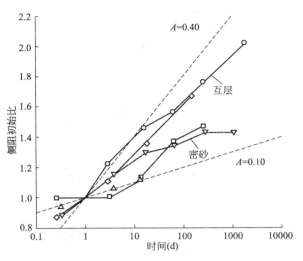

图 19-3 极限桩侧摩阻力随时间的增长

3. 嵌岩阻力

自平衡法能排除覆盖层的影响而单独测试嵌岩段承载力。预先将荷载箱放置在嵌岩段底部然后仅灌注混凝土到嵌岩段顶部，或将荷载箱放置在嵌岩段顶部并在桩底另外放置一个荷载箱，然后桩孔全部灌注混凝土，这样可测得各分段桩侧极限摩阻力和极限端阻力。

Osterberg 于 2000 年对在不同岩层进行的 22 项试验结果进行了讨论，其中有 15 项试验没有达到桩侧极限摩阻力或极限端阻力。这些试验中有 2 项试验是加载到设计荷载的 4 倍，其他许多试验都是加到设计荷载的 10 倍，这表明几乎所有的嵌岩桩都设计过于保守。对于试验的结果，设计工程师仅感到端阻力和桩侧摩阻力的设计假定是有效的，而没有尝试修改设计以节约在岩层中钻孔的费用。很遗憾，自平衡试验大多只作为验证性试验而不是用来确定经济、安全的设计值。

4. 水平荷载试验

自平衡试桩法能对埋深较浅的嵌岩段进行水平荷载试验，此法可排除覆盖层的影响而单独测试嵌岩段的水平抗力。先钻孔至岩层顶面，下护筒开挖覆盖层至岩层顶面，然后在岩层中钻孔。在扁平荷载箱两端分别焊接尺寸与岩层钻孔深度和直径相同的钢板，焊接好后沿钻孔的中心线垂直下放，然后灌注混凝土，这样桩身就形成两个半桩。在下放荷载箱前将桩底处理，以保证两块钢板对两个半桩施加的力一致。混凝土强度达到龄期后就可对试桩循环加载，试验结果根据桩身实际尺寸加以修正。

19.4 结 语

自平衡试验法具有对深基础指定区域单独加载的独特功能，是一种非常有用的研究工具。这种方法已成功应用于研究时间效应、岩层水平抗力系数、循环加载效应和施工技术对钻孔灌注桩承载力的影响。这种方法还有望进行打入桩残余应力的测试研究。

中华人民共和国行业标准

建筑基桩自平衡法静载试验技术规程

Technical Specification for Static Loading Test of Self-Balanced Method of Building Foundation Pile

（送审稿）

目　次

Contents

1 总　　则

1.0.1　为规范建筑基桩自平衡法静载试验的检测方法和技术要求，做到检测工作符合安全适用、技术先进、经济合理、数据准确、评价正确，制定本规程。

1.0.2　本规程适用于复杂条件基桩的竖向承载力检测和评价。

1.0.3　建筑基桩自平衡法静载试验除应执行本规程外，尚应符合国家现行有关标准、规范的规定。

2 术语和符号

2.1 术　语

2.1.1 基桩　foundation pile

桩基础中的单桩。

2.1.2 自平衡法　self-balanced static loading test

在桩身中预埋荷载箱，利用桩身自重、桩侧阻力及桩端阻力互相提供反力的一种试验方法。

2.1.3 平衡点　balanced position

该位置以上桩身自重及桩侧摩阻力之和与该位置下段桩桩侧摩阻力及桩端阻力之和基本相等。

2.1.4 荷载箱　load cell

自平衡法静载试验中用于施加荷载的一种加载装置。

2.1.5 基准梁　referenced beam

用于固定测量基准系统的梁。

2.1.6 基准桩　referenced pile

用于固定基准梁的桩。

2.1.7 桩身内力测试　measurement of internal force in pile

通过桩身应变、位移的测试，计算桩侧阻力和桩端阻力的试验方法。

2.2 符　号

2.2.1 几何参数

A_P——桩身截面面积；

L_u——上段桩长度；

u——桩身周长。

2.2.2 作用与作用效应

q_s——侧摩阻力；

Q_b——桩端的轴力；

Q_u——单桩竖向承载力极限值；

Q_{uu}——上段桩的极限加载值；

Q_{um}——检测桩中段桩的极限加载值；

Q_{ud}——下段桩的极限加载值；

s——桩顶位移；

s_u——荷载箱向上位移；

s_d——荷载箱向下位移。

2.2.3 其他

E_P——桩身弹性模量；

W——荷载箱上部桩的自重与附加重量之和，附加重量包括桩顶配重或设计桩顶以上超管高度的重量、空桩段泥浆或回填砂、土自重；

γ_1——检测桩的抗压摩阻力转换系数；

γ_2——检测桩的抗拔摩阻力转换系数。

3 基本规定

3.1 检测数量和最大加载值

3.1.1 为设计提供依据的试验桩，检测数量应满足设计要求，且在同一条件下不应少于 3 根；当预计工程桩总数小于 50 根时，检测数量不应少于 2 根。

3.1.2 承载力验收检测时，检测数量不应少于同一条件下桩基分项工程总桩数的 1%，且不应少于 3 根；当总桩数小于 50 根时，检测数量不应少于 2 根。

3.1.3 最大加载值确定应符合下列规定：

1 为设计提供依据的试验桩，应加载至极限承载力状态或按设计要求的加载量进行加载；

2 工程桩验收检测或检验时，最大加载值不应小于设计要求的单桩承载力特征值的 2.0 倍。

3.2 检测工作程序

3.2.1 检测工作宜按图 3.2.1 的程序进行：

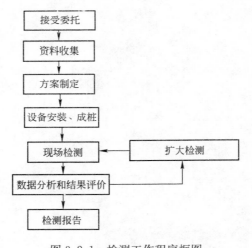

图 3.2.1 检测工作程序框图

3.2.2 检测机构应根据收集的资料，制定检测实施方案。检测方案宜包含以下内容：

1 工程概况、包括各岩土层与桩基有关的参数和各检测桩位置的地质剖面图或柱状图等地基条件、检测依据、桩基设计要求、施工工艺、检测目的、检测要求；

2 根据设计或检测目的和检测要求确定荷载箱的个数、位置和最大加载值；

3 检测桩的施工要求和所需的机械或人工配合等。

3.2.3 检测开始时间应符合下列规定：

1 混凝土强度应不低于设计强度的 80%；

2 土体的休止时间应不少于表3.2.3规定的时间；

表 3.2.3　休止时间

土的类别		休止时间（d）
砂土		7
粉土		10
黏性土	非饱和	15
	饱和	25

注：对于泥浆护壁灌注桩，宜适当延长休止时间。

3 当采用后压浆施工工艺时，结合土层条件，压浆后休止时间不宜少于20天，当浆液中掺入早强剂时可于压浆完成后15天进行。

3.2.4 现场检测期间，除应执行本规程的有关规定外，还应遵守国家有关安全生产的规定。当现场操作环境不符合仪器设备使用要求时，应采取有效的防护措施。

3.2.5 自平衡检测时，宜先进行桩身完整性检测，后进行承载力检测。

3.2.6 工程桩承载力验收检测应给出受检桩的承载力检测值，并评价单桩承载力是否满足设计要求。

3.2.7 当单桩承载力不满足设计要求时，应分析原因，并经工程建设有关方确认后扩大检测。

3.2.8 对工程桩承载力验收检测，试验完后必须在荷载箱位置处进行高压注浆。

3.2.9 检测报告应包含以下内容：

1 委托方名称，工程名称、地点，建设、勘察、设计、监理和施工单位，基础，结构形式，层数，设计要求，检测目的，检测依据，检测数量，检测日期；

2 地基条件描述、岩土体的力学指标，受检桩平面位置图、相应的地质剖面图或柱状图；

3 检测桩的桩型、尺寸、桩号、桩位、桩顶标高、荷载箱参数、荷载箱位置以及相关施工记录；

4 加、卸载方法，检测仪器设备，检测过程描述及承载力判定依据；

5 受检桩的检测数据表、结果汇总表和相应的 Q-s、s-$\lg t$ 等曲线，转换为桩顶静载的等效转换数据表和等效转换 Q-s 曲线；

6 当进行分层侧阻力和端阻力测试时，应包括传感器类型、安装位置，轴力计算方法，各级荷载下桩身轴力变化曲线，各土层的桩侧极限侧阻力和桩端阻力；

7 与检测内容相应的检测结论。

4 试 验 要 点

4.1 仪 器 设 备

4.1.1 基桩自平衡法静载试验系统包括加载系统、位移量测系统和数据处理系统，如图 4.1.1 所示。

 1 加载系统由荷载箱、高压油管和加载油泵等组成；

 2 位移量测系统由位移传递装置、位移传感器等组成；

 3 数据处理系统由数据采集仪和电脑控制系统等组成。

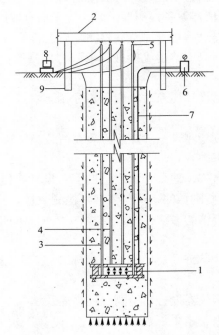

图 4.1.1 基桩自平衡法静载试验系统

1—荷载箱；2—基准梁；3—护套管；4—位移杆(丝)；
5—位移传感器；6—油泵；7—高压油管；8—数据采集仪；9—基准桩

4.1.2 检测用仪器设备应在检定或校准周期的有效期内，检测前应对仪器设备检查调试。

4.1.3 检测所使用的仪器仪表及设备应具备检测工作所必需的防尘、防潮、防震等功能，并能在－10℃～40℃温度范围内正常工作。

4.1.4 荷载箱应按基桩类型、检测要求及基桩施工工艺选用。荷载箱的技术要求应按本规程附录 A 执行。

4.1.5 采用并联于荷载箱油路的压力传感器或压力表测定油压，压力传感器或压力表精度均应优于或等于 0.5 级，量程不应小于 60MPa，压力表、油泵、油管在最大加载时的压力不应超过规定工作压力的 80%。

4.1.6 位移传感器宜采用电子百分表或电子千分表，测量误差不得大于 0.1%FS，分辨力优于或等于 0.01mm。每根检测桩布置不少于 2 组（每组不宜少于 2 个，对称布置），分别用于测定荷载箱处的向上、向下位移。

4.1.7 测试桩侧阻力、桩端阻力、桩身截面位移时，桩身内传感器、位移杆（丝）的埋设应按本规程附录 B 执行。

4.2 设 备 安 装

4.2.1 荷载箱的埋设位置应符合下列要求：

1 当预估极限端阻力小于预估极限侧摩阻力时，将荷载箱置于桩身平衡点处；

2 当预估极限端阻力大于预估极限侧摩阻力时，将荷载箱置于桩端，根据桩长径比、地质情况采取在桩顶提供一定量的配重等措施；

3 检测桩为抗拔桩时，荷载箱可置于桩端；向下反力不够维持加载时，可采取加深桩长等措施；

4 当需要测试桩的分段承载力时，可采用双荷载箱或多荷载箱。

4.2.2 荷载箱的连接应符合下列要求：

1 荷载箱应平放于桩身的中心，荷载箱位移方向与桩身轴线夹角不应大于 1°；

2 对于灌注桩，试验荷载箱安装可参照附录 B 进行。荷载箱上下应分别设置喇叭状的导向钢筋。导向钢筋应符合以下规定：

    1）导向钢筋一端与环形荷载箱内圆边缘处焊接，另一端与钢筋笼主筋焊接，焊接质量等级应满足荷载箱的安装强度要求；

    2）导向钢筋的数量与直径同钢筋笼主筋相同；

    3）导向钢筋与荷载箱平面的夹角应大于 60°。

3 对于预制混凝土管桩和钢管桩，荷载箱与上、下段桩应采取可靠的连接方式。

4.2.3 位移杆（丝）与护套管应符合下列要求：

1 位移杆应具有一定的刚度，确保将荷载箱处的位移传递到地面；

2 保护位移杆（丝）的护套管应与荷载箱焊接，多节护套管连接时可采用机械连接或焊接方式，焊缝应满足强度要求，并确保不渗漏水泥浆；

3 在保证位移传递达到足够精度的前提下，也可采用其他形式的位移传递系统。

4.2.4 基准桩和基准梁应符合下列要求：

1 基准桩与检测桩之间的中心距离应大于等于 3 倍的检测桩直径，且不小于 2.0m；基准桩应打入地面以下足够的深度，一般不小于 1m；

2 基准梁应具有足够的刚度，梁的一端应固定在基准桩上，另一端应简支于基准桩上；

3 固定和支撑位移传感器的夹具及基准梁不得受气温、振动及其他外界因素的影响，当基准梁暴露在阳光下时，应进行有效遮挡。

4.3 现 场 检 测

4.3.1 自平衡法静载试验应采用慢速维持荷载法。

4.3.2 试验加载卸载应符合下列要求：

1 加载应分级进行，采用逐级等量加载，每级荷载宜为最大加载值的 1/10，其中，第一级加载量可取分级荷载的 2 倍；

2 卸载应分级进行，每级卸载量宜取加载时分级荷载的 2 倍，且应逐级等量卸载；

3 加、卸载时，应使荷载传递均匀、连续、无冲击，且每级荷载在维持过程中的变化幅度不得超过分级荷载的 ±10%。

4.3.3 慢速维持荷载法试验步骤应符合下列规定：

1 每级荷载施加后，应分别按第 5min、15min、30min、45min、60min 测读位移，以后每隔 30min 测读一次位移；

2 位移相对稳定标准：每一小时内的位移增量不超过 0.1mm，并连续出现两次（从分级荷载施加后的第 30min 开始，按 1.5h 连续三次每 30min 的位移观测值计算）；

3 当位移变化速率达到相对稳定标准时，再施加下一级荷载；

4 卸载时，每级荷载维持 1h，分别按第 15min、30min、60min 测读位移量后，即可卸下一级荷载；卸载至零后，应测读残余位移，维持时间不得小于 3h，测读时间分别为第 15min、30min，以后每隔 30min 测读一次残余位移量。

4.3.4 终止加载条件应符合下列规定：

1 荷载箱上段位移出现下列情况之一时，即可终止加载：

1）某级荷载作用下，荷载箱上段位移增量大于前一级荷载作用下位移增量的 5 倍，且位移总量超过 40mm；

2）某级荷载作用下，荷载箱上段位移增量大于前一级荷载作用下位移增量的 2 倍，且经 24h 尚未达到本规程第 4.3.3 条第 2 款相对稳定标准；

3）已达到设计要求的最大加载量且荷载箱上段位移达到相对稳定标准；

4）当荷载-位移曲线呈缓变型时，可加载至荷载箱向上位移总量 40mm～60mm（大直径桩或桩身弹性压缩较大时取高值）。

2 荷载箱下段位移出现下列情况之一时，即可终止加载：

1）某级荷载作用下，荷载箱下段位移增量大于前一级荷载作用下位移增量的 5 倍，且位移总量超过 40mm；

2）某级荷载作用下，荷载箱下段位移增量大于前一级荷载作用下位移增量的 2 倍，且经 24h 内尚未达到本规程第 4.3.3 条第 2 款相对稳定标准；

3）已达到设计要求的最大加载量且荷载箱下段位移达到相对稳定标准；

4）当荷载-位移曲线呈缓变型时，可加载至荷载箱向下位移总量 60mm～80mm（大直径桩或桩身弹性压缩较大时取高值）；当桩端阻力尚未充分发挥时，可加载至总位移量超过 80mm。

3 荷载已达荷载箱加载极限，或荷载箱两段桩位移已超过荷载箱行程，即可终止加载。

4.3.5 测试桩身应变和桩身截面位移时，数据的测读时间宜符合第 4.3.3 条的规定。

4.3.6 检测数据宜按附录 C 中表 C.0.1 和表 C.0.2 的格式记录。

5 检测数据的分析与判定

5.1 数 据 分 析

5.1.1 检测数据的处理应符合下列规定：

1 应提供单桩竖向静载试验记录表和结果汇总表，格式应符合附录 C 的要求；

2 应绘制荷载与位移量的关系曲线 Q-s 和位移量与加荷时间的单对数曲线 s-$\lg t$，也可绘制其他辅助分析曲线；

3 当进行桩身应变和桩身截面位移测定时，应按本规程附录 D 的规定，整理测试数据，绘制桩身轴力分布图，计算不同土层的桩侧阻力和桩端阻力。

5.1.2 上段桩极限加载值 Q_{uu} 和下段桩极限加载值 Q_{ud} 应按下列方法综合确定：

1 根据位移随荷载的变化特征确定：对于陡变型曲线，应取曲线发生明显陡变的起始点对应的荷载值；

2 根据位移随时间的变化特征确定极限承载力，应取 s-$\lg t$ 曲线尾部出现明显弯曲的前一级荷载值；

3 当出现第 4.3.4 条第 1.2 和 2.2 款情况时，宜取前一级荷载值；

4 对缓变型 Q-s 曲线可根据位移量确定，上段桩极限加载值取对应位移为 40mm 时的荷载，当上段桩长大于 40m 时，宜考虑桩身的弹性压缩量；下段桩极限加载值取位移为 40mm 对应的荷载值，对直径大于或等于 800mm 的桩，可取荷载箱向下位移量为 $0.05D$(D 为桩端直径)对应的荷载值；

5 当按本条第 1～4 款不能确定时，宜分别取向上、向下两个方向的最大试验荷载作为上段桩极限加载值和下段桩极限加载值。

5.1.3 将基桩自平衡法测得的荷载箱上、下两段 Q-s 曲线，等效转换为传统方法桩顶静载试验的一条 Q-s 曲线。转换方法应符合本规程附录 E。

5.2 承 载 力 判 定

5.2.1 根据检测桩的极限加载值，可按下式计算其极限承载力：

1 抗压

单荷载箱：

$$Q_u = \frac{Q_{uu} - W}{\gamma_1} + Q_{ud} \qquad (5.2.1\text{-}1)$$

双荷载箱：

$$Q_u = \frac{Q_{uu} - W}{\gamma_1} + Q_{um} + Q_{ud} \qquad (5.2.1\text{-}2)$$

2 抗拔

$$Q_u = \frac{Q_{uu}}{\gamma_2} \qquad (5.2.1\text{-}3)$$

式中 Q_u——检测桩的单桩竖向承载力极限值(kN)；

Q_{uu}——检测桩上段桩的极限加载值(kN);

Q_{um}——检测桩中段桩的极限加载值(kN);

Q_{ud}——检测桩下段桩的极限加载值(kN);

W——荷载箱上段桩的自重与附加重量之和,附加重量包括桩顶配重或设计桩顶以上超管高度的重量、空桩段泥浆或回填砂、土自重;

γ_1——检测桩的抗压摩阻力转换系数;

γ_2——检测桩的抗拔摩阻力转换系数;

γ_1、γ_2 宜根据实际情况通过相近条件的比对试验和地区经验确定。当无可靠比对试验资料和地区经验时,可依据荷载箱上部土的类型按下列数值确定:黏性土、粉土 $\gamma_1 = 0.75 \sim 0.85$;砂土 $\gamma_1 = 0.65 \sim 0.75$;岩石 $\gamma_1 = 1$,若上部有不同类型的土层,γ_1 按土层厚度加权取平均值(荷载箱埋深小于 25m 时 γ_1 取低值,大于 40m 取高值)。对于一般工程,γ_2:黏性土、粉土、岩石 1.0,砂土 1.1。

5.2.2 为设计提供依据的单桩竖向抗压(拔)承载力的统计取值,应符合下列规定:

1 对参加算术平均的试验桩检测结果,当极差不超过平均值的 30% 时,可取其算数平均值为单桩竖向抗压(拔)极限承载力;当极差超过平均值的 30% 时,应分析原因,结合桩型、施工工艺、地基条件、基础形式等工程具体情况综合确定极限承载力;不能明确极差过大的原因时,宜增加试验桩数量;

2 试验桩数量小于 3 根或桩基承台下的桩数不大于 3 根时,应取试验值中的最低值。

5.2.3 单桩竖向抗压(抗拔)承载力特征值应按单桩竖向抗压(抗拔)极限承载力的 50% 取值。

附录 A 荷载箱的技术要求

A.0.1 一般规定

1 荷载箱液压缸必须经有资质的法定计量单位检定，并取得检定合格证书；

2 荷载箱应经耐压检验合格后方可出厂，现场不得拆卸或重新组装；

3 荷载箱应有铭牌，注明规格、额定压力、额定输出推力、质量、出厂编号、制造日期等；

4 应按基桩类型、使用要求及基桩施工工艺选用相应规格的荷载箱。

A.0.2 检定

1 荷载箱必须检定，加载分级数不少于五级；

2 荷载箱宜整体检定；

3 当整体检定受限制时，组成荷载箱的液压缸应为同型号，相同油压时的液压缸出力相对误差小于 3%。

A.0.3 荷载性能

荷载箱的极限输出推力不应小于额定输出推力的 1.2 倍。

A.0.4 示值重复性

荷载箱检定示值重复性不应大于 3%。

A.0.5 荷载箱启动压力

荷载箱空载启动压力应小于额定压力的 4%。

A.0.6 耐压检验

荷载箱在 1.2 倍额定压力下持荷 30min、在额定压力下持荷 2h 以上，均不应出现泄漏、压力减小值大于 5% 等异常现象。

附录 B 检测系统的安装与连接

B.0.1 自平衡法试验中检测桩的检测系统的安装与连接情况如图 B.0.1 所示。

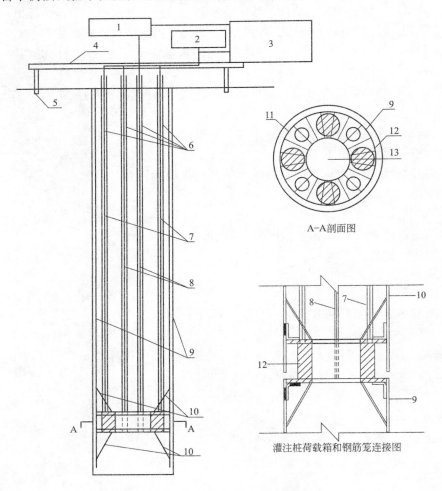

图 B.0.1 检测系统的安装与连接

1—加压系统；2—位移系统；3—静载试验仪(压力控制和数据采集)；4—基准梁；
5—基准桩；6—位移杆(丝)护筒；7—上位移杆(丝)；8—下位移杆(丝)；
9—主筋；10—导向筋(喇叭筋)；11—声测管；12—千斤顶；13—导管孔

附录 C　自平衡法静载试验数据记录表

C.0.1　自平衡法静载试验的检测数据应按表 C.0.1 的格式记录。

表 C.0.1　自平衡法静载试验记录表

检测桩编号		检测桩类型		桩径(mm)		桩长(m)	
桩端持力层		成桩日期		测试日期		加载方法	

荷载编号	压力表读数	荷载值(kN)	记录时间(d h min)	间隔(min)	各表读数(mm)						位移(mm)			温度(℃)
					1	2	3	4	5	6	向上	向下	桩顶	

记录人：　　　　　　　　　　　　　　　　　　　　　　　　　　　　　　校核人：

C.0.2　自平衡法静载试验的结果宜按表 C.0.2 的格式记录。

表 C.0.2　自平衡法静载试验结果汇总表

工程名称		桩号		工程地点			
建设单位				施工单位			
桩型		桩径(mm)		桩长(m)		桩顶标高(m)	—
成桩日期		测试日期		加载方法			

荷载编号	加载值(kN)	加载历时(min)		向上位移(mm)		向下位移(mm)		桩顶位移(mm)	
		本级	累计	本级	累计	本级	累计	本级	累计

记录人：　　　　　　　　　　　　　　　　　　　　　　　　　　　　　　校核人：

C.0.3　自平衡法静载试验荷载箱宜按表 C.0.3 的格式记录。

表 C.0.3 自平衡法静载试验荷载箱参数表

序号	桩号	桩径(mm)	荷载箱型号	荷载箱参数				荷载箱位置
				外径(mm)	内径(mm)	高度(mm)	额定加载能力(kN)	

记录人：　　　　　　　　　　　　　　　　　　　　　　　　　　　　　　校核人：

附录 D 桩身内力测试

D.0.1 自平衡法静载试验基桩内力测试适用于桩身横截面尺寸基本恒定或已知的桩，可得到桩侧各土层的分层摩阻力及端阻力。

D.0.2 桩身内力测试可根据测试目的、试验桩型及施工工艺选用电阻应变式传感器、振弦式传感器、滑动测微计或光纤式应变传感器。需要检测桩身某断面或桩底位移时，可在需检测断面设置位移杆(丝)。

D.0.3 传感器测量断面应设置在两种不同性质土层的界面处，且距桩顶和桩底的距离不宜小于1倍桩径。在荷载箱附近应设置一个测量断面作为传感器标定断面。传感器标定断面处应对称设置4个传感器，其他测量断面处可对称埋设2～4个传感器，当桩径较大或试验要求较高时取高值。

D.0.4 应变传感器安装，可根据不同桩型选择下列方式：

　　1 混凝土桩可采用焊接或绑焊工艺将传感器固定在钢筋笼上；

　　2 钢管桩可将电阻应变计直接粘贴在桩身上，振弦式和光纤式传感器可采用焊接或螺栓连接固定在桩身上。

D.0.5 电阻应变式传感器及其连接电缆，应有可靠的防潮绝缘防护措施；正式测试前，传感器及电缆的系统绝缘电阻不得低于200MΩ。

D.0.6 应变测量所用的仪器，宜具有多点自动测量功能，仪器的分辨力应优于或等于1με。

D.0.7 弦式钢筋计应按主筋直径大小选择，并采用与之匹配的频率仪进行测量，频率仪的分辨力应优于或等于1Hz，仪器的可测频率范围应大于桩在最大加载时的频率的1.2倍。使用前，应对钢筋计逐个标定，得出压力与频率之间的关系。

D.0.8 带有接长杆弦式钢筋计宜焊接在主筋上，不宜采用螺纹连接。

D.0.9 当桩身应变与桩身位移需要同时测量时，桩身位移测试应与桩身应变测试同步。

D.0.10 测试数据整理应符合下列规定：

　　1 采用电阻应变式传感器测量时，应按下列公式对实测应变值进行导线电阻修正：

采用半桥测量时按下式计算：

$$\varepsilon = \varepsilon' \left(1 + \frac{r}{R} \right) \tag{D.0.10-1}$$

采用全桥测量时按下式计算：

$$\varepsilon = \varepsilon' \left(1 + \frac{2r}{R} \right) \tag{D.0.10-2}$$

式中　ε——修正后的应变值；

　　　ε'——修正前的应变值；

　　　r——导线电阻(Ω)；

　　　R——应变计电阻(Ω)。

2 采用弦式传感器测量时，应根据率定系数将钢筋计实测频率换算成力，再将力值换算成与钢筋计断面处的混凝土应变相等的钢筋应变量；

3 在数据整理过程中，应将零漂大、变化无规律的测点删除，求出同一断面有效测点的应变平均值，并按下式计算该断面处桩身轴力：

$$Q_i = \bar{\varepsilon}_i \cdot E_i \cdot A_i \qquad (D.0.10-3)$$

式中 Q_i——桩身第 i 断面处轴力(kN)；

$\bar{\varepsilon}_i$——第 i 断面处应变平均值；

E_i——第 i 断面处桩身材料弹性模量(kPa)，当混凝土桩身断面、配筋一致时，宜按标定断面处的应力与应变的比值确定；

A_i——第 i 断面处桩身截面面积(m^2)。

4 按每级试验荷载下，应将桩身不同断面处的轴力值制成表格，并绘制轴力分布图。桩侧土的分层极限摩阻力和极限端阻力：

$$q_{si} = \frac{|Q_i - Q_{i+1}|}{u \cdot l_i} \qquad (D.0.10-4)$$

$$q_p = \frac{Q_b}{A_0} \qquad (D.0.10-5)$$

式中 q_{si}——桩第 i 断面与 $i+1$ 断面间侧摩阻力(kPa)；

q_p——桩的端阻力(kPa)

Q_b——桩端轴力(kPa)；

i——桩检测断面顺序号，$i=1$，2，……，n，并自桩顶以下从小到大排列；

u——桩身周长(m)；

l_i——第 i 断面与第 $i+1$ 断面之间的桩长(m)；

A_0——桩端面积(m^2)。

5 桩身第 i 断面处的钢筋应力可按下式计算：

$$\sigma_{si} = E_s \cdot \varepsilon_{si} \qquad (D.0.10-6)$$

式中 σ_{si}——桩身第 i 断面处的钢筋应力(kPa)；

E_s——钢筋弹性模量(kPa)；

ε_{si}——桩身第 i 断面处的钢筋应变。

D.0.11 位移杆应具有一定的刚度，宜采用内外管形式；外管固定在桩身，内管下端固定在需测试断面，顶端高出外管 100mm～200mm，并能与测试断面同步位移。

D.0.12 采用位移杆(丝)测量位移时，测量位移杆(丝)位移的检测仪器应符合本规程第 4.1.6 条的技术要求，位移测试和桩身内力测试应同步。

附录 E 等效转换方法

E.0.1 等效转换方法：将基桩自平衡法获得的荷载箱向上、向下两条 $Q\text{-}s$ 曲线等效转换为相应传统静载试验的一条 $Q\text{-}s$ 曲线，以确定桩顶沉降，如图 E.0.1 所示。

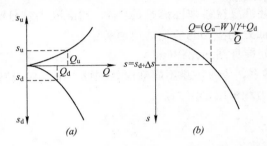

图 E.0.1 基桩自平衡法结果转换示意图

(a)基桩自平衡法曲线；(b)等效转换曲线

E.0.2 转换假定应符合下列要求：

1 桩为弹性体；

2 等效的试验桩分为上、下段桩，分界截面即为自平衡桩的平衡点 a 截面；

3 基桩自平衡法试验中的下段桩与等效受压桩下段的位移相等；

4 基桩自平衡法试验中，桩端的承载力-沉降量关系及不同深度的桩侧摩阻力-变位量关系与传统试验法是相同的；

5 桩上段的桩身压缩量 Δs 为上段桩桩端及桩侧荷载两部分引起的弹性压缩变形之和：

$$\Delta s = \Delta s_1 + \Delta s_2 \tag{E.0.2-1}$$

式中 Δs_1——受压桩上段在荷载箱下段力作用下产生的弹性压缩变形量；

Δs_2——受压桩上段在荷载箱上段力作用下产生的弹性压缩变形量。

6 计算上段桩弹性压缩变形量 Δs_2 时，侧摩阻力使用平均值；

7 可由单元上、下两面的轴向力和平均断面刚度来求各单元应变。

E.0.3 桩身无钢筋计时的计算应符合以下规定：

1 根据本规程附录 E.0.2 中第 5、6 款假定：

$$\Delta s_1 = \frac{Q_{ud} L_u}{E_p A_P} \tag{E.0.3-1}$$

$$\Delta s_2 = \frac{(Q_{uu} - W) L_u}{2 E_p A_p \gamma} \tag{E.0.3-2}$$

将式(E.0.3-1)、式(E.0.3-2)代入式(E.0.2-1)，可得桩身的弹性压缩量为：

$$\Delta s = \Delta s_1 + \Delta s_2 = \frac{\left[(Q_{uu} - W)/\gamma + 2 Q_{ud}\right] L_u}{2 E_p A_P} \tag{E.0.3-3}$$

桩顶等效荷载为：

$$Q = (Q_{uu} - W)/\gamma + Q_{ud} \tag{E.0.3-4}$$

2 根据本规程附录 E.0.2 条中第 3 款的假定与等效桩顶荷载 Q 对应的桩顶位移 s。则有：

$$s = s_d + \Delta s \tag{E.0.3-5}$$

式中，s_d 可直接测定；Δs 可通过计算求得；γ 符号含义同前。

E.0.4 桩身有钢筋计时的计算应符合下列规定：

1 根据本规程附录 E.0.2 条中第 7 款规定，将荷载箱以上部分分割成 n 个点（见图 E.0.4-1），任意一点 i 的桩轴向力 $Q(i)$ 和变位量 $s(i)$ 可用下式表示：

$$Q(i) = Q_d + \sum_{m=i}^{n} q_{sm}\{U(m) + U(m+1)\}h(m)/2 \tag{E.0.4-1}$$

$$\begin{aligned}s(i) &= s_d + \sum_{m=1}^{n} \frac{Q(m) + Q(m+1)}{A_p(m)E_p(m) + A_p(m+1)E_p(m+1)}h(m)\\ &= s(i+1) + \frac{Q(i) + Q(i+1)}{A_p(i)E_p(i) + A_p(i+1)E_p(i+1)}h(i)\end{aligned} \tag{E.0.4-2}$$

式中 Q_d——荷载箱荷载(kN)；

     s_d——荷载箱向下变位量(m)；

     q_{sm}——m 点($i\sim n$ 之间的点)的桩侧摩阻力(假定向上为正值)(kPa)；

   $U(m)$——m 点处桩周长(m)；

   $A_p(m)$——m 点处桩截面面积(m^2)；

   $E_p(m)$——m 点处桩弹性模量(kPa)，宜采用标定断面法确定；

   $h(m)$——分割单元 m 的长度(m)。

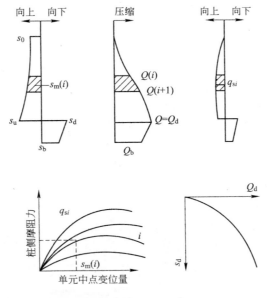

图 E.0.4-1 基桩自平衡法的轴向力、桩侧摩阻力与变位量的关系

s_0—桩顶变位；s_u，s_d—荷载箱向上和向下变位量；

s_b—桩端变位量；Q_d—荷载箱荷载；Q_b—桩端轴向力

2 单元 i(见图 E.0.4-2)的中点变位量 $s_m(i)$ 可用下式表示：

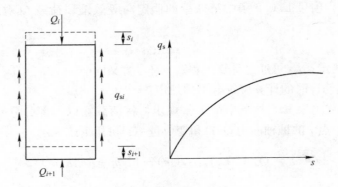

图 E.0.4-2 转换单元示意图

$$s_m(i) = S(i+1) + \frac{Q(i) + 3Q(i+1)}{A_p(i)E_p(i) + 3A_p(i+1)E_p(i+1)} \frac{h(i)}{2} \quad (E.0.4-3)$$

将式(E.0.4-1)代入式(E.0.4-2)和式(E.0.4-3)中，可得：

$$s(i) = s(i+1) + \frac{h(i)}{A_p(i)E_p(i) + A_p(i+1)E_p(i+1)}$$

$$\left\{ 2Q_d + \sum_{m=i+1}^{n} q_{sm}[U(m) + U(m+1)]h(m) + q_{si}[U(i) + U(i+1)]\frac{h(i)}{2} \right\}$$

$$(E.0.4-4)$$

$$s_m(i) = s(i+1) + \frac{h(i)}{A_p(i)E_p(i) + 3A_p(i+1)E_p(i+1)}$$

$$\left\{ 2Q_d + \sum_{m=i+1}^{n} q_{sm}[U(m) + U(m+1)]h(m) + q_{si}[U(i) + U(i+1)]\frac{h(i)}{4} \right\}$$

$$(E.0.4-5)$$

当 $i = n$ 时，则

$$s(n) = s_d + \frac{h(n)}{A_p(n)E_p(n) + A_p(n+1)E_p(n+1)} \left\{ 2Q_d + q_{sn}[U(n) + U(n+1)]\frac{h(n)}{2} \right\}$$

$$(E.0.4-6)$$

$$s_m(n) = s_d + \frac{h(n)}{A_p(n)E_p(n) + 3A_p(n+1)E_p(n+1)} \left\{ 2Q_d + q_{sn}[U(n) + U(n+1)]\frac{h(n)}{4} \right\}$$

$$(E.0.4-7)$$

3 用以上公式，由基桩自平衡法测出的桩侧摩阻力 q_{si} 与变位量 $s_m(i)$ 的关系曲线，将 q_{si} 作为 $s_m(i)$ 的函数，对于任意的 $s_m(i)$，可求出 q_{si}，还可由荷载箱荷载 Q_d 与向下位移 s_d 的关系曲线求出 Q_d。所以，对于 $s(i)$ 和 $s_m(i)$ 的 $2n$ 个未知数，可建立 $2n$ 个联立方程式。对于荷载还没有传到荷载箱处时，直接采用荷载箱上段桩曲线 Q-s_u 曲线转换。

本规程用词说明

1 为便于在执行本规程条文时区别对待，对要求严格程度不同的用词说明如下：

   1）表示很严格，非这样做不可的：

      正面词采用"必须"，反面词采用"严禁"；

   2）表示严格，在正常情况下均应这样做的：

      正面词采用"应"，反面词采用"不应"或"不得"；

   3）表示允许稍有选择，在条件许可时首先这样做的：

      正面词采用"宜"，反面词采用"不宜"；

   4）表示有选择，在一定条件下可以这样做的，可采用"可"。

2 条文中指明应按其他有关标准执行的写法为："应符合……的规定"或"应按……执行"。

引用标准名录

《建筑地基基础设计规范》GB 50007
《建筑桩基技术规范》JG J94
《建筑基桩检测技术规范》JGJ 106
《基桩自平衡法静载试验用荷载箱》JT/T 875

中华人民共和国行业标准

建筑基桩自平衡法静载试验技术规程

条 文 说 明

目　　次

1 总　　则

1.0.1　当前，建(构)筑物向高、重、大方向发展，各种大直径、大吨位桩基础应用越来越普遍，确定桩基础承载力最可靠的方法是静载试验。静载荷试验法测试基桩承载力，成果直观、可靠，通常认为是一种标准试验方法，它可作为其他检测方法的比较依据。然而在狭窄场地、坡地、基坑底、水(海)上及超大吨位桩等情况下，传统的静载试验法(堆载法和锚桩法)受到场地和加载能力等因素的约束，以致许多大吨位和特殊场地的桩基础承载力得不到可靠的数据。

　　基桩自平衡法是基桩静载试验的一种新方法。其主要装置是一种特制的荷载箱，它与钢筋笼连接而安置于桩身下部。试验时，从桩顶通过输压管对荷载箱内腔施加压力，箱盖与箱底被推开，从而调动桩周土的摩阻力与端阻力，直至破坏。将桩侧土摩阻力与桩底土阻力迭加而得到单桩抗压承载力。基桩自平衡法具有许多优点：

　　1　装置简单，不受场地条件和加载吨位的限制、不需运入数百吨或数千吨物料，不需构筑笨重的反力架；试验省时、省力、安全、无污染；

　　2　可分别直接测得桩侧阻力与端阻力；

　　3　试验后利用位移杆(丝)护套管对荷载箱处进行压力灌浆，检测桩仍可作为工程桩使用；

　　4　与传统方法相比，试验综合费用低，吨位越大，场地条件越复杂，效果越明显。

　　自平衡法技术实用性强，成功应用于灌注桩、管桩、沉井、地下连续墙等深基础承载力测试，在我国 30 个省、自治区、直辖市以及其他多个国家及地区的 3000 多个建筑、公路、铁路、码头、水利等重大工程中广泛应用。基桩自平衡法也已经在国外许多重大工程得到相应的验证。基桩自平衡法中所引用的基本理论准确，方法实用。目前，很多地方参考早期江苏省标准《桩承载力自平衡法测试技术规程》DB 32/T291—1999，不考虑地方地质土性特点，也出现一些失败的案例。为规范基桩自平衡法，使基桩自平衡法在基桩静载试验中发挥更大作用，确保桩基设计与施工技术先进、经济合理、安全实用，很有必要制定《建筑基桩自平衡法静载试验技术规程》，规范建筑行业自平衡法静载试验，成果可作为目前《建筑基桩检测技术规范》的补充，也为以后重点土木工程的设计和施工提供一定的指导和依据。

1.0.2　自平衡法静载试验适用于黏性土、粉土、砂土、岩层等地质情况中的除预制实心桩外的所有桩型，包括钻孔灌注桩、人工挖孔桩、预制混凝土管桩以及钢管桩，沉井、地下连续墙等其他深基础也可参照执行。此方法能解决传统静载试验方法难以实施的大直径大吨位、狭窄场地、基坑底部、坡地、水上等基桩的检测问题。桩受力的形式有摩擦桩、端承摩擦桩、摩擦端承桩、端承桩、抗拔桩。该试验不适用桩身直径小于 600mm 的钻孔灌注桩。

1.0.3　我国地域辽阔，岩土工程地质环境变化极大，为保证基础建设质量，进行基桩检测，强调首先应按照本规程的规定严格实施，除此而外还应符合国家现行强制性标准中的规定。

2 术 语 和 符 号

2.2 符　　号

2.2　对于上部桩的自重 W 的取值，鉴于其对极限承载力的计算有一定影响，故根据检测桩的地质情况，上部桩的桩身在地下水位以下部位取浮重度，在地下水位以上部位取自身重度。

3 基 本 规 定

3.1 检测数量和最大加载值

3.1.1 本条规定的试桩数量，与《建筑基桩检测技术规范》JGJ 106 一致。本条规定的试桩数量仅仅是下限，可根据实际情况增加试桩数量。

"地基条件、桩长相近，桩端持力层、桩型、桩径、沉桩工艺相同"即为本规程所指的"同一条件"。对于大型工程，"同一条件"可能包含若干个桩基分项（子分项）工程。同一桩基分项工程可能由两个或两个以上"同一条件"的桩组成，如直径 400mm 和 500mm 的两种规格的管桩应区别对待。

本条规定同一条件下的试桩数量不得少于一组 3 根，是保障合理评价试桩结果的低限要求。若实际中由于某些原因不足以为设计提供可靠依据或设计另有要求时，可根据实际情况增加试桩数量。另外，如果施工时桩参数发生了较大变动或施工工艺发生了变化，应重新试桩。

试验桩场地的选择应有代表性，附近应有地质钻孔。试桩位置应符合设计要求。设计无要求时，宜选择在有代表性的地质条件处布置，并尽量靠近钻探孔或静力触探孔，其间距不宜大于 5m。必要时，应根据设计要求在试验桩施工中安装测试桩身应变或变形的元件，以得到试桩的侧摩阻力分布及桩端阻力，为设计选择桩基持力层提供依据。

3.1.2 桩基工程属于一个单位工程的分部（子分部）工程中的分项工程，一般以分项工程单独验收。所以本规范将承载力验收检测的工程桩数量限定在分项工程内。本条规定了在何种条件下工程桩检测数量低限。

3.1.3 本条明确规定为设计提供依据的静载试验应加载至桩的承载极限状态甚至破坏，即试验应进行到能判定单桩极限承载力为止。如果如一端已至极限，可采取相关措施保证另一端如何实现继续加载。对于以桩身强度控制承载力的端承型桩，当设计另有规定时，应满足其规定。本条规定的最大加载值是指自平衡法试验过程中向上及向下的最大加载值之和。

大量测试结果表明：按计算极限承载力加载桩达不到破坏。为达到优化设计目的，试验桩最大加载值可取按地质报告计算的单桩极限承载力进行估计，试验桩最大加载值可取按地质报告计算的单桩极限承载力的 1.2～1.5 倍；仅对工程桩承载力校核时最大加载值取单桩承载力特征值的 2.0 倍（即需要满足按照此加载值实施后等效转换后承载力满足设计要求的承载力特征值的 2.0 倍要求），或按设计要求取值。

3.2 检 测 工 作 程 序

3.2.1 本条图 3.2.1 是检测机构应遵循的检测一般工作程序。实际执行检测程序中，由于不可预知的原因，如委托要求的变化、现场调查情况与委托方介绍的不符，或在现场检测尚未全部完成就已发现质量问题而需要进一步排查，都可能使原检测方案中的检测数量、受检桩桩位发生变化。总之，检测方案并非一成不变，可根据实际情况动态调整。

3.2.2 为了正确地对基桩质量进行检测和评价，提高基桩检测工作的质量，做到有的放矢，应尽可能详细了解和搜集有关技术资料，并按表 1 填写受检桩设计施工概况表。所搜集的各种资料应为委托方提供的有关勘察设计施工单位的有效报告图件，设计单位的检测要求应为书面有效文本或在有效图件上文字注明。基础资料不齐全、试验检测所需数据不是书面有效文本或图件、检测场地不具备进场条件，不应组织检测。另外，有时委托方的介绍和提出的要求是笼统的、非技术性的，也需要通过调查来进一步明确委托方的具体要求和现场实施的可行性；有些情况下还需要检测技术人员到现场了解和搜集。

表 1 受检桩设计施工概况表

桩号	桩横截面尺寸	混凝土设计强度等级(MPa)	设计桩顶标高(m)	检测时桩顶标高(m)	施工桩底标高(m)	施工桩长(m)	成桩日期	设计桩端持力层	单桩承载力特征值或极限值(kN)	备注
工程名称			地点					桩型		

本条提出的检测方案内容为一般情况下包含的内容，某些情况下还需要包括场地开挖、道路、供电、照明等要求。为满足建设方在技术质量、安全及工期方面的要求，检测机构应根据现场情况，从仪器设备、人员组织、质量保证措施、安全措施、检测周期等方面认真编写有针对性的检测方案，并在检测过程中遵照实施。如需变更应及时与建设方协商，取得其谅解和同意。

3.2.3 混凝土是一种与龄期相关的材料，其强度随时间的增加而增加。在最初几天内强度快速增加，随后逐渐变缓，其物理力学、声学参数变化趋势亦大体如此。桩基工程受季节气候，周边环境或工期紧的影响，往往不允许等到全部工程桩施工完并都达到 28d 龄期强度后再开始检测。自平衡试验为双向加载，桩身产生的应力是传统试验的一半，若桩身混凝土强度低，有可能引起桩身损伤或破坏。为分清责任，规定桩身混凝土强度应不低于设计强度的 80%。

本条所指的休止时间，首先应满足桩身强度，其次应根据桩侧土质情况确定，适当考虑桩端土质情况。对采用后压浆施工工艺的桩，压浆后的休止时间应同时得到满足。

桩在施工过程中不可避免地扰动桩周土，降低土体强度，引起桩的承载力下降，以高灵敏度饱和黏性土中的摩擦桩最明显。随着休止时间的增加，土体重新固结，土体强度逐渐恢复提高，桩的承载力也逐渐增加。成桩后桩的承载力随时间而变化的现象称为桩的承载力时间(或歇后)效应，我国软土地区这种效应尤为突出。研究资料表明，时间效应可使桩的承载力比初始值增长 40%~400%。其变化规律一般是初期增长速度较快，随后渐慢，待达到一定时间后趋于相对稳定，其增长的快慢和幅度与土性和类别有关。除非在特定的土质条件和成桩工艺下积累大量的对比数据，否则很难得到承载力的时间效应关系。另外，桩的承载力包括两层涵义，即桩身结构承载力和支撑桩结构的地基岩土承载力，桩的破坏可能是桩身结构破坏或支撑桩结构的地基岩土承载力达到了极限状态，多数情况下桩的承载力受后者制约。如果混凝土强度过低，桩可能产生桩身结构破坏而地基土承载力尚未完全发挥，桩身产生的压缩量较大，检测结果不能真正反映设计条件下桩的承载力与桩的变形情况。因此，对于承载力检测，应同时满足地基土休止时间和桩身混凝土龄期（或设计强度）双重规定，若验收检测工期紧无法满足休止时间规定时，应在检测报告中注明。

压浆后静载试验是根据后压浆水泥浆液的增强反应基本完成后进行，这里规定在压浆20天后进行是通常所需时间。当需要提前试验时，应在水泥浆液中加入早强剂。

3.2.4 操作环境要求是按测量仪器设备对使用温湿度、电压波动、电磁干扰、振动冲击等现场环境条件的适应性规定的。

3.2.5 本条制定参照《建筑基桩检测技术规范》JGJ 106。

相对于静载试验而言，完整性检测（除钻芯法外）方法作为普查手段，具有速度快、费用较低和检测数量大的特点，容易发现桩基的整体施工质量问题，至少能为有针对性地选择静载试验提供依据。所以，完整性检测安排在静载试验之前是合理的。自平衡法静载试验中，有时会因桩身缺陷、桩身截面突变处应力集中或桩身强度不足造成桩身结构破坏，故建议在检测前后对试验桩进行完整性检测，为分析桩身结构破坏的原因提供证据。

3.2.6 针对工程桩验收检测，采用统计方式进行整体评价相当于用小样本推断大母体，基桩检测所用的百分比抽样并非概率统计学意义上的抽样方式，结果评价时的错判概率和漏判概率未知，故不能用非概率统计意义的承载力特征值进行整体评价。需要说明两点：（1）承载力检测因时间短暂，其结果仅代表检测桩那一时刻的承载力，更不能包含日后自然或人为因素（如桩周土湿陷、膨胀、冻胀、侧移、基础上浮、地面超载等）对承载力的影响。（2）承载力评价可能出现矛盾的情况，即承载力不满足设计要求而满足有关规范规程要求。

3.2.7 通常，因初次抽样检测数量有限，当抽样检测中发现承载力不满足设计要求时，应会同有关各方分析和判断桩基整体的质量情况，如果不能得出准确判断、为补强或设计变更方案提供可靠依据时，应扩大检测。扩大检测数量宜根据地基条件、桩基设计等级、桩型、施工质量变异性等因素合理确定。倘若初次检测已基本查明质量问题的原因所在，则不宜盲目扩大检测，对于没有条件采用自平衡扩大检测时，可参照《建筑基桩检测技术规范》JGJ 106 相关条款进行。

3.2.8 对于在工程桩上完成的试验，由于抗压桩荷载箱埋设在设计桩端标高以上，为确保测试后桩正常使用，施工单位必须对抗压桩测试时荷载箱部位产生的缝隙进行压浆处理。

试验时，组成荷载箱的千斤顶缸套和活塞之间产生相对滑移，荷载箱处的混凝土被拉开（缝隙宽度等于卸载后向上向下残余位移之和），但桩身其他部分并未破坏，上下两段桩仍被荷载箱连在一起。试验后，通过位移杆（丝）护套管，用压浆泵将加入膨胀剂、不低于桩身强度的水泥浆注入，检测桩就仍可作为工程桩使用。这是因为：

1 压浆不仅填满荷载箱处混凝土的缝隙，使该处桩身强度不低于试验前，而且还相当于桩侧压浆，使荷载箱以上 20m 左右范围内的桩身侧摩阻力提高 40%～80%。也就是说，试验后的桩经压浆处理承载力比原来要高；

2 试验时已将桩底沉渣和土压实，试验后的桩沉降量要比试验前小很多；

3 由于荷载箱置于桩的平衡点处（大都靠近桩底），该处桩身主要承受竖向压力，且数值不超过桩的竖向极限抗压承载力的一半；

荷载箱处进行高压注浆，可参照以下要求进行：

4 压浆管应符合下列规定：

(1) 压浆管应采用钢管；

(2) 压浆管连接宜采用丝扣连接或套焊，确保不漏浆，上端加盖、管内无异物；

(3) 压浆管应与钢筋笼主筋绑扎固定；

(4) 压浆管数量宜根据桩径大小设置，对直径不大于 800mm 的桩，宜对称布置 2 根压浆管，对直径大于 800mm 而不大于 1200mm 的桩，宜对称布置 3 根压浆管，对直径大于 1200mm 而不大于 2500mm 的桩，宜对称布置 4 根压浆管；

(5) 当桩埋设有声测管或位移护管，且为钢管时，也可用作压浆管。

压浆过程中，压浆管会承受一定的压力，为保证压浆成功，对压浆管材料进行了相应的规定。压浆管设置数量根据桩径大小确定，目的在于确保压浆浆液的均匀对称及压浆的可靠性；

5 压浆材料宜用强度等级 42.5 以上的水泥浆，浆液的水灰比宜为 0.5～0.65，并掺入一定量微膨胀剂，确保浆体强度达到桩身强度要求，无收缩；

压浆材料与浆液水灰比根据大量工程实践经验提出。水灰比过大容易造成浆液流失，降低压浆的有效性，水灰比过小会增大压浆阻力，降低可注性。掺入微膨胀外加剂是为了防止浆液固化过程产生收缩，影响浆体强度；

6 压浆过程宜符合下列要求：

(1) 压浆前应对荷载箱缝隙进行压水清洗，向一管中压入清水，待另一管中流出的污水变成清水时，开始对荷载箱内的缝隙进行压浆；

(2) 压浆量以从一根压浆管压入，相邻压浆管冒出新鲜水泥浆为准。

7 压浆前要求对荷载箱缝隙进行压水清洗是为把荷载箱撑开时可能吸入的泥浆及压浆管内灰尘冲洗干净，确保压浆效果。

3.2.9 本条制定参照《建筑基桩检测技术规范》JGJ 106 外，还包括了自平衡法静载荷试验报告应包含的内容。

检测报告应根据所采用的检测方法和相应的检测内容出具检测结论。为使报告具有较强的可读性和内容完整，除众所周知的要求——报告用词规范、检测结论明确、必要的常规内容描述外，报告中还应包括检测原始记录信息或由其直接导出的信息，即检测报告应包含各受检桩的原始检测数据和曲线，并附有相关的计算分析数据和曲线。本条之所以这样详尽规定，其目的就是希望杜绝检测报告仅有检测结果而无任何检测数据和曲线的现象发生。

4 试 验 要 点

4.1 仪 器 设 备

4.1.2 检测所用仪器应进行定期检定或校准,以保证基桩检测数据的准确可靠性和可追溯性。虽然测试仪器在有效计量检定或校准周期之内,但由于基桩检测工作的环境较差,使用期间仍可能由于使用不当或环境恶劣等造成仪器仪表受损或校准因子发生变化。因此,检测前还应加强对测试仪器、配套设备的期间核查;发现问题后应重新检定或校准。

4.1.3 具体应符合《电子测量仪器环境试验总纲》GB 6587.1 中 Ⅱ 组的要求和规定。

4.1.4 加载用的荷载箱是一特制的油压千斤顶。它需要按照桩的类型,截面尺寸和荷载等级专门设计生产,使用前必须经有资质的法定计量单位进行标定,并宜进行整体标定,同时防止漏油。荷载箱极限加载能力应大于预估极限承载力的 1.2 倍。

4.1.5 对试验过程中加压系统所采用的仪器、仪表的性能、精度、量程做了要求,目的是为了保证试验中压力值真实、可靠,使各种人为或外界的影响降到最低限度。

4.1.6 对试验过程中位移观测系统所采用的仪器、仪表的性能、量程、分辨率、示值总误差、位移测量仪表的数量做了要求,目的是为了保证位移检测数据真实、可靠,使各种人为或外界的影响降到最低限度;鉴于试验造价高、工期长、试验数量少等特点,采集的数据量越丰富越好,宜进行桩顶位移测试。

4.2 设 备 安 装

4.2.1 荷载箱的埋设位置:极限桩端阻力小于极限桩侧摩阻力时,荷载箱置于桩身平衡点处,使上、下段桩的极限承载力基本相等,以维持加载;极限桩端阻力大于极限桩侧摩阻力时,荷载箱置于桩端,根据桩的长径比、地质情况采取桩顶配重;检测桩为抗拔桩时,荷载箱直接置于桩端;有特殊需要时,可采用双荷载箱或多荷载箱,以分别测检测桩的极限端阻力和各段桩的极限侧摩阻力。荷载箱的埋设位置则根据特殊需要确定。

自平衡法在国内至今已做了几千例工程约几万根桩。荷载箱的埋设位置是一个重要的关键技术,对此根据工程实例及检测桩经验,归纳了荷载箱在桩中合理的埋设位置,如图 1 所示。

图 1(a)是一般常用位置,即当桩身成孔后先在孔底作找平,然后放置荷载箱。此法适用于桩预估极限侧摩阻力与预估极限端阻力大致相等的情况,或预估极限端阻大于预估极限侧摩阻力而检测目的在于测定极限侧摩阻力的情况。

图 1(b)是将荷载箱放置于桩身中某一位置,此时如位置适当,则当荷载箱以下的桩侧摩阻力与端阻力之和达到极限值时,荷载箱以上的桩侧阻力同时达到极限值。

图 1(c)为钻孔桩抗拔试验的情况。由于抗拔桩需测出整个桩身的极限侧摩阻力,故荷载箱应摆在桩端,而桩端处无法提供需要的反力,故将该桩钻深,加大极限侧摩阻力。

图 1(d)为挖孔扩底桩抗拔试验的情况。荷载箱摆在扩大头底部进行抗拔试验。

图 1(e)适用于大头桩或当预估桩极限端阻力小于桩预估极限侧摩阻力而要求测定桩

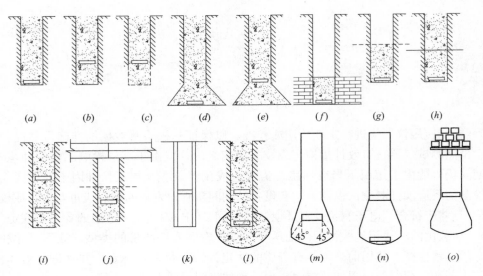

图 1　荷载箱放置位置示意图

极限侧摩阻力的情况，此时是将桩底扩大，将荷载箱置于扩大头上。

图 1(f)适用于测定嵌岩段的极限侧摩阻力与极限端阻力之和。此法所测结果不至于与覆盖土层侧阻力相混。如仍需测定覆盖土层的极限侧摩阻力，则可在嵌岩段侧阻力与端阻力测试完毕后浇灌桩身上段混凝土，然后再进行检测。

图 1(g)适用于当有效桩顶标高位于地面以下有一定距离时(如高层建筑有多层地下室情况)，此时可将输压管及位移杆(丝)引至地面方便地进行测试。

图 1(h)适用于需测定两个或以上土层的极限侧摩阻力的情况。可先将混凝土浇灌至下层土的顶面进行测试而获得下层土的数据，然后再浇灌至上一层土，进行测试，依次类推，从而获得整个桩身全长的极限侧摩阻力。

图 1(i)采用二只荷载箱，一只放在桩下部，一只放在桩身上部，便可分别测出三段桩极限承载力。

图 1(j)适用于在地下室中进行检测的工程。

图 1(k)为管桩测试示意图，荷载箱作为桩段的连接件埋入到预定位置处，位移杆(丝)护套管则从孔洞中引出地面。

图 1(l)为双荷载箱或单荷载箱压浆桩测试示意图。下荷载箱摆在桩端首先进行压浆前两个荷载箱测试，求得桩端阻力和桩身承载力，然后进行桩端高压注浆再进行两个荷载箱测试，这样就可求得压浆对端阻力和桩承载力提高作用。

图 1(m)将荷载箱埋设在扩大头里面，使得荷载箱底板两边呈45°扩散覆盖整个扩大头桩端平面，直接测量扩大头桩端全截面极限端阻力。

图 1(n)在人工挖孔扩大头桩中埋设两个荷载箱，上荷载箱用于测量直身桩桩侧摩阻力，下荷载箱用于测量单位极限端阻力，再换算成整桩端阻力，最后得到整桩极限承载力。

图 1(o)在人工挖孔扩大头桩中由于桩极限侧摩阻力较小，无法测出上段扩大头端部承载力，这时可在桩顶施加配载提供反力。

4.2.2 自平衡法静载荷试验荷载箱及位移传递系统的安装可参照附录 B 进行。荷载箱的顶部和底部应分别与上下钢筋笼的主筋焊接在一起，焊缝应满足强度要求。荷载箱上下应分别设置喇叭状的导向钢筋，以便于导管通过。

钢筋笼在荷载箱位置断开，上段钢筋笼的主筋与荷载箱上部牢固焊接在一起，下段钢筋笼的主筋与荷载箱下部牢固焊接在一起，焊缝应满足荷载箱安装强度要求，以避免施工过程中荷载箱脱落。当荷载箱和下段钢筋笼重量较大，仅仅靠钢筋笼主筋与荷载箱的焊接强度不能承受荷载箱和下段钢筋笼重量时，应分别在荷载箱的顶部和底部主筋焊接位置处设 L 型加强筋。荷载箱上下应设置喇叭状的导向钢筋，其作用是为了钻孔灌注桩在灌注时导管能顺利通过荷载箱，避免导管的上下移动对荷载箱产生碰撞，从而影响荷载箱的埋设质量。

钢筋笼之间设置导向筋，导向筋的一端与主筋焊接，一端焊在环形荷载箱板内圆边缘处，导向筋宜采用直径不小于 16mm 圆钢，其数量和直径同主筋。导向筋与荷载箱平面的夹角应大于 60°。

当荷载箱位移方向与桩身轴线方向夹角小于 1°时，荷载箱在桩身轴线上产生的力为 99.9%所发出的力，其偏心影响很小，可忽略不计。同时荷载箱设计加载能力一般远超出要求加载力，以便按要求加载尚未达到桩极限承载力时可继续加载。

对于管桩，荷载箱与上、下段桩应焊接。

4.2.3 位移杆与护套管连接具体操作步骤如下：

1 位移杆摆在护套管中；

2 位移杆、护套管与钢筋笼绑扎；

3 位移杆与荷载箱位移杆连接；

4 护套管与荷载箱护套管连接；

5 钢筋笼与荷载箱焊接；

6 下放钢筋笼。

采用位移丝进行测试时，试验前开启护管，下位移丝，试验完成后位移丝收回。

4.2.4 在检测桩加卸载过程中，荷载传至检测桩、基准桩周围地基土并使之变形。随着检测桩、基准桩间相互距离缩小，地基土变形对检测桩、基准桩的附加应力和变位影响加剧。

1985 年，国际土力学与基础工程协会(ISSMFE)根据世界各国对有关静载试验的规定，提出了静载试验的建议方法并指出：检测桩中心到基准桩间的距离应"不小于 2.5m 或 3D"，这和我国现行规范规定的"大于等于 4D 且不小于 2.0m"相比更容易满足(小直径桩按 3D 控制，大直径桩按 2.5m 控制)。大直径桩试验荷载大、基准梁又难避免气候环境影响。考虑到现场试验中的困难，故本规程中对部分间距的规定放宽为"不小于 3D"。

4.3 现 场 检 测

4.3.1 本条制定参照《建筑基桩检测技术规范》JGJ 106，是按我国的传统做法，对维持荷载法进行的原则性规定。慢速维持荷载法是我国公认，且已沿用多年的标准试验方法，也是其他工程桩竖向承载力验收检测方法的唯一比较标准。

慢速维持荷载法每级荷载持载时间最少为 2h。对绝大多数桩基而言，为保证上部桥梁正常使用，控制桩基绝对沉降是第一位重要的，这是地基基础按变形控制设计的基本原则。在工程桩验收检测中，国内某些行业或地方标准允许采用快速维持荷载法。国外许多国家的维持荷载法相当于我国的快速维持荷载法，最少持载时间为 lh，但规定了较为宽松的沉降相对稳定标准，与我国快速法的差别就在于此。1985 年 ISSMFE 根据世界各国的静载试验有关规定，在推荐的试验方法中，建议"维持荷载法加载为每小时一级，稳定标准为 0.1mm/20min"。当桩端嵌入基岩时，个别国家还允许缩短时间；也有些国家为测定桩的蠕变沉降速率建议采用终级荷载长时间维持法。

4.3.2 当桩身存在水平整合型缝隙、桩端有沉渣或吊脚时，在较低竖向荷载时常出现本级荷载沉降超过上一级荷载对应沉降 5 倍的陡降，当缝隙闭合或桩端与硬持力层接触后，随着持载时间或荷载增加，变形梯度逐渐变缓；当桩身强度不足桩被压断时，也会出现陡降，但与前相反，随着沉降增加，荷载不能维持甚至大幅降低。所以，出现陡降后不宜立即卸荷，而应使桩下沉量超过 40mm，以大致判断造成陡降的原因。

非嵌岩的长（超长）桩和大直径（扩底）桩的 Q-s 曲线一般呈缓变型，在桩顶沉降达到 40mm 时，桩端阻力一般不能充分发挥。前者由于长细比大、桩身较柔，弹性压缩量大，桩顶沉降较大时，桩端位移还很小；后者虽桩端位移较大，但尚不足以使端阻力充分发挥。因此，放宽桩顶总沉降量控制标准是合理的。

4.3.4 对于抗拔桩的自平衡法静载试验终止加载情况，按本条第 1 款的规定进行判定。

5 检测数据的分析与判定

5.1 数 据 分 析

5.1.1 除 Q-s、s-$\lg t$ 曲线外，一般还绘制 s-$\lg Q$ 曲线。如为了直观反映整个试验过程情况，可给出连续的荷载-时间（Q-t）曲线和沉降-时间（s-t）曲线，并为方便比较绘制于一图中。同一工程的一批检测桩曲线应按相同的沉降纵坐标比例绘制，满刻度沉降值不宜小于 40mm，当桩顶累计沉降量大于 40mm 时，可按总沉降量以 10mm 的整模数倍增加满刻度值，使结果直观、便于比较。

5.1.2 太沙基和 ISSMFE 指出：当沉降量达到桩径的 10% 时，才可能出现极限荷载；黏性土中端阻充分发挥所需的桩端位移为桩径的 4%～5%，而砂土中可能高到 15%。故本条第 4 款对缓变型 Q-s 曲线，按 $s＝0.05D$ 确定直径大于等于 800mm 桩的极限承载力大体上是保守的；且因 $D≥800$mm 时定义为大直径桩，当 $D=800$mm 时，$0.05D=40$mm，正好与中、小直径桩的取值标准衔接。应该注意，世界各国按桩顶总沉降确定极限承载力的规定差别较大，这和各国安全系数的取值大小、特别是上部结构对桩基沉降的要求有关。因此当按本规程建议的桩顶沉降量确定极限承载力时，尚应考虑上部结构对桩基沉降的具体要求。

关于桩身弹性压缩量：当进行桩身应变或位移测试时是已知的；缺乏测试数据时，可假设桩身轴力沿桩长倒梯形分布进行估算，或忽略端承力按倒三角形保守估算，计算公式为 $\dfrac{QL}{2EA}$。

5.2 承 载 力 判 定

5.2.1 单桩竖向抗压试验时，荷载箱埋设在设计桩端标高以上，自平衡测试时荷载箱上段桩的自重与附加重量自重方向与桩侧阻力方向一致，故在判定桩侧阻力时应当扣除。自平衡测出的上段桩的摩阻力方向是向下的，与传统方法得到的摩阻力方向相反。传统加载时，侧阻力将使土层压密，而该法加载时，上段桩侧阻力将使土层减压松散，故该法测出的摩阻力小于传统方法的摩阻力，国内外大量的对比试验已证明了该点。

目前国外对该法测试值如何得出抗压桩承载力的方法也不相同。有些国家将上、下两段实测值相迭加作为桩抗压极限承载力，这样偏于安全、保守。有些国家将上段摩阻力乘以 1.5 再与下段桩迭加而得抗压极限承载力。

对于 γ_1，根据 4 个工程共 6 根原桩上同时进行自平衡法与传统静载法的工程实例可得，粉、黏性土转换系数 γ 的取值在 0.70～0.82 之间；根据全国范围内 35 个工程共 132 个对比数据可得，γ_1 的取值 95% 的置信区间为（0.50，0.92），均值为 0.71；其中按土性划分，粉、黏性土的 γ 取值均值为 0.74，95% 的保证率区间为（0.65，0.83）；砂性土的均值为 0.58，95% 的保证率区间为（0.49，0.66）。故将向上、向下摩阻力根据土性划分，对于黏性土，向下摩阻力为向上摩阻力的（0.75～0.85）倍，对于砂土，向下摩阻力为向上摩阻力(0.65～0.75)倍，对于同时存在两类土层的可按土层厚度取加权取平均值；对于碎石土，上下侧摩阻力比值关系可参考砂土执行。对于混凝土管桩，其 γ 系数取低值。γ_1 也需考虑荷载箱的埋深影响，荷载箱埋深小于 25m 时取低值，大于 40m 取高值。本规程的取值不仅可完全满足工程要求，而且是偏于安全的。

对于缓变型 $Q\text{-}s$ 曲线，参照国外做法，将上下段桩按两根完全独立的检测桩取极限值，对于工程而言，已具有足够精度。对于抗拔桩，荷载箱摆在设计桩端处，测出的上段桩的极限承载力稍大于桩顶拔桩测得的值，经分析需除以抗拔转换系数 γ_2 之后即为单桩竖向抗拔极限承载力。

桩的承载力由岩土阻力和桩身强度控制。对于抗压试验，自平衡法静载试验为双向加载，桩身产生的应力是传统试验的一半，对于抗拔试验，自平衡法静载试验时桩身受压，传统试验桩身受拉，故自平衡法静载试验可测出岩土阻力控制的承载力，无法得出桩身强度控制的承载力。桩身强度的检验需采取其他方法。

5.2.2　本条只适用于为设计提供依据时的竖向抗压极限承载力试验结果的统计，统计取值方法按《建筑地基基础设计规范》GB 50007 的规定执行。前期静载试验的桩数一般很少，而影响单桩承载力的因素复杂多变。因为数有限的试验桩中常出现个别桩承载力过低或过高，若恰好不是偶然原因造成，简单算术平均容易造成浪费或不安全。因此规定极差超过平均值的 30% 时，首先应分析、查明原因，结合工程实际综合确定。例如一组 5 根检测桩的极限承载力值依次为 800、900、1000、1100、1200kN，平均值为 1000kN，单桩承载力最低值和最高值的极差为 400kN，超过平均值的 30%，则不宜简单地将最低值 800kN 去掉用后面 4 个值取平均，或将最低和最高值都去掉取中间 3 个值的平均值，应查明是否出现桩的质量问题或场地条件变异情况。当低值承载力的出现并非偶然原因造成时，例如施工方法本身质量可靠性较低，但能够在以之后的工程桩施工中加以控制和改进，出于安全考虑，按本例可依次去掉高值后取平均，直至满足极差不超过 30% 的条件，此时可取平均值 900kN 为极限承载力；又如桩数为 3 根或 3 根以下承台，或以后工程桩施工为密集挤土群桩，出于安全考虑，极限承载力可取低值 800kN。

5.2.3　《建筑地基基础设计规范》GB 50007 规定的单桩竖向抗压承载力特征值是按单桩竖向抗压极限承载力统计值除以安全系数 2 得到的，综合反映了桩侧、桩端极限阻力控制承载力特征值的低限要求。